住房和城乡建设部“十四

土木工程专业本研贯

高等混凝土结构学

金伟良 等 编著

余志武 主审

中国建筑工业出版社

图书在版编目(CIP)数据

高等混凝土结构学 / 金伟良等编著. — 北京 : 中国建筑工业出版社，2023.1

住房和城乡建设部“十四五”规划教材 土木工程专业本研贯通系列教材

ISBN 978-7-112-28138-1

Ⅰ. ①高… Ⅱ. ①金… Ⅲ. ①钢筋混凝土结构－高等学校－教材 Ⅳ. ①TU375

中国版本图书馆 CIP 数据核字(2022)第 209383 号

本书在钢筋混凝土结构基本原理的基础上，系统阐述钢筋混凝土结构进阶层次的知识。全书共分 9 章，主要包括绪论、混凝土结构材料性能与环境作用、混凝土结构的长期力学性能、超高性能混凝土结构、腐蚀混凝土结构、混凝土结构加固、再生混凝土结构、混凝土结构模拟方法、混凝土结构全寿命设计方法，重点介绍了材料和环境基础特性、新型混凝土材料和结构形式、混凝土结构全寿命性能等混凝土结构研究领域的基础和前沿。

本书可供高等学校的土木建筑、桥梁市政、港口水运、水利与铁道工程等专业的研究生、高年级本科生和教师作为教材使用，也可作为工程技术人员和科研人员从事科研、设计、施工、检测、维护和管理等行业的参考资料。

为便于课堂教学，本书配有教学课件，请选用此教材的教师通过以下方式获取课件：邮箱：jckj@cabp.com.cn；电话：(010) 58337285；建工书院：http://edu.cabplink.com。

* * *

责任编辑：赵 莉 吉万旺
责任校对：张 颖

住房和城乡建设部“十四五”规划教材
土木工程专业本研贯通系列教材
高等混凝土结构学
金伟良 等 编著
余志武 主审
*
中国建筑工业出版社出版、发行（北京海淀三里河路 9 号）
各地新华书店、建筑书店经销
北京红光制版公司制版
廊坊市海涛印刷有限公司印刷
*
开本：787 毫米×1092 毫米 1/16 印张：19 字数：470 千字
2023 年 2 月第一版 2023 年 2 月第一次印刷
定价：**58.00** 元（赠教师课件）
ISBN 978-7-112-28138-1
(40273)

出　版　说　明

党和国家高度重视教材建设。2016年，中办国办印发了《关于加强和改进新形势下大中小学教材建设的意见》，提出要健全国家教材制度。2019年12月，教育部牵头制定了《普通高等学校教材管理办法》和《职业院校教材管理办法》，旨在全面加强党的领导，切实提高教材建设的科学化水平，打造精品教材。住房和城乡建设部历来重视土建类学科专业教材建设，从"九五"开始组织部级规划教材立项工作，经过近30年的不断建设，规划教材提升了住房和城乡建设行业教材质量和认可度，出版了一系列精品教材，有效促进了行业部门引导专业教育，推动了行业高质量发展。

为进一步加强高等教育、职业教育住房和城乡建设领域学科专业教材建设工作，提高住房和城乡建设行业人才培养质量，2020年12月，住房和城乡建设部办公厅印发《关于申报高等教育职业教育住房和城乡建设领域学科专业"十四五"规划教材的通知》(建办人函〔2020〕656号)，开展了住房和城乡建设部"十四五"规划教材选题的申报工作。经过专家评审和部人事司审核，512项选题列入住房和城乡建设领域学科专业"十四五"规划教材（简称规划教材)。2021年9月，住房和城乡建设部印发了《高等教育职业教育住房和城乡建设领域学科专业"十四五"规划教材选题的通知》(建人函〔2021〕36号)。为做好"十四五"规划教材的编写、审核、出版等工作，《通知》要求：(1）规划教材的编著者应依据《住房和城乡建设领域学科专业"十四五"规划教材申请书》(简称《申请书》) 中的立项目标、申报依据、工作安排及进度，按时编写出高质量的教材；(2）规划教材编著者所在单位应履行《申请书》中的学校保证计划实施的主要条件，支持编著者按计划完成书稿编写工作；(3）高等学校土建类专业课程教材与教学资源专家委员会、全国住房和城乡建设职业教育教学指导委员会、住房和城乡建设部中等职业教育专业指导委员会应做好规划教材的指导、协调和审稿等工作，保证编写质量；(4）规划教材出版单位应积极配合，做好编辑、出版、发行等工作；(5）规划教材封面和书脊应标注"住房和城乡建设部'十四五'规划教材"字样和统一标识；(6）规划教材应在"十四五"期间完成出版，逾期不能完成的，不再作为《住房和城乡建设领域学科专业“十四五”规划教材》。

住房和城乡建设领域学科专业“十四五”规划教材的特点：一是重点以修订教育部、住房和城乡建设部“十二五”“十三五”规划教材为主；二是严格按照专业标准规范要求编写，体现新发展理念；三是系列教材具有明显特点，满足不同层次和类型的学校专业教学要求；四是配备了数字资源，适应现代化教学的要求。规划教材的出版凝聚了作者、主审及编辑的心血，得到了有关院校、出版单位的大力支持，教材建设管理过程有严格保障。希望广大院校及各专业师生在选用、使用过程中，对规划教材的编写、出版质量进行反馈，以促进规划教材建设质量不断提高。

住房和城乡建设部“十四五”规划教材办公室

2021 年 11 月

前　言

习近平总书记指出“教育是国之大计、党之大计”，并且“要从我国改革发展实践中提出新观点、构建新理论，努力构建具有中国特色、中国风格、中国气派的学科体系、学术体系、话语体系”。习近平总书记关于教育的重要论述，对于落实立德树人的根本任务，坚持道路自信、理论自信、制度自信、文化自信，增强民族文化自信和价值观自信，建设中国特色社会主义教育理论体系，具有重要的意义，也是鞭策广大教育工作者不断改革创新的动力。

混凝土结构作为人类社会改造客观世界的基本方式之一，在土木工程基础设施建设中发挥着重要的作用。混凝土结构原理和设计课程是土木工程类本科生的专业课程，而高等混凝土结构课程却是土木工程类研究生（含各类硕士和博士研究生）的专业学位课程。在高等混凝土结构课程中，不仅要明确混凝土结构的基本理论问题，而且要掌握国内外混凝土结构的研究前沿问题，全面系统地把握混凝土结构的理论和工程应用的问题。为此，浙江大学结合长期的高等混凝土结构的课程教学活动，以及对混凝土结构的科学研究和工程实践的积累，着重对高等混凝土结构的教材进行了改进和创新，主要有下列内容：(1) 着重阐述了混凝土材料层面的基本概念和基本理论，混凝土构件层面各类受力情况（受弯、受剪、受扭、受压和受拉等）下的试验研究、受力性能、破坏形态、基本理论、构造要求和设计计算方法；(2) 从结构全寿命周期出发，构建了混凝土结构层面的全寿命设计方法，形成了混凝土结构力学性能、腐蚀混凝土结构、混凝土结构加固和再生混凝土结构等全寿命周期的基本理念、基本方法等内容；(3) 吸纳了混凝土结构的最新发展和研究动向，着重介绍国内外在高性能混凝土结构、混凝土结构的疲劳、徐变和冲切以及混凝土结构数值模拟等研究成果，赋予混凝土结构的创新性和生命力。通过上述一系列的改革，使得高等混凝土结构的教材体系发生了重大变化，使读者能够在掌握各类钢筋混凝土结构基本原理的基础之上，对工程应用中遇到的各种混凝土结构的设计、施工、维护、再利用过程进行合理合规的决策和实施。同时，也希望读者能够通过学习和掌握书本上的知识，对混凝土结构领域的发展有一个全面的认识与了解；也能接触前沿研究中提出的一些新思路、新方法，以拓宽个人视野，迸发思维碰撞的火花。

第1章为绪论，重点介绍了土木工程中混凝土结构的重大应用，以及带来的混凝土结构学科的发展；重点介绍了国内外在混凝土结构设计理论和结构材料的发展演变，给出了多灾害引起的混凝土结构的发展演变和混凝土结构全寿命体系的构建等方面的内容，使读者对当前混凝土结构的现状和发展有全面的认识和了解。第2章涉及混凝土结构材料性能与环境作用的内容，重点介绍混凝土结构的组成材料、混凝土材料性能与本构关系、钢筋及其复合筋材力学性能和混凝土结构的界面粘结等结构材料性能，同时，还叙述了混凝土结构的环境作用。第3章分别从混凝土疲劳力学性能、徐变力学性能和抗冲切力学性能，描述了混凝土结构的长期力学性能。第4章介绍了超高性能混凝土材料性能和超高性能混凝土梁的受弯性能、受剪性能、受压性能和受拉性能。第5章涉及腐蚀混凝土结构的基本性能，从腐蚀钢筋性能和腐蚀混凝土与钢筋的粘结性能，到腐蚀混凝土梁受弯性能、受剪性能和受压性能，系统地阐述了混凝土结构耐久性能。第6章则涉及混凝土结构加固内容，给出了增大截面法、粘贴钢板法和粘贴纤维增强复合材料加固混凝土结构设计方法。第7章是再生混凝土结构内容，从再生混凝土材料性能和再生混凝土与钢筋的粘结性能，再到再生混凝土的受弯性能、受剪性能和受压性能，阐述了再生混凝土结构的基本性能。第8章通过建立混凝土的破坏准则和断裂与损伤，给出了钢筋混凝土有限元模型，得到了混凝土结构模拟方法。第9章涉及混凝土结构全寿命设计方法，阐述了全寿命设计理论及目标体系，给出了使用寿命指标、性能指标和经济指标分析方法，得到了全寿命绿色评价体系和可持续性评估的方法。

参加本书编写的人员有：金伟良（第1、9章），弓扶元、金伟良（第2章），弓扶元、张军、舒江鹏（第3章），王海龙（第4章），夏晋（第5章），张大伟（第6章），赵羽习（第7章），陈驹（第8章），全书由金伟良教授和弓扶元博士负责整理和校对，金伟良教授负责统稿。中南大学余志武教授负责审稿。

感谢浙江大学和中国建筑工业出版社对本书出版予以的大力帮助，同时对中国建筑工业出版社赵莉编辑的认真周到的服务表示诚挚的谢意。

书中不妥与错误之处，恳请读者批评指正。

金伟良

2022年7月于求是园

目　录

第1章　绪　　论

1.1　土木工程学科与混凝土结构学的发展

土木工程学科是直接面向经济和社会发展的科学和技术，它直接影响着人居环境、交通设施、工业和国防工程的建设和运行，影响着城镇化进程、社会可持续发展和构建和谐社会。

近年来，中国迎来了基础设施建设的高峰期，这为我国结构工程的科技创新提供了前所未有的机遇，促进了结构体系的不断创新和大型复杂结构建造技术的不断进步。同时，我国在大型复杂结构和超高层建筑结构设计、分析和施工关键技术方面取得了一系列具有自主知识产权、国际先进的核心技术成果，在材料、设计、施工、运维等方面解决了一系列关键的技术难题，实现了技术极限与传统认知的不断突破，有力地保障了中国重大标志性工程的建设水平。

20世纪末，随着建筑物长期性能不足引起的破坏时有发生，工程结构可靠性领域越来越受国内外专家的重视。在我国已逐步发展了适用于土木工程结构的可靠度设计理论体系，为全面提升土木工程结构的安全和可靠性起到了至关重要的作用。随着社会经济的快速发展，可持续发展已成为全球性的重大挑战。在这一背景下，综合考虑工程结构设计、施工、运营和管理各个环节的全寿命周期设计理论被提出。目前，对于工程结构全寿命周期设计方法的研究已成为国内外最活跃、最前沿的研究领域之一，是国内外学者普遍关注的焦点和研究热点。

在可预见的20～30年内，中国土木工程仍将处于高速发展期，除了将兴建大量现代化的民用建筑、海港、铁路、公路、桥梁、水利水电工程、地下及国防工程外，正在运行的建筑物将逐步进入大修和重建期，这无疑对我国的土木工程科学和技术提出了新的需求。此外，伴随材料科学和技术、信息科学和技术、数学、力学和工程管理学的发展，从学科交叉、融合方面，也将使土木工程科学和技术进入一个快速发展的新时代。作为土木工程高速发展的大国，中国科学家们将一直力争走在世界土木工程科学和技术创新发展的前列。

混凝土结构学作为土木工程学科中最为重要的一环，也随着土木工程学科的发展而不断前进。近年来，新型混凝土结构材料、新型结构体系和新型结构工艺的不断涌现更是将混凝土结构学推向了一个新的历史发展进程。

随着土木工程材料学科的迅速发展，从高强混凝土出发，已研制出了一系列有着较高性能的混凝土结构材料，如纤维增强筋混凝土（FRP筋混凝土）、超高性能混凝土（Ultra-High Performance Concrete，UHPC）、高密实高延性混凝土（High Ductile Fiber Reinforced Concrete，HDC）、碱激发混凝土和高延性纤维增强水泥基复合材料（Engineered Cementitious Composite，ECC）等。

同时，随着社会的不断发展和我国综合实力的提高，对土木工程结构的要求也在不断提高。传统的混凝土结构体系已经难以满足某些建筑结构如超高层建筑、超大跨度桥梁结构等的设计要求，在这种背景下，许多新型的结构体系被科学家们提出，如框架-核心筒结构、框筒结构、筒中筒结构、交错桁架结构、钢-混凝土组合结构等一系列新型结构体系。这些新型结构体系能够满足超高层建筑、超大跨度桥梁结构等大型结构的设计要求，极大地提高了重大基础设施建设的技术水平，体现了现代混凝土结构学科的优越性。

随着结构设计要求的不断提高，劳动力的持续减少和人力成本的显著提高，土木工程行业也在面临转型升级的压力。传统结构工程劳动密集型的产业模式变得越来越不可持续，劳动力缺口逼迫结构工程产业持续转型升级，向工业化和智能化方向发展。由此，人们正在新型结构工艺的领域进行着探索和研究。预制装配式混凝土结构的发展正在引领结构工程朝着工业化发展，工厂预制的新型模式降低了工程施工的劳动力需求，而预应力混凝土的出现进一步提高了装配式混凝土的结构性能，使得预制装配式混凝土结构更为安全可靠。3D 打印混凝土的新型结构工艺则是进一步降低了混凝土构件制作的劳动力需求，在一定程度上实现了结构工程的工业化和智能化。但是，传统的结构工艺在结构工程行业依然占据着主导地位，人们仍然需要对新型结构工艺进行持之以恒的研究和优化，争取早日实现土木工程行业的工业化和智能化，推动土木工程行业的跨越式发展。

由于可发展区域的不足，人类正不断向自然条件较为恶劣且面临灾害风险更大的区域进发，新建建筑结构正在面临越来越复杂的自然条件，在混凝土结构设计时考虑的对象也越来越复杂。虽然在对灾害的研究方面投入了巨大的精力和财力，但目前人类所掌握的知识和技术还不能完全达到防灾减灾的目标。近年来，为了使混凝土结构面对多灾害对象时达到防灾减灾的目标，在结构设计、结构材料和结构体系等领域展开了一系列的研究和探索。

在结构设计方法方面，基于性能的抗震、抗火和抗爆设计方法逐渐发展成熟，而针对混凝土结构环境与材料时变影响提出的结构全寿命周期设计方法也在迅速发展。在结构材料方面，高性能混凝土、高耐久性混凝土、FRP 筋混凝土、钢-混凝土组合结构等都在一定程度上提高了混凝土结构面对多灾害时的防灾减灾能力。除此之外，如隔震技术、消能减震技术、电化学修复技术和双向电渗修复技术等新型技术的出现也使结构防灾减灾能力和耐久性性能的提升取得了长足的进步。

随着经济社会的发展，新建建筑面临的自然条件越来越复杂。在普通自然环境下，工程结构的耐久性要求往往能得到较好的满足，所以传统的混凝土结构设计方法重点考虑结构的承载能力要求。但是，在恶劣自然环境下，工程结构的性能劣化较快，采用传统的混凝土结构设计方法时，工程结构的耐久性要求很难得到较好的满足，结构的长期性能得不到保障。因此，工程结构在服役期便面临着多次维护甚至是重建的局面，这不仅会造成高昂的维护和重建费用，还会影响一些重大基础设施的日常使用。

为了解决工程结构在面临恶劣环境下长期性能不足的问题，并完善可持续发展的目标，提高建设项目投资的经济回报率，有效地节约资源，尽量规避及减少基本设施建设中的各类风险，科学家们提出了工程结构的全寿命概念。通过对全寿命概念的应用，可以有效地在工程结构的初建成本和长期性能中达到一个较为平衡的状态，使得新建建筑在面临恶劣的自然环境时，也能保持较好的长期性能，减少维护的次数，延长结构的使用寿命，并能满足一些重大基础设施的长使用寿命要求。

全寿命概念的应用要求在工程结构项目的各个主要阶段中，立足结构的全寿命，运用全局的观点，采用整体性的思考方式，从工程结构的技术目标、经济目标等出发，并充分考虑社会和环境等的影响，经由各类不同的指标来进行工程结构全寿命周期内的规划、决策、设计、建造、评估、管理等措施。

本书绪论将从设计理论的发展演变、混凝土结构材料的发展演变、多灾害引起的混凝土结构的发展演变和混凝土结构全寿命性能的发展演变四个方面展开，深刻地、系统性地阐述土木工程学科与混凝土结构学的发展。

1.2 混凝土结构设计理论的发展演变

随着人类知识领域的拓展和工程经验的积累，工程结构的设计理论也在经历着演变和发展，设计过程融入了越来越多的跨学科知识和高新技术，并不断攻克更高、更大、更新的结构设计挑战。然而，现行的结构设计方法也暴露出许多不足之处。现行设计方法的重点仍放在结构的初始设计状态和初建成本上，而缺乏对结构后期性能劣化和整体经济效益的考虑。初始设计方案与后期维护方案的脱节导致了大量低效率的重复性工作，浪费了大量的资源，而这些浪费本可以通过更具有全局观念的结构设计来避免。在过去的30年中我国斥巨资集中建设了大批基础设施结构，而其中的一些结构目前已经显露出了或明显、或潜在的耐久性问题，有些甚至才投入使用不足15年。而在不久的将来，随着越来越多的基础设施结构逐渐进入劣化阶段，结构维护维修方面的资金需求将会更高。与此同时，随着可持续发展理念的提出，社会各界也对工程结构的绿色设计的呼声越来越高，要求结构在满足预定功能的同时，注重环境保护和社会效益。然而，现行结构设计理论中几乎不考虑结构的绿色性能，对结构的选材和CO_2排放不加约束，甚至存在违规开垦保护用地用于结构建造的行为，而广泛存在的结构耐久性不足问题和缺乏合理规划的结构维护维修也造成了资源的浪费和更大的污染，产生恶劣的环境影响和社会影响。

针对以上问题，现代结构设计理论应该更具有全局观念，从结构的全寿命周期出发，进行合理的耐久性设计和后期维护维修规划，得到性能卓越、寿命长久、经济实用的绿色结构方案。

工程结构的设计经历了由简单到复杂、由经验到规范、由单一学科到多学科融合、从定值设计到概率设计的演变，随着人类在结构设计方面的经验积累和认知提升，也逐步意识到以往设计方法和设计理论中的种种不足，并以此为动力探索和发展更为合理可靠的结构设计方法。人类早期的结构形式和结构材料都较为简单，一般使用天然材料进行堆砌和搭建，形成具有一定使用功能的建筑结构。逐步积累建造经验后，人类开始根据建筑的整体布局和比例对结构进行设计，确定梁、柱等关键构件的尺寸。这一类结构的设计和建造体现了人类在多变的自然环境中对更宜居的生存环境的探索和努力，而这些结构设计方法主要是以经验为基础的，并没有严格的科学依据作为理论指导。随着工业的发展和人口密度的增长，人类社会对工程结构的需求愈发迫切，而工程结构则为人类提供多种功能以适应人类的各项需求，例如住宅建筑结构、公共服务类建筑结构、商业建筑结构、市政基础设施结构等。而人类对工程结构的要求也越发严格，从基于经验的结构设计方法逐渐向更为科学、精确的结构分析和计算发展，在结构设计中不断融入材料特性、地基和土壤环境、自然环境等多方面的因素，并形成了不同类型结构的设计规范。自从系统的结构设计规范形成以来，结构的设计理论主要经历了容许应力设计法、破损阶段设计法、经验极限状态设计法、基于可靠度的极限状态设计法、基于性能的设计法、基于风险的设计法以及全寿命设计法等。

1.2.1 容许应力设计法

容许应力设计法（Allowable Stress Design）规定材料或结构构件中的应力水平不得超过其弹性极限的一定比例。容许应力设计法将材料视为理想弹性体，并用线弹性理论计算结构在荷载下的应力，要求构件任意截面上任意点的应力 σ 不得超过规范的容许值 $[\sigma]$，即：

$$\sigma \leqslant [\sigma] \tag{1-1}$$

由于设计过程较简单，容许应力设计法曾在 19～20 世纪成为世界范围内的主流设计方法，并在美国钢结构学会（AISC）的钢结构手册和我国 1950 年发布的《铁路桥涵设计规程》中都得以体现。容许应力设计法的主要缺陷在于：(1) 安全系数的取值凭借工程经验，难以准确评价和保证结构的安全性；(2) 采用单一的安全系数无法考虑荷载的不同组合情况，不能很好地考虑荷载和材料参数变化对结构安全性的影响；(3) 只考虑结构的弹性极限状态使设计偏保守，未能充分发挥材料的强度，影响工程的经济性。随着人们对材料性能和工程不确定性的认知更为充分，采用单一系数的容许应力设计法逐渐被淘汰。

1.2.2 破损阶段设计法

基于容许应力设计法未能考虑材料进入塑性阶段后的性能，20 世纪 30 年代苏联提出了破损阶段法（Plastic Stage Design Method)，其设计原则为：结构构件的设计承载力 Φ 不低于标准荷载下的构件内力 N 乘以安全系数 K_s，设计公式可表达为：

$$K_s \cdot N \leqslant \Phi \tag{1-2}$$

破损阶段法的设计对象为构件截面内力而非材料的应力，并考虑了材料的塑性性能和塑性极限，因此对材料性能的利用更为充分。但破损阶段法仍采用单一的、经验的安全系数，因此存在与容许应力法相同的缺陷。

1.2.3 经验极限状态设计法

为了解决单一安全系数设计法带来的缺陷，工程界开始考虑荷载、材料等因素的不确定性，并采用多系数的表达式进行结构设计。材料强度根据概率统计取一定保证率的下限分位值，荷载值根据统计取一定保证率的上限分位值，以体现其变异性，而荷载和材料强度的系数仍按照经验确定。我国1985年出台的《公路钢筋混凝土及预应力混凝土桥涵设计规范》即采用了这种方法，其中承载能力极限状态的设计表达式为：

$$S_d(\gamma_G G;\gamma_Q \Sigma Q) \leqslant \gamma_b R_d\left(\frac{R_c}{\gamma_c};\frac{R_s}{\gamma_s}\right) \tag{1-3}$$

式中 G——永久荷载；

Q——可变荷载；

S_d——荷载效应函数；

R_c——混凝土强度设计值；

R_s——预应力钢筋或普通钢筋的强度设计值；

R_d——结构抗力函数；

γ_G——永久荷载安全系数；

γ_Q——可变荷载安全系数；

γ_c——混凝土安全系数；

γ_s——钢筋安全系数；

γ_b——结构工作条件安全系数。

除了承载能力设计，该方法还能够考虑结构的正常使用极限状态，如变形、裂缝宽度等。

由于该方法主要根据工程经验确定结构的安全系数，并且只考虑荷载和材料强度的不确定性，因此被称为“经验极限状态设计法”或“半概率极限状态设计法”。与容许应力法和破损阶段法相比，该方法考虑了荷载与材料的不确定性，也采用不同的安全系数考虑不同的荷载最不利组合情况，是结构设计方法的巨大进步。但其安全系数的取值仍来自工程经验，未能将结构的安全性和结构统计参数相联系，仍存在不容忽视的缺陷。

1.2.4 基于可靠度的极限状态设计法

基于可靠度的极限状态设计法（Reliability-Based Limit States Design）是采用概率方法的结构设计理论，该方法考虑了材料性能、施工误差、荷载变化等结构设计方面的不确定性，通过荷载和抗力的概率分布确定结构的可靠性，并将结构可靠度要求融入设计公式的分项系数中，利用荷载组合系数及荷载、抗力的分项系数保证结构性能不超过规定的极限状态。基于可靠度的极限状态设计法又分为近似概率法和全概率法。近似概率法对抗力和荷载效应的主要变量进行数理统计，建立了结构可靠度水平与结构极限状态方程之间的数学关系，并采用荷载和抗力的分项系数进行构件截面设计。而全概率法要求对结构所有的变量进行精确概率分析，用结构的最优失效概率计算结构可靠度。

考虑到设计方法的准确性和实用性，目前国际上主要采用近似概率设计法。由于其设计公式中含有各类分项系数，该设计方法在我国规范中也被称为分项系数设计法，而在美国则被称为荷载抗力系数设计法（Load Resistance Factor Design，LRFD）。我国的分项系数设计公式可表示为：

$$\frac{R}{\gamma_0} \geqslant \gamma_G S_{Gk} + \gamma_{Q1} S_{Q1k} + \sum_{i=2}^{n} \gamma_{Qi} \psi_{ci} S_{Qik} \tag{1-4}$$

式中　R——结构抗力；

S_{Gk}，S_{Q1k}，S_{Qik}——分别为永久荷载效应的标准值、主要可变荷载效应标准值和第 i 个可变荷载效应的标准值；

γ_0——结构重要性系数；

γ_G，γ_{Q1}，γ_{Qi}——分别为永久荷载效应、主要可变荷载效应和第 i 个可变荷载效应的分项系数；

ψ_{ci}——第 i 个可变荷载效应的组合系数。

结构越重要，则结构重要性系数 γ_0 的值越大，以此要求结构在同样荷载工况下具有更强的承载能力。荷载效应及荷载变异性越大，相应的荷载效应分项系数值也越大，以保证结构在面对可能出现的荷载变化时具有一定的可靠性，因此可变荷载分项系数一般大于永久荷载分项系数，而主要可变荷载分项系数大于其他可变荷载分项系数。极限状态设计法考虑的是材料的极限强度，充分利用了材料的弹性、塑性和硬化阶段，使结构同时具有良好的安全性能和经济效益。将可靠度的概念引入结构设计中使极限状态设计法能够考虑多方面的不确定性因素，并能较为准确地计算结构的安全程度。除了设计结构的承载能力，基于可靠度的极限状态设计法还可定义其他类型的极限状态，例如裂缝宽度、挠度等适用性要求，或者氯离子深度、钢筋锈蚀率等耐久性要求。

与容许应力设计法和破损阶段设计法相比，极限状态设计法是更为科学、理性的方法，也是现行结构规范中的主流设计法。然而，现行设计法中无法考虑结构的长期性能和长期经济效益，也无法满足工程可持续性设计的要求，在设计目标和设计时域方面仍存在不足之处。

1.2.5　基于性能的设计法

根据加州结构工程师协会（SEAOC）的定义，基于性能的设计法（Performance-Based Design）是在结构寿命内通过选址、概念设计、初始设计、最终设计、建造和维护等工程活动使结构到达一定的性能目标，同时能够根据业主的需求对结构性能进行设计、提升和改造。一般来说，性能目标可以是结构的任何响应参数，如应力、应变、位移、加速度等，也可以是灾害情况下的损伤状态或失效概率等风险参数。基于性能的设计法旨在将高层次的性能目标落实到特定的设计解决方案中，使不同的结构工程可以自行定制设计要求。采用性能设计法进行结构设计时，首先要定义结构的性能设计目标，然后将性能要求转换为相关的极限状态设计公式，以便进行实际设计。与基于可靠度的极限状态设计法相同，基于性能的设计法也无法确定性地保证结构达到性能目标，因此结构性能设计也建立在概率分析的基础上，使结构在一定的可靠度下满足性能目标。

对受到灾害威胁的结构而言，基于性能的设计法能够有效地减小或规避灾害造成的损害，这一方法已广泛应用于地震、风灾、爆炸等灾害作用下的结构设计中。然而，基于性能的设计法仍在发展和进步过程中，由于性能目标的定义取决于不同的用户需求，基于性能的设计法仍没有统一的设计标准。而且目前其实际应用还仅限于评估结构性能阈值的超越概率，而非真正用在设计过程中。

1.2.6 基于风险的设计法

基于风险的设计法（Risk-Based Design）是考虑灾害作用的另一种常用的结构设计方法，能够基于结构可能面临的灾害和相应的风险，选择并设计能够防护和减轻风险的设计方案。在结构优化过程中也经常使用风险指标，以获得基于风险的最优结构设计方案或维护方案。结构的风险通常定义为结构的失效概率与结构失效的经济后果之间的乘积，是一个包含结构可靠性和经济性的指标，如式（1-5）所示。

$$Risk(t)=p_{\mathrm{f}}(t)C_{\mathrm{f}}(t) \tag{1-5}$$

式中 $Risk(t)$——t 时刻的结构风险；

$p_{\mathrm{f}}(t)$——t 时刻的结构失效概率；

$C_{\mathrm{f}}(t)$——t 时刻的结构失效后果。

由于结构失效概率的融入，结构风险成为一个包含不确定性的指标，因此基于风险的设计法也是一种概率设计法。与基于性能的设计法类似，基于风险的设计法目前大多应用于设计方案的风险评估和风险管理，也较难在实际设计过程中应用。

1.2.7 全寿命设计法

工程结构的设计方法逐渐从确定性设计转变为概率性设计，设计者们也开始意识到结构性能随时间的变化，越来越多地关注结构的灾害应对能力和业主的特殊需求。这一系列发展使工程结构的设计愈发科学和人性化，但现行设计法的关注重点仍然是项目竣工后的短期结构性能，结构在使用过程中的性能变化、结构的环境和社会影响都没有加以考虑，这显然不符合当今社会的可持续发展理念。因此，研究者们提出了结构全寿命设计的概念。结构的全寿命周期（图1-1）是指结构从项目开始到结构老化废弃的整个时间范围，包括设计、施工、运营、老化、废除、重新利用等阶段，而结构全寿命设计是在结构的全寿命各阶段寻求合适的结构方案和措施使结构的各项性能最优。全寿命设计关注的结构性能不仅包括传统设计方法中常见的结构安全性、适用性、耐久性和经济性，还包括结构对环境和社会的影响、用户的满意度水平和项目的可持续发展性能。

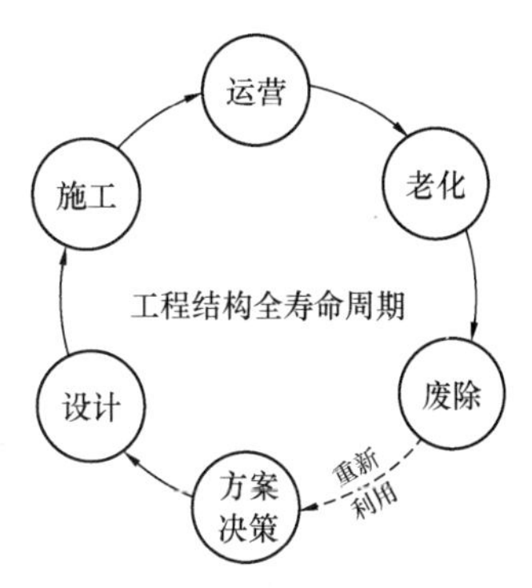

图1-1 工程结构全寿命的研究周期

只有在比较特殊的情况下，工程结构才会因使用功能的改变而被重新利用。而对于普遍的建筑工程，其全寿命周期的概念考虑以下6个阶段。

(1) 方案决策阶段

方案决策阶段的主要任务是对拟建工程结构项目进行策划，针对项目的目标使用功能，就其可行性进行技术、经济方面的分析和论证，从而做出是否进行投资的决策。决策的依据是在所有外部条件因素都相同的情况下，全寿命周期收益最大或成本最小。此时的全寿命成本主要包括了预期初建成本、预期运营和维护成本以及预期项目失效及废除成本等，这些数据都可根据同类工程的统计数据和经验进行粗略估计。

(2) 设计阶段

设计阶段是工程结构项目由决策方案变为可实现蓝图的阶段，它根据方案阶段的设想，根据各类行业的技术规范、行政规定等在技术上实现工程结构具体的使用功能，为工程结构项目的实施提供尽可能具体的技术指导。设计阶段的工作质量在很大程度上决定了工程结构建成后的各项技术指标，而且对建筑工程的初始造价以及运营期的运营和维护成本有很大影响，基本上就决定了工程结构项目全寿命的效益或成本。在此阶段，工程结构的拟建实体已基本确定，因此，各类成本要素基本上可得到较精确的预测。

(3) 施工阶段

从广义的角度上看，施工阶段还应包括项目的招标投标阶段。项目的招标投标分为技术标和商务标。从全寿命的角度出发，只有建造方案及未来的运营和维护方案均优的方案才是最优的技术方案，只有项目全寿命成本最低的方案才是最优的商务方案。通过两者的综合评判才能最终决定采取何种方案。从某种意义上说，也可将之归为方案的决策。

本书研究的施工阶段是指其狭义概念，它是指工程结构的建造，是运用一定的方法和工具把各类结构材料按照具体的设计意图实体化。施工阶段的重点是建筑工程的质量、进度和造价，需要在全寿命成本管理的思想和方法的指导下，使施工组织设计方案的评价、工程合同的总体策划和工程施工方案的确定等方面更加科学合理。在此阶段，由于工程结构的逐步实体化，因此，项目的初建成本也将由预测转化为实际数据。当项目竣工时，工程结构的初建成本在理论上可得到精确的统计，且由于结构性能的实际确定，项目的预期运营和维护成本将得到比设计阶段更为精确的预测。

(4) 运营阶段

运营阶段是工程结构投入使用并产生效益的阶段。在运营阶段，需要制定合理的运营和维护维修方案。运营和维护维修方案的制定也要以全寿命收益最大或成本最低为目标。运营阶段的成本管理是指在保证项目安全目标和运营质量目标的前提下，通过制定合理的运营及维护方案，为项目的产权人和使用人提供高效、周到的服务，以提高建筑工程的经济价值和实用价值，降低运营和维护成本，提高项目的收益。在此阶段，随着工程结构服役时间的推移，各类常规的检测和维护措施的实行，结构实体的性能将得到更加准确的认识和预测，运营和维护成本将得到更为精确的统计和预测。

(5) 老化阶段

老化阶段实质上是运营阶段的后续，是工程结构运营较长时间后性能降低至一定水平，甚至达到较接近性能的可接受水平的阶段。在此阶段，工程结构的劣化水平较高，性能不断降低，一般情况下难以划分与运营阶段的界限，结构终止服役也没有固定的标准，因此，老化阶段的起点和终点难以具体的确定。此时，除废除阶段的成本或者效益不能精确统计外，其他各类成本要素原则上均可得到精确的统计。

（6）废除阶段

项目废除阶段是指在安全或经济目标不能满足某些条件或要求时，对工程结构采取废除的措施。废除阶段实质上是工程结构寿命终止的时点决策，并且包含了决策之后的结构拆除等。在拆除过程中，不同结构也将产生不同的废除费用或者效益。由于工程结构寿命的终止，在此阶段，各类成本要素原则上均可得到精确的统计。

1.3　混凝土结构材料的发展演变

随着社会的发展，在工业和民用领域，对工程结构的设计要求越来越高。为了满足社会不同方面日新月异的需求，人们对混凝土结构材料的性能提升进行了一系列的探索，主要分为3类探索：混凝土自身性能提升、钢筋混凝土中钢筋性能提升和混凝土组合结构性能提升，见图1-2。

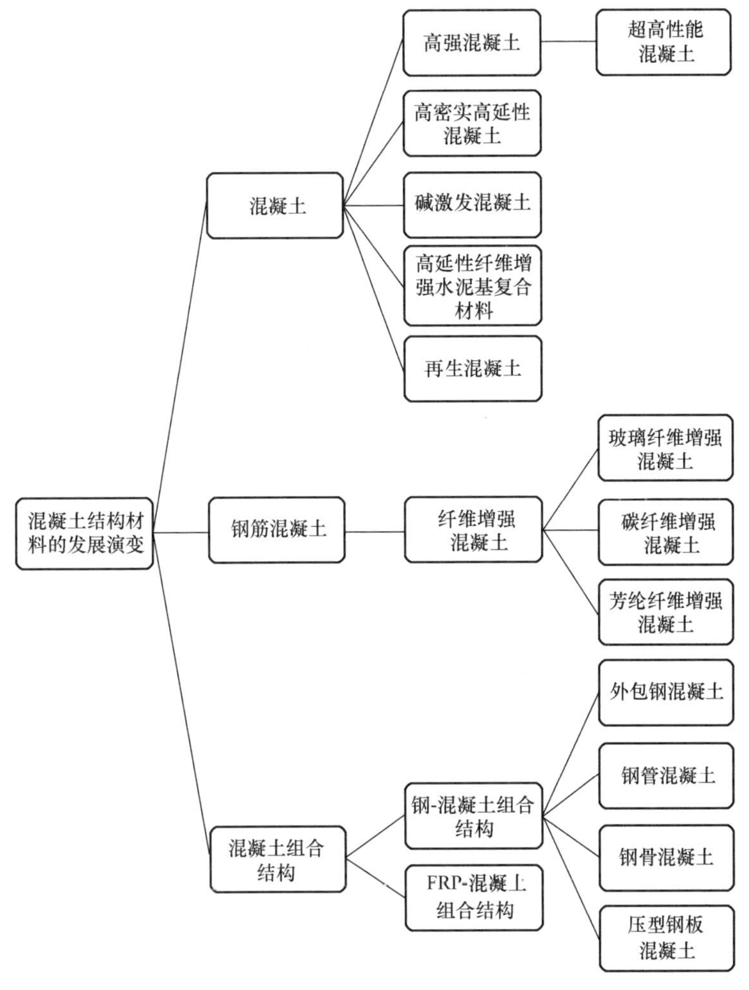

图1-2　混凝土结构材料的发展演变

在混凝土自身性能提升方面，人们从高强混凝土出发，研制出了一系列有着较高性能的混凝土或水泥基复合材料，如超高性能混凝土（Ultra-High Performance Concrete，UHPC）、高密实高延性混凝土（High Ductile Fiber Reinforced Concrete，HDC）、碱激发混凝土和高延性纤维增强水泥基复合材料（Engineered Cementitious Composite，ECC）等。除此之外，面对日益紧张的能源局势，也为了契合国家的“碳中和”战略需求，科学家们还对再生骨料混凝土（Recycled Aggregate Concrete，RAC）这一领域进行了探索。

在钢筋混凝土中钢筋性能提升方面，为了改善钢筋容易锈蚀等缺点，采用不锈钢钢筋、耐蚀钢筋和环氧涂层钢筋，从钢筋材质或隔绝与空气/有害介质的接触方面保护钢筋不至于生锈；也可采用纤维增强筋替换混凝土中的钢筋形成纤维增强筋混凝土（FRP 筋混凝土），其中应用较为广泛的有玻璃纤维增强筋混凝土、碳纤维增强筋混凝土和芳纶纤维增强筋混凝土等。

在混凝土组合结构性能提升方面，针对钢-混凝土组合结构领域进行了一系列研究。其中较为典型的钢-混凝土组合构件形式有外包钢混凝土、钢管混凝土、钢骨混凝土和压型钢板混凝土等。此外，FRP-混凝土组合结构的研究领域也在不断发展。

1.3.1 高性能混凝土

高性能混凝土是在高强混凝土的基础上发展而来的，而 UHPC、HDC、碱激发混凝土和 ECC 等都属于高性能混凝土的变种。随着水泥和混凝土外加剂等领域技术的发展，20 世纪 60～80 年代，美国芝加哥地区高层建筑中柱的混凝土设计强度就从 50MPa 提高到了 110MPa。我国从 20 世纪 80 年代末、90 年代初起，一大批学者对高性能混凝土展开了一系列的研究，认为高性能混凝土不能只追求高强度，要在高强度的同时，兼顾高耐久性、高工作性和绿色性，认为高性能混凝土领域的研究应该朝着这个方向发展。尽快地发展并应用高性能混凝土，可以降低我国水泥和混凝土的用量，减少环境污染。

之后的 30 余年，许多学者推动了以我国高性能混凝土为代表的土木工程材料领域的技术发展并将这些高性能混凝土应用到我国的大型工程上。其中，最具代表性的超高性能混凝土材料为活性粉末混凝土（Reactive Powder Concrete，RPC），最早由法国学者于 1993 年提出，其主要由硅灰、水泥、细骨料及钢纤维等材料组成。UHPC 中分散的钢纤维可大大减缓材料内部微裂缝的扩展，从而使材料表现出超高的韧性和延性。UHPC 具有致密的微观结构，具有很强的抗渗透、抗碳化、抗腐蚀和抗冻融循环能力。UHPC 的耐久性可达 200 年以上，大幅提高了混凝土结构的使用寿命。

近年来，碱激发胶凝材料及混凝土也是研究的一个热点。20 世纪 70 年代，法国科学家 Davidovit 开发了碱激发偏高岭土胶凝材料。碱激发偏高岭土胶凝材料具有很多硅酸盐水泥难以比拟的优异性能，如：凝结硬化快，强度高，耐久性好，收缩小，耐高温等。除此之外，工业废渣也可用于碱激发胶凝材料的生产，大大提高了能源回收利用效率。但是，碱激发混凝土存在性能不稳定、和易性较差等缺点，要实现产业化应用，还有许多问题亟待解决。

近年来，工程结构的耐久性和可持续性越来越被重视，因此，关于 ECC 的研究也层出不穷。ECC是由水泥净浆、砂浆或水泥混凝土作基材，以非连续的短纤维或连续的长纤维作增强材料组合而成的一种复合材料，具有很好的延展性及微裂缝宽度控制特性，故在增强结构的安全性、耐久性及可持续性方面，ECC有很大的优势。

1.3.2 再生混凝土

面对近年来日益紧张的能源局势，我国提出了“碳中和”的战略目标。考虑到土木工程行业的高碳排放，许多科学家在研究和推广再生混凝土这个领域进行了探索，力求为节能减排作出贡献。

再生骨料混凝土简称再生混凝土，它是指将废弃混凝土块经过破碎、清洗与分级后，按一定的比例与级配混合形成再生混凝土骨料（Recycled Concrete Aggregate，RCA），用再生混凝土骨料部分或全部代替砂石等天然骨料配制而成新的混凝土。再生混凝土技术能够将废弃混凝土变废为宝，既能减轻处理废弃混凝土时对环境的污染，又能在一定程度上代替天然骨料，解决天然骨料日益短缺的问题，减少对自然资源和能源的消耗。但是，再生混凝土也有性能一般，耐久性较差等缺点。

因为再生混凝土具有显著的社会、经济和环境效益，符合可持续发展的要求，但因其缺点明显，还未能大规模应用于实际工程。所以仍需对再生混凝土进行一系列研究，解决当前的技术难点以谋求其产业化的实现。

1.3.3 纤维增强筋混凝土

1942年，FRP首先在美国应用于航天工业中。在美国，20世纪五六十年代FRP作为结构材料开始被应用于工民建领域，但由于成本较高，应用规模很小。直至20世纪80年代，FRP材料在土木工程领域的应用和研究才开始被重视起来。在我国，20世纪90年代开始，为了解决钢筋混凝土中钢筋耐久性能不足的问题，科学家们对采用FRP筋代替混凝土中的钢筋以谋求结构拥有更好的耐久性能进行了一系列的研究。

目前，工程结构中最常用的FRP材料主要为碳纤维（Carbon Fiber）、玻璃纤维（Glass Fiber）和芳纶纤维（Aramid Fiber）增强的树脂基体，分别简称为CFRP、GFRP和AFRP。FRP材料具有许多优点，其在力学上具有很高的比强度、比模量和很好的弹性性能，还具有传统结构材料不具备的较好的可设计性和加工性，同时又具有许多特殊的功能特性，如耐腐蚀性、GFRP的绝缘性、CFRP的导电性、较好的隔热性能、透电磁波性能等。因此当工程结构在需要同时满足承载要求和特殊功能特性时，FRP材料具有不可替代的优势。

工程结构中，应用较为广泛的就是FRP筋混凝土结构和FRP索。FRP筋具有轻质高强的优点，且具有抗腐蚀、低松弛、非磁性、抗疲劳等优点。采用FRP筋混凝土结构，可以有效避免锈蚀对结构带来的损害，减少结构全寿命周期的维护成本。在桥梁工程中，FRP索还可用作悬索桥的吊索及斜拉桥的斜拉索以及预应力混凝土桥中的预应力筋。需要注意的是，FRP筋没有明显的屈服平台，导致了在其设计计算时与钢筋混凝土结构的差异性，而且FRP筋必须在工厂事先预制，所以在设计时需要加以考虑。

1.3.4 混凝土组合结构

混凝土组合结构的雏形最早于1894年出现于美国，当时出于防火的需要在钢梁外面包混凝土，但并未考虑混凝土与钢的共同受力。在20世纪20年代，考虑组合受力的钢-混凝土组合梁出现。在20世纪30年代中期出现了钢梁和混凝土翼板之间的多种抗剪连接构造方法。20世纪60年代后，出现了在钢管内填充混凝土的钢管混凝土结构。在我国，20世纪80年代开始，一批科学家们在钢-混凝土组合结构领域展开了一系列的研究。随着对混凝土组合结构的研究和应用的不断发展，近年来混凝土组合结构的类型也在不断扩大。其中，钢-混凝土组合结构已经大规模应用于工程结构中，而FRP-混凝土组合结构等新型组合结构还在研究阶段。

钢-混凝土组合结构兼具钢筋混凝土结构和钢结构的优点。相比于钢筋混凝土结构，钢-混凝土组合结构可以减轻结构自重，减小结构受到的地震作用，减小构件的截面尺寸，增加工程结构的有效使用空间，降低基础造价，节省支模工序和模板，缩短施工周期，增加构件和结构的延性等。相比于钢结构，钢-混凝土组合结构可以减小用钢量，增大结构刚度，增加结构的稳定性和整体性，增强结构抗火性和耐久性等。所以说，钢-混凝土组合结构的应用推广是其结构优越性的必然结果。

近年来，FRP-混凝土组合结构、钢-高性能混凝土组合结构、ECC-钢筋混凝土组合结构、木-混凝土组合结构、竹-地聚物混凝土组合结构等新型材料组合结构层出不穷。固然，混凝土组合结构相较于传统结构形式有一定的优势，但是，对组合结构而言，关于新型组合材料和最优组合共同受力形式的研究还需要进一步深入。

1.4 多灾害引起的混凝土结构的发展演变

从古至今，世界上就存在着各种灾害。随着人类社会的发展，人们对于灾害的认知越来越深刻，也对灾害越来越重视。灾害可以分为自然灾害和人为灾害，这两种灾害的影响都是巨大的。以自然灾害为例，自然灾害往往会带来巨大的经济损失，严重制约着国民经济的持续发展。据统计，我国1949年以来的灾害损失约占国内生产总值（GDP）的5.09%，占我国财政收入的27%。近年来，我国每年因灾害造成的直接经济损失约占GDP的3%～5%。除此之外，我国70%以上的大城市，半数以上的人口，75%以上的工农业产值位于灾害频发区。可见，自然灾害严重地威胁着人民的生命和财产安全，也严重制约着国民经济和社会的可持续发展。

随着世界人口的不断增长，经济的不断发展，人类所面对的防灾减灾的形势日趋严重。由于可发展区域的不足，人类正不断向自然条件较为恶劣且面临灾害风险更大的区域进发，所以灾害发生的危险性随着社会的发展呈现出不断增长的趋势。虽然人们在对灾害的研究方面投入了巨大的精力和财力，但目前人类所掌握的知识和技术还不能完全达到防灾减灾的目标。近几十年来，为了使混凝土结构达到防灾减灾的目标，科学家们在结构设计、结构材料和结构体系等领域展开了一系列的研究和探索，使得混凝土结构面对多灾害时的防灾减灾能力得到了不小的提升。

在工程结构领域，主要面对的灾害有地震、火灾、爆炸和环境与材料时变等。近年来，应对这些灾害的结构防灾减灾措施也在迅速发展。以结构抗震领域为例，过去几十年中，基于性能的结构抗震设计方法逐渐发展成熟。此外，还发展出了隔震技术，消能减震技术，主动、半主动和智能结构振动控制技术等。在混凝土结构材料方面，活性粉末混凝土、FRP 筋混凝土、钢-混凝土组合结构等结构材料的研究与应用也促进了混凝土结构防灾减灾性能的提升。

1.4.1 混凝土结构抗震与耐震

关于混凝土结构抗震领域的发展，主要体现在结构的抗震设计方法、抗震材料和抗震体系 3 个方面。

20 世纪 90 年代，美国工程界提出了基于性能的抗震设计（PBSD）方法。过去几十年中，在混凝土结构抗震领域，基于性能的抗震设计方法逐渐成熟并被大规模使用。基于性能的结构抗震设计理念是对传统抗震设计理念的改进和完善。基于性能的抗震设计方法以结构抗震性能分析为基础，根据设计水准的不同，将抗震性能划分为不同的等级，然后采用合理的抗震性能目标和合适的结构抗震措施进行设计，使结构在不同水准地震作用下的破坏损失控制在预期的目标损失以内，再通过对工程项目进行全生命周期的成本分析，以达到一种介于安全性和经济性之间的平衡。

基于性能的抗震设计方法主要有承载力设计方法、基于位移的设计方法和能量设计方法。其中，承载力设计方法已被普遍采用，是最主要的设计方法。而基于位移的抗震设计方法可分为直接基于位移的设计方法、延性系数设计法和能力谱法。当考虑结构耗能时，采用能量设计方法较为合适。

多年来，各国抗震规范普遍采用的“小震不坏、中震可修、大震不倒”的设防水准已经隐含了多个性能指标，但是在结构的抗震能力和抗震需求间仍存在着不确定性。大多数抗震设计规范主要考虑了安全目标，即大震发生时保护人的生命安全，对适用性目标、耐久性目标等的考虑还不完善。

在抗震材料方面，随着混凝土结构材料的飞速发展，高性能混凝土、FRP 筋混凝土和钢-混凝土组合结构的出现使得抗震材料的选择变得多种多样。

对于高性能混凝土，以活性粉末混凝土（RPC）为例，RPC 可以大大提高混凝土结构的抗震性能，RPC 因其高强度和高性能从而能够减轻结构的自重，进而使结构所承受的地震惯性力大大降低以达到抗震的效果。并且，RPC 的高强度使得结构构件的截面尺寸变小、柔性增大，结构的变形能力增强，从而使得结构的耗能减震能力得到提高。除此之外，RPC 的抗剪强度较高，也利于混凝土结构的抗震设计。

对于 FRP 筋混凝土结构，以 CFRP 筋混凝土为例，因其轻质高强而可以减轻结构的自重，进而减轻地震惯性力以达到抗震效果。除此之外，CFRP 筋混凝土结构的减震性能好，其自振频率很高，可避免结构早期共振，且内阻很大，发生激振时的衰减较快，故 CFRP 筋混凝土结构的抗震性能较为优越。

对于钢-混凝土组合结构，其可以减轻结构自重，减小结构受到的地震作用，增加构件和结构的延性，故抗震性能较好。但是，针对钢-混凝土组合结构抗震性能的评价理论和设计方法还需要进一步的研究。

在抗震体系方面，较为常见的有隔震体系、消能减震体系和可恢复功能结构。

现代结构隔震技术于20世纪60年代出现。1994年美国洛杉矶北岭地震和1995年日本阪神地震，采用隔震技术的结构表现出了优越的减震抗震性能，此后，世界各国开始重视并推广发展和积极应用隔震技术。隔震体系是指在结构底部或某层间设置由隔震装置组成的隔震层而形成的结构体系。它包括上部结构、隔震层和下部结构三部分。其中，常用的隔震装置有叠层橡胶隔震支座、滑动摩擦装置、滚动隔震装置、钢筋-沥青隔震层、砂垫隔震层等。当发生地震时，上部结构在柔性的隔震层上，只作缓慢的水平整体平动，从而上部结构受到的地震振动反应大幅降低，起到隔震的作用。结构采用隔震体系时的地震反应仅为传统结构地震反应的$\frac{1}{8}\sim\frac{1}{4}$，所以采用隔震体系的结构抗震安全性很高。同时，隔震体系可以同时保护建筑结构中的结构构件和非结构构件安全，适用于生命线工程的抗震。此外，隔震结构在地震时上部结构保持弹性，结构在地震中不损坏，震后的修复工作也相对更简单方便。

20世纪70年代初，美国科学家提出了消能减震的概念。20世纪80年代，一些科学家们在结构消能减震领域进行了一系列的研究。消能减震体系是把结构的某些非承重构件设计成消能构件，或在结构的节点或联结处安装耗能装置，在中强震发生时，随着结构受力和变形的增大，这些消能构件和阻尼器先于主体结构进入非弹性变形状态，产生较大的阻尼，消耗输入结构的地震能量并迅速衰减结构的地震反应，从而避免主体结构在地震中遭受明显破坏。其中，常用的消能构件有屈曲约束支撑和阻尼填充墙等，而常用的耗能装置有黏滞阻尼器、黏弹性阻尼器、摩擦阻尼器、金属阻尼器、调谐质量阻尼器、调谐液体阻尼器等。据统计，消能减震体系可衰减约20%～50%的结构受到的地震反应，故消能减震体系是较为安全可靠的。此外，消能构件和阻尼器易于更换，利于结构的震后修复，适用于需要快速恢复使用的重要工程。

近年来，关于可恢复功能结构的抗震设计概念被提出，可恢复功能结构是指地震后不需修复或稍加修复即可恢复其使用功能的结构。常见的可恢复功能结构有可更换构件结构、自复位结构和摇摆结构。从摇摆结构和自复位结构的基本原理来看，放松结构与基础交界面处或结构构件间交界面处的约束，使该界面仅有受压能力而无受拉能力，进而结构在地震作用下发生摇摆而结构本身并没有太大弯曲变形，最终恢复到原有位置时没有永久残余变形，这样的结构被称为自由摇摆结构；对自由摇摆结构施加预应力以保证其结构体系稳定的结构称为受控摇摆结构。如果放松约束的结构在地震作用下首先发生一定的弯曲变形，超过一定限值后发生摇摆，通过预应力使结构恢复到原有位置，这样的结构则称为自复位结构。可见，自复位结构是摇摆结构和传统结构之间的中间形式。可恢复功能结构可以做到在大幅度消能减震的同时使结构可以迅速恢复其使用功能，有非常大的应用价值。但是，针对自复位结构和摇摆结构的设计方法还未完全明确，需要建立一套有实用意义的设计方法来推广可恢复功能结构。

1.4.2 混凝土结构抗火

火灾属于高频灾种，对人民生产生活的危害很大。据统计，中国每年发生约 15 万起建筑火灾，全世界每年发生约 360 万起建筑火灾。混凝土结构在火灾发生后，建筑室内温度在 30min 内可达 800～1200℃，在高温下结构往往因承载力和刚度降低而发生倒塌。

19 世纪末，国外就有关于火灾和混凝土结构抗火性能的研究。1965 年前后，一批公安部直属消防研究所建立起来。20 世纪 80 年代以来，人们在混凝土结构抗火研究领域投入了巨大的精力，取得了不小的进展，其中，主要研究的方向有混凝土结构抗火设计方法和混凝土结构抗火性能提升方法。

在混凝土结构抗火设计方法方面，主要有基于试验、计算和性能的 3 种抗火设计方法。基于试验的抗火设计方法和基于计算的抗火设计方法都是以根据构件重要性、火灾特点和结构功能等参数对照规范查表的方式来确定抗火需求的。基于试验的抗火设计方法通过标准火灾试验确定构件的抗火能力，这种设计方法虽然便于工程人员使用，但其未考虑火灾下构件的承载能力，且划分耐火等级时考虑因素不全面，试验费用高。基于计算的抗火设计方法通过理论或数值分析计算确定构件的抗火能力，这种设计方法虽然考虑了高温下构件的力学性能，但其研究对象一般为混凝土梁、板、柱等构件，缺乏涉及结构体系的研究。而基于性能的抗火设计方法根据结构的安全性等性能指标确定抗火需求，同时根据结构的性能、环境因素和可燃物性质等确定结构的抗火能力，相较于前两种传统设计方法更加合理科学。但是，目前还没有国家完全采用基于性能的抗火设计规范，故针对基于性能的抗火设计方法仍需要进一步的研究。

在混凝土结构抗火性能的提升方法方面，可分为材料和构造两个层面。在材料层面，可采用纤维增强混凝土来提高混凝土结构的抗火性能。例如，聚丙烯纤维可以提高混凝土的抗爆裂性能，钢纤维可以提高混凝土结构在受高温后的剩余承载能力。而在构造层面，提高混凝土结构抗火性能的措施主要有适当增加保护层厚度，增加构件截面尺寸和涂防火涂层等。需要注意的是，在一定范围内适当地增加构件截面尺寸和混凝土保护层厚度可以提高结构的耐火极限，但是，过度地增加截面尺寸与保护层厚度反而会导致结构承载力的降低，且使得混凝土结构在高温下更容易开裂。因此，应结合实际情况确定混凝土结构的构造形式。

在混凝土结构抗火领域，对于高温下结构构件温度传递与内力重分布的规律、火灾与其他灾害多灾害耦合作用下对结构的损伤和灾变机制均尚不明确，需要进一步的深入研究。

1.4.3 混凝土结构抗爆

在军用建筑领域，关于结构抗爆的加固与防护早有研究。但是，在民用建筑领域，直至 2001 年发生的“9・11 事件”后，民用建筑结构抗爆的重要性才逐渐引起国内外学者的重视。近年来，在结构抗爆领域进行了一系列的研究，其中主要研究的方向有混凝土结构抗爆设计方法和混凝土结构抗爆加固与防护方法。

在混凝土结构抗爆设计方法方面，主要考虑采用基于性能的结构抗爆设计方法。虽然，在抗震设计领域，基于性能的设计方法已经非常成熟，但是，在抗爆领域，基于性能的设计方法还有许多问题亟待解决，比如爆炸条件下结构构件的性能水平划分、性能目标和具体的抗爆设计计算方法都还需要进一步的深入研究。

在混凝土结构抗爆加固与防护方面，可以分为复合材料、缓冲材料和刚性材料的加固与防护。其中，复合材料的加固与防护就是采用纤维增强材料对钢筋混凝土结构进行外部加固或者采用纤维增强筋混凝土结构来改善结构在爆炸后的动力响应，从而提高混凝土结构的抗爆性能。对于缓冲材料加固，也就是利用橡胶混凝土中橡胶颗粒的缓冲消能性质来抵消爆炸时的能量。对于刚性材料加固，则是对混凝土结构采用如粘贴钢板等加固方法以提高一定的抗爆效果。

在混凝土结构抗爆领域，抗爆设计方法和抗爆加固与防护方法离成熟和可靠还有一定的距离，仍有许多问题需要解决，需要进一步的研究和完善。

1.4.4 混凝土结构抗环境与材料时变影响

对于混凝土结构抗环境与材料时变影响的研究，也就是对于混凝土结构全寿命周期内耐久性提升的研究。恶劣的环境会加速混凝土结构的劣化，常见的恶劣环境有腐蚀环境和冻融循环环境等。对于混凝土结构抗环境与材料时变影响的方法，可以从混凝土结构全寿命周期设计方法、高耐久性混凝土和合理的监测维护三方面来考虑。

传统的结构设计方法应用广泛，但是传统方法主要考虑结构初建性能满足要求，对于结构全寿命周期内耐久性能随时间劣化的综合考虑有所欠缺。20 世纪中后期，随着欧美国家建设高峰期的出现，大量采用传统的结构设计方法的建筑物在服役期中慢慢暴露出了许多耐久性不足的问题并引起国外科学家的重视。20 世纪末，许多科学家投入到结构耐久性领域的研究中，采用结构全寿命周期设计方法来考虑结构在全寿命周期内的耐久性。结构全寿命周期设计方法以结构“设计—建造—使用—维护—修复—加固—拆除—再利用”的全寿命周期为研究对象，针对不同服役环境、受力状态、设计使用年限开展材料与结构的时变性能研究，把握工程结构劣化机理，提出提高工程结构耐久性对策。此外，全寿命设计方法将设计指标分为可靠性指标（安全性、耐久性、适用性指标）和可持续性指标（经济、环境、社会指标），从而能够在工程结构的可靠性与可持续性之间寻求平衡，在提高混凝土结构全寿命周期内耐久性的同时提高建筑的可持续性，使建筑满足一定的社会友好属性。

在高耐久性混凝土方面，主要考虑到腐蚀和冻融循环环境，采用了如 FRP 筋混凝土、环氧涂层钢筋混凝土、抗渗混凝土、抗冻混凝土等应对恶劣环境作用的混凝土。其中，FRP 筋和环氧涂层钢筋都具有较好的抗腐蚀性，可以使得长期处于腐蚀环境下的结构保持良好的性能。此外，为了提高混凝土结构在腐蚀环境下的耐久性能，还可以采用降低混凝土水胶比、内掺矿物掺合料、内掺混凝土防腐阻锈剂、采用抗硫酸盐水泥来替代普通硅酸盐水泥等措施。而抗渗混凝土和抗冻混凝土都通过采用外加剂改善了混凝土内的孔隙结构而提高了混凝土的抗渗性和抗冻性，从而提高混凝土结构在腐蚀和冻融循环环境下的耐久性能。除此之外，还有在绿色高性能混凝土、高性能膨胀混凝土、混杂纤维增强混凝土的基础上开发的绿色高耐久性混凝土。这种绿色高耐久性混凝土既具有高耐久性（高抗渗性、抗冻性及抗腐蚀性）、高工作性和经济适用性，又具有保护环境、节约能源、有益于社会可持续发展的优越性能，值得进一步研究论证与推广。

要做到混凝土结构全寿命周期内耐久性的提升，合理的健康监测与定期的维护是必不可少的。混凝土结构面临的材料时变劣化有麻面、露筋、孔洞、裂缝、钢筋锈蚀等，其中钢筋锈蚀是影响混凝土结构受力性能最主要的方面。因此，大多数维护手段都是针对钢筋除锈进行的。传统的修复方法主要是凿除已劣化的保护层，对钢筋进行除锈防锈处理。对严重锈蚀的钢筋，进行旁焊补强或更换，然后对锈蚀的钢筋做除锈及阻锈处理，再使用环丙砂浆、丙乳砂浆等进行填补。但是，传统的修复方法难以满足维护后长期的耐久性要求。因此，科学家们提出了电化学修复方法并进行了研究，如阴极保护法、电化学再碱化法、电沉积修复法、电化学除氯法和电渗阻锈法。对于大多数混凝土结构，电化学修复方法可长期可靠地抑制钢筋的锈蚀，大大降低全寿命周期内的维护成本。近年来，一些学者在结合电迁移型阻锈剂和电化学除氯技术特点的基础上提出了一种新型的混凝土耐久性提升方法即双向电渗修复法。需要注意的是，双向电渗必须考虑电化学除氯与电迁阻锈剂的耦合作用，合理化相应的双向电渗影响参数，才能得到良好的阻锈效果，从而提升混凝土维护后的长期性能。

对于混凝土结构抗环境与材料时变影响领域，虽然已经有许多试验和理论成果，但是，各国都缺少统一的规范指引，也缺乏大规模的工程应用论证。所以，应该尽早将全寿命周期设计方法引入规范作为理论指引，并结合高耐久性混凝土和新型监测维护技术的应用，使得在未来实际工程中，混凝土结构的全寿命周期耐久性能够提升到一个新的水平。

1.5 混凝土结构全寿命体系的构建

为了在工程结构领域完善可持续发展的目标，提高建设项目投资的经济回报率，有效地节约资源，尽量规避及减少基本设施建设中的各类风险，有必要在工程技术领域从工程结构的整体出发，依据全局性的观念，提出工程结构的全寿命概念。考虑工程结构的全寿命，深入地了解其内涵，就必须在工程结构项目的各个主要阶段中，立足结构的全寿命，运用全局的观点，采用整体性的思考方式，从工程结构的技术目标、经济目标等出发，并充分考虑社会和环境等的影响，经由各类不同的指标来进行工程结构全寿命周期内的规划、决策、设计、建造、评估、管理等措施。它包括了与全寿命相关的多个方面的研究，如工程结构全寿命成本分析（Life-Cycle Cost Analysis，LCCA）、工程结构全寿命设计（Life-Cycle Design，LCD）、工程结构全寿命管理（Life-Cycle Management，LCM）、工程结构全寿命评估（Life-Cycle Assessment，LCA）等。

1.5.1 全寿命成本分析（Life-Cycle Cost Analysis，LCCA）

“全寿命”概念的提出，可以追溯到20世纪60年代，为了控制庞大的军费开支，美国军方开始针对武器装备进行系统研究，首先提出了“全寿命成本分析”的概念，即“全寿命经济分析”（Life-Cycle Cost Analysis，LCCA），并将其应用于军用设备采购，其具体的举措包括：（1）制定和颁布了一系列文件，包括有关标准、规则、指令、通告及手册，使有关规定和方法更加具体化；（2）从研制开始就非常重视可靠性、维修性和综合后勤保障；（3）改革维修措施；（4）淘汰使用维修费用过高的陈旧设备等。美国军方这种以成本为杠杆来调节国防建设的做法取得了重大成效，后迅速推广到民用部门。

20世纪70年代，“全寿命成本分析方法”逐渐在欧洲、日本等得到应用，这一时期从各个方面对寿命周期费用分析方法进行了比较深入的研究，包括费用的分解、估算、建模、校核以及评估等。瑞典和欧洲其他一些国家将全寿命成本管理和可持续性发展结合起来，偏向于电力系统中的绿色能源，在计算成本时考虑了环境的影响。

在基础设施领域中，Winfrey于1969年提出了在交通项目中应用全寿命经济分析的基本框架，开创了土木工程领域全寿命经济分析研究的先河。1977年，美国建筑师协会发表了《全生命周期造价分析——建筑师指南》，给出了全寿命经济分析的初步概念和思想，指出了开展研究的方向和分析方法。Orshan于1980年从建筑设计方案比较的角度出发，探讨了在建筑方案设计中应该全面考虑项目的建造成本和运营维护成本的概念和思想，提出了工程项目成本划分方法、工程项目造价的数学方法模型和工程项目的不确定性风险的估算方法。Ockwell于1999年从公路项目出发，探讨了公益性项目的全寿命周期造价管理的思想和方法，认为公路项目的全寿命周期造价不仅应该包括公路初始的建造成本和随后的维修、保养和更换成本，而且应该充分考虑公路使用者的使用成本，从而使全社会获得最大的社会福利。2000年，Miyamoto等人以全寿命成本最小以及承载力和耐久性最大为优化原则研究已建桥梁结构的最优维护方案。2001年，美国混凝土学会（ACI）战略部与几个单位联合研制出LCCA-365应用软件，用于对氯盐环境中各种常用防护措施的选用、预测寿命以及成本分析等。2003年，Lee和Chang以结构全寿命周期总成本最小为目标选择最优的维护方案，确定维护时间及维护方法。Akgül等提出了基于可靠度退化的钢筋混凝土桥梁的生命周期成本优化设计，它考虑各种检测技术的性质，基于事件树的所有维修概率、老化和腐蚀退化的作用、损伤强度、维修对结构可靠度的影响和钱的时间价值。

为了在土木工程领域贯彻实施全寿命设计的新理念，美国《基础设施投资原则》（第12893号政府令）明确要求：投资成本要细化、量化、合理化，工程项目的投资成本包含整个使用寿命期内的一切费用。美国联邦公路局（FHWA）于1994年发布《关于实施全寿命经济分析法的政策声明》（FHWA-94-15），指明：“凡联邦与地方联合管理的基础建设项目的投资评估，均须执行全寿命经济分析法”。据初步估计，全世界已经有20多个国家或地区采用了LCCA法。

1.5.2 全寿命设计（Life-Cycle Design，LCD）

全寿命设计的理念最早出现在军事和工业领域，用于削减军事开支和控制工业产品的成本，减少产品生产链的能源消耗，并考虑产品的回收和可持续性。建筑行业引进全寿命设计方法之后，已开展了广泛的理论研究和应用推广，具体研究成果详见第9章。

1.5.3 全寿命评估（Life-Cycle Assessment，LCA）

全寿命评估（Life-Cycle Assessment，LCA）是指汇编和评估系统在整个生命周期中的投入、产出和潜在的环境影响，是系统分析产品或过程在整个生命周期中的环境绩效的工具，包括原材料提取、制造、使用、报废（EOL）处置和回收。因此，LCA通常被认为是评估环境影响的"从摇篮到坟墓"的方法。

多年来，全寿命评估（LCA）的概念已经形成，主要在20世纪70年代和80年代得到发展，其重点是在整个生命周期中对能量和材料以及释放到环境中的废物进行量化。国际标准化组织（ISO）在20世纪90年代采用了环境管理标准，作为其14000标准系列的一部分，其中14040系列侧重于建立LCA的方法；其他国际组织采用了类似的方法。

ISO标准的一个主要方面是进行LCA分析的四阶段迭代框架。4个步骤包括：目标和范围定义、生命周期清单分析、生命周期影响评估（LCIA）和解释。目标和范围定义步骤建立了清单数据的功能单元、系统边界和质量标准。生命周期清单分析步骤对产品全寿命周期各个阶段的物理材料和能量流信息进行收集和合成。在LCIA中，不同物质和能量流的环境影响将被分配到不同的环境影响类别，并采用特征因子计算每个成分对不同环境影响类别（气候变化、臭氧消耗、生态毒性、人体毒性、光化学臭氧形成、酸化、富营养化、资源枯竭和土地利用）的比重。最后，生命周期解释步骤则对全寿命清单分析和全寿命影响评估结果进行解释。

生命周期评估自1990年以来一直用于建筑行业，并且还被用于评估"从摇篮到坟墓"的长时间产品开发过程。随着当前对可持续建筑的推动，LCA作为评估施工实践对环境影响的客观方法已经变得越来越重要。

1.5.4 全寿命管理（Life-Cycle Management，LCM）

LCM概念最早出现于20世纪60年代的美国军方对航空母舰、激光式导弹、攻击性战斗机等高科技军队化武器的管理上。从20世纪70年代起，LCM理念被很多国家采纳并应用于交通运输系统、航天航空技术、国防建设系统、能源工程等相关领域。

早期的管理理论研究可见于管理行为、组织理论、作业管理等研究中，把项目各个阶段分开进行研究，并不是作为一个整体。而所谓全寿命管理，就是从长期效益出发，综合应用LCC、LCA等一系列先进的技术手段和管理方法，统筹规划、设计、生产、经销、运行、使用、维修保养、回收再利用处置等各环节，在确保规划合理、工程优质、生产安全、运行可靠的前提下，最大限度地减少项目整体开支，并促进产品的可持续发展。管理内容包括对工期、成本、质量、信息、合同、风险、材料的集成化管理。

LCM是以整体形式考虑产品全寿命周期并旨在实现产品性能最大化的管理方法，是可持续发展的先决条件。其中全寿命周期工程（Life-Cycle Engineering，LCE）、全寿命评估（Life-Cycle Assessment，LCA）、全寿命成本（Life-Cycle Cost，LCC）以及最后的产品数据管理（Product Data Management，PDM）都是实现资源保护和使用效率最大化的手段。虽然这些手段的概念维度不同，使用相对独立，但它们的集成应用将大大降低成本和所需时间，一旦开发出适当的基础工具并制定了正确的管理计划，全寿命周期工程将对所有合作者与参与者带来潜在的利益。

思 考 题

1-1 从混凝土结构设计理论的发展演变，认识混凝土结构设计方法的变迁。

1-2 如何从混凝土、筋材和黏结等材料的变化，了解混凝土结构的变化？

1-3 如何理解混凝土结构在抗震减震、抗火和抗爆的作用？

1-4 如何从混凝土结构抗环境与材料时变影响，认识其全寿命理论的重要性？

1-5 什么是混凝土结构全寿命周期？通常有哪些混凝土结构全寿命方法？

参 考 文 献

[1] 中国工程院土木、水利与建筑工程学部．土木学科发展现状及前沿发展方向研究[M]．北京：人民交通出版社，2012.

[2] 陶慕轩，聂建国，樊健生，等．中国土木结构工程科技2035发展趋势与路径研究[J]．中国工程科学，2017，19(1)：73-79.

[3] 防灾学科发展战略研究组．防灾工程学科研究进展与发展趋势[R]．国家自然科学基金委员会建筑、环境与土木工程学科发展战略研究综合报告：2005.

[4] American Institute of Steel Construction. Steel construction manual[M]. 14th ed. Chicago, IL, USA AISC, 2011.

[5] Bulleit W M. Uncertainty in structural engineering[J]. Practice Periodical on Structural Design and Construction, 2008, 13(1): 24-30.

[6] 中国建筑科学研究院．混凝土结构设计规范：GB 50010—2010(2015年版)[S]．北京：中国建筑工业出版社，2015.

[7] Structural Engineers Association of California (SEAOC). Vision 2000—a framework for performance-based design (Ⅰ - Ⅲ)[M]. Sacramento, CA, USA, 1995.

[8] Vinnem J E. Approach to risk based design[M]. Springer Series in Reliability Engineering. London: Springer, 2014.

[9] Barone G, Frangopol D M. Reliability, risk and lifetime distributions as performance indicators for life-cycle maintenance of deteriorating structures[J]. Reliability Engineering & System Safety, 2014, 123: 21-37.

[10] 胡琦忠．工程结构全寿命设计理论的核心指标研究[D]．杭州：浙江大学，2009.

[11] 邵旭东，邱明红，晏班夫，等．超高性能混凝土在国内外桥梁工程中的研究与应用进展[J]．材料导报，2017，31(23)：33-43.

[12] 孔德玉，张俊芝，倪彤元，蒋靖，方诚．碱激发胶凝材料及混凝土研究进展[J]．硅酸盐学报，

2009，37(01)：151-159.
[13] 沈荣熹，崔琪，李清海．新型纤维增强水泥基复合材料[M]．北京：中国建材工业出版社，2004.
[14] 肖建庄，李佳彬，兰阳．再生混凝土技术研究最新进展与评述[J]．混凝土，2003，(10)：17-20.
[15] 叶列平，冯鹏．FRP在工程结构中的应用与发展[J]．土木工程学报，2006，(03)：24-36.
[16] Nethercot D A. Composite construction[M]. New York：Taylor&Francis，2003.
[17] 聂建国，余志武．钢-混凝土组合梁在我国的研究及应用[J]．土木工程学报，1999，(02)：3-8.
[18] 罗开海，黄世敏．我国抗震防灾技术标准的发展进程与展望[J]．建筑科学，2018，34(09)：18-25.
[19] 谢礼立，马玉宏．现代抗震设计理论的发展过程[J]．国际地震动态，2003，(10)：1-8.
[20] 张杰，吕西林．混合结构抗震性能研究进展及展望[J]．结构工程师，2007，(03)：78-82.
[21] 吴应雄，黄净，林树枝，祁皑．建筑隔震构造设计与应用现状[J]．土木工程学报，2018，51(2)：62-73，94.
[22] Yao J T P. Concept of structure control[J]. Journal of Structural Division，ASCE，1972，98(7)：1567-1574.
[23] 景铭，戴君武．消能减震技术研究应用进展侧述[J]．地震工程与工程振动，2017，37(03)：103-110.
[24] 吕西林，陈云，毛苑君．结构抗震设计的新概念——可恢复功能结构[J]．同济大学学报(自然科学版)，2011，39(07)：941-948.
[25] 吴波，唐贵和．近年来混凝土结构抗火研究进展[J]．建筑结构学报，2010，31(6)：110-121.
[26] 过镇海，时旭东．钢筋混凝土的高温性能及其计算[M]．北京：清华大学出版社，2011.
[27] 郭铁男．我国火灾形势与消防科学技术的发展[J]．消防科学与技术，2005，(06)：663-673.
[28] Hou X M，Kodur V K，Zheng W Z. Factors governing the fire response of bonded prestressed concrete continuous beams[J]. Materials and Structures，2015，48(9)：2885-2900.
[29] 金伟良，牛荻涛．工程结构耐久性与全寿命设计理论[J]．工程力学，2011，28(S2)：31-37.
[30] 金伟良，王竹君．工程结构全寿命设计绿色指标体系构建[J]．建筑结构学报，2018，39(03)：120-129.
[31] 董志强，吴刚．FRP筋增强混凝土结构耐久性能研究进展[J]．土木工程学报，2019，52(10)：1-19.
[32] 金伟良，吴航通，许晨，金骏．钢筋混凝土结构耐久性提升技术研究进展[J]．水利水电科技进展，2015，35(05)：68-76.
[33] 高教银．建设项目全寿命周期成本理论及应用研究[D]．上海：同济大学，2008.
[34] American Institute of Architects. Life cycle cost analysis：a guide for architects[M]. The USA：American Library Association，1977.
[35] National Highway System Design Nation Act. LCCA requirements[M]. FHWA-HNG-40，1996.
[36] Sharma A，Saxena A，Sethi M，et al. Life cycle assessment of buildings：a review[J]. Renewable & Sustainable Energy Reviews，2011，1：871-875.

第 2 章　混凝土结构材料性能与环境作用

2.1　混凝土结构的组成材料

混凝土结构是应用非常广泛的一种结构形式。从广义上讲，凡是由胶凝材料、骨料、水等物质按适当比例配合，并经过拌制形成搅拌物，经一定时间硬化而成的人工石材，都称为混凝土。混凝土最基本的组成材料包括胶凝材料（水泥和矿物掺合料）、骨料、水和化学外加剂。

胶凝材料、外加剂和水拌合后，形成了水泥浆体并构成了混凝土材料的基底。水泥浆体能够包裹在骨料表面，同时填充骨料之间的空间，其在混凝土硬化前主要起润滑作用，使得混凝土搅拌物有良好的和易性，在硬化之后构成混凝土材料的主体，并将粗骨料及细骨料胶结成为一个整体，使其具有较好的强度及刚度。骨料分为粗骨料和细骨料，其较为均匀地离散分布在水泥基体中，承担了受力骨架作用，同时由于其弹性模量较大，也可以一定程度上限制混凝土的收缩。化学添加剂是指在拌制混凝土时掺加，主要用于改善混凝土特定性能的物质，其掺量一般较少，但能够显著改变混凝土物理化学特性，以满足使用的需要。

2.1.1　胶凝材料

从广义角度来说，将能够把散粒状固体以及块状固体胶结在一起并构成整体的材料统称为胶凝材料。根据化学性质，胶凝材料可以分为无机胶凝材料和有机胶凝材料。无机胶凝材料又能够根据硬化条件分为水硬性胶凝材料和气硬性胶凝材料。水硬性胶凝材料指既能在水中，又能在空气中硬化并维持强度发展的胶凝材料，如硅酸盐水泥等。气硬性胶凝材料指只能在空气中硬化并维持强度发展的胶凝材料，如石灰、石膏等。其中应用最为广泛的为水泥。

1. 水泥

水泥呈粉末状，是最为常用的水硬性胶凝材料，是最重要的建筑材料之一。水泥种类繁多，按熟料种类可分为硅酸盐水泥、铝酸盐水泥、硫铝酸盐水泥等。按照水泥的特性与用途可划分为通用水泥、专用水泥、特性水泥等等。其中，硅酸盐水泥是最为常用的通用水泥。

水泥与水接触后，其矿物组成成分会与水发生一系列复杂的化学反应，生成水化硅酸钙凝胶（C-S-H 凝胶）、水化铁酸钙凝胶、氢氧化钙晶体、水化铝酸钙凝胶（C-A-H 凝胶）、水化硫铝酸钙晶体等物质。在完全水化的水泥中，水化硅酸钙约占 70%，氢氧化钙约占 20%，钙钒石和单硫型水化硫铝酸钙约占 7%。

按照水化反应速率和水泥浆体的结构特征，水泥水化及其随后的凝结硬化主要可以分为初始反应期、潜伏期、凝结期、硬化期四个阶段。水泥刚与水接触的 5～10min 内称为初始反应期，此阶段放热速率先急剧增长，达到峰值后又降至很低的数值。初始反应期后 1～2h 为潜伏期，此期间水泥水化反应十分缓慢，水泥浆放热速率很低，这主要是最初水化生成的水化铝酸钙凝胶和钙钒石晶体覆盖在水泥颗粒表面造成的。潜伏期之后，随着渗透压的不断增大，水泥颗粒表面膜层破裂，水泥继续水化，约 6h 内水化热达到最大值，随后缓慢下降。此阶段称为凝结期，水泥水化产物逐渐增多并填充水泥颗粒间的空间，形成具有一定稳定性的凝聚结构，水泥浆体逐渐失去塑性。凝结期之后水化反应速率逐渐降低，水化产物仍在缓慢生成并填充凝聚结构间的空隙，使得其结合更为紧密，强度逐渐上升，这一过程称为水泥的硬化。硬化期是一个相对较长的过程，甚至可以持续几十年。

经过水化、凝结、硬化过程，水泥最终生成硬化水泥浆体。硬化水泥浆体是由多种相组成的不均匀结构，其结构主要包括固相、孔洞以及水分。

水泥浆体的固相主要由水化硅酸钙凝胶（C-S-H 凝胶）、氢氧化钙、水化硫铝酸钙和未水化的水泥颗粒四种物质组成。在水泥浆体的固相物质之间还会存在许多不同类型的孔洞，这些孔洞直径多处于 0.1 μm～1000nm 之间，按照形成方式的不同可以分为气孔、毛细孔和 C-S-H 凝胶间的层间孔。

水泥浆体中的水分则主要有毛细孔水、吸附水、层间水和化学结合水 4 种形式，其脱水难度以毛细孔水最易，化学结合水最难，依次增大。毛细孔水是指存在于毛细孔中以及气孔中的水分，其中存在于较大孔隙中的称为自由水，较小毛细孔中的水则会受到毛细作用，失水收缩。吸附水指的是吸附于水泥浆体中固相表面的水分，当相对湿度小于 30% 时，会失去大部分吸附水，从而使得水泥浆体收缩。层间水是位于 C-S-H 凝胶间层间孔中的水分，只有在强烈干燥环境中，单分子水层氢键才会被破坏而脱水，发生明显收缩。化学结合水则是各种水泥水化产物微结构的一部分，化学结合水一般只会在产物分解时才会失去。

2. 矿物掺合料

混凝土矿物掺合料指的是在混凝土拌制过程中，同混凝土其他组分一起加入的人造或者天然的矿物材料。其能够改善混凝土性能、调节混凝土强度等级以及节约水泥用量。目前已知的矿物掺合料有许多种，如粉煤灰、磨细矿渣微粉、硅灰、偏高岭土、石灰石粉等。其中使用较为常见的是粉煤灰、磨细矿渣微粉和硅灰。

粉煤灰来源于火力发电厂排出的废气中的粉末状材料，日常工业排放量很大，可根据氧化钙含量分为高钙灰（CaO 含量不小于 10%）和低钙灰（CaO 含量小于 10%），其中低钙灰来源广泛，是使用最为广泛的混凝土矿物掺合料。

由于粉煤灰本身的化学成分、微观结构和颗粒形状等特征，掺入混凝土中会产生以下 3 种效应：①活性效应。粉煤灰所含玻璃体中的 SiO_2 和 Al_2O_3 具有火山灰活性，能与水化产生的氢氧化钙和石膏反应生成水化硅酸钙、水化铝酸钙和钙钒石等产物，增强水泥强度。相较于无掺合料混凝土，其早期强度有所下降，但后期强度甚至能够更高。②形态效应。粉煤灰颗粒多为玻璃细珠体，能在混凝土拌合物中起到类似轴承的润滑作用，提升混凝土和易性，减少用水量。③微集料效应。由于粉煤灰细度比水泥大，其在水泥浆内可以有效填充孔隙，增大密实度，改善混凝土微结构。

磨细矿渣微粉（Ground Granulated Blast Furnace Slag）是由粒化高炉矿渣经磨细而成的粉状矿物掺合料，其主要由 CaO、SiO_2 和 Al_2O_3 构成，三者总量达 90%以上。粒化高炉矿渣是钢铁业冶炼生铁时的副产品通过水淬急冷处理后得到的一种废渣，经磨细处理后，火山灰活性比粉煤灰高，掺量也比粉煤灰大。

硅灰是硅钢合金厂生产过程中得到的一种以无定形 SiO_2 为主要成分的球状颗粒粉尘，其含量达 90%以上。硅灰颗粒极细，平均粒径为 0.1μm 左右，比表面积高达 20000～25000m^2/kg，其火山灰活性极高，是配制高性能混凝土不可缺少的材料。硅灰代替水泥还能改善混凝土拌合物的和易性，降低水化热，改善混凝土孔隙结构，还可抑制碱骨料反应。但其缺点是价格较贵，因此常用于高性能混凝土和高强混凝土的配制。

2.1.2 骨料

骨料是散布于水泥浆体基底中的固体颗粒，在混凝土中起到骨架的作用。根据《普通混凝土用砂、石质量及检验方法标准》JGJ 52—2006，细骨料为公称直径小于 5mm 的骨料，粗骨料为公称直径大于 5mm 的骨料。细骨料和粗骨料也分别称为砂和石。细骨料可分为天然砂和人工砂等，粗骨料可分为碎石、卵石和废弃混凝土等。

在混凝土中，粗骨料周围由水泥砂浆包裹，细骨料周围由水泥净浆包裹。骨料一般占 2/3 以上的体积，为了减小骨料间的孔隙，减少水泥用量，应该尽量减小细骨料和粗骨料的总表面积以及其之间的堆积空隙率，这要求选用级配较好的骨料。

2.1.3 化学外加剂

化学外加剂是指在拌制混凝土过程中掺入的用以改善或满足混凝土特定性质的物质，虽然其掺量较小，但可根据添加外加剂的种类显著改善相应的特性。目前，混凝土广泛使用外加剂来调节混凝土性能。外加剂按照主要功能可分为 4 类：①改善混凝土拌合物流变性能的外加剂，如减水剂、引气剂、泵送剂等。②调节混凝土凝结时间和硬化时间的外加剂，如缓凝剂、早强剂、速凝剂等。③改善混凝土耐久性的外加剂，如引气剂、防水剂、防冻剂、阻锈剂等。④改善混凝土其他性能的外加剂，如引气剂、膨胀剂、着色剂、养护剂等。

减水剂是目前工程中应用最为广泛的一种化学外加剂。减水剂能够在保证混凝土拌合物和易性满足需求的情况下，降低混凝土搅拌的单位用水量。在水泥中加入水进行搅拌后，水泥颗粒之间会形成絮凝结构，使得一部分自由水被包裹在絮凝结构中，无法包裹在水泥颗粒表面而形成对拌合物流动性有贡献的水膜。而当加入减水剂后，减水剂溶于水溶液中。加入水泥进行拌合后，作为表面活性剂，减水剂分子能够定向吸附于水泥颗粒表面，并使水泥颗粒表面带有相同的电荷，产生静电斥力作用。水泥颗粒间的静电斥力使絮凝结构解体，释放出游离水，并使水泥颗粒表面形成稳定的溶剂水膜。溶剂水膜可以较好地改善水泥颗粒之间的润滑程度，从而提高混凝土拌合物的流动性。如图 2-1 所示。

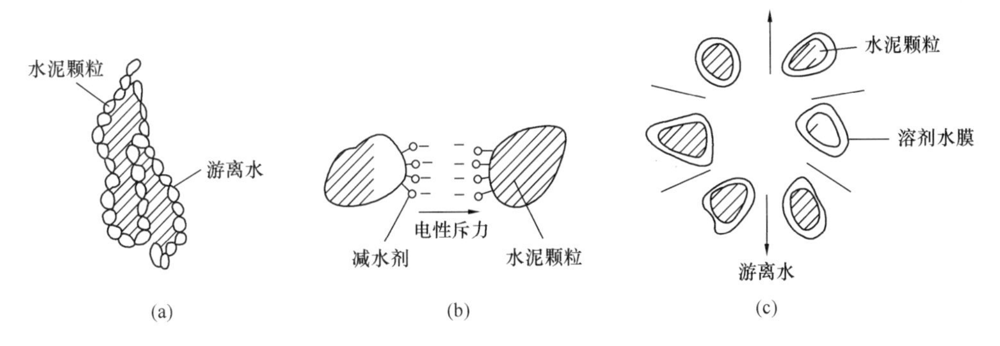

图 2-1 减水剂作用原理

在混凝土拌合物中加入减水剂后，若保持用水量，则可以增大混凝土拌合物的流动性；若减少用水量并保持拌合物坍落度和水泥用量，则可以减少单位用水量，提高混凝土强度；若保持拌合物坍落度和强度，则可节约水泥用量。

除减水剂外，常见的化学外加剂还有引气剂、阻锈剂和膨胀剂等。引气剂是指在混凝土搅拌过程中能引入大量均匀分布、稳定而封闭的微小气孔的外加剂，能够较好地优化混凝土的孔隙结构，改善抗渗性和抗冻性，提高混凝土耐久性。阻锈剂是指能够减弱混凝土中钢筋锈蚀的外加剂，目前多采用迁移型阻锈剂，其在混凝土中通过扩散渗透到钢筋表面形成吸附膜以阻止锈蚀的发生。膨胀剂指能使混凝土产生一定体积膨胀的外加剂。膨胀剂能够补偿混凝土自身收缩干缩变形，防止混凝土过早开裂，以改善混凝土耐久性。

2.1.4 钢筋及其复合筋材

1. 钢筋

在钢筋混凝土结构中，钢筋是重要的组成材料之一，它协助混凝土工作，弥补混凝土材料抗拉强度不足的缺点，提高结构的整体承载能力，改善构件的工作性能。在混凝土结构中，按照钢筋的作用可将钢筋分为：受力钢筋、架立钢筋以及分布钢筋。

（1）受力钢筋：在混凝土结构中，对受弯、压、拉等基本构件配置的主要用来承受由荷载引起的拉应力或者压应力的钢筋，其作用是使结构的承载力满足结构功能要求。

（2）架立钢筋：用于确保钢筋骨架的完整性，防止混凝土施工时造成受力筋的移动。

（3）分布钢筋：用于分散构件所受外力，改善构件的受力情况。

混凝土结构中使用的钢筋，按照化学成分可分为碳素钢和普通低合金钢两类；按表面形态可分为光圆钢筋和带肋（变形）钢筋；按照生产工艺和强度可分为热轧钢筋、中高强钢丝、钢绞线和冷加工钢筋。

在《混凝土结构设计规范》GB 50010—2010（2015 年版）中，混凝土结构使用的钢筋主要有热轧钢筋、热处理钢筋、钢丝和钢绞线等。目前我国在钢筋混凝土结构中常用热轧钢筋，按其强度等级可分为 6 类，其直径范围和强度见表 2-1。HPB300 钢筋为低碳钢，其余钢筋为普通低合金钢。HPB300 钢筋为光圆钢筋，其余钢筋均为变形钢筋，表面肋条形状主要有月牙肋和等高肋（螺纹、人字纹），如图 2-2 所示。

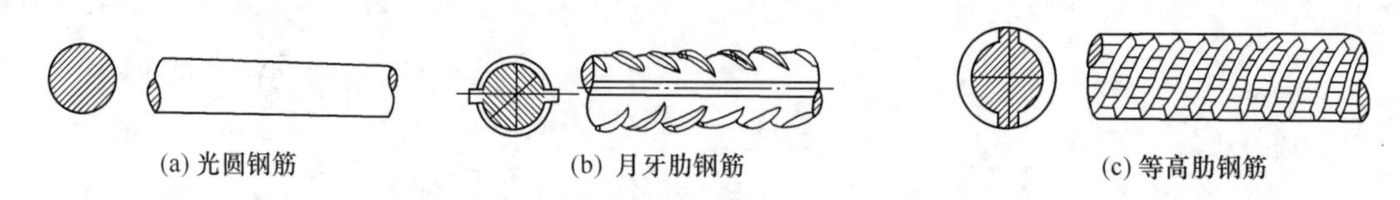

(a) 光圆钢筋　(b) 月牙肋钢筋　(c) 等高肋钢筋

图 2-2　常用热轧钢筋表面形式

月牙肋钢筋表面无纵肋，等高肋钢筋的纵肋和横肋相交，两者都能保证较为良好的黏结性能、锚固延性和抗疲劳性能，但等高肋钢筋与混凝土相互黏结更强，工作性能略好于月牙肋钢筋，因此，等高肋钢筋是目前主流生产的带肋变形钢筋。

普通钢筋强度标准值　**表 2-1**

牌号	符号	公称直径（mm）	屈服强度标准值（MPa）	极限强度标准值（MPa）
HPB300	Φ	6～22	300	420
HRB400 HRBF400 RRB400	$\underline{\Phi}$ $\underline{\Phi}^{F}$ $\underline{\Phi}^{R}$	6～50	400	540
HRB500 HRBF500	$\overline{\underline{\Phi}}$ $\overline{\underline{\Phi}}^{F}$	6～50	500	630

2. FRP 筋

纤维增强复合材料（Fiber Reinforced Polymer，简称 FRP）是由多股连续纤维，以合成树脂作为基体材料，并掺入适量辅助剂，经缠绕、模压或拉挤成型技术和必要的表面处理形成的一种新型复合材料。目前，建筑工程所采用的纤维增强复合材料（FRP）主要有碳纤维增强复合材料（CFRP）、玻璃纤维增强复合材料（GFRP）和芳纶纤维增强复合材料（AFRP）等。

在工程应用中，按材料的形式不同，FRP 可以分为以下几类：

（1）片材：包括 FRP 布和 FRP 板，一般是通过环氧树脂类胶粘剂粘贴于结构表面，是用于结构补强与修复加固最多的一种材料形式。FRP 布由连续的长纤维编织而成，通常是单向纤维布，一般只承受单向拉伸。FRP 板是将纤维在工厂中按照一定的工艺生产成型板桩 FRP 制品，施工中再用树脂粘贴。FRP 板主要用以承受纤维方向上的拉压，但在垂直纤维方向上强度和弹性模量很低。

（2）型材：包括多种形状，主要有实心、空心以及蜂窝结构形式，FRP 型材的截面形状可以很复杂，纤维含量可以高达 60%～70%，有很好的受力性能，可以直接作为结构构件，也可以与其他材料组合，广泛用于压力容器、管道等。

（3）棒材：FRP 棒材包括 FRP 索和 FRP 筋，通常作为代替传统钢筋的材料，既可以用于已建造结构的补强加固，也可以用于新建结构中。对棒材进行张拉后，可对混凝土结构进行体内或体外应力增强式加固。

（4）管材：将 FRP 纤维材料在工厂按特定工艺制成的不同规格的管状结构物。

FRP 材料具有以下优点：

（1）自重轻，施工方便。FRP 材料的密度仅为钢材的 25%，自重轻，施工工序简单，可以降低施工费用和工程造价。

（2）抗拉强度高。FRP 材料的抗拉强度高，在达到极限状态之前，几乎都处于线弹性工作阶段，其抗拉强度明显超过钢筋。

（3）抗腐蚀性能好。FRP 纤维材料的化学性质稳定，不会与酸碱盐等物质发生反应，适用于腐蚀性较大的环境。

（4）抗疲劳性能好。FRP 材料的疲劳强度可达其拉伸强度的 70%～80%，而一般的金属疲劳强度仅为其拉伸强度的 40%～50%。

（5）弹性性能好。FRP 材料的应力应变关系曲线近似呈线弹性，在发生较大变形后依然能恢复原状，塑性残余变形很小。

（6）介电性能优越。FRP 材料是绝缘体，在高频率电磁场中，FRP 材料不会发生涡流效应而产生热量。

而在具有以上优点的同时，FRP 材料也有一些缺陷，如抗剪切能力较差、弹性模量较低以及耐火性能差等等，针对这些缺点可以通过与钢筋相结合来进行一定程度上的弥补，同时可以利用 FRP 材料缓解钢筋所面临的锈蚀问题。

3. 钢筋-FRP 复合材料

香港科技大学手工制备过钢丝-FRP 复合筋，所用材料包括 CFRP、GFRP 和 AFRP，这种混合钢筋具有延展性好、高模量、耐腐蚀、耐碱性和潜在的经济效益，可用于混凝土结构中，取代钢和 GFRP 钢筋。采用钢丝或钢筋与 FRP 材料相互结合的方式来改善钢筋受拉性能的研究尚未成熟，后文将介绍相关的力学性能研究成果。

2.2　混凝土材料性能与本构关系

2.2.1　混凝土材料性能

1. 普通混凝土

材料的强度是指其抵抗外力作用而不发生破坏的能力，对于混凝土，其强度与引起破坏时的应力相关，混凝土试样所能承受的最大应力即是其强度，目前通常用标准单轴抗压试验所测试的 28d 抗压强度值作为混凝土的强度指标。

混凝土的抗压强度的影响因素可以分为内在因素与外在因素两部分。

内在因素主要有：水灰比、引气量、水泥品种、骨料、外加剂等。一般而言，混凝土的强度与水灰比呈反比、与引气量呈反比、与水泥强度呈正比。骨料强度不是混凝土强度的主要影响因素，因为通常情况下混凝土破坏不会由骨料破损引起，骨料对混凝土强度的影响主要来自于骨料的形状、级配以及矿物成分。

外在因素主要有：养护条件以及加载条件。一般而言，养护时的湿度越大，养护时间越长，则混凝土的强度越大。加载条件则包括了试件的尺寸、加载的环境湿度、加载时的加荷速度等等。

混凝土耐久性是指结构在规定的使用年限内，在预期服役条件下，不需要额外加固维护而保持其安全性、可正常使用的能力。常见的混凝土耐久性问题主要有冻融破坏、钢筋锈蚀、硫酸盐侵蚀以及碱骨料反应。混凝土材料的耐久性指标通常参考其渗透性、最大氯离子含量、最大碱含量。

2. 高性能混凝土

高性能混凝土的强度一般为 50～100MPa，超高性能混凝土的强度一般为 100～150MPa，拌制高性能混凝土通常需要添加减水剂以维持水灰比在 0.35～0.4 而不影响混凝土的和易性。对于高性能混凝土，由于其内部粘结界面强度明显大于普通混凝土，因此破坏时可能会出现内部骨料压碎的情况，此时骨料的强度也成为影响混凝土强度的重要因素。

高性能混凝土的低水灰比使其相较于普通混凝土具有更低的孔隙率，对侵蚀性的化学介质抵抗能力更好。对于碱骨料反应，高性能混凝土的不连续孔隙结构减小了离子的扩散，并且硅灰的凝结作用能使 $Ca(OH)_2$ 减少，减少孔隙溶液中的氢氧根离子，从而有利于抵抗碱骨料反应。对于冻融作用，水灰比高于 0.3 的高性能混凝土仍需要引气以提高其抗冻性能。

3. 轻骨料混凝土

轻骨料混凝土指由轻粗骨料、轻砂（普通砂）、水泥和水配制的混凝土，其表观密度不大于 $1950kg/m^3$。轻骨料可以选择天然轻骨料、工业废弃轻骨料和人造轻骨料等，由于陶粒（人造轻骨料）质量稳定，是目前使用最多的轻骨料。与普通骨料相比，陶粒的密度小、强度低且弹性模量更小。

对于轻骨料混凝土，其骨料强度往往小于水泥石强度，因此轻骨料混凝土的强度通常取决于骨料强度，这与普通混凝土不同。轻骨料混凝土的抗压强度随着其密度的增加而增大，骨料强度是控制因素。轻骨料混凝土的抗拉强度约为相同强度等级的普通混凝土的 4/5。

研究表明轻骨料混凝土的抗渗性能优于普通混凝土，这是由于轻骨料与水泥石的粘结更紧密。陶粒轻质混凝土的抗冻性能随着陶粒掺量的增大而降低，通过掺入粉煤灰可以改善陶粒轻骨料混凝土的耐久性。

4. 再生混凝土

再生混凝土是指利用废弃建筑材料破碎加工后的再生集料，部分或全部取代天然集料而配制的混凝土，再生集料要求废弃建筑垃圾再处理后达到粒径 40mm 以下。再生集料取代率是指再生集料占集料总质量的百分率，是再生混凝土重要的评价参数。

再生混凝土的强度发展时间比普通混凝土更长，通常我们以 28d 强度作为普通混凝土的强度指标，但再生混凝土在养护的 90d 内一直保持较大的强度增长，这可能是因为再生粗集料在拌合过程中吸收的部分拌合水会随着水泥水化而释放，保证再生混凝土的内部湿度，形成一种“内养护”现象。

再生混凝土的抗压强度影响因素主要有再生粗集料取代率、水灰比、砖含量以及再生粗集料来源等。总体而言，再生混凝土的强度随着再生粗集料的取代率增大而减小，随着水灰比增大而线性降低；再生砖集料的强度低于再生混凝土强度；不同强度等级的废弃混凝土混合的集料不利于再生混凝土的强度。再生混凝土的抗拉强度与普通混凝土基本相同。

与普通混凝土相比，再生混凝土的耐久性能更多受到集料本身性能（如老砂浆的强度及含量、含水状态等）的影响。不同来源的再生集料的性能差异大，再生混凝土的界面相对普通混凝土也更复杂，因此再生混凝土的耐久性机理并未形成统一的研究理论。

5. 纤维混凝土

纤维混凝土即是在拌合混凝土时加入纤维材料，目前常用的纤维材料有钢纤维、聚丙烯纤维以及玄武岩纤维，也有学者将多种纤维同时掺入混凝土形成混杂纤维混凝土。

与普通混凝土相比，纤维混凝土的抗拉强度、抗弯强度、抗剪强度均有所提高，纤维混凝土的抗压疲劳和弯拉疲劳性能以及抗冲击和抗爆破性能也有显著提升。纤维在混凝土基体中可以明显降低早期收缩裂缝，阻止水泥基原有的裂缝扩展。由于纤维可以降低混凝土微裂缝开展和阻止宏观裂缝扩展，纤维混凝土的耐磨性、抗冻性、抗渗性以及抗腐蚀能力都强于普通混凝土。

通过掺入特殊的纤维还可以使得混凝土的热学性能、电学性能有所改变。如在混凝土中掺入碳纤维可以使混凝土导电性显著提高，并具有一定的“压阻效应”；掺入低熔点的合成纤维的纤维混凝土在火灾环境下，内部的纤维融化可以一定程度上阻止混凝土的爆裂。

2.2.2 混凝土本构模型

混凝土的本构关系是指在外部作用下，混凝土材料内部应力与应变之间的物理关系。这种物理关系从混凝土材料层面上描述了混凝土材料的基本力学性质，因此成为研究混凝土构件在外部作用下变形和运动响应的基础。伴随着计算机技术的不断发展，混凝土结构的有限元分析在模拟结构的力学响应上得到了广泛的应用，而对于混凝土力学性能及力学响应的计算模拟来说，混凝土本构模型是确保模拟结果能够准确反映真实情况的关键。

在过往研究中，各国学者及相关机构针对混凝土本构模型展开了一系列的理论及试验研究，且往往通过提出假设和简化近似等方法总结归纳得到相应的力学本构模型。其致力于能够通过简洁的数学表达式以及弹性模量、强度、峰值应变等力学性能参数，表达出贴合实际试验的应力应变曲线。混凝土中水泥水化、水分流动等热力学过程对本构模型的影响往往通过修正强度、修正弹性模量、引入徐变系数的方法进行考虑。为了保证工程设计中本构模型的简单明了，此种方法求得的本构模型往往注重于某一力学特性，而存在应用范围上的限制。近些年来，各国学者逐渐注重于从更加机理的层面出发，研究得到应用范围更为全面的混凝土本构模型，并取得了一系列前沿的研究成果。

1. 混凝土单轴受压本构模型

混凝土的单轴受压本构关系是最为基础的混凝土本构模型之一。混凝土材料本身具有抗压不抗拉的特性，因其抗压能力强，在工程结构中绝大部分混凝土材料所主要承担的还是压力。因此研究混凝土单轴受压本构模型对混凝土结构的性能设计至关重要。

混凝土单轴受压的破坏过程是试件内部微裂缝、微缺陷逐渐开展，同时塑性不断发展，损伤程度和塑性变形逐渐累积的一个过程。典型混凝土单轴受压本构曲线如图 2-3 所示。由图可见，曲线分为上升段和下降段两个部分。在截面平均应力较小时（$\sigma \approx 0.3f_c$），混凝土试件处于弹性阶段，应力应变呈线性关系。随后随着应力的不断增大，混凝土内塑性变形不断发展，微裂缝也逐渐生成并缓慢扩大，当应力水平达到较高水平时（$\sigma > 0.8f_c$），微裂缝逐渐贯通，应力应变曲线斜率急剧减小并趋向水平，直至达到应力最大值 C 点。之后曲线进入下降段，应变虽然不断增长，但由于承力机制已转变为混凝土小柱体的残余强度以及裂缝滑移面上的剪切力，随着表面裂缝的不断发展，应力不断减小，最后几乎丧失承载能力从而使得结构破坏。

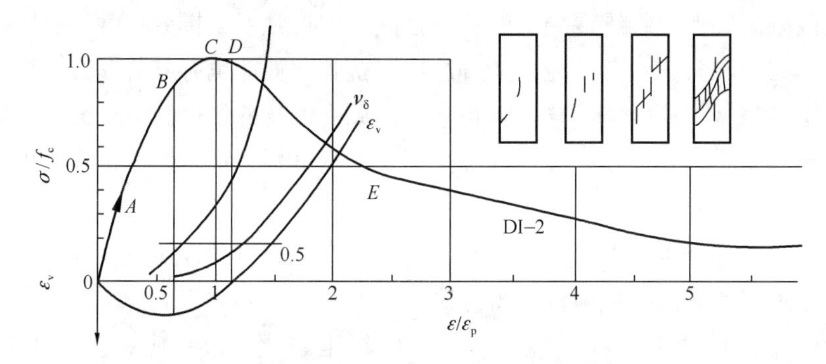

图 2-3　单轴受压混凝土的应力应变曲线及破坏过程

为了能够用数学表达式模拟混凝土单轴受压应力应变曲线，许多学者提出了相应的表达式，总体上来说可以分为多项式型、指数型、有理分式型、分段式型等不同类型。其中运用最为广泛的有 Sargin 模型、Hogenestad 模型、Rusch 模型和 Mander 模型。表 2-2 给出了此 4 种混凝土单轴受压本构模型的表达式、曲线形状以及采用的规范。

混凝土单轴受压本构模型　　　**表 2-2**

模型名称	表达式	应力应变曲线	采用规范
Sargin 模型	$\sigma/f_c=\dfrac{A(\varepsilon/\varepsilon_p)+(D-1)(\varepsilon/\varepsilon_p)^2}{1+(A-2)(\varepsilon/\varepsilon_p)+D(\varepsilon/\varepsilon_p)^2}$	σ/f_c; 1.0 0.8 0.6 0.4 0.2; D=0.8; D=0.4; D=0 D=0.2; 0.0 0.5 1.0 1.5 2.0 2.5 3.0 3.5 4.0; ε/ε_p	欧洲 CEB-FIP90
Hogenestad 模型	$\sigma/f_c=2(\varepsilon/\varepsilon_p)-(\varepsilon/\varepsilon_p)^2\quad 0\leqslant\varepsilon\leqslant\varepsilon_p$ $\sigma/f_c=1-0.15\dfrac{\varepsilon-\varepsilon_p}{\varepsilon_u-\varepsilon_p}\quad \varepsilon_p\leqslant\varepsilon\leqslant\varepsilon_u$	σ; f_c; 0.15f_c; 0; ε_p; ε_u; ε	美国 ACI

续表

模型名称	表达式	应力应变曲线	采用规范
Rusch 模型	$\sigma/f_c=2(\varepsilon/\varepsilon_p)-(\varepsilon/\varepsilon_p)^2\quad 0\leqslant\varepsilon\leqslant\varepsilon_p$ $\sigma/f_c=1\quad \varepsilon_p\leqslant\varepsilon\leqslant\varepsilon_u$		中国 GB 50010—2010 （2015 年版） （计算结构承载力）
Mander 模型	$\sigma/f_c=\dfrac{n(\varepsilon/\varepsilon_p)}{n-1+(\varepsilon/\varepsilon_p)^n},n=\dfrac{E_0\varepsilon_p}{E_0\varepsilon_p-f_c}$ $\sigma=(1-d_c)E_0\varepsilon$		中国 GB 50010—2010 （2015 年版） （本构模型）

注：Sargin 模型中 D 为控制曲线形状的参数，取 $0\leqslant D\leqslant 1$，$A=E_0/E_p$，E_p 为达到应力峰值时的割线模量；ε_u 为计算用混凝土极限压应变值，可取 $\varepsilon_u=0.0033$。

2. 混凝土单轴受拉本构模型

混凝土的抗拉强度远远低于抗压强度，受拉破坏变形小、变形困难，因此研究混凝土抗拉本构关系存在一定难度。直至 20 世纪 60 年代，英国学者 Hughes 首次报道了混凝土单轴受拉应力应变曲线。

根据过镇海提出的模型，我国《混凝土结构设计规范》GB 50010—2010（2015 年版）附录 C 中，受拉本构采取了以下模型

$$\sigma=(1-d_t)E_0\varepsilon \tag{2-1}$$

$$d_t=\begin{cases}1-\rho_t[1.2-0.2(\varepsilon/\varepsilon_p)^5] & \varepsilon/\varepsilon_p\leqslant 1\\ 1-\dfrac{\rho_t}{\alpha_t[(\varepsilon/\varepsilon_p)-1]^{1.7}+(\varepsilon/\varepsilon_p)} & \varepsilon/\varepsilon_p>1\end{cases} \tag{2-2}$$

式中　d_t——单轴拉应力下的损伤指标，其中 $\rho_t=\dfrac{f_t}{E_0\varepsilon_t}$；

α_t——混凝土单轴拉应力应变曲线下降段的参数值，可根据规范表格取用。其曲线形态如图 2-4 所示。

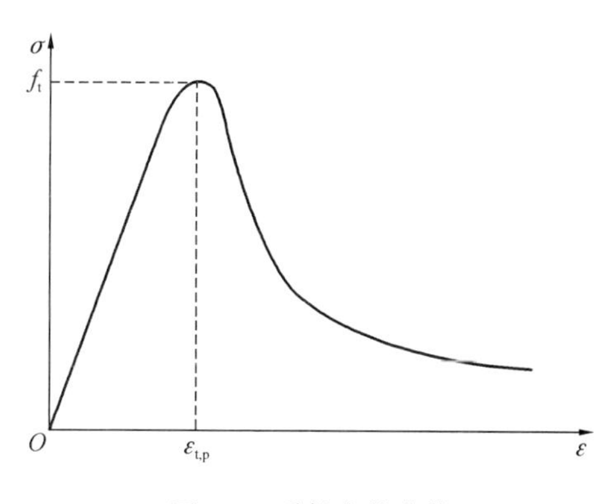

图 2-4　受拉本构曲线

3. 考虑应力应变历史路径的弹塑性损伤本构模型

综合上述各节中混凝土本构模型中的弹塑性理论及损伤理论，我们可以得到理想的弹塑性损伤模型，并可用力学单元系统来等效地模拟混凝土弹塑性损伤性质，如图 2-5 所示。整体的力学单元系统由一系列弹性弹簧与塑性元

件串联而成的微单元并联组成，总应力等于各微单元中应力之和，总体弹性模量则为各未破坏微单元的弹性模量之和，并假设各微单元中应变是一致的。在该模型中，通过微单元的破坏，即退出工作来模拟混凝土的损伤发展，混凝土的损伤程度可通过尚未破坏单元与初始总单元的比 K_0 来体现。由此，损伤混凝土的弹性模量为损伤系数与初始弹性模量之积 K_0E_0。该力学模型系统的介绍可参见第 3.1.4 节。

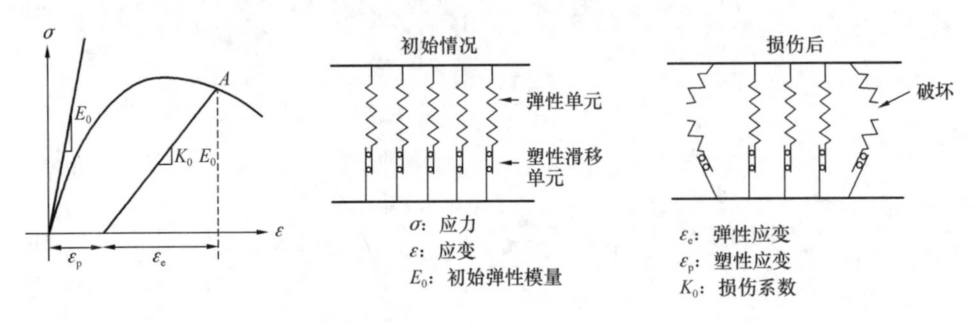

图 2-5　弹塑性损伤力学单元系统

通常而言，混凝土本构模型描述的是单向增长荷载工况下的混凝土力学性能。而在实际工程中，许多结构会在其服役寿命内承受循环荷载，例如遭受车辆冲击荷载的桥面板结构，以及地震作用下的建筑结构等等。这些循环荷载作用下的混凝土应力应变关系往往较为复杂，因为其表达公式不仅包括当前状态下的材料力学性能参数（当前的应力、应变、损伤系数等），同时也包含应力应变历史参数。要对加载-卸载本构关系进行准确地模拟，就需要对构件的历史应力应变曲线进行考虑。然而，完全考虑实际结构的应力应变历史参数是困难的，因为储存数据量会随着时间步的增长而逐渐增大，而对于有限元计算来说，将所有历史数据都进行考虑在编程上也是一项艰难的工作。不过随着计算机技术的不断发展，考虑应力应变历史路径的混凝土弹塑性损伤本构模型也逐渐得到研究人员的关注：

借助模型设定、参数研究以及简化处理等方法，以图 2-6 所示的混凝土弹塑性损伤模型为基础，研究学者提出了较为合理的考虑应力应变历史路径弹塑性损伤本构模型，能够对循环荷载下的混凝土力学性能进行较为合理地预测，模型公式如下所示：

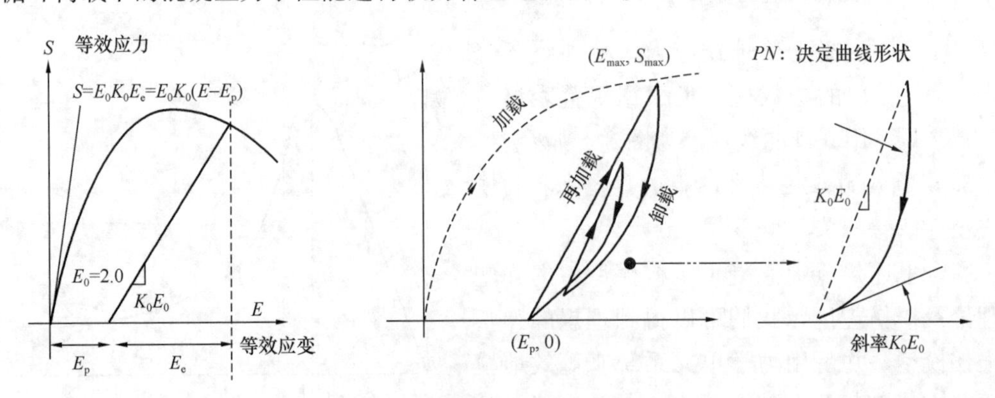

图 2-6　混凝土弹塑性损伤模型

$$\{\sigma\}=\frac{E^*}{1-\nu^{*2}}\begin{pmatrix}1 & \nu^* & 0\\ \nu^* & 1 & 0\\ 0 & 0 & \dfrac{1-\nu^*}{2}\end{pmatrix}\{\varepsilon_{ed}\},\ \{\varepsilon_{ed}\}=\{\varepsilon\}-\{\varepsilon_p\} \tag{2-3}$$

$$E^*=\left(\frac{f'_c}{\varepsilon'_0}\right)\left(\frac{S}{E_{ed}}\right)\frac{E_{ed}}{[S_E(\varepsilon_m,\gamma_d)]\varepsilon_{ed}} \tag{2-4}$$

$$E_{ed}=\sqrt{\left[\left(\frac{0.62}{\varepsilon'_0}\varepsilon_m\right)^2+\left(\frac{0.98}{\varepsilon'_0}\gamma_d\right)^2\right]_{(\varepsilon_{ed})}} \tag{2-5}$$

$$S_E(\varepsilon_m,\gamma_d)=\sqrt{\left(\frac{0.60}{\varepsilon'_0(1-\nu^*)}\varepsilon_m\right)^2+\left(\frac{1.30}{\varepsilon'_0(1+\nu^*)}\gamma_d\right)^2} \tag{2-6}$$

$$\varepsilon_m=\frac{\sqrt{2}}{2}(\varepsilon_1+\varepsilon_2),\gamma_d=\frac{\sqrt{2}}{2}(\varepsilon_1-\varepsilon_2) \tag{2-7}$$

$$\nu^*=\begin{cases}\nu_0 & E_{max}\leqslant 0.5\\ \nu_0[1.8(E_{max}-0.5)+1.0] & E_{max}>0.5\end{cases} \tag{2-8}$$

式中，$\{\sigma\}$ 为混凝土应力矢量，$\{\varepsilon\}$ 为应变矢量，$\{\varepsilon_p\}$ 为塑性应变矢量，$\{\varepsilon_{ed}\}$ 为假定的弹性应变矢量，E^* 为可逆刚度，ν^* 为可逆泊松比，S 为等效应力，f'_c 为单轴抗压强度，ε'_0 为 f'_c 处的单轴抗压应变，ε_1、ε_2 为 $\{\varepsilon_{ed}\}$ 表示的假定弹性主应变，当 $\varepsilon_1>\varepsilon_2$ 时，ν_0 可取值为 0.17。其中 $\{\varepsilon_p\}$ 为依赖于历史路径的参数。

上述本构公式可通用于混凝土的加载-卸载-再加载过程，而等效应力 S 和刚度 E^* 则需根据不同的加载条件进行计算。

（1）加载情况：$E_{ed}\geqslant E_{emax}$

$$S=K_0E_0E_e \tag{2-9}$$

$$K_0=K_0(E_{max})=\exp\{-0.73E_{max}[1-\exp(-1.25E_{max})]\}$$

$$E_e=\frac{20}{7}\{1-\exp(-0.35E_{max})\}$$

$$E_{max}=E_{ed}+E_p$$

（2）卸载情况：$E_{ed}<E_{emax}$ 以及 $E_{ed}<E_{e0}$

$$S=\alpha K_0E_0E_{ed} \tag{2-10}$$

$$\alpha=slop+\left(\frac{S_0}{K_0E_0E_{e0}}-slop\right)\left(\frac{E_{ed}}{E_{e0}}\right)^{PN}$$

$$K_0=K_0(E_{max})=\exp\{-0.73E_{max}[1-\exp(-1.25E_{max})]\}$$

$$E_{max}=E_{emax}+E_p$$

（3）再加载情况：$E_{ed}<E_{emax}$ 以及 $E_{ed}\geqslant E_{e0}$

$$S=S_0+(S_{max}-S_0)\frac{(E_{ed}-E_{e0})}{(E_{emax}-E_{e0})} \tag{2-11}$$

（4）受压后的受拉加载情况：$E_d<E_p$

$$S=K_0E_0E_{ed} \tag{2-12}$$

$$K_0 = K_0(E_{max}) = \exp\{-0.73E_{max}[1-\exp(-1.25E_{max})]\}$$

式中 K_0 为损伤系数，E_0 为常量值并取为 2，E_e 为等效弹性应变，E_{ed} 为假定的等效弹性应变，S_{max} 为最大等效应力，E_{max} 为最大等效应变，E_{emax} 为最大弹性等效应变，E_p 为塑性应变，S_0 为当前等效应力，E_{e0} 为当前等效应变，$slop$、PN 为卸载曲线参数值，$PN=2$，E_d 为总等效应变。其中 E_{emax}、E_p、S_0、E_{e0} 为依赖于历史路径的参数。

卸载曲线的形态可由参数 $slop$、PN 决定，其为连接卸载起始点及（E_p，0）的多项式函数。加载曲线的形态则是连接加载起始点以及历史最大等效应力应变（S_{max}，E_{max}）的直线。在此模型中，过往的加载及卸载点并非依赖于历史路径的参数，因此无需全部记录，即使循环次数很多，计算机的记忆储存空间也不会因此而急剧增长。这一特点使得该模型易用于有限元计算当中。

此模型考虑了混凝土材料在循环往复荷载情况下的力学性能特征，弥补了之前所述的混凝土本构模型的不足。将应力应变历史路径的影响纳入混凝土弹塑性损伤模型之后，结构模拟结果能够较好地反映处于冲击荷载、地震作用等工况下的力学响应及损伤状况，能够为疲劳设计、抗震设计提供有力支持。

2.2.3 细观混凝土本构模型

细观混凝土本构模型是近些年来由学者提出的另一种从细观尺度上来模拟混凝土多相材料力学性能的手段方法。所谓细观尺度，指力学本构模型的作用单元为混凝土中各单相材料，如粗骨料、砂浆（可近似假定为单相），而不是将混凝土整体作为单一材料进行综合考虑。而经典的混凝土单轴、多轴本构模型，都是以试验为基础，直接建立经验模型并确定参数，研究尺度为整体混凝土材料。

采用了刚体弹簧模型（Rigid Body Spring Model，RBSM）的细观混凝土本构模型是一种离散的混凝土本构模型体系。其将混凝土材料离散为砂浆、骨料组成的离散单元，通过将砂浆之间、骨料之间以及砂浆骨料界面间的力学模型设定为刚体弹簧元，并理想地设定各单相材料的本构关系及模型参数，能够模拟得到混凝土多相材料整体的力学性能及破坏模式。相比于把混凝土作为多相材料，细观层面的本构模型能够通过建立骨料、砂浆以及骨料砂浆界面处的本构模型，以各单相材料力学性能为基础，进而综合并模拟出整体混凝土多相材料的力学性能。

相比而言，尽管 RBSM 细观混凝土本构模型采用的力学模型和本构关系都十分理想化，且模型体系概念清晰、形式简洁，但整体而言能够较好地模拟各种外部作用下混凝土材料响应和损伤，而无需每一工况单独建立经验模型。这符合混凝土本构模型发展中的微观化、全面化的趋势。

1. 二维细观混凝土本构模型

在二维细观混凝土本构模型中，混凝土被划分为多个多边形单元，并以此作为基本单元，如图 2-7 所示。多边形的边之间相互接触，并且由一个法向弹簧和剪切弹簧所连接。每一个多边形单元共有 3 个自由度，包括两个平动自由度和一个转动自由度，并以重心作为每一多边形的参照点。由此，损伤及微裂缝的产生可通过界面处弹簧单元的破坏体现，并产生相对位移。

由于裂缝开展方向是沿着多边形单元的边而进行的，单元的划分方法对模拟结果存在着一定影响，最好是能够将模拟对象进行随机的网格划分。在此采用了维洛图（Voronoi Diagram）作为单元划分网格的依据，每一单元都是维洛单元。每一多边形单元作为骨料单元或砂浆单元而存在。

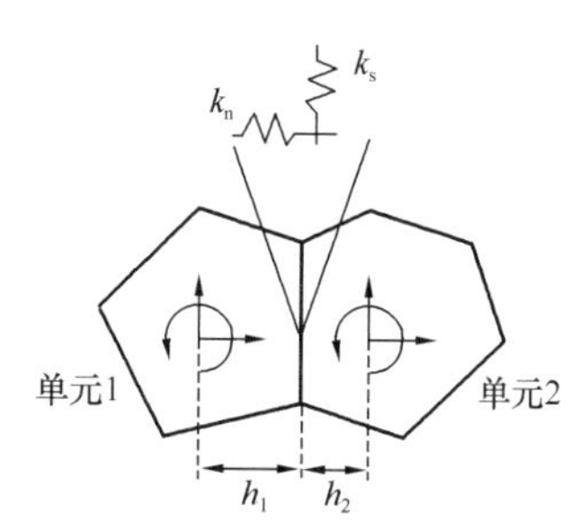

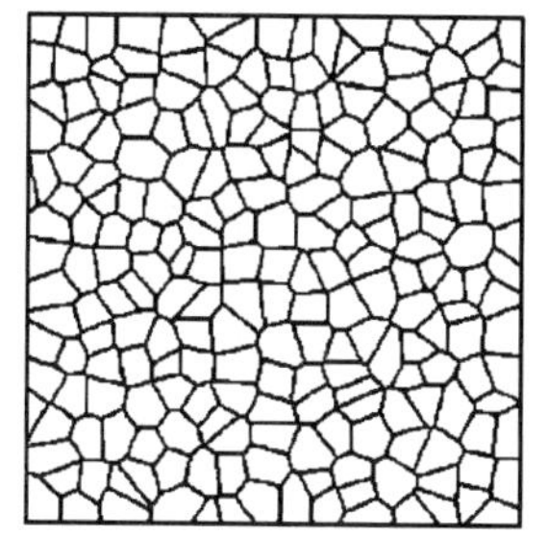

图 2-7　刚体弹簧模型

细观混凝土本构模型的关键在于基本单元之间建立的弹簧本构关系，包括其应力应变关系及失效标准，这也是整体模型准确与否的核心所在。基本单元之间的本构关系主要包括砂浆单元间的弹簧本构关系、骨料单元间的弹簧本构关系以及砂浆与骨料单元间的弹簧本构关系。

1）砂浆单元间的弹簧本构关系

当相邻两单元皆为砂浆单元时，砂浆单元间的法向弹簧主要承担压应力及拉应力，剪切弹簧主要承担剪应力。法向弹簧和剪切弹簧的弹性模量，可在平面应力条件下得到：

$$k_n = \frac{E_{elem}}{1-\nu_{elem}^2}, k_s = \frac{E_{elem}}{1+\nu_{elem}} \tag{2-13}$$

式中，k_n 、k_s 分别是法向弹簧及剪切弹簧的弹性模量，E_{elem} 、ν_{elem} 分别是该单元的材料在微观尺度下的弹性模量和泊松比。

由于刚体弹簧模型本身的特性，微观尺度下材料性能参数值与宏观尺度下得到的材料性能参数值不同。可以通过修正宏观下材料参数的方法来得到微观下的材料参数，修正模型可通过模拟材料单元在弹性受压情况下的响应得到，如下所示：

$$\nu_{elem} = 20\nu^3 - 13.8\nu^2 + 3.8\nu \quad (0 \leqslant \nu \leqslant 0.3) \tag{2-14}$$

$$E_{elem} = (-8\nu_{elem}^3 + 1.2\nu_{elem}^2 - 0.2\nu_{elem} + 1)E \tag{2-15}$$

式中，E 和 ν 分别为材料在宏观尺度下的弹性模量和泊松比。

对于法向弹簧的强度，该模型设定在受压下法向弹簧始终保持线弹性且不会破坏，极限抗拉应力代表了法向弹簧的强度值。由于砂浆本身是由砂、水泥、水组成的多相物质，虽然在该模型单元中并未区分其中各细相，但是砂浆单元的抗拉强度会因此呈现一定的随机性。该模型假设单元边界的法向弹簧强度值呈正态分布，概率密度函数如下所示：

$$f(f_{telem}) = \frac{1}{\sqrt{2\pi}\sigma}\exp\left\{-\frac{(f_{telem}-\mu)^2}{2\sigma^2}\right\}$$

$$\text{当 } f_{telem} < 0 \text{ 时，设 } f_{telem} = 0 \tag{2-16}$$

$$\mu = f_{taverage}, \sigma = -0.2f_{taverage} + 1.5 \tag{2-17}$$

式中 f_{telem} 为法向弹簧抗拉强度，$f_{taverage}$ 是微观尺度下砂浆的平均抗拉强度。该标准差公式表明，强度越大，正态分布的离散性越小，这与实际情况相符，即高强砂浆单相性更强，因此材料离散性较小，不同抗拉强度平均值下的抗拉强度概率分布如图 2-8（a）所示。对于砂浆单元的弹性模量，也采取相同的方法来模拟其离散性。

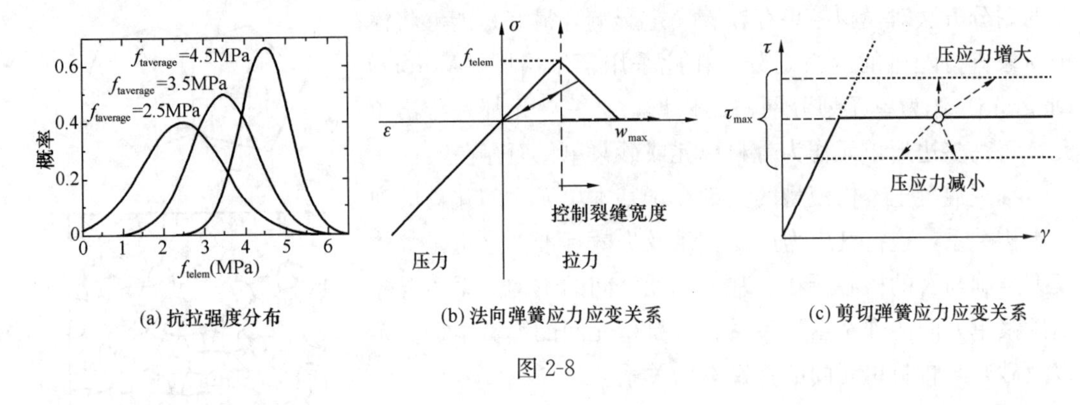

图 2-8

法向弹簧和剪切弹簧的应力应变值可由下式计算：

$$\varepsilon=\frac{\Delta n}{h_1+h_2},\quad \gamma=\frac{\Delta s}{h_1+h_2} \tag{2-18}$$

$$\sigma=k_n\varepsilon,\quad \tau=k_s\gamma \tag{2-19}$$

式中 ε、γ 为正应变和剪应变，Δn、Δs 为正向和切向的相对位移，h_1、h_2 为单元重心到该边界的垂线距离。

法向弹簧的应力应变关系如图 2-8（b）所示。在受压情况下，弹簧始终保持线弹性且不会失效。在受拉情况下，弹簧在应力值尚未达到强度值时保持线性，达到抗拉强度后，拉应力随着应变的增长线性下降，该下降斜率取决于判定开裂的临界宽度，当应变增大到达临界值时，应力值降为零，表示此处已开裂并且无法向应力。在二维细观模型中，设定开裂临界宽度 $w_{max}=0.03$mm。当在下降区卸载加载时，应力应变路径设定为过原点的直线。

剪切弹簧的应力应变关系不仅与材料性质有关，而且还受法向弹簧中应力的影响。当法向拉应力值小于抗拉强度时，剪切应力应变模型为理想的弹塑性模型，如图 2-8（c）所示。极限剪应力的值受法向应力影响，压应力越大，则极限剪应力越大，极限剪应力 τ_{max} 可由下式求得：

$$\tau_{max}=\pm\left[0.11f_{telem}^{3.0}(-\sigma+f_{telem})^{0.6}+f_{telem}\right]\quad(\sigma\leqslant f_{telem}) \tag{2-20}$$

当法向弹簧破坏时，即 $\sigma>f_{telem}$时，法向应力减小，这也会导致剪切应力的减小，而当法向弹簧完全破坏，法向应力为零时，剪切应力也会退化至零。因此，计算得到的剪切应力依照法向应力退化的程度等比例折减。当剪切应力达到峰值时，由于切向的相对位移，剩余的剪应力由剩余的接触面积承担。

2）骨料单元间的弹簧本构关系

骨料在模拟中往往被视为弹性刚体。本模型中，骨料单元之间的法向弹簧及剪切弹簧本构皆呈线弹性且不会破坏，计算公式与式（2-18）和式（2-19）相同。

3）砂浆与骨料单元间的弹簧本构关系

当两个相邻的基本单元分别是砂浆单元和骨料单元时，其共同边代表实际混凝土材料中骨料和砂浆的界面，而界面处的力学本构关系与砂浆单元间的本构关系有所不同。界面的应力应变关系也通过一个法向弹簧和一个剪切弹簧表示。对于法向弹簧及剪切弹簧的弹性模量，可由骨料单元及砂浆单元各自的弹性模量加权求和得到：

$$k_n = \frac{k_{n1}h_1 + k_{n2}h_2}{h_1 + h_2}$$

$$k_s = \frac{k_{s1}h_1 + k_{s2}h_2}{h_1 + h_2} \tag{2-21}$$

式中 h_1、h_2 为各自单元重心到界面的垂线距离。

与砂浆单元间的法向弹簧相似，界面处的法向弹簧应力应变关系与图 2-8（b）相同，而对于界面裂缝而言，$w_{max}=0.01$mm。对于界面处剪切弹簧，其本构关系也如图 2-8（c）所示，为理想弹塑性模型。界面处极限剪应力值 τ_{max} 可由下式求得：

$$\tau_{max} = \pm(-\sigma\tan\phi + c) \quad (\sigma \leqslant f_{telem}) \tag{2-22}$$

式中 ϕ、c 为常量。

同样，当法向拉应力达到抗拉强度值后，剪应力依照法向应力退化的程度等比例折减。

综上所述，各种类的基本单元间本构关系模型都已建立。在计算过程中，通过虚功法建立整体刚度矩阵，并用修正牛顿迭代法进行迭代计算。当各单元间不平衡力的平方和与外部作用力的平方和之比小于 10^{-5} 时视为收敛，否则持续迭代计算直至迭代次数达到最大设定值。

除了模型设定会对模拟结果的准确度造成影响，各输入参数值的正确与否也会影响模拟与实际材料响应之间的偏差程度。而各输入参数之间并不是各自独立的，而是存在着相互影响的关系，例如，砂浆的抗压强度、弹性模量、纯抗拉强度、界面抗拉强度以及 τ_{max} 计算式中的常量 c 之间都存在相互联系。可用以下各式，将其他参数通过砂浆抗压强度 f'_{cm} 表示：

$$E_m = 1000\{7.7\ln(f'_{cm}) - 5.5\} \tag{2-23}$$

$$f_{tp} = 1.4\ln(f'_{cm}) - 1.5 \tag{2-24}$$

$$c/w = 0.047f'_{cm} + 0.5 \tag{2-25}$$

$$c = -2.6w/c + 3.9 \tag{2-26}$$

$$f_{ti} = -1.44w/c + 2.3 \tag{2-27}$$

式中 f'_{cm} 为砂浆的抗压强度，E_m 为砂浆弹性模量，c/w 或 w/c 为砂浆的灰水比或水灰比，c 为 τ_{max} 计算式中的常量，f_{ti} 为砂浆骨料界面处的抗拉强度。

该二维细观混凝土本构模型的准确性通过模拟得到了验证。图 2-9 是尺寸为 100mm×200mm 的 35MPa 纯砂浆试件的受压及受拉模拟结果，其中受压模拟中上下两端边界无侧向位移。图 2-10 是尺寸为 100mm×200mm 的混凝土试件受压及受拉模拟结果，砂浆强度为 35MPa。结果中针对两种边界情况的受压试件进行了模拟，B-FIX 为上下两端边界无侧向位移情况，B-FREE为上下两端边界对侧向位移无约束情况。由结果可以看到，该试件的抗压强度及抗拉强度分别与设定值较为接近，而且得到的试件应力应变曲线较为合理，最终的破坏形态也与实际情况大致相同。

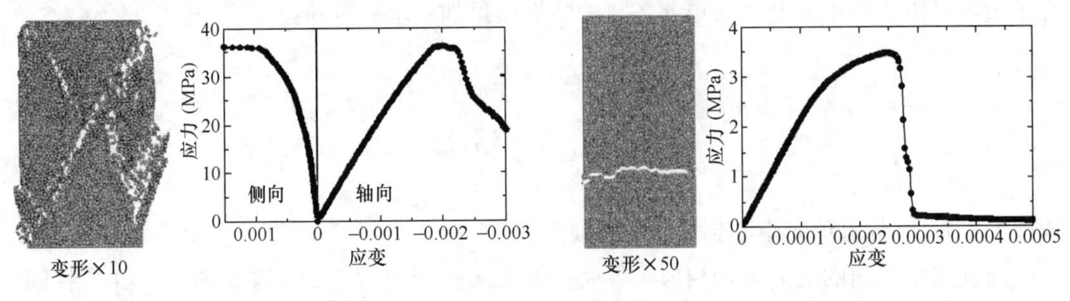

图 2-9　纯砂浆试件的受压及受拉模拟结果

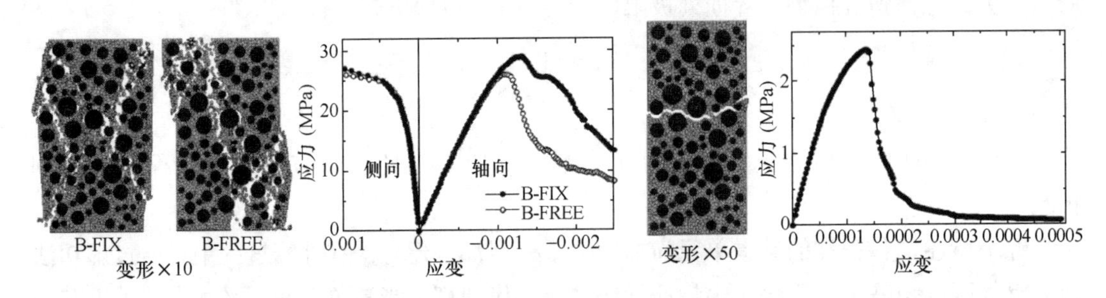

图 2-10　混凝土试件受压及受拉模拟结果

2. 三维细观混凝土本构模型

在二维细观混凝土本构模型的基础上，可以通过三维的刚体弹簧模型（RBSM），将此混凝土细观体系推广至三维情况。如图 2-11 所示，三维细观混凝土本构模型的基本单元为多面体，每一基本单元共有 6 个自由度，包括 3 个平动自由度和 3 个转动自由度。每个基本单元的计算参照点可由下式计算：

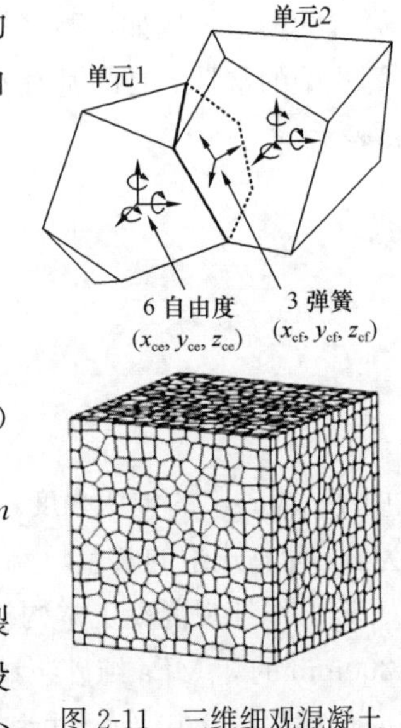

图 2-11　三维细观混凝土本构模型

$$x_{ce}=\frac{x_1+x_2+x_3+\cdots+x_m}{m}$$

$$y_{ce}=\frac{y_1+y_2+y_3+\cdots+y_m}{m}$$

$$z_{ce}=\frac{z_1+z_2+z_3+\cdots+z_m}{m} \tag{2-28}$$

式中 x_i、y_i、$z_i(i=1,2,3,\cdots)$ 为多面体各顶点的坐标值，m 为多面体顶点总数。

在混凝土立方体模拟中，网格的划分方法对试件的开裂形态产生一定程度的影响，这是因为刚体弹簧模型的离散设定使得初期开裂会在多面体的接触面上形成。为了尽量减少不同单元划分造成的对于材料损伤过程模拟产生的偏差，与二维模型相似，此三维细观混凝土本构模型（图 2-11）中采用了维洛图（Voronoi Diagram）作为单元划分网格的依据，每一单元都是维洛单元。由此得到的多面体单元，要么设定为砂浆材料单元，要么设定为骨料材料单元。

相邻单元之间的相互作用通过接触面上的一个法向弹簧和两个剪切弹簧来模拟实现。弹簧假定都作用于单元接触面上的同一点，该点坐标为该接触面各角点坐标的平均值：

$$x_{\mathrm{cf}} = \frac{x_1 + x_2 + x_3 + \cdots + x_n}{n}$$

$$y_{\mathrm{cf}} = \frac{y_1 + y_2 + y_3 + \cdots + y_n}{n}$$

$$z_{\mathrm{cf}} = \frac{z_1 + z_2 + z_3 + \cdots + z_n}{n} \tag{2-29}$$

基本单元相邻处弹簧本构关系的设定是三维细观混凝土本构模型理论体系的关键。与二维模型相同，单元相邻面的弹簧本构关系可分为砂浆单元间、骨料单元间以及砂浆与骨料单元间的弹簧本构关系。

1）砂浆单元间的弹簧本构关系

单元间的法向弹簧及剪切弹簧的弹性模量值可由下式求得：

$$k_{\mathrm{n}} = \frac{(1 - \nu_{\mathrm{elem}})E_{\mathrm{elem}}}{(1 + \nu_{\mathrm{elem}})(1 - 2\nu_{\mathrm{elem}})} \tag{2-30}$$

$$k_{\mathrm{s}} = E_{\mathrm{elem}}/(1 + \nu_{\mathrm{elem}}) \tag{2-31}$$

式中 E_{elem}、ν_{elem} 为细观尺度下砂浆的弹性模量和泊松比。

为了确保离散单元的精细程度，三维模型中基本单元的尺寸约为 2.0～3.0mm^3，在该尺度下，宏观尺度下砂浆的材料参数值可由下式求得：

$$\nu_{\mathrm{elem}} = -24.8\nu^4 + 31.9\nu^3 - 16.4\nu^2 + 4.28\nu$$

$$E_{\mathrm{elem}} = (-33.7\nu^4 + 17.0\nu^3 - 4.13\nu^2 + 0.327\nu + 1)E$$

与二维模型相同，砂浆单元相邻面的法向弹簧在受压下保持线弹性且不会破坏，在受拉情况下，应力小于抗拉强度前呈线弹性。因此，砂浆强度特征值以法向弹簧的抗拉强度作为表征。抗拉强度同样采取正态分布：

$$f(f_{\mathrm{elem}}) = \frac{1}{\sqrt{2\pi\sigma}}\exp\left\{-\frac{(f_{\mathrm{telem}} - \mu)^2}{2\sigma^2}\right\} \tag{2-32}$$

$$\text{当 } f_{\mathrm{telem}} < 0 \text{ 时}, f_{\mathrm{telem}} = 0$$

$$\mu = f_{\mathrm{taverage}}, \quad \sigma = -0.2f_{\mathrm{taverage}} + 1.5 \tag{2-33}$$

式中 f_{telem} 为法向弹簧抗拉强度，f_{taverage} 是微观尺度下砂浆的平均抗拉强度。

法向弹簧和剪切弹簧的应力应变值可由下式计算：

$$\varepsilon = \frac{\delta_{\mathrm{n}}}{h_1 + h_2}, \quad \gamma = \frac{\delta_{\mathrm{s}}}{h_1 + h_2} \tag{2-34}$$

$$\sigma = k_{\mathrm{n}}\varepsilon, \quad \tau = k_{\mathrm{s}}\gamma \tag{2-35}$$

式中 ε、γ 为正应变和剪应变，δ_n 、δ_s 为正向和切向的相对位移，h_1 、h_2 为单元计算参考点 (x_{ce}, y_{ce}, z_{ce}) 到相邻面的垂线距离。

法向弹簧与剪切弹簧的力学本构关系与二维模型的设定一致，可由图 2-8（b）、（c）表示。法向弹簧受压区应力应变为无破坏理想弹性模型，受拉区当应力小于强度值前为理想弹性，达到强度值后拉应力随应变增长线性下降直至消失，开裂临界宽度 $w_{max}=0.03$mm。剪切弹簧应力应变为理想弹塑性模型，每一相邻面上存在相互垂直的两个剪切弹簧，总剪应变值及剪切变形方向可由两剪应变之和求得。当拉应力小于抗拉强度时，极限剪应力值取决于抗拉强度以及正应力值的大小：

$$\tau_{max}=\pm[0.30f_{telem}^{2.5}(-\sigma+f_{telem})^{0.4}+0.15f_{telem}] \quad (\sigma\leqslant f_{telem}) \tag{2-36}$$

需要注意的是，三维刚体弹簧模型中，极限剪应力的计算公式与二维模型不同，这是因为二维模型中将所有基本单元 Z 方向平面视为统一的平面，而三维模型中基本单元 Z 方向平面的方向会随着坐标变化而变化。

当拉应力大于抗拉强度时，剪应力的值依照拉应力退化的程度按比例折减。当拉应变达到 w_{max}时，剪应力值折减为零。

2）骨料单元间的弹簧本构关系

与二维模型一致，骨料单元之间的法向弹簧及剪切弹簧本构皆呈线弹性且不会破坏，计算公式与式（2-34）和式（2-35）相同。

3）砂浆与骨料单元间的弹簧本构关系

界面处法向弹簧和剪切弹簧的弹性模量与二维模型一致，为各自单元弹性模量的加权和：

$$k_n=\frac{k_{n1}h_1+k_{n2}h_2}{h_1+h_2}$$

$$k_s=\frac{k_{s1}h_1+k_{s2}h_2}{h_1+h_2} \tag{2-37}$$

式中 h_1、h_2 为基础单元计算参照点到相邻面的垂线距离。

界面处法向弹簧的本构关系与二维模型一致，取 $w_{max}=0.0025$mm。界面处剪切弹簧的本构关系和极限剪应力计算公式与二维模型一致，如图 2-8（c）和式（2-18）、式（2-19）所示。

三维细观混凝土本构模型体系与二维模型基本一致，只是进行了一些三维条件上的拓展和修正。各材料输入参数的计算可完全依据二维模型采用的方法进行计算。

图 2-12 表示了 70mm×70mm×140mm 的 35MPa 纯砂浆构件在受压情况及受拉情况下的三维模型模拟结果，并与 70mm×140mm 的 35MPa 纯砂浆构件的二维模型模拟结果进行了对比。在受压模拟中，上下两端边界限制了侧向位移。由图可见，三维模拟结果与二维模拟结果几乎一致，并且峰值压应力与峰值拉应力都符合砂浆强度的设定。对于破坏模式，纯压试件呈现 X 形剪切破坏，纯拉试件呈现与拉应力方向垂直的断裂面，这与砂浆试验的结果一致。

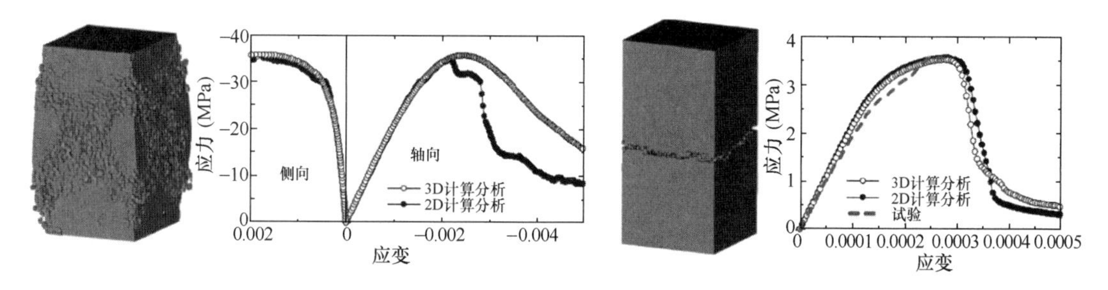

图 2-12　纯砂浆构件在受压情况及受拉情况下的三维模型模拟结果

图 2-13 表示了 70mm×70mm×140mm 的混凝土构件在受压情况下的三维模型模拟结果，采用的砂浆强度为 35MPa。B-FIX 表示上下两端边界无侧向位移的情况，B-FREE 表示上下两端边界侧向位移无限制的情况。图 2-14 表示了该混凝土构件在受拉情况下的三维模型模拟结果。由图可见，模拟结果中应力应变曲线、极限应力值以及最终破坏形态都大致符合相应试验结果。这证明了三维细观混凝土本构模型的有效性和合理性。

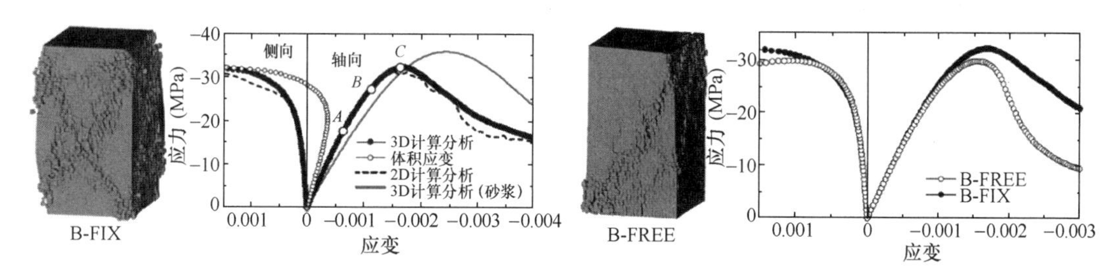

图 2-13　混凝土构件在受压情况下的三维模型模拟结果

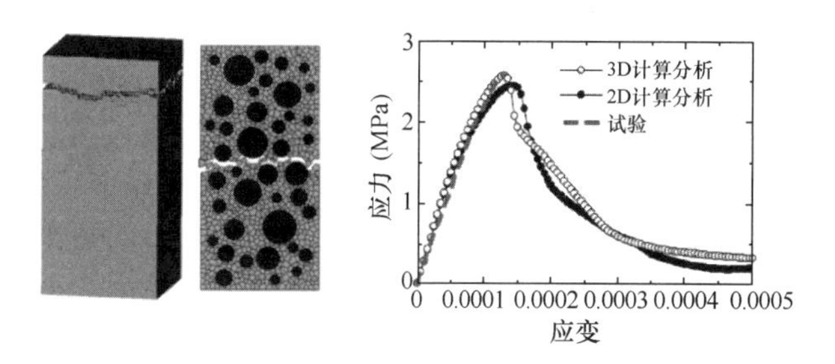

图 2-14　混凝土构件在受拉情况下的三维模型模拟结果

2.2.4　开裂混凝土本构模型

混凝土是一种抗压不抗拉的多相材料，其单轴抗拉强度往往只有抗压强度的十分之一左右。正因为如此，在钢筋混凝土结构中，钢筋主要起到了承受拉力的作用，而混凝土往往处于带裂缝工作的状态。混凝土开裂从本质上来说是一种离散的现象，往往出现在应力集中点和材料缺陷点，而裂缝生成后一般会使得其周围混凝土材料发生应力释放现象。

在有限元模拟方法中，采用弥散裂缝的混凝土本构模型是一种处理开裂问题的方法。所谓弥散裂缝的混凝土本构模型，指的是将裂缝形成的相对位移均匀分配至研究单元的整体长度上，通过平均应变表示材料的整体变形，而当应力值在材料中存在波动时，同样以平均应力表示材料的整体受力。最终，将普通本构模型的应力-应变关系，转换为平均应力-平均应变关系。弥散裂缝的混凝土本构模型主要研究的就是开裂混凝土的平均应力与平均应变之间的关系。

在此对二维混凝土模型中较为简单的一种开裂情况进行讨论，如图 2-15 所示，混凝土材料处于单向开裂的状态。需要注意的是，开裂混凝土是各向异性材料，其力学性质已不再跟未开裂混凝土一样是各向同性了。因此，开裂混凝土的力学本构关系主要可以拆分为 3 类进行讨论：垂直于裂缝的受压受拉本构、平行于裂缝的受压受拉本构、剪切本构。

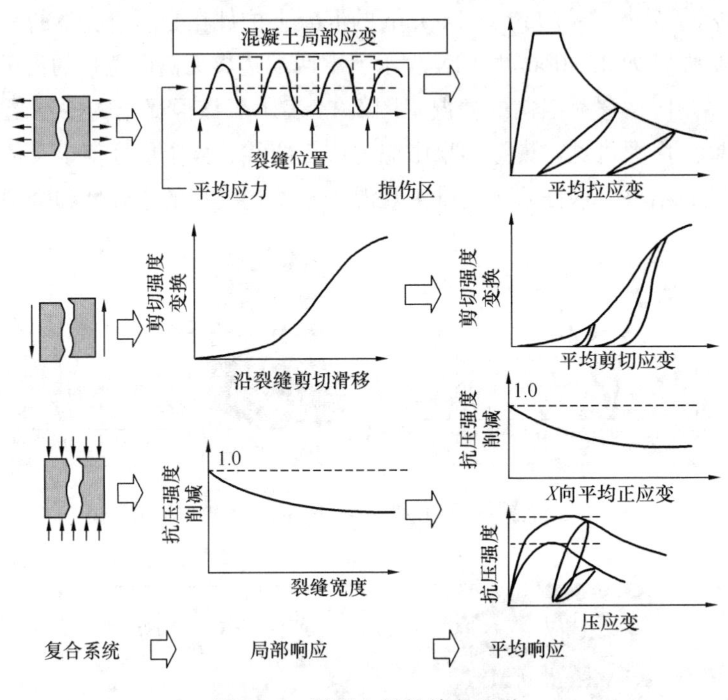

图 2-15　混凝土材料单向开裂

1. 平行于裂缝的混凝土受压本构模型

对于受力方向为平行于裂缝方向的混凝土受压本构模型（图 2-16）来说，主要采用的模型还是与未开裂混凝土一致的弹塑性损伤本构模型。同时也如未开裂混凝土模型一样考虑了循环荷载的影响，包括加载、卸载、再加载工况。相比于未开裂混凝土模型，其主要有两个区别。第一，开裂混凝土可视为理想的单轴受力状态，这是因为与外力方向垂直的应力由于开裂而得到应力释放。第二，垂直于裂缝方向的拉应变会形成损伤，从而影响平行于裂缝方向的抗压强度，因此需设置强度折减系数 ω。

2. 平行于裂缝的混凝土受拉本构模型

对于平行于裂缝的混凝土受拉本构关系，先要对开裂钢筋混凝土构件中的受拉硬化现象及开裂素混凝土构件中的受拉软化现象进行介绍。

首先，对于受拉钢筋混凝土构件而言，其中的混凝土材料在开裂后并不会完全退出工作，这是由于钢筋与混凝土之间的粘结作用使得钢筋将一部分拉力传递给了裂缝间混凝

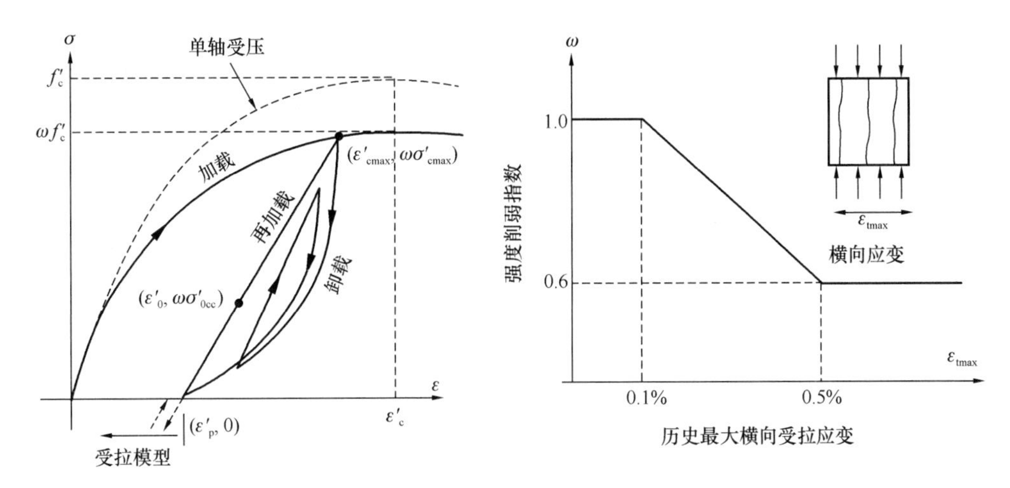

图 2-16　受力方向为平行于裂缝方向的混凝土受压本构模型

土，如图 2-17（a）所示。混凝土中拉应力在开裂处为零，但由于粘结力的作用，裂缝中部混凝土拉应力不断增大，可将混凝土拉应力波动理想化为三角函数曲线。由此，对于混凝土的平均应力而言，开裂后其值并不会为零，而是逐渐下降。对于混凝土中钢筋而言，由于混凝土分担了一部分拉应力，相较于纯钢筋受拉的情况，钢筋混凝土中钢筋平均应变要更小，因此增大了刚度，此即为受拉硬化现象。

开裂混凝土垂直于开裂方向刚度受拉本构关系可由钢筋混凝土构件单轴拉拔试验获得，如图 2-17（b）所示，平均应力与平均应变之间的关系可由下式表示：

$$\sigma = f_t \cdot (\varepsilon_{tu}/\varepsilon)^c \tag{2-38}$$

式中 σ 为平均应力，ε 为平均应变，f_t 为混凝土单轴抗拉强度，ε_{tu}为开裂应变，c 为硬化参数（螺纹钢可取 0.4）。

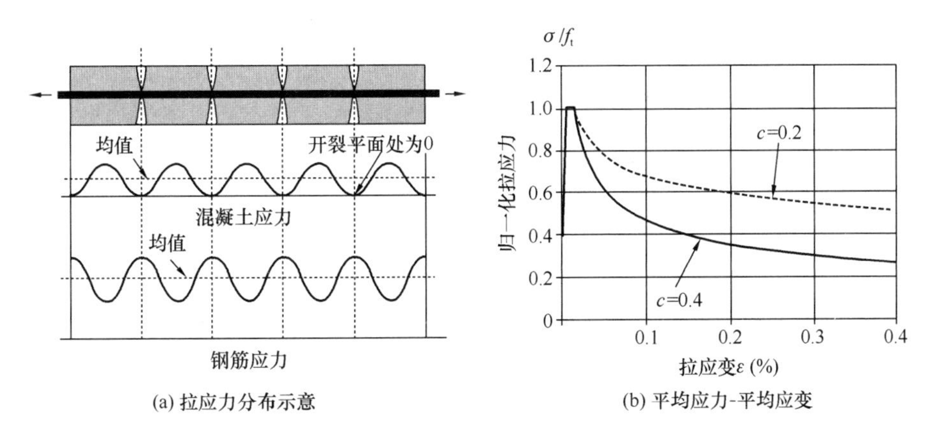

图 2-17

对于开裂的素混凝土，不同于开裂钢筋混凝土中应力的缓慢下降，裂缝处混凝土的拉应力会急速下降至零，而开裂区周围的受拉混凝土则会依照弹性路线发生卸载。开裂区混凝土的应力-裂缝宽度关系主要由断裂能来体现，如图 2-18 所示。断裂能可由单位面积混凝土中应力关于裂缝宽度的积分求得。

由于裂缝的离散性质，混凝土断裂区的应力-裂缝宽度关系无法在弥散裂缝模型体系中采用。因此，将裂缝的开裂现象弥散至研究单元的整体长度中，即用研究单元的平均应变来体现材料的变形性质。通过整合开裂区周围混凝土及开裂区混凝土的本构关系，可得到如图 2-18 所示的素混凝土受拉软化本构模型。所谓软化，指的是开裂造成混凝土材料平均变形增大而刚度减小的现象。

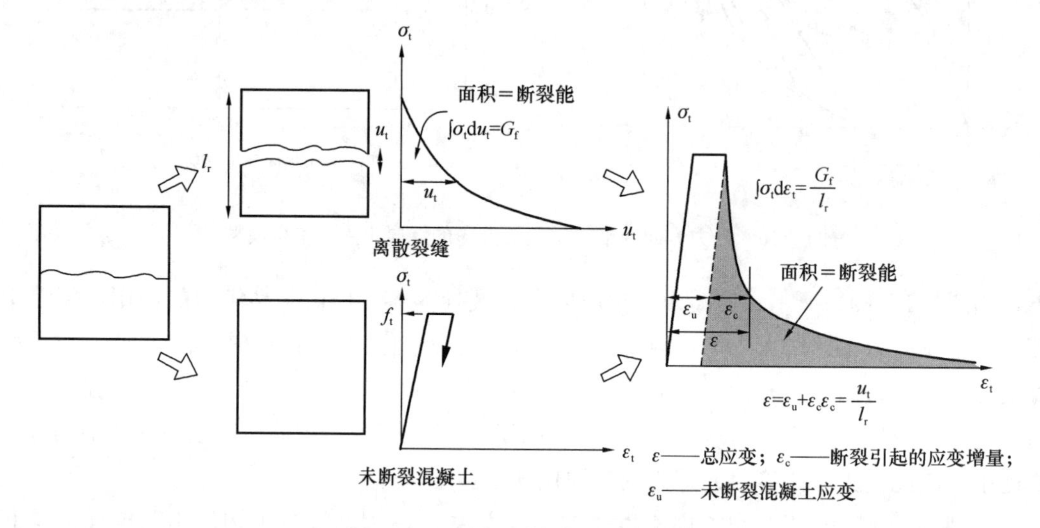

图 2-18　混凝土受拉软化本构模型

由于素混凝土的软化曲线与钢筋混凝土中混凝土的硬化曲线特征相似，同样可采用式(2-39) 来表示受拉软化本构关系。但在这里，参数 c 反映的是素混凝土开裂时的能量释放特征：

$$\int \sigma_t \mathrm{d}\varepsilon_t = \int f_t \cdot (\varepsilon_{tu}/\varepsilon_t)^c \mathrm{d}\varepsilon_t = G_f/l_r \tag{2-39}$$

式中 G_f 为断裂能，l_r 为研究单元的参考长度。

由此，开裂钢筋混凝土及素混凝土中的平行于裂缝的混凝土受压受拉本构都可用同一模型进行表示。由于仍需对其循环作用下的本构模型进行考虑，可通过建立与依赖应力应变历史本构模型相似的模型参数来进行本模型的加载-卸载-再加载作用下的本构关系研究。

3. 剪切本构模型

混凝土的开裂方向是由最大主应力方向决定的，这表明刚刚开裂时，裂缝方向的剪切应力与剪切应变值皆为零。然而，随着荷载的不断变化，主应力轴可能会发生变化，而已存在的裂缝处也会产生剪切应变。开裂混凝土的剪力传递模型是基于接触密度理论 (Contact Density Theory) 而建立的。此模型中，裂缝的粗糙表面被理想化为众多不同倾斜角度的微小接触单元，各单元的倾斜角度分布函数取决于裂缝表面粗糙度特征并可通过试验研究获得，如图 2-19 所示。裂缝面上的接触应力传递可采取理想弹塑性模型，通过对所有接触单元上的接触应力进行积分，可以得到总的正应力和剪应力。

然而，此种严格的积分方法对于有限元分析来说不便于计算，因此可选择采取简化的剪切应力-剪切应变本构关系，如图 2-20 所示。

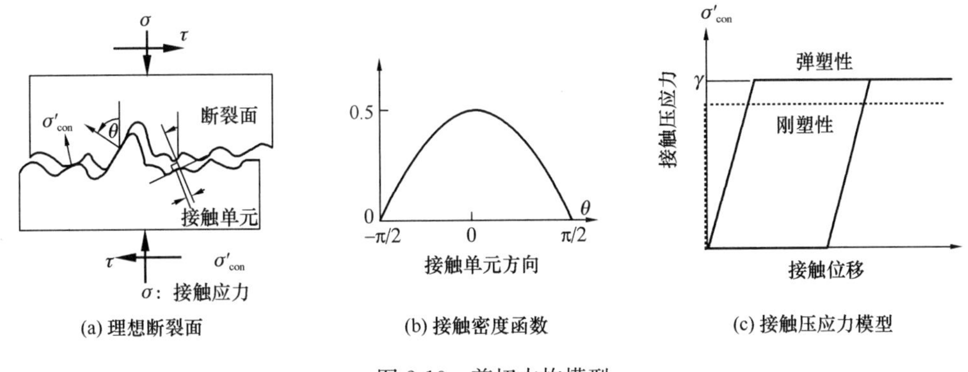

图 2-19 剪切本构模型

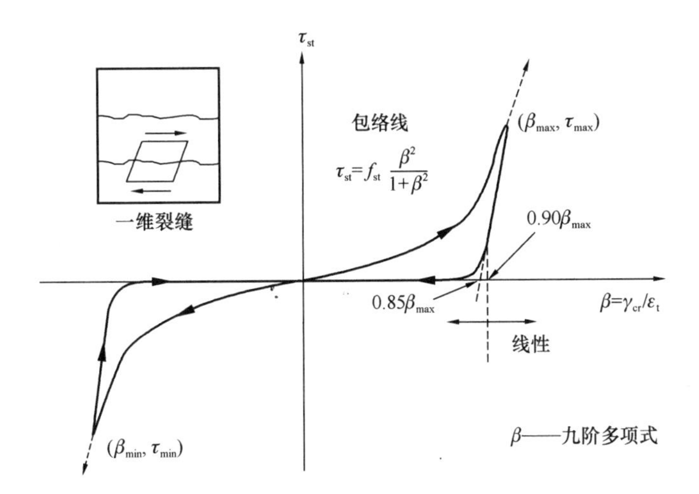

图 2-20 简化的剪切应力-剪切应变本构关系

2.3 钢筋及其复合筋材力学性能

2.3.1 钢筋力学性能

为了进行理论分析，需要对钢筋受拉时的应力-应变曲线加以简化。现行国家标准《混凝土结构设计规范》GB 50010 根据钢筋是否有明显屈服平台分别采用三折线模型和双折线模型，如图 2-21 和图 2-22 所示。

1）描述完全弹塑性加硬化的三折线模型

三折线模型适用于流幅较短的软钢，可以描述屈服后立即发生应变硬化（应力强化）的钢材，正确地估计高出屈服应变后的应力。如图 2-21 所示，图中 OA 及 AB 直线段分别为完全弹性和塑性阶段。B 点为硬化的起点，BC 为硬化阶段。到达 C 点时即认为钢筋破坏，受拉应力达到极限值 f_{su}，相应的应变为 ε_{su}。三折线模型的数学表达形式如下：

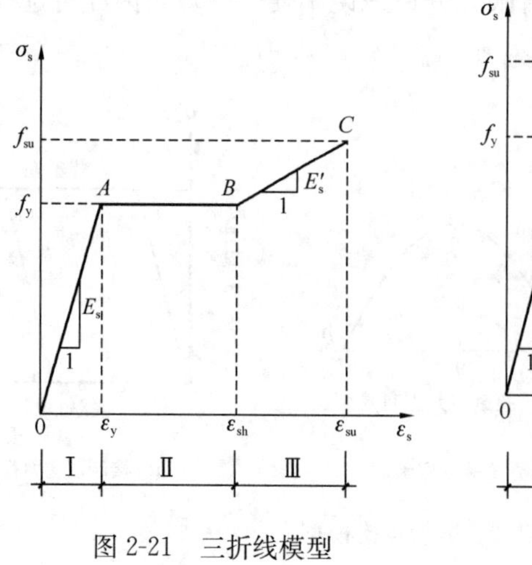

图 2-21　三折线模型

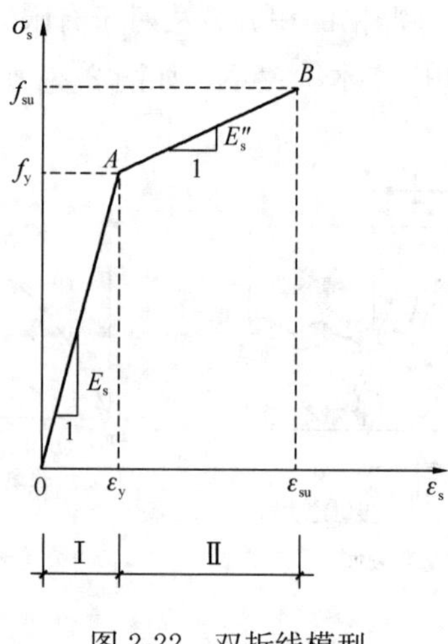

图 2-22　双折线模型

$$\varepsilon_s \leqslant \varepsilon_y \text{ 时}, \quad \sigma_s = E_s \varepsilon_s \tag{2-40}$$

$$\varepsilon_y < \varepsilon_s \leqslant \varepsilon_{sh} \text{ 时}, \quad \sigma_s = f_y \tag{2-41}$$

$$\varepsilon_{sh} < \varepsilon_s \leqslant \varepsilon_{su} \text{ 时}, \quad \sigma_s = f_y + E_s'(\varepsilon_s - \varepsilon_{sh}) \tag{2-42}$$

弹性模量：

$$E_s = f_y / \varepsilon_y \tag{2-43}$$

$$E_s' = (f_{su} - f_y)/(\varepsilon_{su} - \varepsilon_{sh}) \tag{2-44}$$

2）描述弹塑性的双折线模型

双折线模型适用于没有明显流幅的高强钢筋或钢丝。如图 2-22 所示，0-A 段为Ⅰ阶段，A 点为条件屈服点，A-B 为Ⅱ阶段，B 点应力为极限强度 f_{su}，相应的应变为 ε_{su}，双折线模型数学表达式如下：

$$\varepsilon_s \leqslant \varepsilon_y \text{ 时}, \sigma_s = E_s \varepsilon_s \tag{2-45}$$

$$\varepsilon_y < \varepsilon_s \leqslant \varepsilon_{su} \text{ 时}, \sigma_s = f_y + E_s''(\varepsilon_s - \varepsilon_y) \tag{2-46}$$

弹性模量：

$$E_s = f_y / \varepsilon_y \tag{2-47}$$

$$E_s'' = (f_{su} - f_y)/(\varepsilon_{su} - \varepsilon_y) \tag{2-48}$$

2.3.2　钢筋疲劳及应力松弛

1. 钢筋疲劳

钢筋的疲劳是指钢筋在承受重复、周期性的动荷载作用下，经过一定次数后，突然脆性断裂的现象。吊车梁、桥面板、轨枕等承受重复荷载的钢筋混凝土构件在正常使用期间会由于疲劳发生破坏。

钢筋疲劳断裂的原因，一般认为是由于钢筋内部和外部的缺陷，在这些薄弱处容易引起应力集中。应力过高，钢材晶粒滑移，产生疲劳裂纹，应力重复作用次数增加，裂纹扩展，从而造成断裂。因此钢筋的疲劳强度低于其在静荷载作用下的极限强度。原状钢筋的疲劳强度最低。埋置在混凝土中的钢筋的疲劳断裂通常发生在纯弯段内裂缝截面附近，疲劳强度稍高。

钢筋的疲劳试验有两种方法：一种是直接进行单根原状钢筋轴拉试验；另一种是将钢筋埋入混凝土中使其重复受拉或受弯的试验。由于影响钢筋疲劳强度的因素很多，钢筋疲劳强度试验结果是很分散的。我国采用直接进行单根钢筋轴拉试验的方法。试验表明，影响钢筋疲劳强度的主要因素为钢筋疲劳应力幅，即 $\sigma_{max}^{f}-\sigma_{min}^{f}$，$\sigma_{max}^{f}$ 和 σ_{min}^{f} 为一次循环应力中的最大和最小应力。

现行国家标准《混凝土结构设计规范》GB 50110 规定了普通钢筋的疲劳应力幅限值 Δf_{y}^{f}，限值 Δf_{y}^{f} 与钢筋的最小应力和最大应力的比值（即疲劳应力比值）$\rho^{f}=\sigma_{min}^{f}/\sigma_{max}^{f}$ 有关，要求满足循环次数为 200 万次。对预应力钢筋，当 $\rho^{f}\geqslant 0.9$ 时可不进行疲劳强度验算。

2. 应力松弛

钢筋应力松弛是指受拉钢筋在长度保持不变的情况下，钢筋应力随时间增长而不断降低的现象。在预应力混凝土结构中，由于应力松弛会引起预应力损失，所以在预应力混凝土结构构件分析计算时应考虑应力松弛的影响。应力松弛与钢筋中的应力大小、温度、钢材品种相关，钢筋中的应力越大，松弛损失越大；温度越高，松弛越大；钢绞线的应力松弛比其他高强钢筋都大。在施加的应力早期由于应力较大导致应力松弛也较大，后期逐渐减小。

2.3.3　复合筋材的力学性能

顾兴宇等人对玄武岩纤维-钢丝复合筋的力学性能进行了试验研究（图 2-23），结果表明复合钢筋的应力应变关系不再是纯纤维的线性关系，而呈现双线性特征，这种特征关系随着钢丝掺量的增大而更显著。复合筋的弹性模量与钢丝掺量呈线性关系，钢丝含量越大，复合钢筋的弹性模量越高。

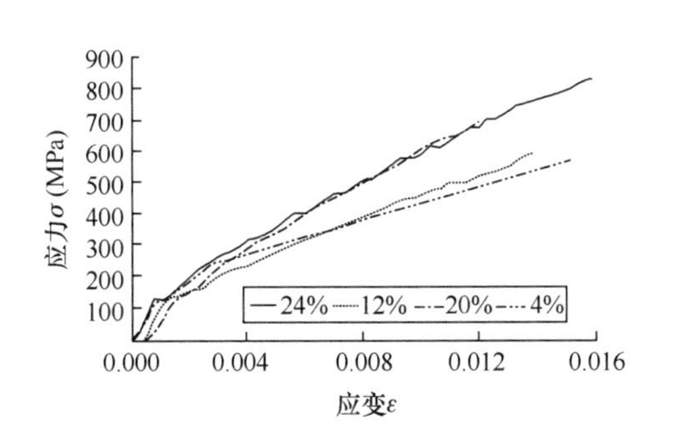

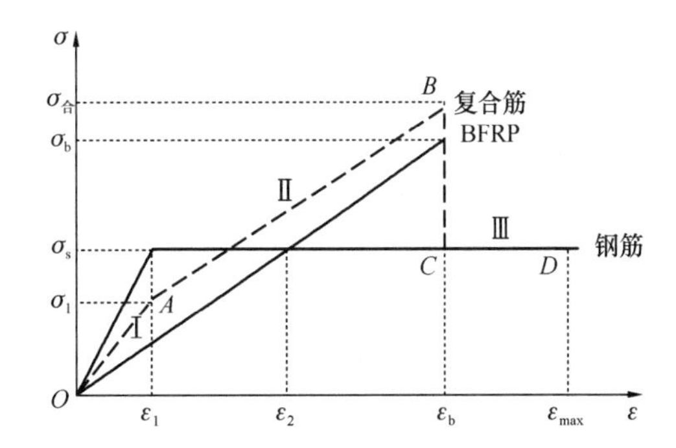

图 2-23　复合钢筋应力应变关系试验及理论图

香港科技大学手工制备的钢丝-FRP 复合筋（所用材料包括 CFRP、GFRP 和 AFRP）的应力应变曲线如图 2-24 所示。对于三纤维混杂增强棒，理论曲线上有 3 个明显的峰（图 2-25）。每个峰值对应一种纤维的破坏。每一种纤维极限应变的不同导致了杆的渐进和连续破坏。极限应变最低的纤维最先破坏，极限应变最高的纤维最后破坏。

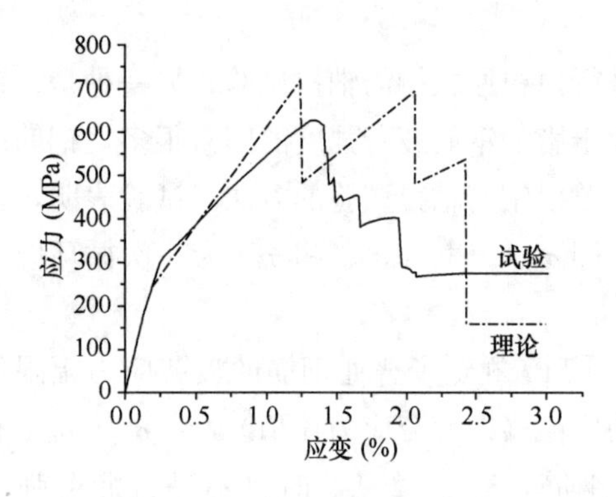

图 2-24　应力应变试验曲线

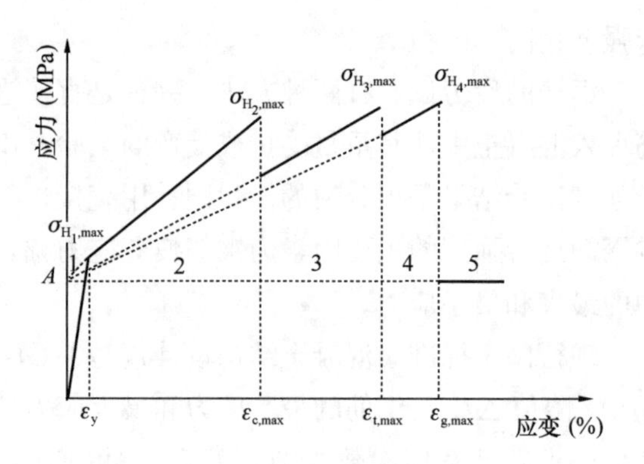

图 2-25　理论曲线

$$E_H = E_s V_s + E_c V_c + E_t V_t + E_g V_g \tag{2-49}$$

$$\sigma_{H_1} = E_H \varepsilon \quad \varepsilon_0 \leqslant \varepsilon \leqslant \varepsilon_y$$

$$\sigma_{H_2} = (E_c V_c + E_t V_t + E_g V_g)\varepsilon + \sigma_y V_s \quad \varepsilon_y \leqslant \varepsilon \leqslant \varepsilon_{c,max}$$

$$\sigma_{H_3} = (E_t V_t + E_g V_g)\varepsilon + \sigma_y V_s \quad \varepsilon_{c,max} \leqslant \varepsilon \leqslant \varepsilon_{t,max}$$

$$\sigma_{H_4} = E_g V_g \varepsilon + \sigma_y V_s \quad \varepsilon_{t,max} \leqslant \varepsilon \leqslant \varepsilon_{g,max}$$

$$\sigma_{H_5} = \sigma_u V_s \quad \varepsilon_{g,max} \leqslant \varepsilon \leqslant \varepsilon_{s,max}$$

式中，E_H 为混合钢筋的拉伸模量；E_s、E_c、E_t、E_g 分别为钢、碳、Twaron、玻璃纤维的拉伸弹性模量，V_s、V_c、V_t、V_g 分别为钢、碳、Twaron、玻璃纤维的体积分数。

张志春在 SGFRP（钢绞线-GFRP 复合筋）的拉拔试验中发现，SGFRP 复合筋破坏过程，首先是外部纤维的断裂，然后发生钢绞线的部分或全部断裂。SGFRP 复合筋破坏过程中存在部分钢绞线断裂是由于应变达到玻璃纤维的极限应变后，外层的纤维开始破坏，玻璃纤维承担的荷载会直接传到相邻的钢绞线而使其达到其极限承载力断裂破坏。由于失去了外层 FRP 层的包裹，钢绞线之间不能进行有效的粘结，而发生了滑移，不能实现所有钢绞线同时断裂。不同直径 SGFRP 筋，由于其中钢绞线含量不同，复合筋不符合 FRP 筋抗拉强度随直径增加而减小的关系，而其抗拉强度随钢绞线含量增加而增加。

东南大学进行了 SFCB（钢筋-FRP 复合筋）的单轴拉拔试验和反复荷载试验，得到了单调荷载下 SFCB 筋的应力应变理论关系，如图 2-26 所示，计算式为式（2-50）～式（2-53），并通过反复加载试验给出了恢复曲线，如图 2-27 所示。

$$\sigma_{\mathrm{I}} = \varepsilon(E_s A_s + E_f A_f)/A, \quad 0 \leqslant \varepsilon \leqslant \varepsilon_y$$

$$E_{\mathrm{I}} = (E_s A_s + E_f A_f)/A, \quad 0 \leqslant \varepsilon \leqslant \varepsilon_y \tag{2-50}$$

式中，E_s、A_s 和 ε_y 为钢筋的弹性模量、截面面积以及屈服应变；E_f 和 A_f 为纤维层的弹性模量和截面面积，$A = A_s + A_f + A_r$，A_r 表示复合筋中的树脂面积。

$$\sigma_{\mathrm{II}} = (f_y A_s + \varepsilon E_f A_f)/A, \quad \varepsilon_y < \varepsilon \leqslant \varepsilon_{fu} \tag{2-51}$$

$$E_{\mathrm{II}} = (E_f A_f)/A, \quad \varepsilon_y < \varepsilon \leqslant \varepsilon_{fu}$$

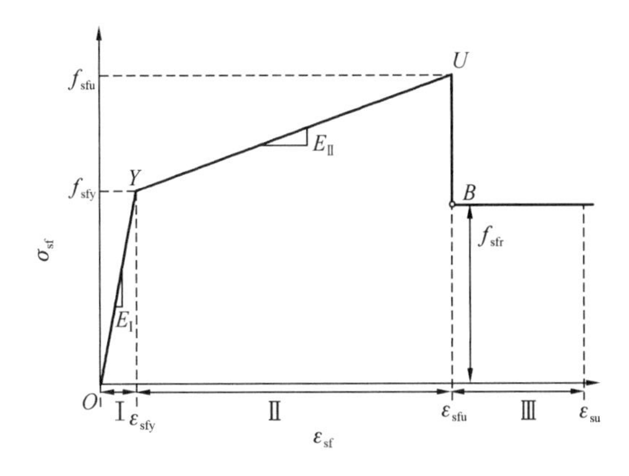

图 2-26　SFCB 应力应变曲线

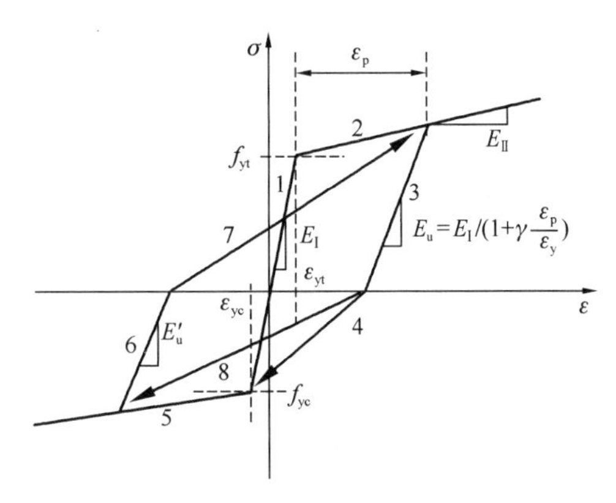

图 2-27　反复加载恢复曲线

式中，f_y 为钢筋的屈服应力，ε_{fu} 为 FRP 的断裂应变。

$$\begin{aligned}\sigma_{Ⅲ} &= f_y A_s/A, \varepsilon_{fu} < \varepsilon \leqslant \varepsilon_{s,max} \\ E_{Ⅲ} &= 0, \varepsilon_{fu} < \varepsilon \leqslant \varepsilon_{s,max}\end{aligned} \tag{2-52}$$

式中，$\varepsilon_{s,max}$ 表示钢筋的断裂应变。

结合上式可得 SFCB 的应力应变关系式：

$$\sigma_{sf} = \begin{cases} E_Ⅰ \varepsilon_{sf}, & 0 \leqslant \varepsilon_{sf} \leqslant \varepsilon_{sfy} \\ f_{sfy} + E_Ⅱ(\varepsilon_{sf} - \varepsilon_{sfy}), & \varepsilon_{sfy} < \varepsilon_{sf} \leqslant \varepsilon_{sfu} \\ f_{sfr}, & \varepsilon_{sfu} < \varepsilon_{sf} \end{cases} \tag{2-53}$$

式中，σ_{sf} 和 ε_{sf} 为 SFCB 的应力和应变，f_{sfy} 和 ε_{sfy} 表示 SFCB 的屈服应力和屈服应变，ε_{sfu} 表示 SFCB 的极限应变。

2.4　混凝土结构的界面粘结

2.4.1　钢筋与混凝土的界面

钢筋与混凝土之间的粘结是钢筋混凝土构件共同工作的必要条件，通过粘结传递混凝土和钢筋之间的应力，协调变形。

图 2-28 为混凝土中埋入一根直径为 d 的钢筋，其端部施加拉力 N，如果钢筋和混凝土之间无粘结，钢筋将被拔出；如果有粘结，但钢筋埋入长度不足，也同样会被拔出。只有当钢筋和混凝土之间具有一定的粘结应力和足够的埋入长度，钢筋才不会被拔出。可见，粘结应力实质上是钢筋和混凝土接触面上抵抗相对滑移而产生的剪应力，通过粘结应力，钢筋将部分拉力传给混凝土，使两者共同受力。

如图 2-29 所示的梁，受荷后弯曲变形，如果钢筋与混凝土之间无粘结，则钢筋不参与受拉，配筋的梁就和素混凝土梁一样，在不大的荷载作用下就开裂发生脆性破坏。当钢筋与混凝土之间有粘结时，情况就完全不同了，梁受荷后，在支座与集中荷载之间的弯剪段内，钢筋与混凝土接触面上将产生粘结应力，通过它将拉力传给钢筋，使钢筋与混凝土共同受力成为钢筋混凝土梁。

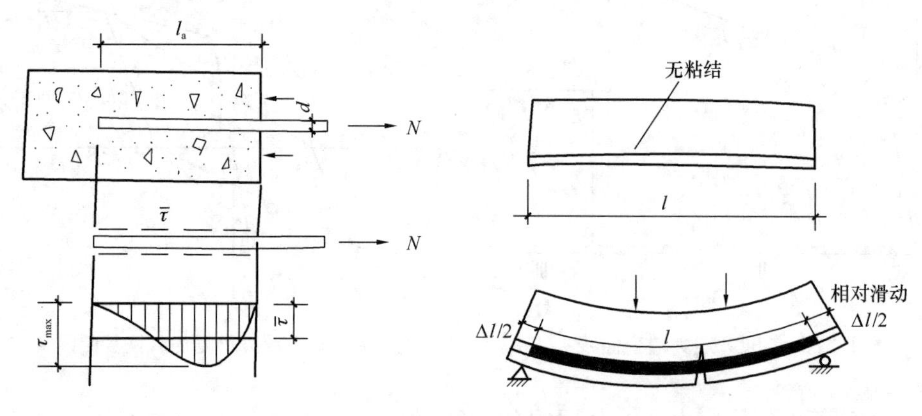

图 2-28　拔出试验与锚固粘结应力分布图　　图 2-29　钢筋与混凝土无粘结时

钢筋与混凝土之间的粘结力由三部分组成：

（1）钢筋与混凝土接触面上的化学胶着力：指混凝土中水泥凝胶体与钢筋表面产生的吸附胶着作用。化学胶着力通常很小，只存在于钢筋混凝土构件的原始状态，一旦钢筋和混凝土之间产生了相对滑移，即消失。

（2）钢筋与混凝土之间的摩擦力：指由于混凝土硬化时收缩对钢筋产生的挤压作用而衍生的摩擦力，挤压越大，接触面粗糙程度越大，摩擦力也越大。

（3）钢筋与混凝土之间的机械咬合力：指由带肋钢筋表面凸出的肋条与混凝土相互交错嵌合形成的力。

光圆钢筋与混凝土之间的粘结力主要来源于摩擦作用，变形钢筋与混凝土之间的粘结力主要来源于机械咬合作用。

2.4.2　复合筋材与混凝土的界面

1. FRP 筋

与钢筋相同，FRP 筋与混凝土的协同工作也依赖于两者之间的粘结性能。FRP 筋与混凝土的粘结破坏机理和钢筋的略有不同。钢筋与混凝土的界面破坏基本发生在混凝土中，表现为混凝土被钢筋表面的肋剪坏。对于 FRP 筋，研究指出，当混凝土强度大于 30MPa 时，界面破坏一般发生在 FRP 筋的表面，表现为 FRP 筋表面的肋被混凝土剪坏。

在长期服役过程中，FRP 筋与混凝土的界面会经受各种环境作用和物理作用，导致 FRP 筋与混凝土界面产生破损，从而使得粘结性能退化。

1）混凝土碱性环境

FRP 筋大多数埋置于混凝土内部接触混凝土内部碱性环境，遭受混凝土微孔溶液的侵蚀。试验中通常采取将拉拔试件置于升温的自来水或者碱性溶液中的方法，加速老化。Davalos 的试验研究表明，在高温环境下的 GFRP 材料可能由于吸湿率更大导致更大的体积膨胀，而使得 FRP 筋表面粘结退化的现象减弱。Altalmas 对 BFRP 筋和 GFRP 筋进行对比试验，发现BFRP筋在碱性环境退化得更为严重。

2）盐溶液环境

对于服役于海洋环境和除冰盐环境的结构，氯盐侵蚀环境是需要面对的外部作用。Altalmas的氯盐试验表明BFRP筋的粘结退化在盐溶液环境下依然大于GFRP筋。Yan对GFRP筋钢纤维混凝土和GFRP筋普通混凝土进行了盐溶液浸泡后拉拔试验，试验表明GFRP筋与钢纤维混凝土的粘结性能更优，劣化较小。

3）酸性溶液环境

在遭遇酸雨或酸性土壤侵蚀时，结构有可能处于酸性环境。Zhou的试验研究表明在常温条件下，酸性越大，构件的黏结力退化越严重。Altalmas的试验表明BFRP筋在酸性条件（pH=2.0）下的劣化小于GFRP筋。

4）温度作用

FRP筋的横向热膨胀系数大于混凝土，当环境温度升高时，FRP筋会在环向对混凝土产生挤压应力，当内部应力大于混凝土拉应力时会出现微裂缝从而降低两者之间的粘结性能。此外，低温环境下混凝土内部溶液结冰也会对FRP筋挤压造成表面的磨损。

Belarbi对FRP筋与混凝土的粘结性能在冻融循环和温度循环作用下的退化现象进行了试验研究，其认为冻融循环过程中水分体积变化导致的微观损伤、温度循环过程中因材料热膨胀系数的不同产生的内应力以及孔隙溶液对FRP筋表面的侵蚀软化是导致粘结性能退化的3个主要作用机理。

5）静载

在荷载的长期作用下，FRP筋与混凝土之间会产生一定的滑移徐变，使得裂缝宽度增大，变形增大。

张志春对GFRP筋在持续荷载作用下，自由端滑移值随持荷试件变化进行了112天的测试，结果发现自由端滑移值在持荷初期增长较快，后期则趋于稳定。Vilanova对GFRP筋在持续荷载作用下的滑移值进行了长达130天的测试，结果同样表现为滑移值在初期增长较快，后期趋于稳定，并且强度大的混凝土试件滑移值更小。

6）动载

FRP筋混凝土构件在动载作用下，其表面可能会因为与混凝土反复摩擦而损伤严重。Katz研究表明对于不同表面处理方式的FRP筋试件在经历疲劳荷载后，粘结强度出现19%～80%的退化。其中，光圆表面处理导致的降低幅度最大，表面喷砂并螺旋缠绕处理的FRP筋粘结强度退化最小。

2. 钢筋-FRP复合筋

张志春对SGFRP材料（钢绞线-GFRP复合筋）与混凝土之间的粘结性能做了系统的研究工作。在复合筋直径变化的拉拔试验中SGFRP筋比单一的GFRP筋的粘结强度更好，其破坏形式常为滑移脱落，复合筋表面仅为磨损，SGFRP筋的粘结强度会随着直径的增大而减小。在温度变化的拉拔试验中，试验结果表明温度升高有利于提升粘结性能，这主要得益于材料热膨胀系数的差异，温度作用引起的不同步变形增大了材料之间的摩擦，提高了粘结性能，而温度对于FRP筋材料影响最大，SGFRP材料次之，对钢筋的影

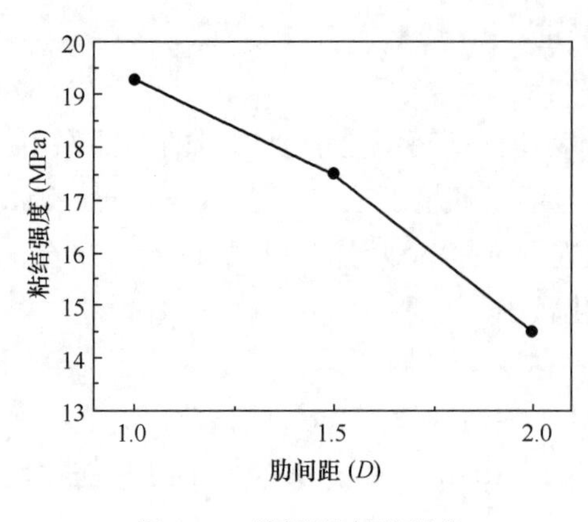

图 2-30　肋间距-粘结强度

响最小。高温处理下的 SGFRP 材料的粘结破坏主要为表面肋与筋材的分离，而低温下的粘结破坏主要是因为 SGFRP 筋的表面磨损。碱性环境下的拉拔试验表明，当短期腐蚀没有造成表面 FRP 筋的破损时，FRP 材料吸水膨胀导致粘结强度提高，随着时间的变化，筋材表面破坏后，粘结强度降低，这与上述 FRP 材料的变化规律一致。在长期恒载试验中，SGFRP 筋的自由端滑移量小于 GFRP 筋。张志春得到了带肋 SGFRP 筋粘结强度和肋间距的关系，如图 2-30 所示。

试验研究表明复合筋材的粘结破坏基本与 FRP 筋材一致，钢筋的参与有利于改善相关性能的表现。

2.4.3　界面粘结力学

研究钢筋混凝土粘结滑移关系是钢筋混凝土结构分析的基本条件之一，有关粘结-滑移的本构关系，众多学者进行了试验研究和改进，总结出如下的经验表达式。

1. 单一表达式

1966 年 Lutz 通过单个肋条的钢筋拔出试验得到粘结应力-滑移关系式为：

$$\tau = 0.75 \times 10^6 s \tag{2-54}$$

其中，滑移单位为 in.，粘结强度单位为 psi。

1971 年 Nilsion 提出的粘结-滑移关系式与粘结应力和加载端的位置有关，具体表达式为：

$$\tau = 3100(1.43x + 1.50)s\sqrt{f'_c} \tag{2-55}$$

应用上式求解时需满足：$\tau \leqslant (1.43x+1.50)\sqrt{f'_c}$，$x$ 为研究点到加载点的距离，单位为 in.。s 的单位为 in.，f'_c 的单位为 psi。

1979 年 Houde 等认为粘结应力与加载端位置无关，提出粘结-滑移关系式为：

$$\tau = (1.95 \times 10^6 s - 2.35 \times 10^9 s^2 + 1.39 \times 10^{12} s^3 - 0.33 \times 10^{15} s^4)\sqrt{\frac{f'_c}{5000}} \tag{2-56}$$

式中 s 的单位为 in.，f'_c 的单位为 psi。

图 2-31 为 Nilsion 和 Houde 的粘结-滑移曲线。

1981 年，狄生林通过试验分析得到的粘结-滑移表达式为：

$$\tau = 67.17 \times 10^3 s - 21.72 \times 10^6 s^2 + 2.19 \times 10^9 s^3 \tag{2-57}$$

式中粘结应力 τ 的单位为 kgf/cm²，滑移 s 的单位为 cm。

1984 年蒋大骅教授在梁式试验的基础上，通过理论分析和有限元计算，得到了粘结应力沿场地分布的二次曲线表达式：

$$\tau = \tau_0\left[1-\left(1-4\frac{x}{l}\right)^2\right] \quad (2\text{-}58)$$

$$\tau_0 = 0.034\sigma_s(1-0.001\sigma_c)$$

式中，σ_s 为钢筋端部应力，单位为 MPa，粘结应力 τ 的单位为 MPa，粘结长度 l 的单位为 mm。

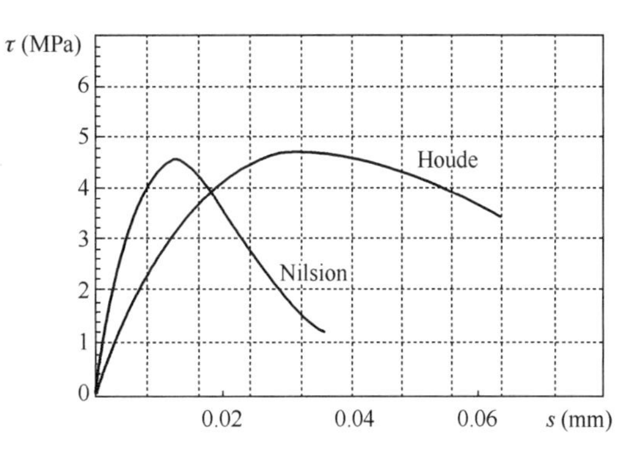

图 2-31　Nilsion 和 Houde 粘结-滑移曲线

1985 年金芷生等对钢筋混凝土受弯构件纯弯段内梁中主裂缝间钢筋与混凝土的粘结性能进行了研究，建立了粘结应力-滑移关系式：

$$\tau = 1.49\times10^3 s - 1.16\times10^6 s^2 - 0.07\times10^9 s^3 \quad (2\text{-}59)$$

黏结应力 τ 的单位为 kgf/cm²，滑移 s 的单位为 cm。

同年，滕智明教授在分析粘结本构时，表示粘结应力不仅和研究点的滑移量有关，和所研究点的位置也相关：

$$\tau = 0.381\frac{c}{d}f_t F_1(s)F_2(x) \quad (2\text{-}60)$$

$$F_1(s) = (43.25s - 215.95s^2 + 535s^3 - 508s^4)(1.524 - 0.741s) \quad (2\text{-}61)$$

$$F_2(x) = \sqrt{4\frac{x}{l_a}\left(1-\frac{x}{l_a}\right)} \quad (2\text{-}62)$$

式中，l_a 为粘结长度。

1987 年，大连理工大学宋玉普和赵国藩采用钢筋开槽，内部粘贴应变片的方式，研究了钢筋混凝土间的粘结滑移性能，考虑了材料性能、钢筋保护层厚度、裂缝间距以及所研究点距裂缝界面的距离等，建立了相应的粘结应力-滑移关系式：

$$\tau = \frac{2\pi A_s E_c \sin\dfrac{2\pi x}{l_{cr}}(25.36\times10^{-1}s - 5.04\times10s^2 + 0.29\times10^3 s^3)}{\Sigma_0 l_{cr}\left(\dfrac{A_s}{2ab}+\dfrac{E_c}{E_s}\right)\left(\dfrac{l_{cr}}{2} - x - \dfrac{l_{cr}}{2\pi}\sin\dfrac{2\pi x}{l_{cr}}\right)} \quad (2\text{-}63)$$

式中，Σ_0 表示钢筋单位长度上的表面积，l_{cr} 表示裂缝间距，E_s 和 E_c 分别表示钢筋和混凝土的弹性模量，A_s 为钢筋截面积，a 为钢筋重心至梁底的距离，b 为梁宽。

2. 分段表达式

1990 年，中国建筑科学研究院的徐有邻等，将粘结-滑移关系曲线全过程分为 5 段：胶结段、强度上升段、强度峰值段、强度下降段和强度稳定段；并提出考虑沿锚固深度变化的分段式粘结滑移本构关系，即在基本的粘结-滑移本构关系曲线上乘以位置函数，如下式所示：

$$\tau = \phi(s)\cdot\psi(x) \quad (2\text{-}64)$$

$\phi(s)$为粘结-滑移基本关系，$\phi(s)$曲线形式如图 2-32 所示，τ(u)、τ(cr)、τ(sl)、τ(r)分别为极限强度、劈裂强度、滑移强度和残余强度；$\psi(x)$为粘结强度沿锚深变化的位置函数，如图 2-33 所示。

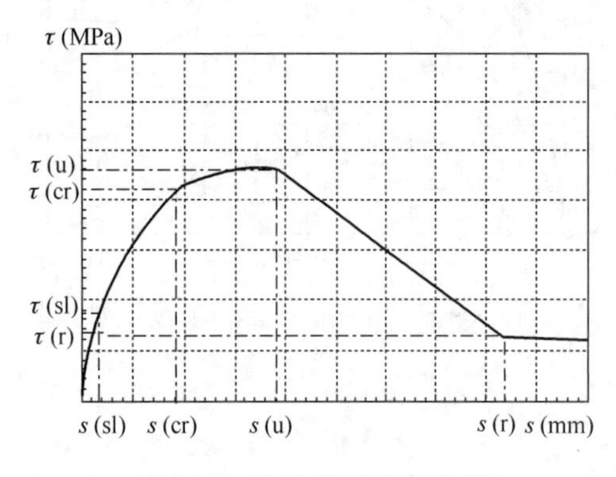

图 2-32　粘结-滑移关系曲线

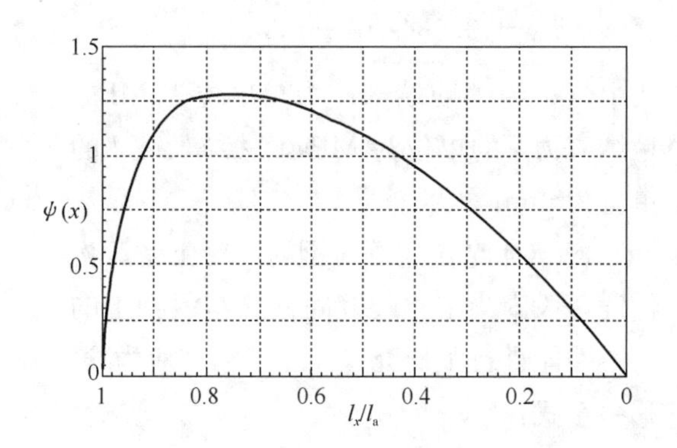

图 2-33　粘结锚固位置函数

美国 Alsiwat 等人于 1992 年提出了局部粘结-滑移关系，如图 2-34 所示；黎巴嫩 Haraji 于 1994 年提出了变形钢筋与混凝土的局部粘结-滑移关系，如图 2-35 所示。

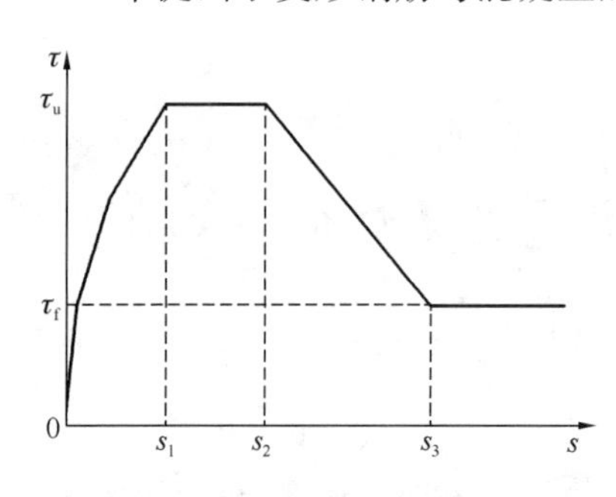

图 2-34　Alsiwat 粘结-滑移关系

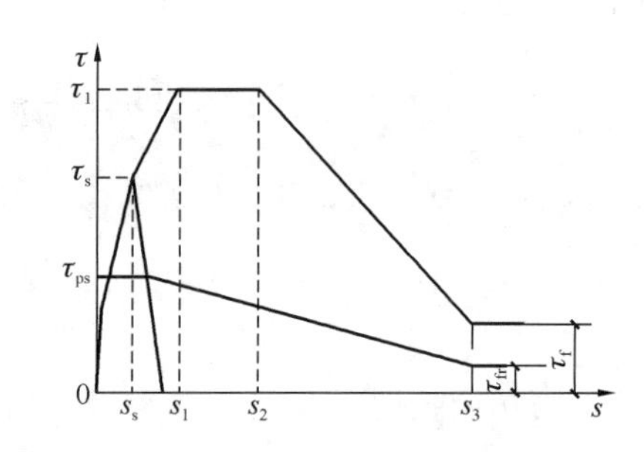

图 2-35　Haraji 粘结-滑移关系

3. 粘结-滑移本构的理论分析模式

钢筋与混凝土界面受力复杂，影响因素众多，目前有关粘结-滑移的理论分析基本是基于半理论半经验的。

仅根据试验结果很难得到有关粘结-滑移的准确数学表达，1981 年，Somayaji 和 Shah 根据力的平衡、钢筋和混凝土的应力-应变关系、滑移与钢筋和混凝土的应变关系建立了微分方程。为了使方程的解更好地满足边界条件，Somayaji 等人对微分方程进行了修正，得到局部滑移量关于埋置长度 x 的函数关系式：

$$s_x = A\mathrm{e}^x + B\mathrm{e}^{-x} + C\frac{x^2}{2} + Dx + E \tag{2-65}$$

s_x 为所考虑点的滑移，x 为所研究的截面到开裂截面的距离，A、B、C、D、E 为常数，与传递长度、裂缝平均间距、钢筋名义应变有关。

Yankelevsky 于 1985 年建立了一种构造模式用于计算未开裂混凝土和变形钢筋的粘结作用，如图 2-36 和图 2-37 所示。混凝土的反力由斜向受压单元、与钢筋垂直的圆盘面、纵向受拉钢筋组成。根据变形协调，建立以钢筋拉力为变量的二阶微分方程，并结合边界条件，得到粘结应力沿钢筋纵向 x 的函数关系式为：

$$\tau=\frac{\beta F_0}{\pi d}\cdot\frac{A_c}{A_c+nA_s}\cdot e^{-\beta x} \tag{2-66}$$

钢筋应变沿钢筋纵向 x 的表达式为：

$$\varepsilon=\sigma_0[0.3666+4.3953e^{-x/8.83}]\times10^{-6} \tag{2-67}$$

式中，F_0 为施加的拉力，$\sigma_0=F_0/A$，A_c 为混凝土的截面面积，A_s 为钢筋的截面面积，β 为无量纲参数，$\beta=\sqrt{A_2/A_1}$，A_1、A_2 为常数。A_1 与混凝土的弹性模量、圆柱体直径与钢筋直径的比值、钢筋肋部的倾斜角有关；A_2 与钢筋和混凝土的面积、弹性模量有关。

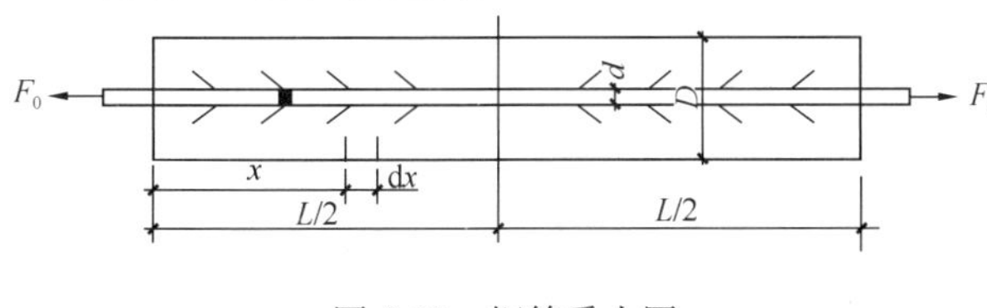

图 2-36　钢筋受力图

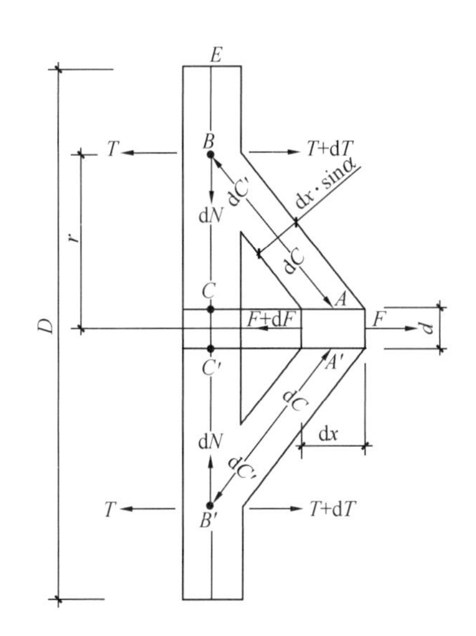

图 2-37　分析模式

2.5　混凝土结构的环境作用

2.5.1　环境影响

混凝土结构的环境影响(Environmental Influence)是指对结构产生的各种机械的、物理的、化学的或生物的不利效应的环境，其会引起结构材料性能的劣化，降低结构的安全性或适用性，影响结构的耐久性。因此，将这种环境影响称为环境作用。

混凝土结构耐久性的极限状态(Durability Limit State)就是对应于结构或结构构件在环境影响下出现的劣化达到耐久性的某项规定限值或标志的状态。当环境影响的效应明确时，宜采用耐久性的某项规定限值界定耐久性极限状态，如混凝土结构中钢筋达到锈蚀的碳化深度、临界氯离子浓度等；对无法定量化的状态，可采用耐久性的某项标志界定耐久性极限状态，如钢结构中构件出现锈蚀迹象，砌体结构中构件表面出现冻融损伤，木结构中胶合木结构防潮层丧失防护作用或出现脱胶现象等。

2.5.2　环境影响种类与划分

混凝土结构的环境影响可以划分为无侵蚀性的室内环境影响和侵蚀性环境影响等，而混凝土结构与其他工程结构最明显的差异就是可以区分室内环境和室外环境。当把无侵蚀性的室内环境视为一个环境等级时，宜将该等级分为无高温的室内干燥环境和室内潮湿环境两个层次。

根据环境侵蚀性的特点，宜将环境侵蚀性分为下列的作用：①生物作用；②与气候等相关的物理作用；③与建筑物内外人类活动相关的物理作用；④介质的侵蚀作用；⑤物理与介质的共同作用。

植物根系对结构构件造成的损伤、动物粪便和细菌等造成的损伤可称为生物作用；而结构中构件出现冻融损伤、因风沙造成的磨损和水的流动、太阳辐射及相应的高温造成聚合物材料的老化，温度、湿度等的变动使结构构件出现变形和开裂，温度、湿度等的变动使结构构件中的介质膨胀，随水分进入构件材料内部的介质结晶等造成的损伤则归为与气候等相关的物理作用：与人类生产相关的物理作用导致的结构构件损伤包括高速气流或水流造成的空蚀，人员活动造成的磨损，撞击造成的损伤，设备等高温、高湿造成的损伤，以及设备设施等造成的有机材料的老化等。介质的侵蚀作用可分成环境中或生产过程中的酸性介质或碱性介质直接造成的损伤、环境中或生产过程中的介质与构件出现化学不相容现象和环境中或生产过程中的介质加速高分子聚合物材料的老化或性能的劣化等类型。

结构所处环境按其对钢筋和混凝土材料的腐蚀机理可分为 5 类，并应按表 2-3 确定。

环境类别 **表 2-3**

环境类别	名称	腐蚀机理
Ⅰ	一般环境	保护层混凝土碳化引起钢筋锈蚀
Ⅱ	冻融环境	反复冻融导致混凝土损伤
Ⅲ	海洋氯化物环境	氯盐引起钢筋锈蚀
Ⅳ	除冰盐等其他氯化物环境	氯盐引起钢筋锈蚀
Ⅴ	化学腐蚀环境	硫酸盐等化学物质对混凝土的腐蚀

注：一般环境指无冻融、氯化物和其他化学腐蚀物质作用的环境。

环境对配筋混凝土结构的作用程度应采用环境作用等级表达，并应符合表 2-4 的规定。

环境作用等级 **表 2-4**

环境类别	环境作用等级					
	A 轻微	B 轻度	C 中度	D 严重	E 非常严重	F 极端严重
一般环境	I-A	I-B	I-C			
冻融环境			Ⅱ-C	Ⅱ-D	Ⅱ-E	
海洋氯化物环境			Ⅲ-C	Ⅲ-D	Ⅲ-E	Ⅲ-F
除冰盐等其他氯化物环境			Ⅳ-C	Ⅳ-D	Ⅳ-E	
化学腐蚀环境			V-C	V-D	V-E	

当结构构件受到多种环境类别共同作用时，应分别满足每种环境类别单独作用下的耐久性要求。在长期潮湿或接触水的环境条件下，混凝土结构的耐久性设计应考虑混凝土可

能发生的碱-骨料反应、钙矾石延迟反应和软水对混凝土的溶蚀，在设计中应采取相应的措施。混凝土结构的耐久性设计尚应考虑高速流水、风沙以及车轮行驶对混凝土表面的冲刷、磨损等实际使用条件对耐久性的影响。

2.5.3　由环境作用产生的极限状态

各类结构构件及其连接，应依据环境侵蚀和材料的特点确定耐久性极限状态的标志和限值，并以此作为采取各种耐久性措施的依据。对于混凝土结构的配筋和金属连接件，以出现下列状况作为达到耐久性极限状态的标志或限值：

（1）预应力钢筋和直径较细的受力主筋具备锈蚀条件；

（2）构件的金属连接件出现锈蚀；

（3）混凝土构件表面出现锈蚀裂缝；

（4）阴极或阳极保护措施失去作用。

而对于砌筑材料和混凝土等无机非金属材料的结构构件，宜以出现下列现象作为达到耐久性极限状态的标志或限值：

（1）构件表面出现冻融损伤；

（2）构件表面出现介质侵蚀造成的损伤；

（3）构件表面出现风沙和人为作用造成的磨损；

（4）表面出现高速气流造成的空蚀损伤；

（5）因撞击等造成的表面损伤；

（6）出现生物性作用损伤。

2.5.4　基于环境作用的混凝土结构设计方法

混凝土结构设计时应对环境影响进行评估，当结构所处的环境对其耐久性有较大影响时，应根据不同的环境类别采用相应的结构材料、设计构造、防护措施、施工质量要求等，并应制定结构在使用期间的定期检修和维护制度，使结构在设计使用年限内不致因材料的劣化而影响其安全或正常使用。

环境作用与一般的作用有所不同，它是指能使结构材料随时间逐渐劣化的外界因素，随影响性质的不同，它们可以是机械的、物理的、化学的或生物的，与作用一样，它们也要影响到结构的安全性和适用性。

环境作用也在很多方面与一般的作用相似，而且可以和一般的作用相同地进行分类，特别是关于它们在时间上的变异性，因此，环境影响可分类为永久、可变和偶然影响三类。例如，对处于海洋环境中的混凝土结构，氯离子对钢筋的腐蚀作用是永久影响，空气湿度对木材强度的影响是可变影响等。环境影响对结构的效应主要是针对材料性能的降低，它与材料本身有密切关系，因此，环境影响的效应应根据材料特点而加以规定。在多数情况下是涉及化学的和生物的损害，其中环境湿度的因素是最关键的。

对结构的环境影响应进行定量描述；当没有条件进行定量描述时，也可通过环境对结构的影响程度的分级等方法进行定性描述，并在设计中采取相应的技术措施。环境对结构耐久性的影响，可通过工程经验、试验研究、计算或综合分析等方法进行评估。

对缺乏侵蚀作用或作用效应统计规律的结构或结构构件，宜采取经验方法确定耐久性的系列措施。耐久性的作用效应与构件承载力的作用效应不同，其作用效应是环境影响强度和作用时间跨度与构件抵抗环境影响能力的结合体。

而对于具有一定侵蚀作用和作用效应统计规律的结构构件，可采取半定量的耐久性极限状态设计方法。半定量的耐久性极限状态设计方法可按下列步骤确定环境的侵蚀性，即环境等级宜按侵蚀性种类划分、环境等级之内可按度量侵蚀性强度的指标分成若干个级别等；半定量设计方法的耐久性措施应考虑环境级别、设计使用年限和施工偏差等不定性的影响。

具有相对完善的侵蚀作用和作用效应统计规律的结构构件且具有快速检验方法予以验证时可采取定量的耐久性极限状态设计方法。当充分考虑了环境影响的不定性和结构抵抗环境影响能力的不定性时，定量的设计应使预期出现耐久性极限状态标志的时间不小于结构的设计使用年限。环境影响的不定性是指每一固定的时间段环境影响的强度会存在差异，充分考虑其不定性是指要选取最强时间段环境影响的强度作为基准。构件抵抗环境影响能力的不定性是指材料性能的离散性和截面尺寸的施工偏差等。

2.5.5 基于环境区划的耐久性设计方法

混凝土结构耐久性环境区划标准（Durability Environmental Zonation Standard，简称DEZS)，是根据环境对混凝土结构的作用效应划分区域，并结合结构自身特性，如结构形式、功能以及重要性等，给出各区域混凝土耐久性材料指标取值与构造措施的规定。它充分考虑了结构所处的环境及其对结构耐久性的影响程度，将区域共性与结构个性相结合，是普遍适用于钢筋混凝土结构设计的设计准则。

DEZS的定义包含了区域共性和结构个性两个方面的考虑。区域共性表现在：虽然不同区域的环境条件存在差别，但在特定范围的区域内，自然环境的影响因素、自然环境的作用效应和社会环境条件等均存在着一定的相似性。结构个性表现在：在相同的区域环境条件下，不同结构或结构的不同构件和部位由于重要性、位置、形式、朝向等原因，存在着个性差异。DEZS不但考虑区域共性的差异，也考虑结构个性的差异，将环境空间映射到结构，研究环境对结构耐久性的作用效应和结构对环境作用效应抵抗能力的量化方法以及二者之间的对应关系，将整个环境空间的环境因素分解，进行环境区域等级的划分，探讨满足不同分区环境作用效应的结构耐久性设计规定。

将环境作用效应的影响因素，通过性能劣化或寿命预测模型，表征为对结构使用寿命或劣化程度的影响，并以此作为区域划分的主导标志。在此基础上，参考其他自然区划的成果，提出全国范围的耐久性环境区域划分方法。

将材料和构件特性对构件抵抗环境作用效应的能力的贡献，通过性能劣化及寿命预测模型，归结为对结构使用寿命的贡献；对应于完成划分的各区域，就既定的区域环境作用效应，试算给出满足结构预期寿命要求的各项耐久性指标建议值；区别结构的重要性、结构形式与功能，对应不同的耐久性极限状态，确定不同设计基准期的不同超越概率，并给出各项耐久性指标调整值。

在一般大气环境下，其基准环境下的全国碳化侵蚀破坏机理下的环境作用效应可划分为 5 个区域等级：[1，2，3，4，5]，1 至 5 为侵蚀严重程度递增。每个区域等级可按表 2-5 确定，环境作用系数 k_E 可表示为 $k_E=0.042\times(-4.24RH^2+4.24RH+0.20)\times\exp(8.478-2563/T)$ 其中，RH 为相对湿度；T 为年平均温度。

各分区的区域特征列于表 2-5。表 2-5 中提到的耐久年限考虑的是标准内部参照条件（标准试件）在各地实际环境下的寿命预测值，碳化深度是指标准试件在已定地区环境条件下暴露 50 年后的碳化深度预测值；环境为一般大气环境的非干湿交替区露天环境。

针对具体工程在一般大气环境下的耐久性设计，运用本章的区划设计方法，可按如下步骤进行：

1）按照工程的地理位置确定其基准环境的环境区划等级；

2）根据局部环境条件，考虑是否需要对环境区划等级进行修正；

3）按照已确定的环境区划等级，选定标准试件的耐久性设计构造参数，X_{50}；

4）按照工程的混凝土 28d 立方体抗压强度 f_{cui}，确定材料修正系数 ζ_i。

5）按照工程的预期使用年限 t，确定时间修正系数 ζ_t。

6）计算工程设计构造参数，即保护层厚度 X，$X=X_{50}\zeta_i\zeta_t$。

7）设计经验总结。将具体工程的工程概况、设计经验进行反馈，建立基于耐久性设计区划的经验数据库，最终形成完善的耐久性设计区划标准，用于直接指导混凝土结构的耐久性设计。

各级耐久性区域的环境特征与作用程度　表 2-5

区划等级	k_E	X_{50}（mm）	t（a）	环境特征与作用程度
1	0.025～0.03	14.3～16.7	160～223	年平均温度在 0～5 ℃，年平均相对湿度在 55%～70%；主要位于东北和青海部分地区。由于温度较低，碳化速度很慢
2	0.03～0.034	16.7～19	126～162	可分为两类特征地区：1. 年平均温度在 3～5 ℃，年平均相对湿度在 40%～60%。2. 年平均气温在 15～18℃，年平均相对湿度在 70%～80%。两类地区由于温度偏低或相对湿度较大，碳化速率仍较为缓慢
3	0.034～0.038	19～21.5	100～126	年平均温度在 5～22 ℃，年平均相对湿度在 40%～80%，覆盖范围较广，主要分布在华北、华中、西北、华东和西南大部分地区。碳化作用较快
4	0.038～0.042	21.5～23.6	81～100	可分为两类特征地区：1. 年平均温度在 10～17℃左右，年平均相对湿度在 40%～60%，主要位于华北和西北部分地区。2. 年平均温度在 20℃左右，年平均相对湿度 75%以上，主要位于华南湿热地区。年平均温度与相对湿度均非常有利于碳化发展，碳化速率非常快
5	0.042～0.047	23.6～26.1	81～66	在 4 级区域内分布且范围较小

基于基准环境，对局部环境的环境区划等级的调整方法见表 2-6。“−1”、“+1”分别表示在基准环境的区划结果上将作用等级降低一级或增加一级。按表 2-6 调整后的环境

区划等级低于1级时，按1级考虑；5级区的干湿交替环境调整后，记为5+级。

局部环境的环境区划等级的调整　　表 2-6

环境条件	结构构件示例	调整方法
室内干燥环境	常年干燥、低湿度环境中的室内构件； 所有表面均永久处于静水下的构件	−1
永久的静水浸没环境		
非干湿交替的室内潮湿环境	中、高湿度环境中的室内构件； 不接触或偶尔接触雨水的室外构件； 长期与水或湿润土体接触的构件	酌情
非干湿交替的露天环境		—
长期湿润环境		
干湿交替环境	与冷凝水、露水或与蒸汽频繁接触的室内构件； 地下室顶板构件； 表面频繁淋雨或频繁与水接触的室外构件； 处于水位变动区的构件	+1

基于建立的混凝土结构耐久性环境区划体系，首先给出基准环境不同分区标准试件满足结构耐久性要求的构造规定。50年基准年限的标准试件即混凝土28d立方体抗压强度f_{cu}=30MPa时的设计规定见表2-7。对于局部环境的混凝土结构耐久性设计，按照表2-6对环境区划等级进行调整后，根据对应的区划等级进行设计，X_{50}的建议值如表2-8所示。对于5+级的干湿交替环境，标准试件的构造规定在对应的5级基础上，增加5mm；对于1−级的环境区划等级，按1级进行设计。对于不同基准年限的混凝土结构耐久性设计可考虑利用表2-9进行时间修正。

强度修正系数建议值　　表 2-7

f_{cu}（MPa）	20	25	30	35	40	45	50	55	60	65	70
ζ_i	1.54	1.23	1	0.82	0.68	0.56	0.46	0.37	0.30	0.23	0.17

标准试件的X_{50}耐久性设计建议值　　表 2-8

区划等级	1	2	3	4	5
计算值（mm）	14.3～16.7	16.7～19	19～21.5	21.5～23.6	23.6～26.1
建议值（mm）	17	19	22	24	27

时间修正系数建议值　　表 2-9

t（a）	10	20	30	40	50	60	70	80	90	100
ζ_t	0.44	0.63	0.77	0.89	0.99	1.08	1.17	1.25	1.33	1.40

对于海洋氯化物和冻融循环环境区划与分区设计规定可参考现行国家标准《建筑结构可靠性设计统一标准》GB 50068和浙江省工程建设地方标准《混凝土结构耐久性技术规程》DB33-T 1128。

思　考　题

2-1　混凝土结构的组成材料主要有哪些？各成分的主要作用分别是什么？

2-2　FRP筋与传统钢筋相比有什么优缺点？

2-3　简述细观本构模型和开裂本构模型。

2-4　什么叫作复合筋材？相较于普通钢筋，其性能优越性体现在哪些地方？

2-5　粘结作用主要由哪几部分组成？钢筋类型如何影响混凝土结构的粘结作用？

2-6　不同类型的结构，耐久性极限状态的标志分别是什么？

2-7　思考基于环境区划的耐久性设计方法的特点。

参考文献

[1] 董志强，吴刚．FRP筋增强混凝土结构耐久性能研究进展[J]. 土木工程学报，2019，52(10)：1-19.

[2] Maekawa K，Okamura H. The deformational behavior and constitutive equation of concrete using elasto-plastic and fracture model[J]. Faculty Eng，1983，37(2)：253-328.

[3] Nagai K，Sato Y，Ueda T. Mesoscopic simulation of failure of mortar and concrete by 2D RBSM[J]. Journal of Advanced Concrete Technology，2004，2(3)：359-374.

[4] Nagai K，Sato Y，Ueda，T. Mesoscopic simulation of failure of mortar and concrete by 3D RBSM[J]. Journal of Advanced Concrete Technology，2005，3(3)：385-402.

[5] Vecchio，F，Collins M P. The modified compression field theory for reinforced concrete elements subjected to shear[J]. ACI J，1986，3(4)：219-231.

[6] Shima H，Chou L，Okamura H. Micro and macro models for bond behavior in reinforced concrete[J]. Faculty Eng，1987，39(2)：133-94.

[7] An X，Maekawa K，Okamura H. Numerical simulation of size effect in shear strength of RC beams [J]. Doboku Gakkai Ronbunshu，1997，35(564)：297-316.

[8] 赵顺波．混凝土结构设计原理[M]. 上海：同济大学出版社，2004.

[9] 顾兴宇，沈新，李海涛．高模量玄武岩纤维-钢丝复合筋的力学性能[J]. 长沙理工大学学报(自然科学版)，2010，7(03)：19-24.

[10] Cui Y，Cheung M M S，Noruziaan B，et al. Development of ductile composite reinforcement bars for concrete structures[J]. Materials and Structures，2008，41(9)：1509-1518.

[11] 张志春．结构新型热固性FRP复合筋及其性能[D]. 哈尔滨：哈尔滨工业大学，2008.

[12] Wu G，Wu Z，Luo Y，et al. Mechanical properties of steel-FRP composite bar under uniaxial and cyclic tensile loads[J]. Journal of Materials in Civil Engineering，2010，22(10)：1056-1066.

[13] 赵卫平．钢筋与混凝土高温后粘结[M]. 北京：中国建筑工业出版社，2019.

[14] 中国建筑科学研究院．混凝土结构设计规范：GB 50010—2010(2015年版)[S]. 北京：中国建筑工业出版社，2015.

[15] 中国建筑科学研究院有限公司．建筑结构可靠性设计统一标准：GB 50068—2018[S]. 北京：中国建筑工业出版社，2018.

[16] 金伟良，武海荣，吕清芳，夏晋．混凝土结构耐久性环境区划标准[M]. 杭州：浙江大学出版社，2019.

[17] 浙江大学结构工程研究所，浙江大学建筑设计研究院有限公司．混凝土结构耐久性技术规程：DB 33-T1128—2016[S]. 北京：中国计划出版社，2017.

第3章　混凝土结构的长期力学性能

3.1　混凝土疲劳力学性能

许多钢筋混凝土结构，如吊车梁、公路及铁路桥梁等除了承受静载作用外，还要经常承受重复荷载的作用。混凝土材料在重复荷载作用下，在循环应力最大值低于材料静态强度值时，结构内部微裂纹损伤会逐渐发生、扩展，最终导致脆性破坏从而材料失效，同时材料的应变等物理参数也会随着循环次数的增大而不断变化，此种现象称为疲劳。

3.1.1　混凝土的疲劳强度

对于混凝土材料疲劳的研究一开始主要为工程实践服务。通过在疲劳试验机上对试件进行脉冲重复加载可以发现，当循环荷载中最大压应力值较小时，塑性变形不会随着循环次数的增大而一直增长，而是逐步增长直至趋于一稳定值。此时混凝土在加卸载路径上的应力应变曲线趋于一直线，继续加卸载，混凝土仍然保持弹性状态，不会因为混凝土微裂缝扩展而最终导致破坏。而当循环荷载中最大压应力值较大时，随着循环次数的增加，塑性变形一开始也会进入缓慢发展的稳定区域，但是达到某一循环次数后，混凝土会因为内部损伤急速加剧而使得应变值猛增，最终造成混凝土严重开裂或变形过大而疲劳破坏。混凝土材料进入疲劳破坏前的最大循环次数称为混凝土的疲劳寿命。

当混凝土承受的最大压应力作用值小于某一临界值时，即使经历长期的循环荷载作用其也不会发生疲劳破坏，因此在设计中我们可以设定此值为防止疲劳破坏的荷载临界值。通常对混凝土棱柱体进行疲劳试验，把其能承受200万次或以上的循环荷载时发生破坏的压应力称为混凝土的疲劳抗压强度。

不同国家和地区的结构设计规范中对混凝土结构在疲劳作用下的设计方法不尽相同。

1. 混凝土结构设计规范

在我国《混凝土结构设计规范》GB 50010—2010（2015年版）（简称《规范》）中，对于混凝土材料的疲劳设计采取了计算疲劳强度的方法：当混凝土材料循环荷载最大值作用低于疲劳强度时，则认为混凝土结构可在循环荷载下承受任意长的时间。《规范》中根据不同的疲劳应力比值 $\rho_c^f=\sigma_{c,min}^f/\sigma_{c,max}^f$（即截面同一纤维上的最小应力与最大应力之比）设定了疲劳强度修正系数的参考值，将疲劳修正系数 γ_p 乘以强度设计值，即可得到疲劳强度设计值。混凝土受压疲劳强度修正系数和受拉疲劳强度修正系数如表3-1及表3-2所示。

混凝土受压疲劳强度修正系数 表 3-1

ρ_c^f	$0\leqslant\rho_c^f<0.1$	$0.1\leqslant\rho_c^f<0.2$	$0.2\leqslant\rho_c^f<0.3$	$0.3\leqslant\rho_c^f<0.4$	$0.4\leqslant\rho_c^f<0.5$	$\rho_c^f\geqslant0.5$
γ_p	0.68	0.74	0.80	0.86	0.93	1.00

混凝土受拉疲劳强度修正系数 表 3-2

ρ_c^f	$0<\rho_c^f<0.1$	$0.1\leqslant\rho_c^f<0.2$	$0.2\leqslant\rho_c^f<0.3$	$0.3\leqslant\rho_c^f<0.4$	$0.4\leqslant\rho_c^f<0.5$
γ_p	0.63	0.66	0.69	0.72	0.74

ρ_c^f	$0.5\leqslant\rho_c^f<0.6$	$0.6\leqslant\rho_c^f<0.7$	$0.7\leqslant\rho_c^f<0.8$	$\rho_c^f\geqslant0.8$
γ_p	0.76	0.80	0.90	1.00

表中 ρ_c^f 为疲劳应力比值，γ_p 为疲劳强度修正系数。当混凝土承受拉-压疲劳应力作用时，疲劳强度修正系数 γ_p 取 0.60。由上表可以看出，对于受压材料，应力比越大越不容易发生疲劳破坏，当应力比大于 0.5 时，可以认为材料抗压强度没有下降。对于受拉材料同理，不过当应力比大于 0.8 时才认为材料抗拉强度没有下降。

混凝土疲劳变形模量 E_c^f 应按表 3-3 采用。

混凝土的疲劳变形模量（$\times10^4\,\text{N/mm}^2$） 表 3-3

强度等级	C30	C35	C40	C45	C50	C55	C60	C65	C70	C75	C80
E_c^f	1.30	1.40	1.50	1.55	1.60	1.65	1.70	1.75	1.80	1.85	1.90

对于普通钢筋及预应力筋，采取限定疲劳应力幅限值（Δf_y^f 或 Δf_{py}^f）的方法进行疲劳设计，疲劳应力幅限值同样根据钢筋疲劳应力比值 ρ_s^f 确定，具体可参考《规范》。

2. ACI 215R：Considerations for Design of Concrete Structures Subjected to Fatigue Loading

美国 ACI 215R 规范中对混凝土及钢筋的疲劳特性、影响因素和疲劳验算方法都进行了介绍。对于混凝土而言，主要对其承受的循环荷载应力幅进行检验，如下式所示：

$$\Delta\sigma\leqslant0.4\left(1-\frac{\sigma_{\min}}{0.75f'_c}\right) \tag{3-1}$$

式中，应力幅 $\Delta\sigma=\sigma_{\max}-\sigma_{\min}$，$f'_c$ 为混凝土极限抗压强度。当最小循环荷载 $\sigma_{\min}$ 为零时，要求混凝土荷载应力幅不超过极限抗压强度值的 40%。之后，随着最小循环荷载值的不断增大，临界应力幅值线性减小，当最小循环荷载 $\sigma_{\min}$ 达到 $0.75f'_c$ 时，要求应力幅为零。

钢筋的疲劳验算公式如下所示：

$$\Delta S_r\leqslant161-0.33S_{\min} \tag{3-2}$$

式中，ΔS_r 为钢筋承受的循环荷载应力幅（MPa），$S_{\min}$ 为钢筋中循环荷载最小值。

3.1.2 混凝土的疲劳寿命及其影响因素

对于某一承担循环荷载作用并最终发生疲劳破坏的材料或构件，其发生疲劳破坏而不再满足功能要求时的循环次数（或时间）称为疲劳寿命。疲劳寿命可以体现材料或构件抵抗疲劳作用的能力，疲劳寿命越大，代表其在此种作用条件及环境条件下，能够承担循环作用并维持使用功能的时间越长，应对疲劳作用的能力越强。影响材料疲劳寿命的因素有很多，包括外界作用因素如最大应力水平、应力比、加载速率等，环境因素如温度、湿度等，还有材料因素如混凝土配合比、试件尺寸等。

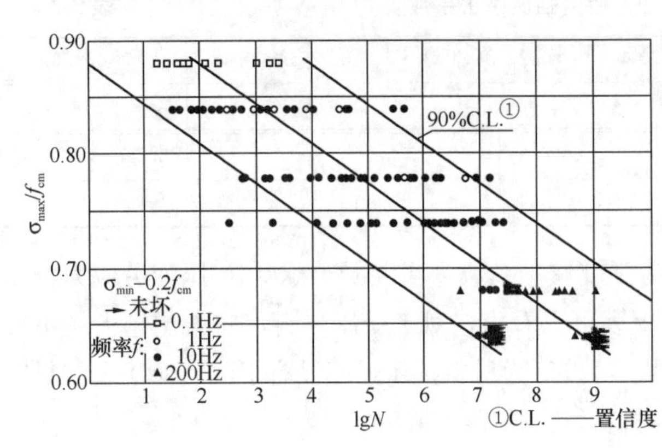

图 3-1　混凝土单轴受压 S-N 曲线

应力水平是影响材料疲劳寿命的最主要因素之一。一般情况下，应力水平越高，材料中微裂纹等缺陷的产生和发展速度越快，疲劳寿命越低。为了能够在设计阶段评估出预计应力水平下材料或结构的疲劳寿命，需要建立外荷载与疲劳寿命之间的关系。我们将其称为 S-N 曲线，其中 S 代表的是应力水平大小，N 代表的是相应应力水平下的疲劳寿命。图 3-1 是典型的混凝土单轴受压 S-N 曲线，其中纵坐标为最大受压应力与抗压强度的比值，横坐标为疲劳寿命的对数值。在实践中，多对试验结果进行线性拟合以得到 S-N 曲线，其采用较多的形式有 S-lg$N$ 线性和 log$S$-lg$N$ 线性两种，一般来说这两种拟合方程的拟合度较高。

应力比对材料的疲劳寿命也会产生影响。应力比越大，最小应力与最大应力的比值越接近于 1，荷载所体现的“脉冲”特性越弱，材料承受荷载作用越接近恒载，其疲劳寿命越大。反之，应力比越小则疲劳寿命越小。许多研究者也进行了荷载加载频率对疲劳寿命的影响，研究结果表明，在最大应力值较低时（小于抗压强度的 75%），1～15Hz 范围内加载频率对材料疲劳寿命几乎无影响。在高应力水平下，疲劳寿命随着加载频率的增大而增大。图 3-2 给出了 Van Leeuwen 的试验结果，由此可以证明上述应力比和加载频率对疲劳寿命的影响。

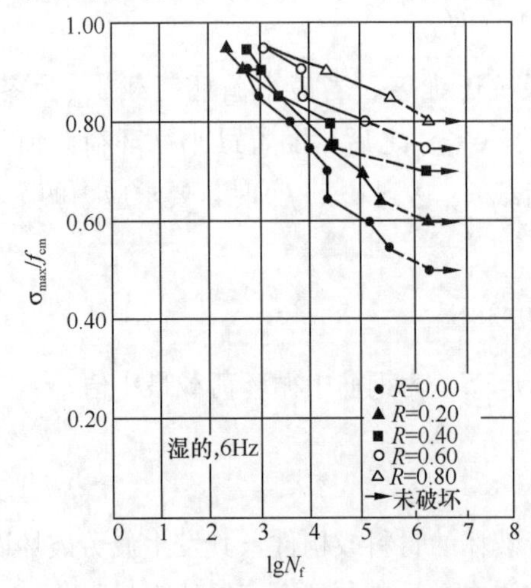

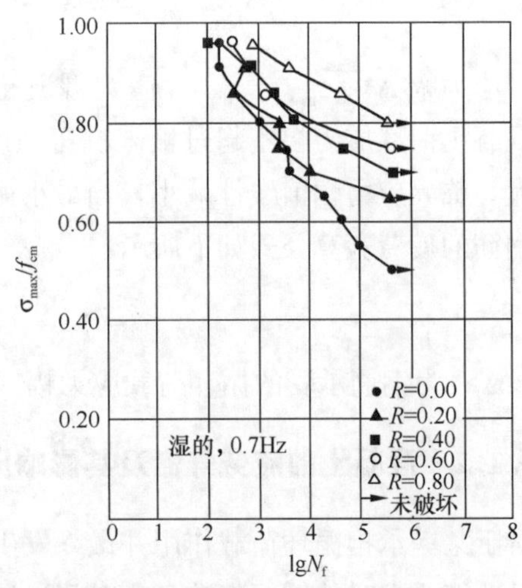

图 3-2　应力比和加载频率对疲劳寿命的影响

对于湿度而言，其对混凝土疲劳作用的影响是十分复杂的。Van Leeuwen 和 Waagaard 的试验结果都表明，一定条件下受压湿混凝土试件的疲劳寿命要低于干混凝土试件，Cornelissen 进行的抗拉疲劳试验也发现了类似的现象。湿度对混凝土疲劳寿命的影响可能来源于湿度对混凝土试件徐变的影响，徐变效应的变化又随之影响了材料中微裂纹等损伤的发展。温度也会在一定程度上影响混凝土材料的疲劳寿命，一般认为温度越高，材料疲劳寿命越小。吕培印进行的混凝土轴拉疲劳试验结果表明，100℃和 200℃下的疲劳强度折减系数分别是常温下疲劳强度折减系数的 83%和 74.3%。

3.1.3　混凝土疲劳累积损伤理论

疲劳累积损伤理论是通过量化一定循环次数下循环荷载对材料造成的损伤程度，并由此综合考虑多个循环荷载下的损伤程度从而评估材料的疲劳寿命。当材料遭受变幅循环荷载作用时，可以通过疲劳累积损伤理论来预测其疲劳寿命。

许多学者提出了不同的疲劳累积损伤理论，其中 Miner 线性累积损伤理论是最为简便的、应用最广的疲劳累积损伤理论。当材料或构件承受某一循环荷载作用时，认为已经生成的疲劳损伤与循环次数呈正比：

$$D=\frac{n}{N} \tag{3-3}$$

式中 D 为当前循环荷载已造成的损伤，n 为当前循环荷载已进行的循环次数，N 为当前循环荷载的疲劳寿命。

当材料或构件承受多个循环荷载作用时，其损伤表示为各循环荷载作用损伤值之和，并且以损伤值是否大于 1 作为发生疲劳破坏的判定指标。材料或构件不发生疲劳破坏的判定标准为：

$$D=\sum\frac{n_i}{N_i}\leqslant 1 \tag{3-4}$$

Miner 线性累积损伤理论概念简单明了，但其并不能够完全描述各种情况下的疲劳破坏现象。首先，Miner 线性累积损伤理论无法考虑荷载顺序对疲劳破坏的影响。其次，Miner 线性累积损伤理论是一个确定性模型，它没有考虑损伤所体现出来的统计离散性质。但许多试验统计事实证明，Miner 线性累积损伤理论能够较好预测工程结构在随机荷载下的均值寿命，因此其应用仍是最为广泛的。

除了 Miner 线性累积损伤理论之外，其他学者还提出了众多改进后的累积损伤理论，如 Grover-Manson 双线性累积损伤理论、Corten-Dolan 非线性累积损伤理论、Marco-Starkey 非线性累积损伤理论、Henry 非线性累积损伤理论等等，读者可自行查阅相关书籍。

3.1.4　混凝土疲劳本构关系

与单调加载下的应力应变本构关系研究相比较，混凝土在重复加载条件下的本构关系理论还不是特别完善。有研究表明，循环荷载下混凝土应力应变曲线的包络线与单调加载的曲线大致相同，如图 3-3 所示。但是对于不断发展的数值模拟技术来说，仅仅得到定性的结论是不够的，需要建立起实用且合理的混凝土疲劳本构模型，使其能够整合到计算机软件中并用于结构模拟计算。

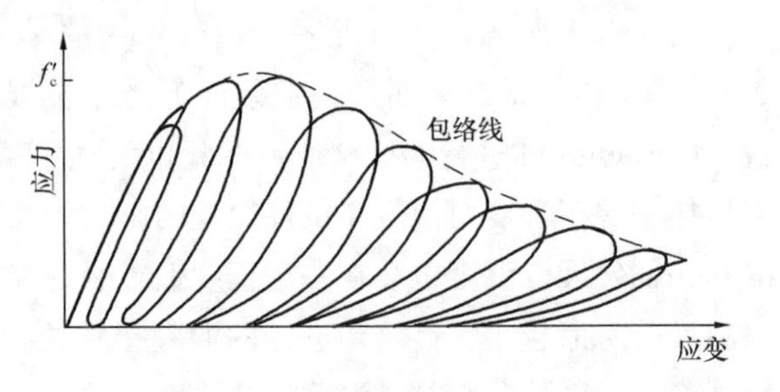

图 3-3　重复加载条件下的本构关系

1. 高应力下开裂混凝土受压情况

东京大学的 Maekawa 教授及其团队对混凝土的本构关系进行了深入的研究和探讨，并在本构模型中考虑了疲劳以及徐变等因素对本构模型公式的影响。下面将对其模型的主要思想进行简要的介绍。

首先介绍此模型的非线性物理模型。将混凝土单元体假设为广义 Maxwell 模型（图 3-4），即许多 Maxwell 单元的并联体系。Maxwell 单元为一弹性弹簧和一塑性单元的串联，分别表示混凝土的弹性和塑性特性。初始阶段，材料处于无损伤状态，各子单元的应变值一致，总应力等于子单元应力之和，材料弹性模量等于初始弹性模量 E_0。随着荷载的不断加大，材料开始出现非线性现象，塑性和损伤开始逐步发展，塑性体现为各子单元中塑性单元产生塑性变形，损伤则体现为子单元的破坏。指定 K 为损伤系数，其代表未损伤子单元占总单元的比例，初始无损伤时 $K=1$，完全损伤时 $K=0$，K 值越小，代表混凝土内部损伤程度越大。随着损伤的不断发展，在加卸载过程中混凝土加载段的弹性模量为 KE_0，其值不断减小，这与混凝土弹性模量随着损伤增大而不断减小的现象相符。同时各子单元所承担的子单元应力及应变随着损伤增大而不断增大，因此材料弹性应变值也是不断增大的。总的来说，可以认为塑性应变 ε_p 表示了混凝土材料的塑性发展，而损伤系数 K 表示了混凝土材料的损伤发展。

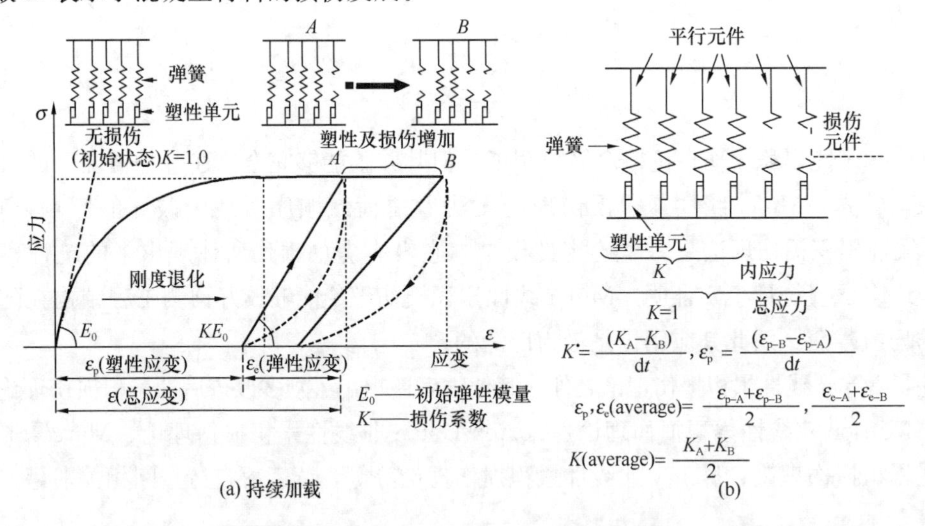

图 3-4　混凝土单元体（广义 Maxwell 模型）

此模型采取的本构模型形式是路径影响（Path-dependent）的率型（Rate-type）本构关系公式。路径影响指的是应力应变路径会对本构模型造成影响，率型指的是本构模型公式中包含对时间和应变的偏导项。在计算力学领域中的一些新发展使得我们能够通过追踪循环作用下的应力应变路径，来对路径影响的率型本构关系进行直接积分。

对于疲劳而言，在低应力下，材料中主要是微裂缝的扩展直至趋于稳定，而在高应力下，微裂缝会逐渐发展并发生相互作用，形成尺寸更大的细观裂缝，尤其是在接近疲劳破坏时以及在疲劳破坏之后的循环应力应变曲线，需要考虑细观尺寸裂缝造成的非线性现象。循环作用不仅会影响材料的损伤程度（即影响 K 值），也会影响材料的塑性发展程度（即影响 ε_p 值）。

先讨论循环作用对材料损伤程度，即 K 值的影响，此影响在应力应变曲线图上可以由加载-卸载段的斜率体现。值得注意的是，不仅循环作用会影响材料损伤，时程（Time-dependent）也会影响材料损伤（如持载作用下结构徐变效应造成的微损伤持续发展）。此本构模型将循环作用影响和时程因素影响分开列项，以明确地表示两个因素对损伤程度（K 值）的影响。

为了将循环作用影响纳入弹塑性损伤模型框架之中，提出了如下损伤系数的微分公式：

$$\left(\frac{\partial K}{\partial \varepsilon_e}\right)=\lambda \quad F_k<0 \tag{3-5}$$

$$\left(\frac{\partial K}{\partial \varepsilon_e}\right)=-(\partial F_k/\partial \varepsilon_e)/(\partial F_k/\partial K)+\lambda \quad F_k=0 \tag{3-6}$$

式中 λ 代表考虑弹性应变的循环影响的损伤率，即在循环作用过程中损伤系数随着弹性应变的循环而下降，F_k 是类似弹塑性力学相关方法而建立的损伤势函数，对于无约束常规强度混凝土来说，F_k 由试验得到的经验公式得到，如下所示：

$$F_k=K-\exp\{-0.73\beta[1-\exp(-1.25\beta)]\} \tag{3-7}$$

$$\beta=-\frac{1}{0.35}\left[\ln\left(1-\frac{7\varepsilon_{ec}}{20}\right)\right] \tag{3-8}$$

式中，ε_{ec}是无约束混凝土的弹性应变。

当损伤程度很小时（$0.5<K<1$），材料中损伤主要以微裂缝为主，此时微裂缝可近似视为在材料中均匀弥散，当微裂缝扩展程度增大时，损伤速率增大，即损伤率 λ 随着 K 值的减小而增大；而当损伤程度较大时（$0<K<0.5$），局部受压破坏区形成，可供连续损伤发展的有效体积减小，宏观的损伤带逐渐形成，此时损伤率 λ 随着 K 值的减小而减小。整体来说，损伤率在 $K=0.4\sim0.5$ 时取峰值，当 $K=0$ 或 $K=1$ 时为 0，根据试验数据建立如下损伤率 λ 的表达式：

$$\lambda=K^3\cdot(1-K)^4\cdot g \qquad g=0.6\text{，当 } d\varepsilon_e<0 \text{ 时，} g=0 \tag{3-9}$$

上式中对 g 的处理表示循环作用的卸载段损伤不会发展。

最终应力应变关系可由积分求得：

$$\varepsilon=\varepsilon_e+\varepsilon_p\text{，}\sigma=E_0\varepsilon_e K \tag{3-10}$$

$$d\varepsilon_p=\left(\frac{\partial\varepsilon_p}{\partial t}\right)dt+\left(\frac{\partial\varepsilon_p}{\partial\varepsilon_e}\right)d\varepsilon_e\text{，}dK=\left(\frac{\partial K}{\partial t}\right)dt+\left(\frac{\partial K}{\partial\varepsilon_e}\right)d\varepsilon_e \tag{3-11}$$

为了验证所提出的循环荷载作用下的混凝土弹塑性损伤本构关系的正确性，对高应力下疲劳实验进行了相应的数值模拟和结果分析。此试验是对一龄期 47d，混凝土抗压强度为 32MPa 的试件进行的循环荷载试验。试验结果和模拟结果的应力应变曲线，荷载时程图见图 3-5。从图中可以发现，试验结果和数值模拟结果大致一致。为验证本构模型中循环作用影响项是否真正对模拟结果产生影响，将考虑循环作用影响项和不考虑循环作用影响项两种情况的模拟结果进行对比，如图 3-6 所示。通过敏感性分析，可以发现循环作用影响项对损伤发展的影响还是十分显著的，因此在混凝土材料的本构模型中应当对于循环作用进行合理的独立考虑。试验结果和模拟结果的吻合也证明了此本构模型中循环作用影响项具有一定的合理性和较好的实用性。

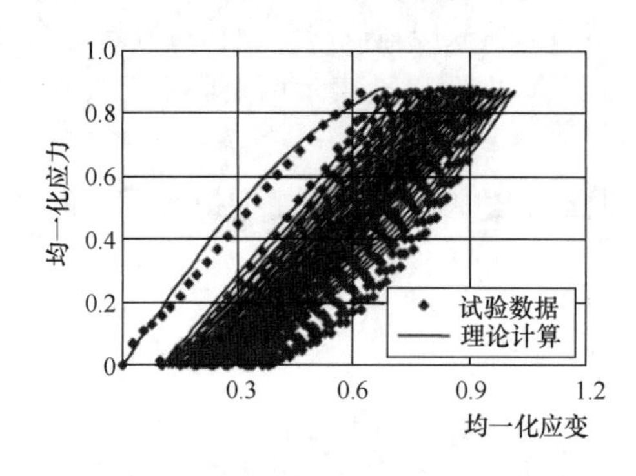

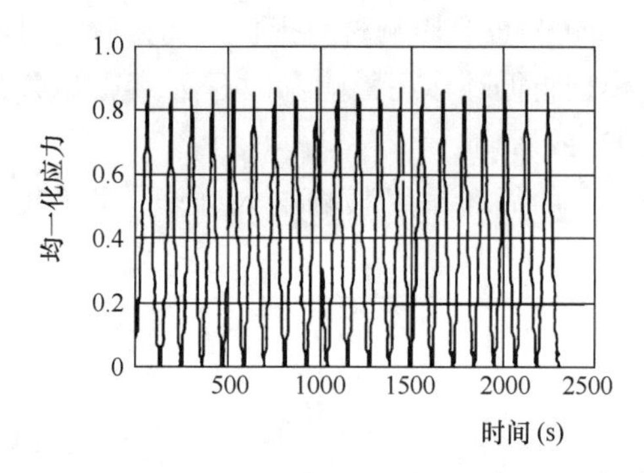

图 3-5　荷载时程图

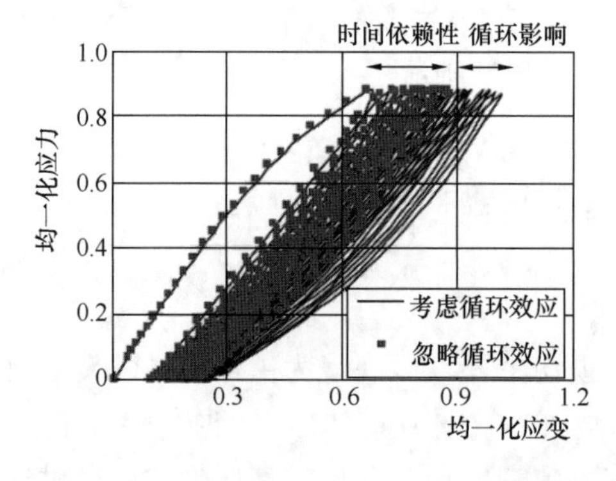

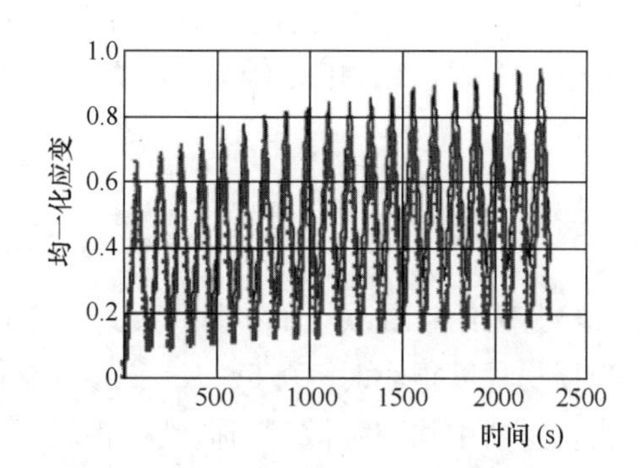

图 3-6　敏感性分析

研究确定混凝土材料软化段的本构模型也具有一定的价值，尤其是对混凝土结构的倒塌分析进行研究时，软化阶段的循环作用弹塑性损伤本构模型能够对经历地震作用的结构效应进行合理有效的分析。图 3-7 是将上述考虑循环作用的本构模型应用于峰值后循环作用试验的模拟结果，以及相应的对于循环作用影响项的敏感性分析（图 3-8）。加载时试件龄期为 54d，抗压强度为 32MPa。由图 3-8 可以看出，试验结果与数值计算结果大致一致。从敏感性分析结果可以看出，在保持循环加载最大总应变值不变，总的应力松弛现象中大致有 30％是由于时程因素导致的，70％是循环作用影响导致的，因此循环作用的影响是不能够忽视的。

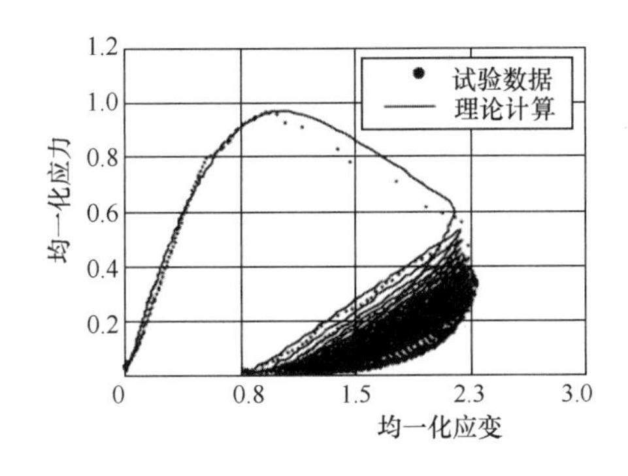

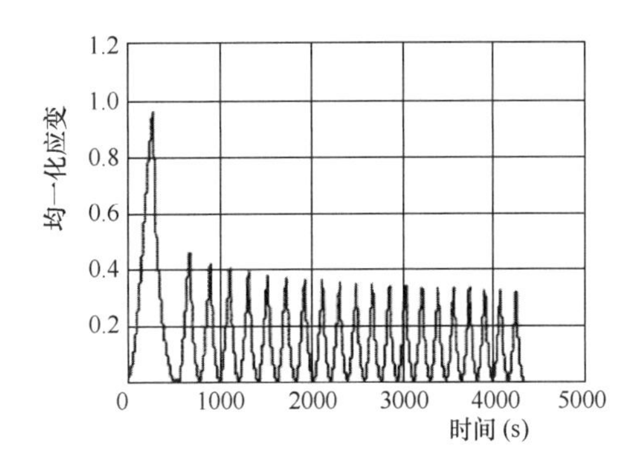

图 3-7　峰值后循环作用试验的模拟结果

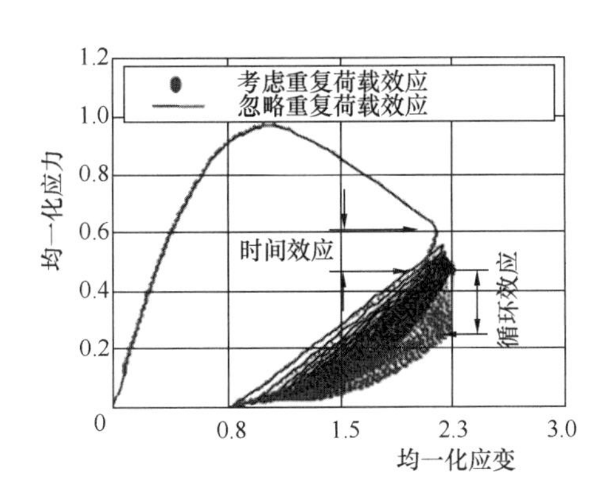

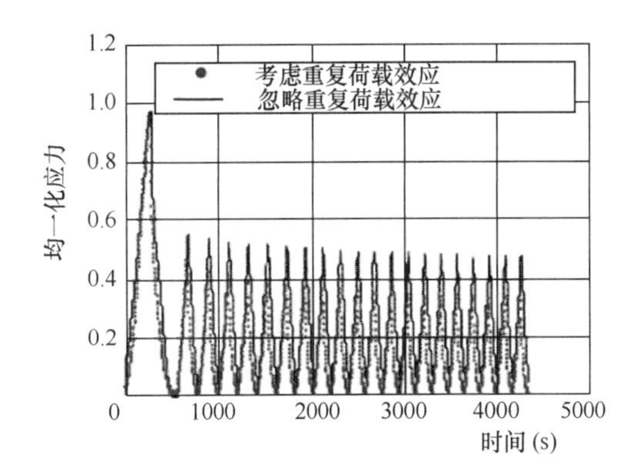

图 3-8　敏感性分析

2. 低应力下未开裂混凝土受压情况

综上所示，通过在路径影响的率型本构模型中加入循环作用影响项，能够较好地模拟高应力水平下（低周疲劳）接近峰值区域以及软化段的混凝土材料疲劳现象。而对于低应力水平下（高周疲劳），可以通过调整上述本构模型公式中的参数 g 进行转换：

$$g = 0.6\left(\frac{9\gamma^8}{1+10^{(30K-22)}}\right),\ \gamma = -\frac{\varepsilon - \varepsilon_{e,tp}}{\varepsilon_{e(max)}} \tag{3-12}$$

式中，γ 表示归一化的应力幅值，$\varepsilon_{e,tp}$ 表示受压弹性应变的转点。

3. 混凝土受拉情况

以上讨论的是混凝土的受压本构模型关系，由于混凝土的单边效应较为显著，其受拉本构关系不同于受压本构关系。关于受拉本构，采用类似的理论方法，得到了如下损伤系数微分方程：

$$dK_T = Fdt + Gd\varepsilon + Hd\varepsilon \tag{3-13}$$

其中 K_T 表示受拉损伤系数，F 代表时程因素的影响，G 代表循环作用影响项，H 代表瞬时（Instantaneous）发展的受拉损伤。

一般来说，高应力作用下开裂混凝土时程因素影响为主要因素，G 值可以忽略，而在低应力作用下，混凝土开裂后 G 的计算式由根据试验数据进行的参数分析给出

$$G\mathrm{d}\varepsilon = K_{\mathrm{T}}\left(\frac{\sigma_{\mathrm{tp}}}{\sigma_{\mathrm{env}}}\right)^{20} \cdot \mathrm{d}\tilde{\varepsilon},\ \sigma_{\mathrm{env}} = f_{\mathrm{t}}\left(\frac{\varepsilon_{\mathrm{cr}}}{\varepsilon_{\mathrm{tp}}}\right)^{\alpha} \tag{3-14}$$

$$\mathrm{d}\tilde{\varepsilon} = \begin{cases} 0, & \mathrm{d}\varepsilon \geqslant 0 \\ 9 \cdot \gamma^{8} \cdot \left(\frac{\mathrm{d}\varepsilon}{\varepsilon_{0}}\right),\ \gamma = -\frac{\varepsilon - \varepsilon_{\mathrm{tp}}}{\varepsilon_{\max}}, & \mathrm{d}\varepsilon < 0 \end{cases}$$

式中下标“tp”表示受拉作用转点处的值。

3.1.5 混凝土结构疲劳损伤无损测试方法

1. 传统无损测试方法

传统的物理量如混凝土裂缝和弹性模量、应力应变、挠度、刚度、强度等可以描述材料和构件层面的疲劳损伤，但是常规损伤参数很难实现对钢筋混凝土局部疲劳损伤的准确监测。一些疲劳损伤的无损检测手段如超声波法、声发射法、红外热像技术、射线法、磁粉检测法、涡流检测法和磁场检测法等被广泛研究和应用。

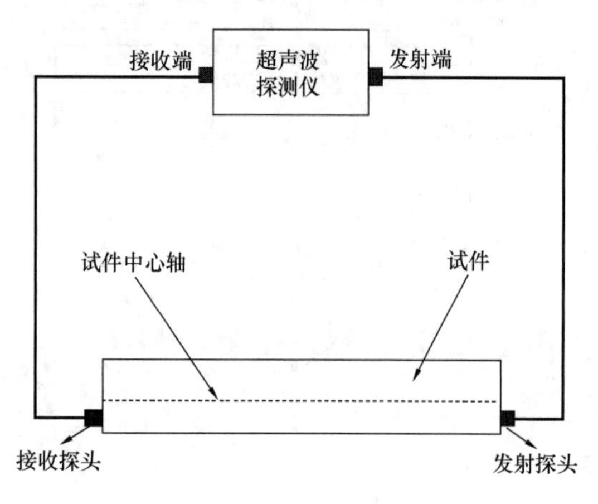

图 3-9　超声波测试系统

超声波测试系统的布置参见图 3-9，采用平面对测法，试件中心轴线以下的左右两端面上分别布置发射探头和接收探头，对超声波变化敏感点进行测试。利用测得的超声波数据，按式（3-15）定义损伤值，用于表征试件损伤破坏过程中的损伤劣化程度。处于不同环境下的钢筋混凝土梁在疲劳过程中的超声波速变化如图 3-10 所示，基于式（3-15）定义的疲劳损伤的演化规律如图 3-11 所示。

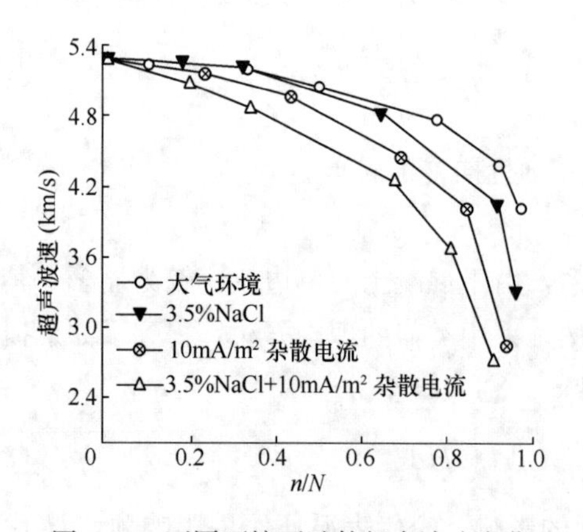

图 3-10　不同环境下试件超声波速变化

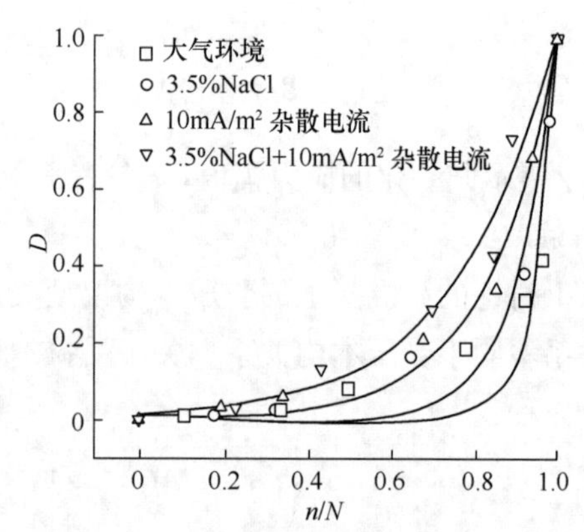

图 3-11　不同环境下试件疲劳损伤发展

$$D = 1 - \frac{V_{n}^{2}}{V_{0}^{\ 2}} \tag{3-15}$$

式中，D为试件的损伤劣化程度，V_0为试件未加载前的超声波速（km/s）；V_n为试件疲劳加载至一定循环次数时的超声波速（km/s）。可以看到，随着疲劳循环比的增大，各个试件的超声波速均逐渐减小，且整个变化趋势大致可分为缓慢降低和快速降低2个变化阶段。杂散电流和氯盐对钢筋混凝土的疲劳损伤发展有很大影响，明显加快试件疲劳损伤的发展。图3-11的疲劳损伤发展曲线说明应用超声波技术能够有效跟踪监测复杂环境下的钢筋混凝土疲劳损伤进程。

传统线性超声检测技术关注的是波的反射和幅值的变化，当超声波在介质中传播遇到如裂纹之类的缺陷时，超声波便会发生反射或者散射，以此来检测和表征缺陷。而非线性超声检测技术关注的是传播介质的非线性特征。非线性超声检测技术检测过程简单，且对疲劳早期损伤有较高的敏感度。对FV520B高强钢薄板疲劳损伤的超声波检测试验结果表明：超声非线性参量对FV520B高强钢材料的早期疲劳损伤具有很高的灵敏度；随着循环次数的增加，疲劳试样微观结构不断劣化，超声非线性参数相应增大；微裂纹等效长度和超声非线性参量的变化呈现出较高的一致性，可以对FV520B高强钢的疲劳损伤状态进行有效表征。此外，基于非线性声场调制信号定义的损伤因子也可反映混凝土内部微裂纹的长度和宽度以及混凝土弹性模量的变化。

声发射为一类由材料内部或局部源的能量快速释放而产生弹性波或瞬态弹性波的现象，可监测结构的劣化，并用于定位、检测和评价任何局部变形。声发射的技术原理如图3-12所示，当裂纹形成时，会产生应力波，称为声发射源。通过传感器和声发射仪器可对声波信息进行存储和分析。声发射分析方法可用于确定混凝土结构中裂缝的位置、类型和方向等损伤信息。此外，由于声发射信号可反映材料中的微裂纹和塑性变形，其对内部的微观运动和裂纹扩展等非常敏感，已被广泛应用于各种类型桥梁结构的监测。

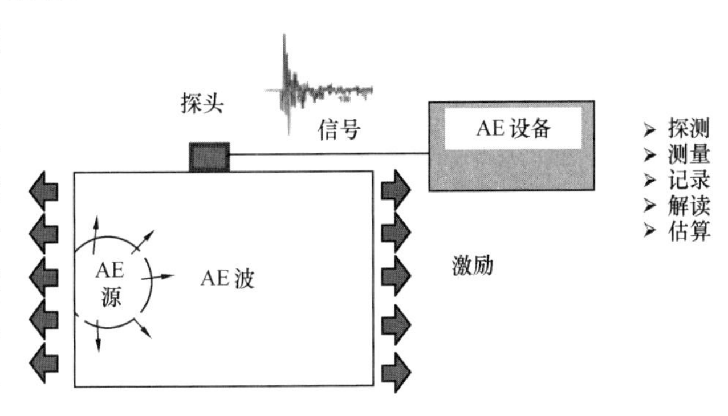

图3-12　声发射技术原理

在金属的疲劳过程中，由于红外冷发射和红外热发射的效应，在金属应力集中区有明显的红外发射能量变化，经过一定周期后，疲劳损伤区将产生不可逆的温度升高。红外热像技术可将目标的热辐射转换为可见光，利用计算机处理和红外测温标定技术，实现对物体表面温度场分布的显示、分析和精确测量。已有研究结果表明，根据疲劳损伤不同时期的热斑迹图案可明显分辨裂纹的走向和尺寸大小，通过红外热像仪测试可快速确定材料的疲劳强度，且将固有耗散能替代温度作为损伤参量可更加准确地表征损伤状态并预测单轴或多轴疲劳寿命。

三维X射线扫描采用计算机断层扫描技术，在被检测物体无损伤的条件下，以二维断层图像或三维立体图像的形式，清晰、准确、直观地展示被检测物体的内部结构、组成、材质及缺损状况，可确定产品内部可能存在的缺陷的类型、位置以及尺寸。采用原位同步 X 射线摄影法可对微动疲劳裂纹的萌生和扩展进行直接成像，可实时基于裂纹长度对裂纹扩展速率进行可靠的定量估计。

磁粉检测技术是一类极具代表性的无损检测技术，即在不破坏被测试件结构和不损害试件性能的前提条件下，判断试件是否存在缺陷，借助近距离的接触快速确定试件的损伤部位。磁粉检测是另一种检测钢铁材料的裂纹等表面缺陷的重要方法。它的原理是：将磁场加到试件上后，钢铁等强磁性材料能被磁场强烈地磁化。如果试件上有裂纹，且裂纹方向与磁化方向呈直角，则在裂纹处呈现磁极，并产生漏磁场。当磁粉的细粒进入漏磁场时，它们被吸住而留下。由于漏磁场比裂纹宽，积聚的磁粉可由肉眼很容易地看出。当磁化强度足够高时，即使裂纹很微细，也能形成清晰可见的漏磁场。磁粉检测技术的适用性较强，且准确度很高，它能确定表面开口裂纹和表面下深度很浅的其他缺陷，但不能确定缺陷的深度，也不能用来探测内部缺陷。

涡流检测法利用电磁感应原理，使用载有交变电流的试验线圈靠近被测金属，线圈产生的磁场在金属表面感应产生涡流，涡流及其磁场同金属材料的电导率、磁导率、裂纹、几何形状和尺寸有关，从而可得到金属表面的裂纹位置和深度等信息。涡流检测法适用于小直径金属管材、棒材、丝材的表面和近表面裂纹检查，然而无法探测起源于金属内部的裂纹，而且灵敏度不如磁粉检测方法高。

在外磁场作用下，铁磁性材料内部的磁畴壁发生移动，当由磁畴运动而产生的电流脉冲叠加在一起时，一种像噪声一样的信号就产生了，这就是巴克豪森信号。磁巴克豪森噪声法通过记录巴克豪森噪声信号由于显微组织结构不均匀或局部应力集中产生的钉扎阻碍磁壁运动导致的变化来反映材料内部的晶粒度、硬度、显微结构变化、残余应力分布等，以及检测含有应力、微观组织结构变化的缺陷。利用分形信号处理方法处理钢材的巴克豪森噪声信号，分形参数在裂纹萌生后会发生突变，可以可靠地检测裂纹，但是这种方法适合亚毫米级别的裂纹，但是不能应用于裂纹扩展的监测，而且该方法的灵敏度与测量位置有关。

磁声发射是指铁磁材料在磁化过程中产生巴克豪森跳跃的同时，因为相邻畴壁磁致伸缩应变不一致激发的弹性应力波。磁声发射信号可表征不同疲劳损伤下的钢轨残余应力和剩余寿命，对于 Q235 钢，低周疲劳过程中磁声发射信号特征参数如幅度、脉冲计数均随循环次数的变化呈现单调减小，而高周疲劳过程中磁声发射信号特征参数并非单调变化。漏磁场检测法需要先对检测对象进行磁化使其达到近饱和状态，之后采用磁敏元件和电子仪器对构件缺陷形成的漏磁场进行检测和分析。漏磁场的连续监测能够预警初始疲劳裂纹的出现，并预测在坑蚀处的最终失效，可将漏磁检测应用于管道内部机械缺陷的定量检测和疲劳寿命的定量评估，基于缺陷的磁偶极子模型可实现对特定缺陷的三维重构，定量描述缺陷的轮廓和尺寸。但是，漏磁检测法需要首先对被测试件进行磁化，操作不便，而金属磁记忆法和压磁方法利用了铁磁性材料在地磁场环境和应力作用下的磁化特性和磁场强度改变，不需要对被测试件进行事先磁化，提高了检测效率。

2. 疲劳损伤分析弱磁效应方法

铁磁性材料通常受地磁场和外应力同时作用。一方面，材料会被地磁场磁化，这一部分磁化强度属于正常的金属磁化。另一方面，材料会因外应力而磁化，发生逆磁致伸缩效应，这一部分磁化强度属于力磁效应产生的磁化。一般来说，弱磁效应包括金属磁记忆和压磁效应。

1）金属磁记忆

金属磁记忆的原理是：处于地磁场环境下的铁磁构件，在周期性负载的反复作用下，其应力集中区会出现残余磁感应强度和自发磁化增强的现象，在宏观缺陷如裂纹、应力集中区等将产生漏磁场，导致缺陷附近的磁场分布呈现特有规律。以V形缺口为例，基于磁偶极子模型计算的表面磁场分布规律如图3-13和图3-14所示。由图3-13和图3-14可知，在V形缺口处切向磁记忆信号 H_x 出现最大值，法向磁记忆信号 H_y 出现过零点，距离缺陷处越远，磁信号越小。试验研究发现，剩余磁场分布梯度值相比剩余磁场更能反映宏观缺陷铁磁体由于应力所导致的磁场变化，梯度最大值可定量表征应力集中程度，剩余磁场分布的特征参数如梯度曲线的峰-峰间距和峰-谷间距值等能够描述缺陷的位置和形状信息。

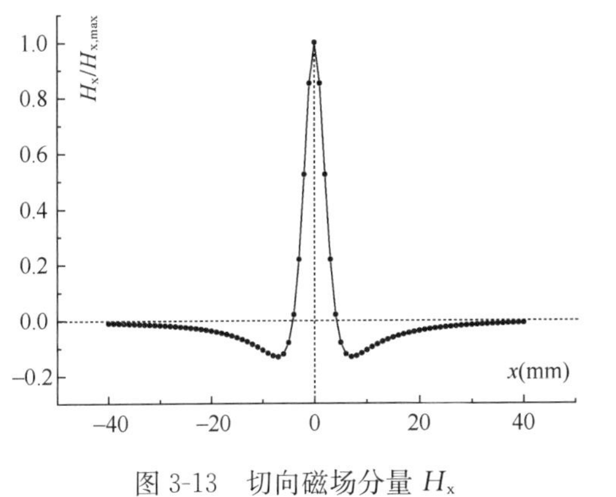

图3-13　切向磁场分量 H_x

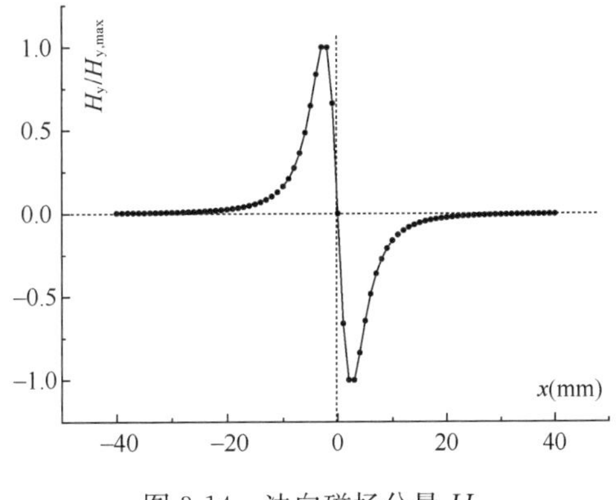

图3-14　法向磁场分量 H_y

在疲劳裂纹扩展中，疲劳过程中宏观疲劳裂纹的不断扩展会导致漏磁场的持续变化。具体而言，随着裂纹的扩展，裂纹尖端处的塑性变形会增加，裂纹处磁导率不断降低，磁荷不断堆积，磁荷面密度随之增加，蚀坑和疲劳裂纹等缺陷处磁荷共同形成的耦合漏磁场也在不断增加。裂纹的扩展导致试件有效受力面积减小，轴向应力增加，应力产生的磁场 H_σ 增强，同时裂纹处的磁力线被分离，使得更多的磁荷在此堆积，异变峰越来越明显，因此由 H_σ 产生的异变峰-峰值 ΔH_{py} 和裂纹长度有关联，见图3-15。此外，通过Q345低碳钢的三点弯曲疲劳试验可发现表面磁场法向分量 H_{py} 在疲劳过程中保持稳定而在试件断裂前出现最大值，其梯度最大值 K_{max} 和裂纹长度呈线性关系，见图3-16。上述磁场指标可用于监测钢材在疲劳荷载作用下的裂纹扩展过程，为疲劳失效提供预警。对于锈蚀钢筋而言，疲劳过程中的法向磁场分布梯度值的变化能够反映疲劳损伤的快速增长、平稳积累、剧增突变三个阶段，且适用于不同种类、不同直径、不同应力幅的钢筋疲劳加载；切向磁场分布曲线在临近疲劳破坏时呈现明显的非线性特征，且对大锈蚀率和高应力幅更为敏感。此外，借助磁场分布曲线在疲劳破坏前的"反转"现象可帮助判断试件损伤薄弱点，并预测疲劳断裂位置。

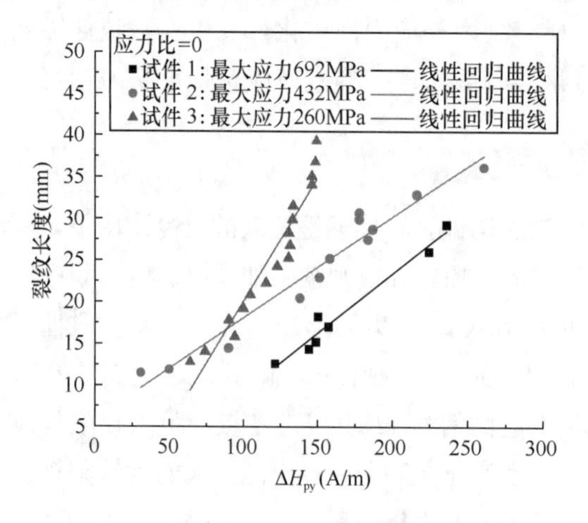

图 3-15　18CrNiWA 钢中心线上的 ΔH_{py} 值与裂纹长度 $2a$ 的关系

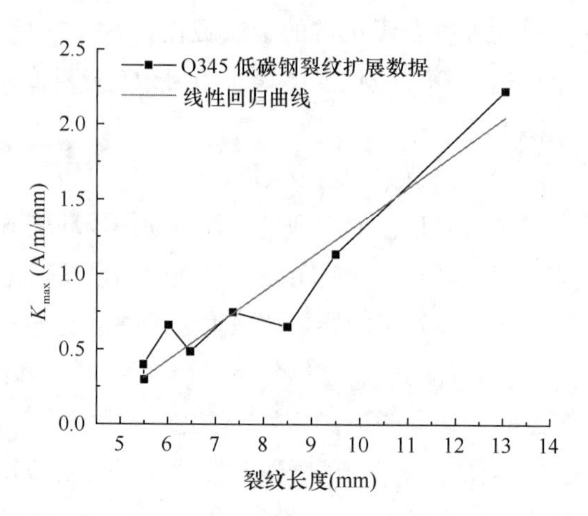

图 3-16　Q345 钢表面磁场法向分量梯度最大值与裂纹长度的关系

2）压磁效应

压磁效应关注应力作用下材料中机械微观结构和磁场微观结构的相互作用，在交变荷载的作用下，微观塑性化过程导致材料内部结构的滑移错位并改变材料的纹理、空隙、内含物及其他瑕疵。这种机械变化反过来又会改变与其共存的铁磁域结构的排列，从而影响材料表现出来的磁场强度。通过测量铁磁性试件周围磁场强度的演变过程能记录这种材料在交变荷载作用下的渐进破坏进程。压磁滞回曲线（B-ε 曲线和 B-σ 曲线）和传统应力-应变（σ-ε）曲线表现出同样的疲劳三阶段特征，证明压磁效应可以反映铁磁材料的疲劳损伤过程。钢材疲劳的应力-应变滞回曲线面积随循环次数 N 在疲劳发展过程可分 3 个阶段，即初始适应、损伤累积和最终失效，其中阶段过渡点可帮助预测构件的剩余疲劳寿命。将钕铁硼磁芯埋入含磁铁矿粉混凝土中，发现混凝土在受压疲劳过程中周围压磁场的变化能够反映混凝土中裂缝的发展情况。如图 3-17～图 3-20 所示，HRB400 钢筋的轴向

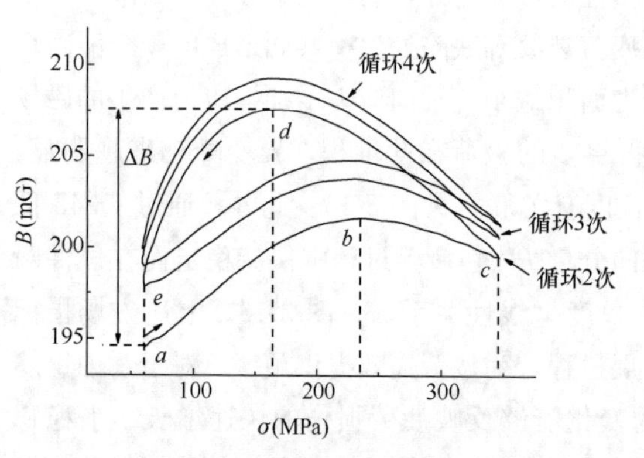

图 3-17　HRB400 钢筋疲劳第一阶段的 B-σ 滞回曲线，$N=2\sim4$

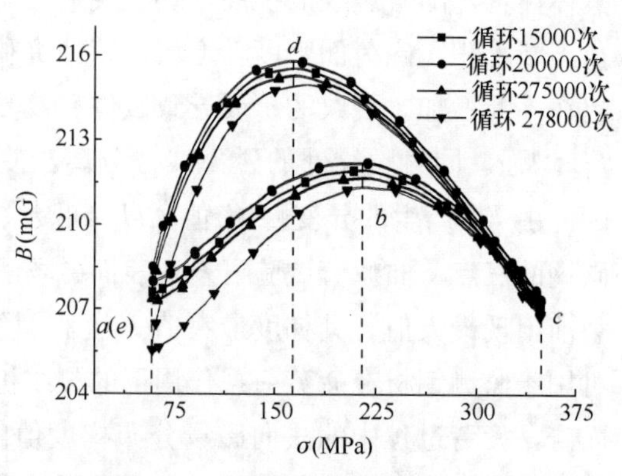

图 3-18　HRB400 钢筋疲劳第二阶段不同循环次数下的 B-σ 滞回曲线

拉伸疲劳压磁试验表明：HRB400 钢筋的压磁信号对疲劳损伤很敏感，压磁滞回曲线在不同疲劳阶段存在明显差别，滞回曲线极值点的变化可帮助预警疲劳失效，基于压磁信号的疲劳三阶段规律可预测钢筋剩余疲劳寿命。压磁信号能够反映出随锈蚀率增加的不均匀程度对疲劳损伤影响的相关信息，利用磁感应强度值、磁感应强度时变曲线、磁感应强度-应变滞回曲线均能很好地呈现锈蚀钢筋疲劳损伤 3 个阶段的变化规律，而且利用变化的拐点可帮助进行损伤评估，预测材料疲劳寿命和预警疲劳断裂。

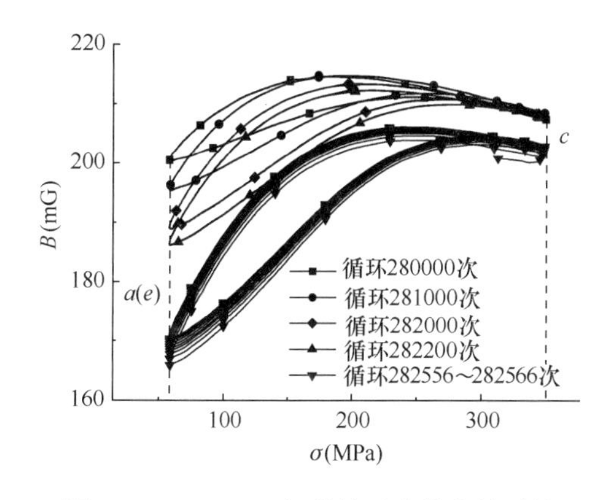

图 3-19　HRB400 钢筋接近疲劳失效时的 B-σ 滞回曲线

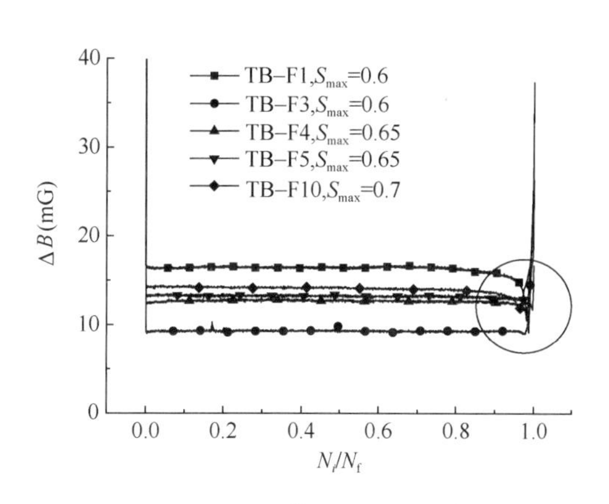

图 3-20　压磁滞回曲线特征值 ΔB 随循环次数变化曲线

在构件层面，压磁信号的突变能够反映混凝土梁的初次开裂现象，这是因为混凝土的开裂造成的界面应力重分布导致了钢筋应力的突然增大，进而引起压磁信号的改变。随着疲劳循环次数增加，不可逆磁化不断增加，但增幅越来越小；第二阶段的滞回曲线变化较小，处于稳定的损伤累积阶段；在最终破坏阶段，因为钢筋宏观裂纹扩展导致漏磁场的影响，压磁滞回曲线的形态及特征点的磁感应强度又出现明显变化，如图 3-21 所示。与带肋钢筋轴向拉伸疲劳-压磁试验结果类似，混凝土梁压磁滞回曲线变幅 ΔB 在第一阶段和第三阶段磁信号变化明显，在第二阶段保持稳定，符合疲劳三阶段特征，如图 3-22 所示。

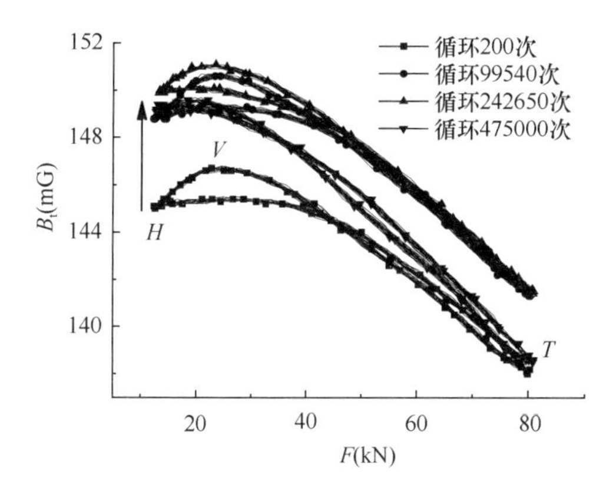

图 3-21　混凝土梁不同疲劳阶段的 B_t-F 滞回曲线

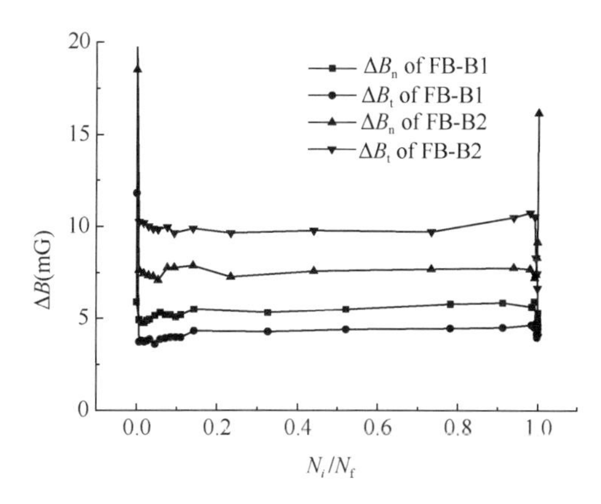

图 3-22　混凝土梁压磁滞回曲线特征值 ΔB 随循环次数变化曲线

坑蚀钢筋在疲劳过程中的压磁滞回曲线及其变幅在经历前期的应力致磁化阶段后，随着位错的稳定增殖进入缓慢且稳定的变化阶段，在后期随着宏观裂纹导致的漏磁场占据主导，引起滞回曲线形态及其数值出现畸变。基于压磁滞回曲线特征参数可定量表征坑蚀钢筋疲劳裂纹尖端的应力强度因子，如图 3-23 所示，从而可根据实时监测的工作状态下钢材的压磁信号评估疲劳裂纹发展情况，与基于断裂力学方法的预测结果具有较好的一致性，如图 3-24 所示。坑蚀钢筋混凝土梁的压磁信号能够反映疲劳过程中混凝土疲劳损伤和界面疲劳损伤导致的应力重分布对钢筋应力和疲劳损伤过程的影响，基于坑蚀钢筋混凝土梁的压磁滞回曲线变幅定量计算混凝土内部坑蚀钢筋的疲劳裂纹扩展速率，如图 3-25 所示，从而基于压磁方法预测混凝土内坑蚀钢筋的疲劳裂纹扩展行为，如图 3-26 所示。

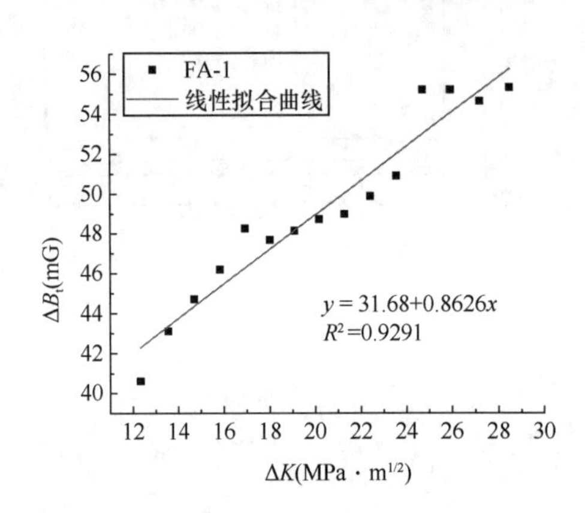

图 3-23　坑蚀钢筋裂纹尖端应力强度因子和压磁滞回曲线变幅的定量关系

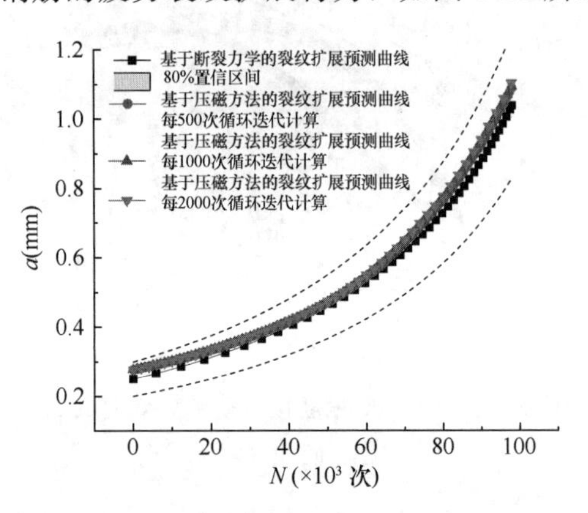

图 3-24　基于断裂力学和压磁方法的坑蚀钢筋疲劳裂纹扩展曲线预测结果对比

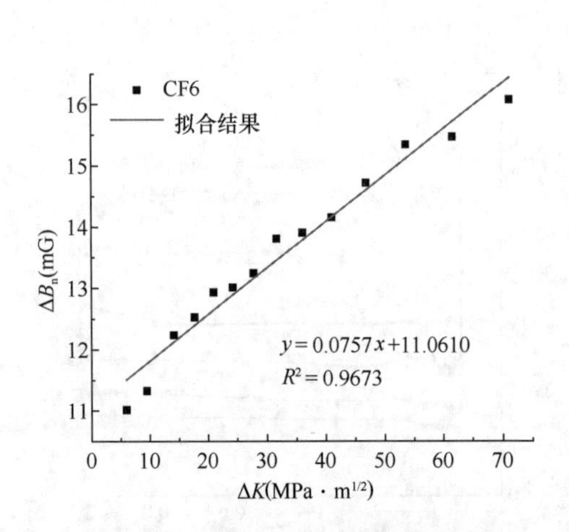

图 3-25　混凝土梁内坑蚀钢筋裂纹尖端应力强度因子和压磁滞回曲线变幅的定量关系

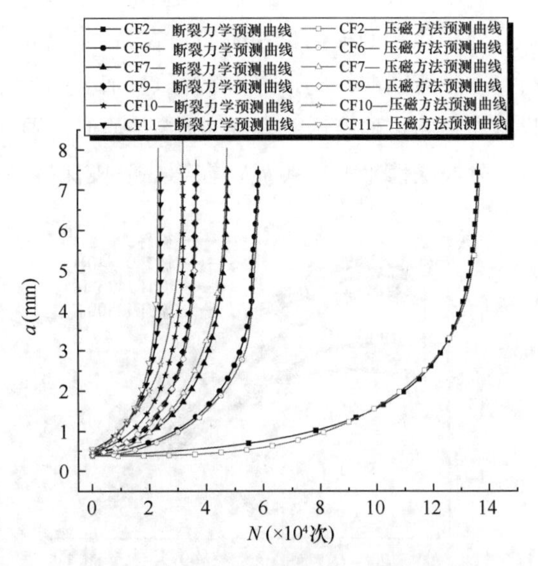

图 3-26　基于断裂力学和压磁方法的混凝土梁内坑蚀钢筋疲劳裂纹扩展曲线预测结果

钢筋疲劳裂纹扩展的计算过程如下，首先在得到初始裂纹长度 a_0 的基础上，根据式（3-16)计算后续的裂纹扩展速率 $\mathrm{d}a/\mathrm{d}N$，其中应力强度因子 ΔK 可通过图 3-23 和图 3-24中的压磁滞回曲线变幅和应力强度因子间的线性关系进行计算，为了保证计算的精度，可以设置一定的迭代计算间隔 ΔN，将这段间隔 ΔN 初始阶段测得的压磁滞回曲线变幅计算的应力强度因子作为这段间隔内的恒定值，即认为较短的循环间隔 ΔN 内的裂纹扩展速率不变，从而根据式（3-17）计算经过循环间隔 ΔN 次之后的裂纹长度，以此类推，不断通过区间起始阶段的压磁信号计算区间内的裂纹长度增量，便可以对裂纹长度扩展过程进行定量评估。

$$\mathrm{d}a/\mathrm{d}N = C(\Delta K - \Delta K_{\mathrm{th}})^m \tag{3-16}$$

式中，C 和 m 为材料常数，ΔK_{th}为材料裂纹扩展的应力强度因子阈值，均与应力比有关，可通过材料的裂纹扩展试验获取。

$$a_1 = a_0 + C(\Delta K - \Delta K_{\mathrm{th}})^m \Delta N \tag{3-17}$$

3.2 混凝土徐变力学性能

混凝土作为一种承力材料，在很久以前一直被认为是一种弹性材料。随着研究和应用的不断发展，人们逐渐发现混凝土的力学响应会随着时间而发生变化。混凝土材料的时程现象主要包括徐变和收缩。混凝土的徐变指的是在持续荷载作用下，混凝土结构的变形将随着时间不断增加的现象。混凝土的收缩指的是由于混凝土中所含水分的变化、化学反应及温度降低等因素引起的体积缩小。

3.2.1 混凝土徐变收缩参数

对于多数混凝土试件来说，徐变收缩一般都是在混凝土边干燥边受荷的情况下进行的。图 3-27 所示为一混凝土试件养护并在干燥环境下放置一段时间后受压的应变-时间曲线。

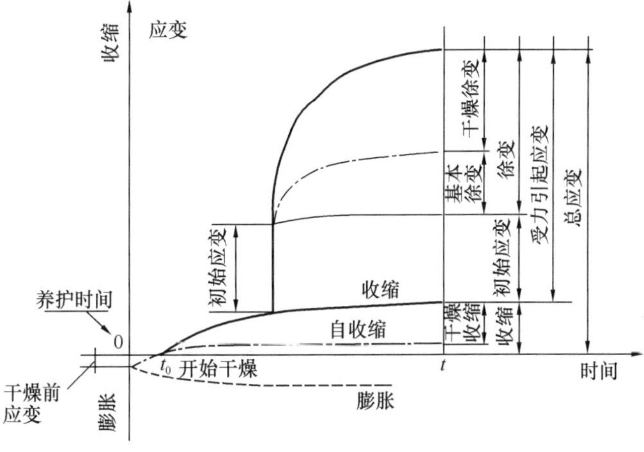

图 3-27 收缩应变-时间

混凝土的总徐变值（Creep）指的是加载后的总变形减去不加载试件的体积变形（剔除收缩影响），再减去加载瞬间的初始应变值（Initial Strain）。总徐变值可以分解为基本徐变（Basic Creep）和干燥徐变（Drying Creep）之和，其中混凝土在密封条件下（与周围介质没有湿度交换）受持续荷载产生的徐变称为基本徐变，总徐变值减去基本徐变后的部分称为干燥徐变。

混凝土的收缩（Shrinkage）由自收缩（Autogenous Shrinkage）和干燥收缩（Drying Shrinkage）等组成。混凝土的自收缩指的是由于胶凝材料的水化作用引起的体积变形，属于化学收缩的一种。混凝土的干燥收缩指置于未饱和空气中的混凝土因水分散失而引起的体积缩小变形。除了自收缩和干燥收缩外，混凝土的收缩还包括碳化收缩等。

混凝土徐变特性常用徐变系数、比徐变和徐变柔量来描述。徐变系数是指在恒应力作用下，某一时刻混凝土徐变应变与加载时刻弹性应变之比，用 $\varphi(t,t_0)$ 表示：

$$\varphi(t,t_0)=\frac{\varepsilon_{cr}(t,t_0)}{\varepsilon_e(t_0)}=\frac{\varepsilon_{cr}(t,t_0)}{\dfrac{\sigma(t_0)}{E(t_0)}} \tag{3-18}$$

式中 $\varepsilon_{cr}(t,t_0)$ 代表 t_0 时刻加载的试件在 t 时刻的徐变应变，$\varepsilon_e(t_0)$ 代表 t_0 时刻加载引起的弹性应变值。

比徐变是指在单位应力作用下某一时刻混凝土的徐变应变：

$$C(t,t_0)=\frac{\varphi(t,t_0)}{E(t_0)} \tag{3-19}$$

徐变柔量是指在单位应力作用下某一时刻混凝土的总应变：

$$J(t,t_0)=\frac{1}{E(t_0)}+C(t,t_0) \tag{3-20}$$

根据徐变试验结果，美国、欧洲、日本等国家和地区的规范中提出了对徐变规律描述的模型公式，这些模型公式是根据试验结果进行模型参数拟合而得到的经验模型。其中使用较多的有欧洲混凝土委员会提出的 CEB-FIP MC 1990—2010 徐变模型和美国混凝土协会提出的 ACI 209R-92 徐变模型。

1. CEB-FIP MC 1990—2010 徐变模型

$$J(t,t_0)=\frac{1}{E(t_0)}+\frac{1}{E(28)}\cdot\varphi(\infty,t_0)\beta(t-t_0) \tag{3-21}$$

式中，$\varphi(\infty,t_0)$ 为名义徐变系数，与环境湿度、构件理论厚度、混凝土强度有关；$\beta(t-t_0)$ 为徐变发展系数，与加载龄期 t_0、持载时间及环境湿度有关。

2. ACI 209R-92 徐变模型

$$J(t,t_0)=\frac{1}{E(t_0)}+\frac{1}{E(28)}\cdot\varphi\cdot(\infty,t_0)\cdot\frac{(t-t_0)^{0.6}}{10+(t-t_0)^{0.6}} \tag{3-22}$$

3.2.2 混凝土徐变机理

混凝土的徐变与应力大小有关，根据应力的大小，徐变表现为低应力下的线性徐变和高应力下的非线性徐变，相应的机理也存在差异。混凝土的徐变效应与其微观结构密切相关。自 20 世纪初以来，为了解释混凝土的徐变现象，许多学者尝试从微观层面提出混凝土徐变的机理，但时至今日还没有一种理论能够完全解释混凝土的徐变效应，都只解释了徐变效应的某一方面。混凝土完整徐变机理需要通过综合多种徐变理论来考虑，因为实际上徐变也可能是多种机理的耦合作用，并不仅取决于一种机理。

1. 线性徐变机理

线性徐变是指任意时刻的徐变应变均可以由单位应力下该时刻的徐变应变乘以应力大小获得，也即徐变大小与应力大小间呈现线性关系。主要的线性徐变机理理论有黏弹性理论、渗出理论、黏性流动理论、塑性流动理论。

1）黏弹性理论

黏弹性理论把水泥浆体视为弹性的水泥凝胶骨架及其空隙中充满着黏弹性液体的复合体。施加的荷载中有一部分由黏弹性液体承受，并引起其随时间变化而逐渐流动，凝胶骨架承受的荷载和弹性徐变值也会逐渐增大，形成了随时间不断增大的变形。当荷载卸除后，液体流回并引起弹性恢复，形成可恢复徐变。此理论中的水指的是毛细水和凝胶水。

2）渗出理论（图3-28）

徐变由凝胶表面的吸附水和层间水的流动引起。施加荷载后，凝胶微粒间的吸附水和层间水就缓慢排出而产生变形。凝胶水被挤出后，凝胶粒子间距离接近，引起一部分化学结合，增加了凝胶结合的稳定性，产生了非恢复性徐变。吸附水和层间水的渗出速度取决于水泥石的密实度，因此可以推测，强度越大，密实度越高，徐变速率越小，这符合实际试验结果。此处流动水是吸附水和层间水，而非毛细水和化学结合水。

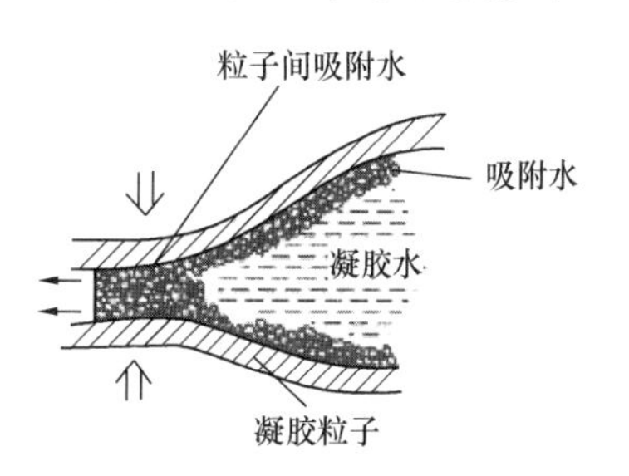

图3-28 渗出理论

3）黏性流动理论

黏性流动理论由F.G. Thomas于1937年首先提出。他认为，在荷载作用下，水泥浆体产生黏性流动，惰性骨料不产生黏性流动，随着时间推移，应力分布逐渐转向骨料，浆体也逐渐流动，徐变速率减小。而C-S-H凝胶确实具有黏性流动的性质，且其黏性流动速率一般与加载应力呈正比。由于应力随着水泥浆体的黏性流动逐渐转移到弹性骨料上，水泥浆体所受应力减小，黏性流动速率也随之减小，这符合徐变速率随徐变发展越来越小的试验结果。

4）塑性流动理论

塑性流动理论认为低应力下混凝土徐变是黏性流动的，而在高应力下混凝土则会产生类似金属的塑性流动。但实际上混凝土材料所表现的塑性和金属材料的塑性不同，因为混凝土和金属材料的化学结合力不同，金属材料中主要是金属键，而混凝土材料中主要为离子键，其只能产生脆性破坏。所谓金属塑性是由粘结微裂纹扩展引起的。所以混凝土“塑性”是微裂纹局部发展的结果。

2. 非线性徐变机理

当处于高应力水平时，将导致混凝土内部缺陷的发展，引发混凝土软化，从而使得任意时刻徐变应变不再与应力间呈现线性关系，而是随荷载的增大呈现非线性关系，这被称为非线性徐变。

相比线性徐变，非线性徐变的研究尚不成熟。普遍认为，线性徐变产生的原因是C-S-H胶体的挤压流动、孔隙水的渗出与蒸发以及混凝土内部水泥的水化反应导致的变形，混凝土内微裂纹对其发展贡献不大。而非线性徐变恰相反，高应力导致非线性徐变时混凝土内微裂纹的形成与扩展速度及比例远远大于线性徐变。因此，非线性徐变受微裂纹影响很大，甚至其是影响非线性徐变发展的主要因素。广泛认可的非线性徐变机理是微裂纹理论，同时，也有更多学者对非线性徐变的机理进行了探索，提出了相应的机理假说。

1）微裂纹理论

在混凝土材料中，微裂纹的存在是不可避免的，它不仅源于外加荷载造成的损伤，也源于水泥水化过程、干缩应力等原因。对于混凝土徐变来说，在正常工作应力范围，微裂缝间通过界面摩擦传递荷载，而当应力水平较大，使得混凝土中拉应力大于抗拉强度时，微裂纹会对徐变产生明显影响，造成附加变形，形成非线性徐变。

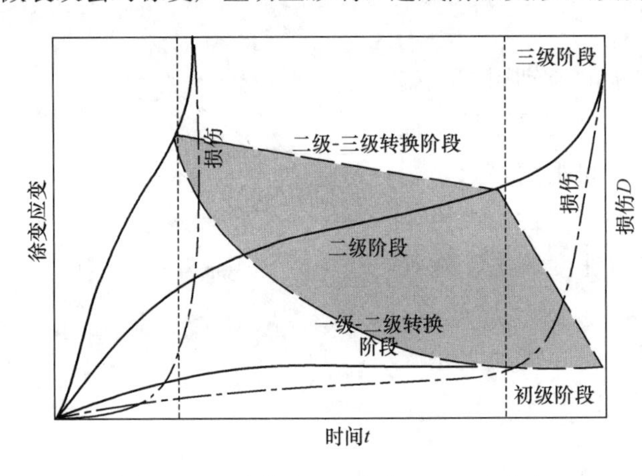

图 3-29　一次徐变、二次徐变、三次徐变

2）其他非线性徐变机理的研究

（1）不同应力水平下的徐变形式

根据荷载大小的不同，徐变会经历一次徐变、二次徐变、三次徐变，如图 3-29 所示。

当荷载小于 0.4 倍极限荷载时，只发生一次徐变，此时的徐变源于胶凝材料的挤压、流动和孔隙水的蒸发、流动，混凝土在养护过程中因水化反应产生的微小初始缺陷几乎不会进一步发展。

二次徐变指的是应力状态改变或混凝土本身性质改变所产生的徐变变化。当荷载水平在 0.4～0.7 倍极限荷载之间时，由于荷载较大，可能发生二次徐变。如图 3-30 所示，高应力下混凝土内各组分的晶体发生错动，引发初始缺陷进一步发展，形成微裂纹带和软化区，导致混凝土刚度下降，引发二次徐变。此时，由于微裂纹的扩展，混凝土弹性模量下降，混凝土发生了软化，导致了应力大小与徐变应变大小之间的非线性关系。但此时微裂纹扩展至一定程度后逐渐停止扩展，因此非线性徐变最终仍趋于收敛。

当荷载水平大于 0.7 倍极限荷载时，可能会发生不收敛的三次徐变。如图 3-30 所示，混凝土从损伤到破坏的过程是裂纹萌生、裂纹发展、裂纹汇合、裂纹形核、形成软化区、形成劣化带、形成失效区、形成宏观裂缝和最终破坏阶段。微裂纹扩展的条件是裂纹尖端应力强度因子大于断裂韧度，此时裂纹扩展，期间断裂能被释放。从能量的角度，是外力在徐变下的做功增量转化为混凝土应变能和断裂能。若外力较大，则其在徐变作用下做功的增量始终可以达到微裂纹扩展所需的断裂能，则微裂缝将不断扩展，混凝土不断软化，最终破坏。在此过程中，会包含一次徐变、二次徐变和三次徐变。三次徐变是非线性徐变发散时产生的徐变，由不收敛的损伤发展导致。

开始出现二次徐变、三次徐变的荷载均为临界荷载，其中，确保在结构服役期内不会发生三次徐变的荷载称为长期荷载。工程设计时会保证混凝土在服役中处于线性徐变状态，但当受到其他作用导致混凝土劣化时，往往会导致混凝土刚度下降，从而引起二次徐变，甚至引发非线性徐变。

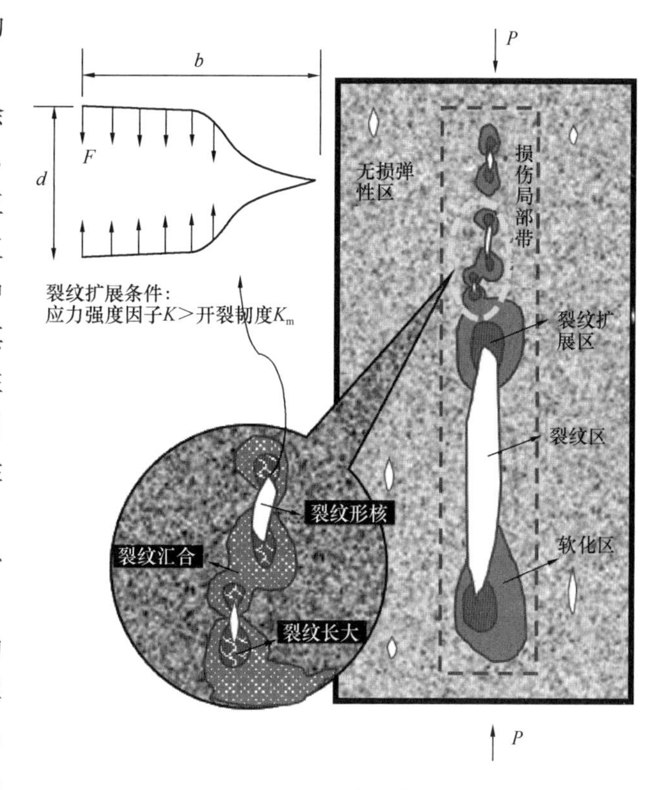

图 3-30　混凝土内损伤的发展

（2）非线性徐变的国内外研究

目前针对非线性徐变问题的理论模型主要包括：①基于黏弹塑性理论的非线性徐变本构模型；②非线性弹性徐变本构模型；③适应性塑性流动模型；④黏弹性损伤模型。

也有诸多学者进行了相关研究。林南薰将混凝土徐变分为可逆徐变与不可逆徐变两部分，通过试验推断应力与可逆徐变呈线性关系，与不可逆徐变呈非线性关系，并确定了可逆与不可逆徐变的应力函数表达式。黄海东、向中富以非线性弹性徐变本构理论为基础，采用 Hongnestad 模型软化系数，提出一种新的非线性徐变本构模型，运用等效应力-应变概念，将各向异性混凝土材料近似等效为各向同性材料，得到混凝土结构空间非线性徐变增量本构关系，可以较好地模拟高压应力条件下的徐变变形分析。Han 等人提出了一种模拟混凝土早期徐变的黏弹塑性模型，通过声发射技术对早期混凝土徐变损伤信息进行采集，根据试验数据推导出了损伤程度与非线性徐变增量的关系，并对模型中的参数进行了回归分析，该模型与试验数据拟合良好。

Gan 等人对水泥浆体在微米尺度下的短期徐变恢复进行了试验研究，发现短期徐变恢复可能与微尺度应力重分布或可逆的内部水运动有关，在最高应力水平下观察到的非线性徐变可能是由于加载阶段产生的微裂纹密度较高导致的。Rossi 等人通过声发射技术研究混凝土基本徐变行为的物理机制，发现基本徐变应变与材料中产生的微裂纹总数呈正比，提出微裂纹对徐变影响的机理是微裂纹影响了孔隙水的转移。Saliba 等人建立了非线性徐变的流变模型并提出了本构方程。李兆霞运用连续介质损伤力学方法分析混凝土非线性徐变，用损伤变量描述高应力作用下混凝土徐变过程中以微裂缝为主的徐变损伤，用有效应力概念得到弹性徐变耦合损伤的非线性徐变本构方程，并根据混凝土徐变损伤的细观分析提出了徐变损伤的演变规律。

虽然已经有以上研究，但针对非线性徐变的研究还是不充分的。非线性徐变的损伤和徐变是互相影响、相互耦合的关系，这就使得时变模型的建立更为复杂，尚需更多的研究和探索。

以上介绍的几种理论不能单独对混凝土徐变现象进行完美的解释，但是把几种理论结合起来则会得到比较满意的结果。在加载初期产生的可恢复徐变可以由黏弹性理论和黏性流动理论来解释，加载初期产生的不可恢复徐变可由渗出理论来解释。施加较大应力水平时，徐变效应可由塑性流动理论和微裂纹理论来解释。

3.2.3　混凝土时程本构关系

混凝土徐变在不同应力水平下表现出不同的时程本构，当混凝土承受荷载小于 0.4 倍极限荷载时，呈现线性徐变时程本构；当混凝土承受荷载大于 0.4 倍极限荷载时，可能会发生非线性徐变；承受 0.7～0.85 倍极限荷载时，可能发生不收敛的非线性徐变，因此，一般可认为 0.7 倍极限荷载为保证结构能保持长期服役性能的临界荷载。本节讨论高低应力下的混凝土的时程本构关系。

1. 高应力下开裂混凝土受压情况

与循环作用导致的疲劳现象相似，时程（Time-Dependent）因素也会影响混凝土的应力应变关系。此处的时程因素影响可以体现为两个方面，一是不同的时程速率，如加载速率造成的影响，二是徐变效应造成的影响。弹塑性损伤物理模型以及路径影响的率型本构模型在前文都已经介绍。下面主要介绍率型本构模型中的时程影响项。

在混凝土结构承担高水平应力作用的情况下，结构可能在接近承载极限状态很短的时间内就发生徐变破坏，在接近峰值处，时程因素影响显著。同时在软化下降段，局部破坏处的应力应变速率较大，相应的局部破坏处周围材料会发生应力消散，消散的应力应变速率不小，因此软化段时程因素对混凝土材料的应力应变关系有着重要影响。总的来说，研究高应力下硬化段和软化段的时程因素对混凝土本构关系影响十分重要，这也是混凝土结构破坏设计和倒塌分析的重点考虑因素。

对于高应力下受压混凝土材料本构模型的时程影响研究，主要的应力应变基本公式如下所示，时程因素对混凝土本构关系的影响可以分为塑性应变速率 $\partial\varepsilon_p/\partial t$ 和损伤速率 $\partial K/\partial t$。

$$\varepsilon=\varepsilon_e+\varepsilon_p,\ \sigma=E_0\varepsilon_e K \tag{3-23}$$

$$\mathrm{d}\varepsilon_p=\left(\frac{\partial\varepsilon_p}{\partial t}\right)\mathrm{d}t+\left(\frac{\partial\varepsilon_p}{\partial\varepsilon_e}\right)\mathrm{d}\varepsilon_e,\ \mathrm{d}K=\left(\frac{\partial K}{\partial t}\right)\mathrm{d}t+\left(\frac{\partial K}{\partial\varepsilon_e}\right)\mathrm{d}\varepsilon_e \tag{3-24}$$

根据试验结果得到了塑性应变势函数随时间的变化规律，塑性变形速率在刚加载时达到最大值，之后随着黏弹性流动而逐渐减小。根据试验结果建模，得到塑性应变速率 $\partial\varepsilon_p/\partial t$ 的方程：

$$\frac{\partial\varepsilon_p}{\partial t}=\phi\left(\frac{\partial\varepsilon_p}{\partial t}\right)_b,\left(\frac{\partial\varepsilon_p}{\partial t}\right)_b=0.034\left[\exp\left(\frac{\varepsilon_{ep}}{4}\right)-1\right] \tag{3-25}$$

$$\phi=\exp\left[-6\left(\frac{F_{p}^{0.6}}{\varepsilon_{e}^{1.2}}\right)\right],\varepsilon_{ep}=\gamma\varepsilon_{e},\gamma=\frac{f_{c}}{f_{c}+4\sigma_{1}} \tag{3-26}$$

式中，$\left(\frac{\partial\varepsilon_{p}}{\partial t}\right)_{b}$ 表示由塑性势包络线确定的参照塑性应变速率，ϕ 表示由于当前塑性发展程度而导致的塑性应变速率折减系数。ε_{ep} 为受约束混凝土的等效弹性应变，f_{c} 为单轴抗压强度，σ_{1} 为侧向约束应力。F_{p} 为塑性势函数，其经验公式如下：

$$F_{p}=\varepsilon_{p}-0.038\left[\exp\left(\frac{\varepsilon_{e}}{0.55}\right)-1\right] \tag{3-27}$$

在高水平持荷作用下，混凝土内部损伤也会随着时间而不断发展。这可能与混凝土中微裂缝的扩展有关。新扩展的微裂缝可以在未损伤的混凝土单元中发展，从而使得 K 值随时间而减小。根据参数分析，$\partial K/\partial t$ 可由下式表示：

$$\frac{\partial K}{\partial t}=\left(\frac{\partial K}{\partial t}\right)_{b}\exp\left[\xi\left(\frac{K}{K-F_{k}}-1\right)\right],\xi=45\{\psi^{-0.5[1-\exp(-5\varepsilon_{e})]}\} \tag{3-28}$$

$$\left(\frac{\partial K}{\partial t}\right)_{b}=\left(\frac{\partial K}{\partial t}\right)_{n}(K-F_{k}),\left(\frac{\partial K}{\partial t}\right)_{n}=0.015\cdot\log(K-F_{k})$$

$$\psi=\gamma^{a},a=Y^{0.4[1-\exp(-5Y)]},Y=\frac{\varepsilon_{e}}{3.25-2.65\gamma}$$

式中，$\left(\frac{\partial K}{\partial t}\right)_{b}$ 表示由损伤势包络线确定的参照损伤率，γ 为受约束混凝土等效系数，F_{k} 为塑性势函数，在前文已经给出公式。

为了验证混凝土本构模型中时程影响项的正确性，针对一超筋梁受弯试验进行了有限元建模和数值模拟。之所以将试件设计为超筋梁，是因为超筋梁的破坏模式是顶部混凝土的压坏，钢筋混凝土梁接近破坏时的结构性能是主要受顶部混凝土材料性能影响的。原试验对 4 种试件进行了相应的加载，将其分别编号为梁 1、梁 2、梁 3、梁 4。其中不同试件的差别在于：梁 1、梁 3 为高加载速率试件，为 1mm/min，梁 2、梁 4 为低加载速率试件，为 0.15mm/min。梁 1、梁 2 在跨中纯弯段未配箍筋，顶部混凝土为无约束混凝土，梁 3、梁 4 在跨中纯弯段合理配置了箍筋，顶部混凝土为有约束混凝土。各种钢筋混凝土梁试验结果和模拟结果的荷载-挠度对比如图 3-31 所示。

由图 3-31 可以看出，4 种试验梁的数值模拟结果与试验结果大致相同（除梁 2 在挠度大于 20mm 后试验与模拟结果存在差异，这是因为此阶段的残余应力主要由屈曲状态的钢筋力学性能决定）。同时对比无箍筋试件和有箍筋试件，可以发现有箍筋试件的荷载-挠度曲线存在明显的屈服平台，试验和模拟结果都体现了这一点。

同时对混凝土弹塑性损伤本构模型中的时程因素项 $\partial\varepsilon_{p}/\partial t$、$\partial K/\partial t$ 进行了敏感性分析，图 3-32 为梁 3、梁 4 考虑和不考虑时程因素项模拟结果的对比。可以发现，与低加载速率试验（梁 4）相比，高加载速率试验（梁 3）中时程因素项对模拟结果的影响更明显。且梁 3、梁 4 在不考虑时程因素项的模拟结果中屈服平台都明显变短。这说明时程因素项在结构接近破坏时对于结构整体响应的影响不能忽略，考虑混凝土时程因素项十分重要，

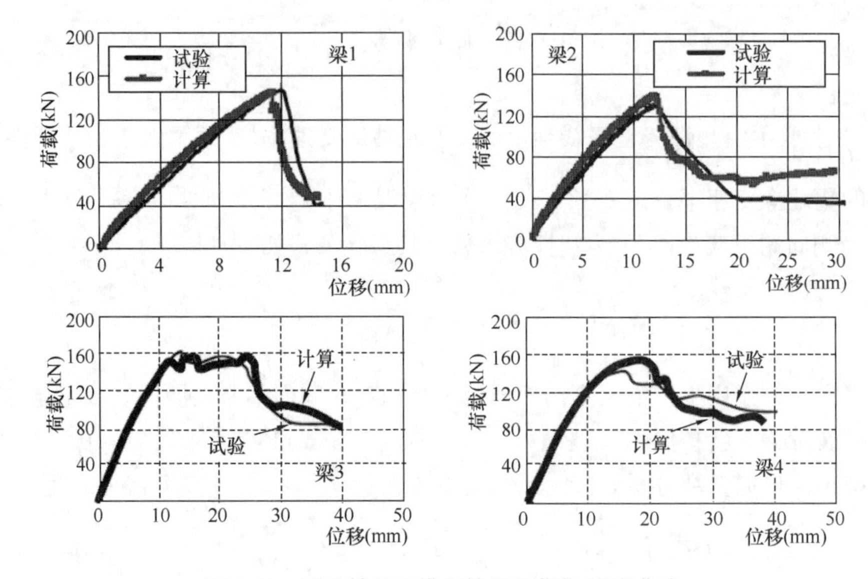

图 3-31　试验结果和模拟结果的荷载-挠度曲线

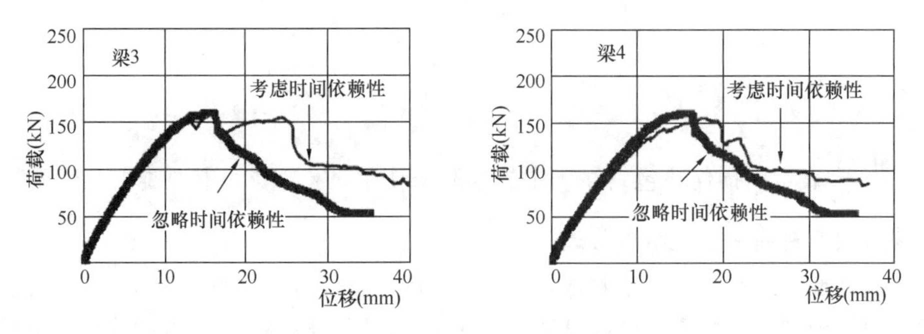

图 3-32　时程因素项敏感性分析

而且提出的本构模型能够较好地模拟混凝土在高应力作用下的时程效应。

2. 低应力下未开裂混凝土受压情况

对于处于较低应力水平受压作用下的未开裂混凝土，其产生徐变变形的机理与高应力情况下有所不同。在混凝土中微裂缝未得到明显的发展，混凝土力学性能时程变化主要指的是混凝土的线性徐变现象，而由 3.2.2 节混凝土的徐变机理可知，影响混凝土线性徐变的因素主要是混凝土内部的孔隙结构及孔隙水分流动，可通过混凝土的水化程度、不同类型孔隙的分布函数、饱和度等水热动力学参数进行反映。

未开裂混凝土线性徐变现象主要可以通过两种方法在有限元计算中得到考虑。一是结合试验结果，将各种因素的影响归纳至徐变系数这一参数上，并通过经验公式来宏观地模拟混凝土的线性徐变现象；二是对以混凝土固结过程为基础的细观混凝土本构模型进行模拟，通过逐步模拟混凝土固化过程中的水泥水化过程、孔隙分布的变化以及各孔隙蠕变的力学模型，能够内在地模拟得到混凝土的徐变收缩现象，同时也在理论体系内将各影响因素一一考虑。

1）简易处理方法——线性徐变系数

在此方法中，可认为整体时程因素项是未开裂混凝土线性徐变时程项和开裂混凝土时程项之和。未开裂混凝土线性徐变时程项可由线性徐变速率表示：

$$\kappa=-\frac{1}{C_{\mathrm{v}}}(\varepsilon_{\mathrm{p}}-C_{\lim}\varepsilon_{\mathrm{e}}),\ \kappa<0 \tag{3-29}$$

$$\frac{\partial\varepsilon_{\mathrm{p}}}{\partial t}=\phi\left(\frac{\partial\varepsilon_{\mathrm{p}}}{\partial t}\right)_{\mathrm{b}}+\kappa \tag{3-30}$$

式中，C_{v} 为固有徐变时间，表征线性徐变的速度，$C_{\lim}$ 为无限时间处的徐变系数。C_{v} 和 $C_{\lim}$ 可通过实际混凝土试验结果或以混凝土固结过程为基础的细观混凝土本构模型得到。

2）以混凝土固结为基础的混凝土本构模型

对于混凝土本构模型来说，混凝土内部水热反应影响的考虑一般是通过修正参数来实现的。例如，混凝土水化过程会造成混凝土强度和弹性模量值的变化，这往往通过强度、弹性模量值与水化时间的经验公式修正；混凝土孔隙中水分运输对结构长期力学性能造成的影响则通过设置受环境影响的徐变系数来实现。

近年来，一些学者尝试从机理层面建立混凝土水热力学模型并组合形成整体本构模型。其中较为有代表性的是从骨料、水泥这一细观基材尺度出发建立的混凝土本构模型，其在模型上内在考虑了混凝土固结过程中水化反应、孔隙分布、水分传输等过程的影响，相较于前述本构模型，以混凝土固结过程为基础的混凝土本构模型尺度更为精细，物理意义更为明确。

此模型中，混凝土材料主要由水泥浆体和分散在其中的粗骨料构成，如图 3-33 所示，图中虚线围成的研究单元参考尺寸为 1～5cm。骨料和水泥各自的应力需与混凝土所受应力平衡，且各自应变也应与混凝土应变相适应，由此可得：

$$\begin{aligned}\bar{\sigma}_{\mathrm{o}}&=\rho_{\mathrm{ag}}\bar{\sigma}_{\mathrm{ag}}+\rho_{\mathrm{cp}}\sigma_{\mathrm{cp}}\\ \varepsilon_{\mathrm{o}}&=\rho_{\mathrm{ag}}\varepsilon_{\mathrm{ag}}+\rho_{\mathrm{cp}}\bar{\varepsilon}_{\mathrm{cp}}\end{aligned} \tag{3-31}$$

其中 $\bar{\sigma}_{\mathrm{o}}$、$\bar{\sigma}_{\mathrm{ag}}$ 、$\bar{\sigma}_{\mathrm{cp}}$ 分别是混凝土、骨料、水泥浆体的平均体积应力，$\bar{\varepsilon}_{\mathrm{o}}$、$\bar{\varepsilon}_{\mathrm{ag}}$、$\bar{\varepsilon}_{\mathrm{cp}}$ 分别是混凝土、骨料、水泥浆体的平均体积应变，ρ_{ag} 、ρ_{cp} 分别是骨料和水泥浆体的体积分数。而粗骨料的力学性质近似于线弹性，在此假设骨料的本构为线弹性模型，可得：

$$\bar{\varepsilon}_{\mathrm{ag}}=\frac{1}{3K_{\mathrm{ag}}}\bar{\sigma}_{\mathrm{ag}},\bar{\varepsilon}_{\mathrm{cp}}=f(\bar{\sigma}_{\mathrm{cp}}) \tag{3-32}$$

其中 K_{ag} 是骨料的体积刚度。

此外，还需考虑骨料与水泥浆体间的局部相互作用。假设水泥基是完全的流体而剪切刚度 G_{cp} 为零，那么骨料与水泥之间的体积应力会一致，即 $\bar{\sigma}_{\mathrm{ag}}=\bar{\sigma}_{\mathrm{cp}}$。假设水泥基的剪切刚度 G_{cp} 无限大，那么水泥基不存在形变，骨料与水泥之间的体积应变会一致，即 $\bar{\varepsilon}_{\mathrm{ag}}=\bar{\varepsilon}_{\mathrm{cp}}$。而实际情况处于这两种极端情况之间，运用线性求和的拉格朗日法，有：

$$\left(\frac{\bar{\sigma}_{\mathrm{ag}}-\bar{\sigma}_{\mathrm{cp}}}{G_{\mathrm{cp}}}\right)+(\bar{\varepsilon}_{\mathrm{ag}}-\bar{\varepsilon}_{\mathrm{cp}})=0 \tag{3-33}$$

伴随着时间的不断增长，水泥颗粒不断反应，形成水化产物，水泥浆体也会由此不断增长。并且生成的水化产物的力学性质随着时间不断变化，这就是混凝土的固化现象。在此模型中，水化过程随时间不断进行，由此带来骨料外部水泥基层的不断扩张，此过程被离散为一层层水泥基层的叠加。新的水泥基层在老的水泥基层上产生，此水泥基层进入力学体系并伴随着时间不断固化。可以用已水化水泥颗粒的体积分数来表示水化程度，即水化度：

$$\psi(t) = V(t)/V_{cp} \tag{3-34}$$

其中 $V(t)$ 表示 t 时刻已水化水泥颗粒的体积，V_{cp} 表示可水化水泥颗粒的总体积。

根据水化度 $\psi(t)$ 以及已经形成的水泥基层数 N，可以判断是否有新的水泥基层要生成。当新的水泥基层生成后，其融入整体的承力体系。假设每一水泥基层所承受的应力为 S_{cp}，并且所有水泥基层的应力之和为水泥浆体所承受的应力。那么由于应力重分布，每一水泥基层的应力受其生成的时间以及当前时刻所决定，可得下式：

$$\bar{\sigma}_{cp}(t) = \int_{t'=0}^{t} S_{cp}(t,t')\mathrm{d}\psi(t') \tag{3-35}$$

式中 S_{cp}（t,t'）为特定水泥基层的平均体积应力，t 为当前时刻，t' 为该水泥基层生成时刻。对于新生成的水泥基层，其应力为 0，则有 S_{cp}（t,t）$=0$。

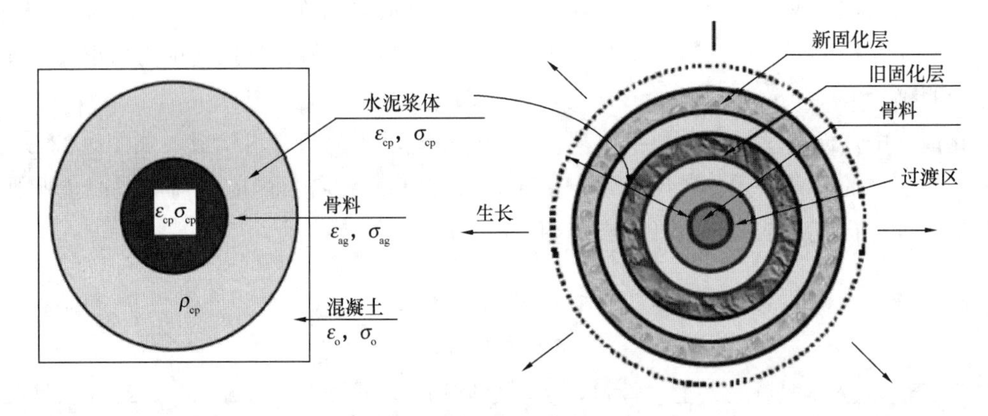

图 3-33　混凝土材料模型示意图

各水泥基层的力学单元模型可等效为图 3-34 所示的力学模型。随着水化过程的不断

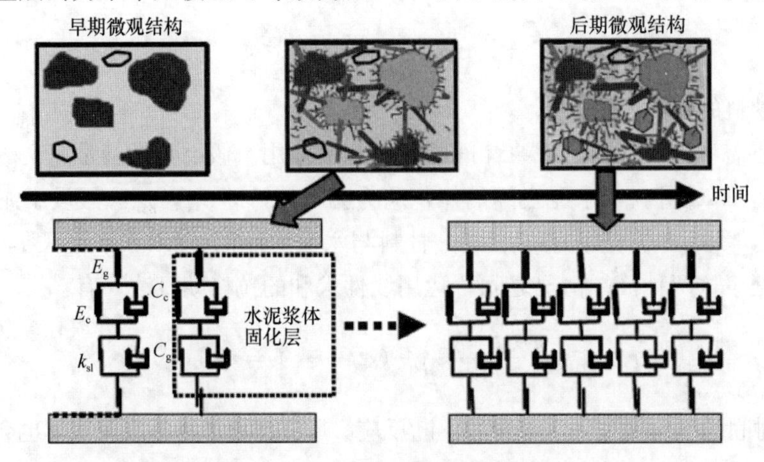

图 3-34　水泥基层的力学单元模型

进行，水化产物 C-S-H 凝胶不断产生，水泥基层不断增加，每一水泥基层等效为构成相同的力学单元，再通过所有水泥基层力学单元之间的并联求解得到水泥基体的整体力学单元。

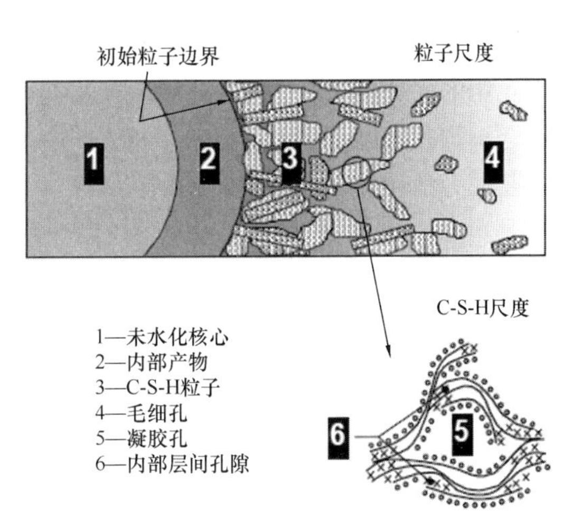

图 3-35　水泥基中的孔隙类型

水泥基层力学单元的组成和参数是确保模型精确性的关键。在水泥浆体中，不同的位置存在着毛细孔、凝胶孔、层间孔等不同尺寸的孔洞，伴随着水分流动特征的不同，其力学特性也有所区别（图 3-35）。水泥基层力学单元纳入了各孔隙成分的力学单元模型，因此内在地考虑了各尺度的孔隙水分传输对力学性能的影响。在通常环境下，主要是毛细孔和凝胶孔内部的水分产生流动，而在极端环境下层间孔中的水分也会产生流动。力学单元的构成如图 3-36所示。

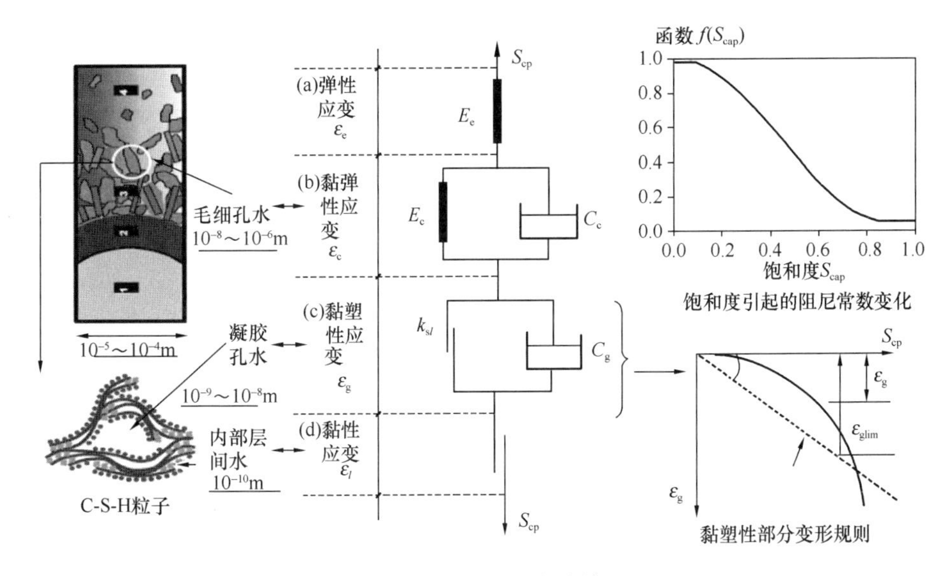

图 3-36　水泥基层力学单元

（1）瞬时弹性模型

此弹簧表示该水泥基层在受力后产生的瞬时弹性变形，假设为完全弹性模型，可表示为：

$$S_{cp} = E_e \varepsilon_e \tag{3-36}$$

（2）黏弹性模型

黏弹性模型主要体现的是水泥浆体长期可恢复变形的性能，即可恢复徐变变形，而这一特性主要与尺寸较大的孔隙有关，在这里主要指的是毛细孔。毛细孔位于 C-S-H 凝胶之间，尺寸为10^{-8}～10^{-6}m，毛细孔中水分流动速度相对较快，并且可恢复性较高，因此毛细孔中的水分流动往往被视作混凝土早期可恢复徐变的成因，毛细孔水分流动而造成的变形，也与时间以及水化过程密切相关。由弹簧及阻尼构成的黏弹性模型可以较好地体现毛细孔的力学性质，可表示为：

$$S_{cp} = E_c\varepsilon_c + C_c\frac{d\varepsilon_c}{dt} \tag{3-37}$$

式中，E_c为黏弹性模型中弹性单元的刚度，可假定$E_c=2E_e$，ε_c为黏弹性应变，C_c为阻尼的黏性流动系数，其与毛细孔中的含水状态有关，C_c可由下式求得：

$$C_c = a \cdot f(S_{cap}) \cdot \eta \cdot \phi_{cap} \tag{3-38}$$

式中，a为常量，S_{cap}为毛细孔饱和度，η为毛细孔中凝结水的平均黏度。函数$f(S_{cap})$如图3-36所示。

（3）黏塑性模型

黏塑性模型主要由一塑性单元和阻尼单元并联而成，在应力不变的情况下，其塑性应变会逐渐收敛于值ε_{glim}，且在应力消退的情况下不会恢复。因此，黏塑性模型主要体现了长期的不可恢复变形，即不可恢复徐变。在水泥浆体中，长期不可恢复变形被认为主要由凝胶孔和层间孔中的水分流动引起的。而且，此长期不可恢复变形的时程速率与孔隙饱和度密切相关，在孔隙内部较为干燥的情况下，应变值收敛速度更快，反之，当孔隙较为湿润时，由于渗流过程应变收敛速度则会延缓。黏塑性模型的力学公式如下所示：

$$\frac{d\varepsilon_g}{dt} = \frac{\varepsilon_{glim} - \varepsilon_g}{C_g} \tag{3-39}$$

$$C_g = d \cdot f(S_{gel}) \cdot \eta \cdot \phi_{gel}$$

$$\varepsilon_{glim} = f_1(S_{cp}) \cdot f_2(S_{gel})$$

$$f_1 = \frac{S_{cp}}{E_g}, E_g = \frac{E_e}{4}$$

$$f_2 = \exp(-a \cdot S_{gel})$$

式中，S_{gel}为凝胶孔隙饱和度，d为常量，ϕ_{gel}为该水泥基层凝胶孔的孔隙率，η为微孔隙水的黏度。

（4）瞬时塑性模型

当孔隙水的尺度大小接近水分子时，该水分的流动较为困难，但假如处于极端环境下（如高温），该水分流动会造成不可逆的塑性变形。对于水泥浆体而言，层间孔中的水分尺寸接近分子级，且层间孔水分流动造成的变形是瞬时且不可逆的，可以用瞬时塑性模型来反映其力学特性：

$$\Delta\varepsilon_l = z \cdot \Delta S_{int} \tag{3-40}$$

式中，ε_l为层间孔水分流动引起的塑性变形，z为常量，S_{int}为层间孔水分的饱和度。环境引起的层间孔水分流动而形成的塑性变形，可由层间孔隙的饱和状态直接反映。在普通环境下，层间孔水分一般不会流动，$\Delta S_{int}=0$，而在极干极热等环境下，则可能使得饱和度变化，形成塑性变形。

假设在每一水泥基层中，上述4种模型所承担的应力一致，而水泥基层总变形为各模型变形之和，那么就组成了单个水泥基层的力学模型。伴随着水化过程的不断进行，新的水泥基层在老水泥基层上不断生成，并且进入总体系中逐渐发挥承力作用。各水泥基层的孔隙分布，饱和度，弹性模量都随着时间不断变化，由此构成了水泥浆体整体的力学模型。

该水-热-力学耦合模型从混凝土的水泥水化这一过程着手，并将水泥浆体中水化反应、孔隙变化、水化传输等热力学反应和过程真实地纳入了体系之中，水化反应及水分传输等时程力学响应的机理得到了内在的考虑。在该系统中，水化反应以及干燥环境造成的孔隙中水分的减少都已经在力学模型中得以考虑，因此无须另外单独考虑自收缩、干燥收缩、徐变等长期效应。

3. 非线性徐变的损伤检测

不同于线性徐变，非线性徐变受损伤的影响很大，因此损伤的定义和检测是非线性徐变研究中的关键问题。

混凝土损伤的定义有两种方法，一种是微观尺度，一种是宏观尺度。在微观尺度上，损伤变量通常由混凝土中微缺陷的数量、长度、面积和体积决定。在宏观尺度上，损伤变量一般用弹性模量和变形来表示。微观尺度的损伤是造成宏观尺度损伤的原因。微裂纹的发展会加大混凝土中软化区和失效区的体积，引起混凝土弹性模量的下降，因此，检测微裂纹的含量可以作为混凝土损伤的一种表征方式。

混凝土损伤的检测方法包括有损检测法和无损检测法，目前，在混凝土中应用的有损检测法有钻孔取样、切片取样法，但由于有损检测会对混凝土结构造成破坏，因此无损检测法逐渐被广泛应用。无损检测法主要有声发射法、超声波法、CT法、射线检测法、红外热谱法、雷达法、压电阻抗法及可视化数字拍摄图像处理法等。

1）超声波法

超声波法用于混凝土内部损伤检测的原理是，当混凝土内部出现细小孔洞、裂缝等损伤时，超声波经过损伤处时其传播速度、振幅等物理量会出现变化。因此在实际工程中，通过检测或监测超声波的传播速度、振幅等特征值的变化情况来推断混凝土内部损伤的发展情况。超声波法作为目前应用最广泛的无损检测方法之一，已经形成了各种类工程结构超声波探伤检测的行业规范和地方规范，其优点是穿透能力强，能检测到距离表面较远处的损伤情况，且能根据检测数据大致定位损伤位置。此外，超声波的物理特性受内部损伤影响敏感，但几乎不受被测材料种类的影响，因此超声波法灵敏度高、应用广。但是，也正是由于超声波法灵敏度高的特点，使得该方法在混凝土中的传播会因混凝土材料的不均匀而相应不均，且受钢筋影响较明显，后续有待进一步完善。而且，利用超声波法检测得到的结果可视化程度较低，尚需进一步改进。

2）声发射法

声发射技术是由Kaiser于20世纪中期提出的，其原理是利用声发射源释放能量引起被测物体产生机械扰动，利用传感器检测介质表面的机械扰动并转化为可识别的电信号。相对于传统检测方法，声发射技术具有以下 3 项优点：①可检测混凝土内部的开裂破坏和发生开裂的位置；②对损伤缺陷较敏感，并可反映其发生发展的全过程；③检测区域较全面，适用范围较广。声发射法的缺点是存在声发射信号处理困难、在混凝土检测方面多为定性分析、缺乏混凝土力学参数与声发射参数间的定量关系等问题。

3）可视化数字拍摄图像处理法

依托数字摄影技术以及图像处理技术的发展而提出的可视化数字拍摄图像处理法是近年来出现的一种全新无损检测方法。该方法的原理是利用高精度摄像机采集混凝土等材料表面图像，借助计算机图像处理技术自动识别图像特征，定性或定量地分析统计混凝土表面裂缝等缺陷分布情况，最终得出混凝土结构损伤的发展特性和趋势。

可视化数字拍摄图像处理法可快速获取混凝土结构的缺陷形态和损伤分布，适合动态损伤检测，后期结果处理速度快，检测精度相对较高。但在图像处理算法选用、裂缝提取识别、表观裂缝如何反映内部实际破坏情况等方面仍存在较多难点。

4）雷达法

雷达法检测设备通常包括主机、接收设备及数据处理系统等，其原理为当向混凝土发射一定频率的电磁波（通常频率为 1MHz～1GHz）后，该电磁波在混凝土内的传播会因内部介质及密实程度的变化而变化，利用接收设备收集反射波并通过特定的数据处理系统对接收到的信号进行处理，从而得到反映混凝土内部损伤的雷达图像。

雷达法具有检测速度快、能实时检测的优点，且通过数据处理系统可快速处理反射波信号，并以信息化形式对检测结果进行记录、分析，用图像的形式实现检测结果的可视化，因此近年来发展迅速。但同时，雷达法使用的是电磁波，容易受强电场干扰，故使用场合受到限制；若混凝土内钢筋较为密集时，钢筋对电磁波的干扰作用较为明显，使得检测结果分析存在困难，结果准确性无法保障。

5）CT 法

计算机层析成像技术（Computerized Tomography，CT）是将混凝土内部断面分割为若干小的单元，每一单元均从各个方向施加超声波射线，也就是一定数量的射线从各个方向经过，通过采集各条射线经过单元后物理特征值的变化并采用一定的算法最终将断面情况进行成像。将 CT 法应用于混凝土内部损伤的无损检测时，能较直观地通过成像图片发现混凝土内部损伤的种类、体量及位置，甚至能对损伤的程度进行定量，且灵敏度较高，不受材料种类的影响，能应用于各种材料的无损检测中。但是，CT 法的缺点在于受射线扫描的角度影响较大，尤其是如果射线以垂直角度进入时，部分损伤无法被扫描出。此外，CT 法往往需要特定的设备，且耗时较长，成本较高，如果防护不佳，射线会对人体健康造成损伤。

6）射线检测法

用均匀强度的射线束透射物体，射线会在透射过程中产生衰减，射线检测法是依据缺陷引起射线强度衰减的差异来检测混凝土内部缺陷。射线无损检测方法的优势在于显示直观，能较精确地检测出缺陷的数量、大小、厚薄和分布，精确度较高，适用性广泛；缺陷是易受透照角度的影响，对垂直方向的缺陷难以检出，成本较高，检测速度较慢，且射线对人体有辐射，需采取防护措施。

7）红外热谱法

红外热谱法是依据被测物体散发出的红外热在缺陷处传播不均匀，引起红外线传播路径的改变，红外辐射能量被红外探测器侦测后经处理转换为红外热图像的无损检测方法。红外热谱法的优点是直观快速，能识别缺陷位置，可实现自动化实时检测，对环境影响小，适合现场应用在役检测；但红外成像存在边缘模糊问题，图像有较大噪声，且对外形复杂的构件进行缺陷检测时需有更有效的数学计算模型。

8）压电阻抗法

由于结构损伤和变形会引起结构机械阻抗的变化，故可利用压电阻抗传感器进行识别，反映结构损伤和缺陷的具体变化。压电阻抗法的基本流程如图 3-37 所示。

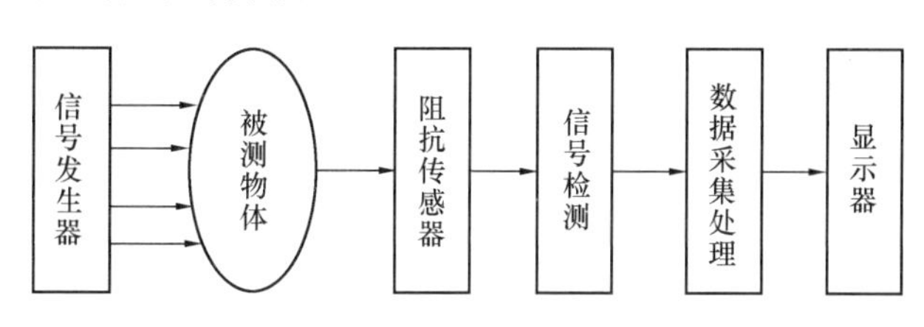

图 3-37　压电阻抗法流程

压电阻抗检测有检测混凝土微小破坏的能力，对环境影响有较强的免疫力，且经济性能好，稳定可靠，适宜长期检测；但现阶段还处于定性分析的阶段，对缺陷种类、破坏程度等的识别较复杂，空洞杂质等都会对检测效果产生影响。

9）其他新型检测方法

除上述混凝土无损检测方法外，一些新方法理念如激光散斑干涉法、超声相控法和微波无损检测方法等相继出现。还有学者将多种损伤检测方法结合检测混凝土损伤，如张昊使用声发射和超声波法联合检测混凝土构件损伤；Alam 使用数字图像相关技术和声发射技术结合检测梁的断裂过程；Delsaute 提出了一种同时监测弹性模量和短期徐变老化的新方法。未来还需对其进行进一步探索。

3.2.4　工程结构徐变变形监测案例

案例选自津秦客专滦河至秦皇岛段滦河大桥至油粉店大桥，里程 DK188＋922.32～DK203＋810.59。其中 199＋235.24～199＋287.35 为现浇梁。由于混凝土的徐变效应，预应力混凝土简支箱梁桥的梁体在预应力荷载作用下的上拱变形缓慢发展，因而对桥梁设计及施工中的徐变变形分析尤为重要。如果对徐变变形的预测不准，在运营阶段梁体徐变变形的发展将会引起桥面的立面线形不平顺，严重影响行车安全和旅客舒适度，甚至将造成梁体上拱度过大而无法使用。在高速铁路上这种影响显得尤为突出，应予以足够重视。

为使全线沉降观测及梁体徐变观测工作统一规范化、标准化，确保监测工作及时有效、监测成果真实可靠，为工后沉降预估准备好基础数据资料，开展徐变变形监测工作。

1. 主要技术依据

（1）《客运专线铁路无砟轨道铺设条件评估技术指南》（铁建设［2006］158 号）；

（2）《国家一、二等水准测量规范》GB/T 12897—2006；

（3）《工程测量标准》GB 50026—2020；

(4)《精密工程测量规范》GB/T 15314—1994；

(5)《铁路建设工程监理规范》TB 10402—2019；

(6) 有关梁体徐变观测系统的设计文件、图纸；

(7) 招标文件及建设单位其他有关技术文件要求。

2. 观测人员

测量专业负责人、专业技术主管、外业观测人员、数据处理人员；根据需要，还需分阶段定期对新进场人员进行培训。被培训的测量人员经测试合格后方能上岗。

3. 观测方法

监测网的布设、日常施测、数据采集标准表格的填写、评估工作流程。

按《客运专线铁路无碴轨道铺设条件评估技术指南》要求，徐变变形观测每 30 孔选择 1 孔进行。按此要求徐变观测的梁号如表 3-4 所示。

徐变观测的梁号　　表 3-4

序号	梁号	备注	序号	梁号	备注
1	GZ/XLZⅡ-2-003	小榄站特大桥	11	GZ/SLTⅡ-2-058	沙朗特大桥
2	GZ/DSTⅡ-2-002	东升特大桥	12	GZ/SLTⅡ-2-085	沙朗特大桥
3	GZ/DSTⅡ-2-028	东升特大桥	13	GZ/SLTⅡ-2-122	沙朗特大桥
4	GZ/DSTⅡ-2-058	东升特大桥	14	GZ/SLTⅡ-2-144	沙朗特大桥
5	GZ/DSTⅡ-2-087	东升特大桥	15	GZ/SLTⅡ-2-175	沙朗特大桥
6	GZ/DSTⅡ-2-118	东升特大桥	16	GZ/SLTⅡ-2-205	沙朗特大桥
7	GZ/DSZⅡ-2-004	东升站特大桥	17	GZ/SLTⅡ-2-235	沙朗特大桥
8	GZ/DSZⅡ-2-014	东升站特大桥	18	GZ/SLTⅡ-2-265	沙朗特大桥
9	GZ/SLTⅡ-2-005	沙朗特大桥	19	GZ/SLTⅡ-2-295	沙朗特大桥
10	GZ/SLTⅡ-2-025	沙朗特大桥	20	GZ/SLTⅡ-2-317	沙朗特大桥

3.3 混凝土抗冲切力学性能

冲切问题在房屋、桥梁、给排水、人防、港口、海洋及核反应容器等各种工程结构中的无梁楼盖、无梁桥板、码头面板、柱下基础和桩基承台等经常遇到，特别是无柱帽无梁楼盖，即板柱结构。它由于具有施工简单、分隔方便、美观且可降低层高等优点而倍受欢迎。它采用无粘结预应力技术可减小板厚、节约材料，使之成为一种十分理想的结构形式。但该结构形式也隐藏着巨大的安全隐患，即板柱之间的冲切破坏。

总结国内外的研究成果发现：在众多结构类型的楼盖中对平板结构（即无梁楼盖结构）的分析最为复杂，而平板结构受力性能之所以复杂，主要体现在板柱节点区出现的应力集中，集中应力在板柱节点处又产生冲切效应。与整体弯曲破坏以及局部弯曲破坏相比，冲切面应力处于三维应力状态，这种破坏形式更具有复杂性。

钢筋混凝土板的冲切破坏简而言之即为双向板的剪切破坏，它与单向板或梁的剪切破坏在受力机制及破坏形态上均有着本质的不同。对于单向板，其上作用的集中力将沿与跨度正交的宽度方向均匀分布。这种板其实为梁沿宽度方向的叠加，其剪切破坏面贯穿整个板宽，大致呈柱面，这种破坏称之为单向受剪破坏或梁式剪切破坏。

对于双向板，在集中力作用下，处于一种双向受剪状态，即处于一种空间受剪的状态而区别于梁式的单向受剪状态。随着双向受剪力大小的接近，破坏面的双向性质也趋于明显，板的破坏面可理想化为平面曲线以集中力域边界或柱周为流动准线回转而成的广义锥台面。

板的冲切破坏可完整定义为：混凝土双向板结构（对象）在集中力作用下（条件）沿非柱面形式的空间斜曲面发生的（截面），以错动变形为主的（机构）局部（范围）脆性（性质）破坏。

3.3.1　冲切破坏的形态

1. 冲切破坏的形态

“冲切”是剪力起控制作用的破坏，习惯上，某些时候也叫做“剪切”。尤其在国外，两者经常都归为“shear”（剪切）。但冲切和剪切也有所区别，从受力上看，剪切属于平面问题，冲切则具有明显的三维特点。国外文献在强调冲切与剪切的区别时，为体现“冲坏”的特点，将冲切称作“punching shear”（冲切）；而为了说明冲切的双向特征，又将其称为“two-way shear”（双向剪切），这一名称同时也明确指出了冲切破坏是存在于双向受力板中的一种特殊的剪切破坏。换言之，板中既可发生一般的剪切破坏，又可能产生冲切破坏。在单向受剪时，板作为一个宽梁破坏，其受剪的危险截面沿着整个板宽延伸；双向受剪时，板在板柱节点周围的局部区域内破坏，危险截面围绕柱周形成。两对边支承板在垂直于板的竖向荷载作用下，很可能发生沿斜截面的剪切破坏；在同样支承情况的板的试验中观察到，柱截面面积相对于板宽减小时，板发生冲切破坏。随着板的平面形状尺寸、支承情况和荷载形式的改变，剪切破坏和冲切破坏可以相互转化。

1）抗弯钢筋配筋率

在均布荷载作用下，从楼盖破坏的基本形态上分，平板结构的破坏分四种：（1）整体弯坏；（2）局部弯坏；（3）屈服后的冲切破坏（弯冲破坏）；（4）屈服前的冲切破坏（冲剪破坏）。其中前两种破坏形式是由于板柱节点的抗冲切强度大于其抗弯曲强度，导致楼盖发生弯曲破坏。第（3）种破坏形式是在实际工程和试验中常见的破坏形式，它的特点是受拉钢筋已经屈服，裂缝的发展使得剪压区混凝土面积减小从而产生冲切破坏。第（4）种破坏形式，则是在钢筋并没有屈服的情况下，楼盖发生冲切破坏，破坏前没有任何征兆，属于脆性破坏。通常，我们把前两种破坏形式归为弯曲破坏，而后两种则归为冲切破坏。从国内外大量的试验来看，大多数的冲切试验都是采用千斤顶对四边简支的钢筋混凝土板进行加载（图3-38）来模拟钢筋混凝土板的破坏过程。

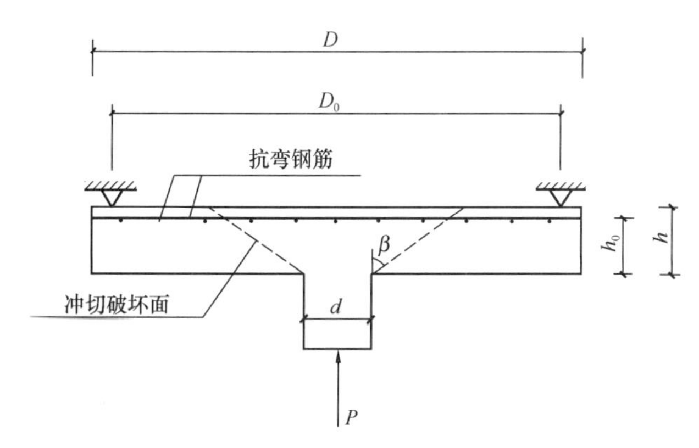

图3-38　试验装置示意图

通过试验发现在通常的配筋范围内，钢筋混凝土板主要发生弯冲破坏。在竖向荷载作用下，由于弯矩的影响，首先是板受拉面沿柱周开裂。随着荷载的增加，除了在板受拉面柱周裂缝宽度不断加大并不断向板内伸展外，板受拉面柱周附近的抗弯纵筋也开始屈服。由于整块板尚未形成机构，板并不会发生弯曲破坏，并且仍有足够的承载能力。随着荷载继续增加，板的弯曲变形进一步增大，板可能出现两种破坏形态：其一，弯曲裂缝发展到板端形成机构而破坏，属弯曲破坏；其二，板内形成“冲切锥”而破坏，属冲切破坏。通过试验发现，板受拉面裂缝开展（图 3-39），由于板受拉面柱周弯曲裂缝宽度不断加大并不断向板内伸展，使得板受压面柱周附近混凝土的压应力达到或接近混凝土的极限强度，从而降低了板的抗冲切强度。因此，板的冲切破坏形态实质上是弯曲现象和冲切现象共存的一种破坏形态，我们称之为弯冲破坏。

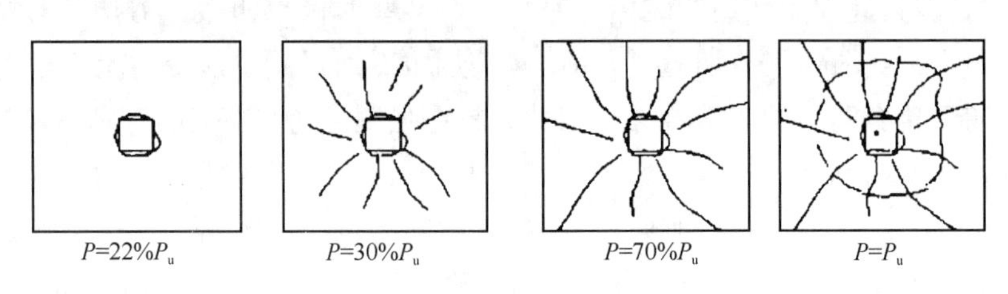

图 3-39　板面裂缝发展过程

然而，随着抗弯纵筋配筋率的增加，混凝土板可能会出现另一种破坏模式——冲剪破坏。对于冲剪破坏，在达到破坏荷载之前，板面并没有明显弯曲。当达到破坏荷载时，在板内迅速形成一个破坏锥体，冲出钢筋混凝土板。通过冲切破坏试验发现，板内所配纵筋不同，其破坏模式也有所不同，这主要表现在冲切角的大小上。目前，国内外将冲切破坏划分为弯冲破坏和冲剪破坏的做法，已经比较普遍。

2）荷载作用位置

随着荷载作用位置的不同，冲切破坏可以分为完全冲切破坏、不完全冲切破坏和冲压破坏 3 种（图 3-40）。

完全冲切破坏时，板柱节点处于均匀对称荷载的作用下，形成完整的冲切锥体，板受拉面可以形成完全连通的环状冲切裂缝；不完全冲切破坏时，板受压面沿柱边冲下的是不对

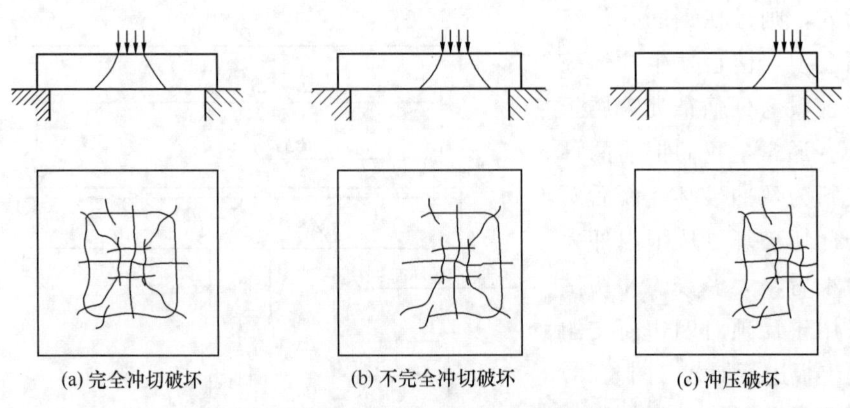

图 3-40　随荷载位置变化的冲切破坏类型

称、各边冲陷深度和混凝土压碎程度不同的混凝土块体，板受拉面形成不完全的环状冲切裂缝，此时荷载偏向一侧支承边，即板柱节点承受不平衡弯矩的作用；当柱距单侧支承很近时，此方向的板受拉面正裂缝由板侧面上升到板顶加载面附近，并产生较宽的贯穿性裂缝，而加载中心距支承边较远方向的板体仍产生明显的冲切裂缝，这种破坏为冲压破坏。对于传递不平衡弯矩和垂直剪力的板柱节点，随着不平衡弯矩与垂直剪力的比值由小到大变化，其破坏形态是连续变化的，从对称的完全冲切破坏逐渐向反对称的冲压破坏变化。

3）抗冲切钢筋的位置

配置抗冲切钢筋的混凝土板则有可能发生过筋冲坏、筋内冲坏、筋间冲坏、筋外冲坏等多种破坏模式（图 3-41）。

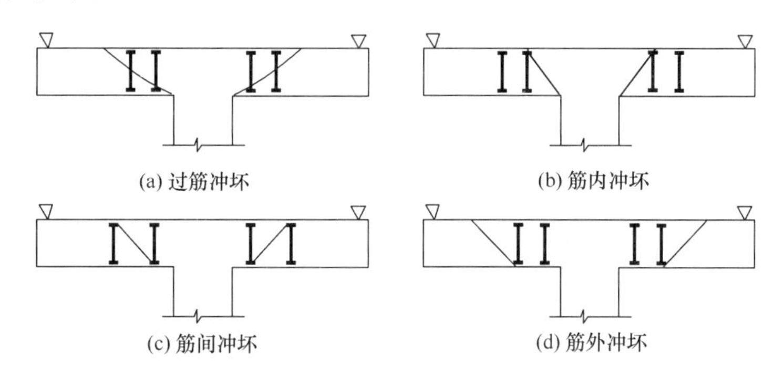

图 3-41 配置抗冲切钢筋的板的破坏模式

过筋冲坏最可能沿相应无腹筋板的破坏面发生，原因有二：①该面不考虑腹筋作用时抗冲切能力最小；②腹筋不会对斜裂缝的早期发展（包括位置和走向）产生明显影响。如果箍筋不多的话，由于裂缝开展的惯性，相应的无腹筋板的破坏面即成为临界破坏面；若第一圈腹筋到柱面的距离太大则可能在柱面与腹筋之间发生筋内冲坏；同样，若两圈腹筋之间的距离太大，则可能在腹筋与腹筋之间发生筋间冲坏：腹筋加强区以外板域成为最薄弱环节而出现冲切破坏，这在试验中多见，即所谓的筋外冲坏。

2. 影响抗冲切承载力的因素

综合试验结果，影响混凝土板抗冲切承载能力的因素主要有：

1）混凝土强度

发生冲切破坏时，抗弯钢筋并未在整个板内发生普遍的屈服甚至未达到屈服，板最终的破坏是由于混凝土达到强度极限而发生破坏。因此混凝土强度是影响板柱节点抗冲切承载能力的一个重要参数。我国规范直接采用混凝土抗拉强度作为抗冲切承载能力的主要影响因素，并认为混凝土的抗冲切承载力与混凝土的抗拉强度呈正比。

2）板的有效高度

在局部荷载的数值和面积给定的情况下，增加板的有效高度是提高抗冲切承载力的最直接、有效的方法。然而，当板的厚度大到一定的程度，由于斜裂缝宽度的增大，混凝土骨料间的咬合作用降低，导致板的抗冲切承载能力降低。

3）荷载面积

对于局部荷载面积为方形的情况，抗冲切承载力与荷载的边长和板的有效高度之间的比值有关，在板厚为常数的情况下，可认为抗冲切承载力与该比值呈线性关系。

荷载面积的形状对抗冲切承载力也有一定的影响。当周长相同时，圆形局部荷载下板的抗冲切承载力高于方形局部荷载的情况。有资料表明，方形荷载与直径为其边长 1.2 倍的圆形荷载抗冲切承载能力等效。

4）尺寸效应

研究表明，对于具有相同混凝土级配但是尺寸按比例变化的系列试验，相对而言，抗冲切承载能力随试件尺寸的减小而提高，即存在“尺寸效应”。

5）抗弯钢筋

抗弯钢筋对板的抗冲切承载能力的影响一直是一个有争议的问题，综合大多数试验结果，可以认为，抗弯钢筋对于抗冲切承载能力有一定影响。

板的抗冲切承载能力随着抗弯钢筋的配筋率（不高于 2.0%）的增加而提高。板的抗弯钢筋配筋率增加，则间接增大了剪压区的高度，从而提高了板抗冲切承载能力，同时配筋率的提高还减小了板中心挠度，使得板的刚度得到增强。抗弯钢筋的布置形式对于抗冲切承载能力也有影响，通过柱子的板带内加密钢筋，与具有相同数量并且均匀分布在板中的钢筋对比，抗冲切承载能力有所降低。

6）边界条件

试验表明，约束板的抗冲切承载能力要比同条件的简支板高，高出幅度达 62%。仅在边界支承的板较之受均布反力的板，冲切角较小，而冲切角的变化与冲切强度密切相关。同时，板由支座外挑，可提高板的弯曲强度和冲切强度，挑出长度越大，提高越明显。周边侧向约束加强，同等荷载下板的变形减小、延性降低，但抗冲切承载力提高，板的配筋量越低，提高幅度越大。同济大学的试验结果证实，在简支条件下发生弯曲的试件，在外围套上钢板箍后变为冲切破坏；对于在简支条件下发生冲切破坏的试件，在外围套上钢板箍后可提高冲切强度。

7）冲跨比

定义冲跨比 λ 为冲切荷载边缘至周边支承的净距 a 与板的有效厚度 h 的比值。国内外的试验研究表明，冲跨比对抗冲切承载力有明显的影响。

随着 λ 的增加，板的抗冲切承载能力降低，二者大致呈反比关系。试验研究表明，冲跨比影响着冲切角的大小，当支撑跨度减小时，冲切锥体将沿着支座边冲出，承载能力提高，冲切破坏的脆性程度增大。

根据对不同冲跨比试件观察到的冲切破坏形态，可以得到冲切破坏锥体随冲跨比的变化情况（图 3-42），即当冲跨比较小（$\lambda<1$）时，冲切破坏锥体的形状受冲跨比影响，其坡面的倾角随冲跨比而变化且大于 45°；当冲跨比足够大（$\lambda\geqslant1$）时，冲切破坏锥体的形

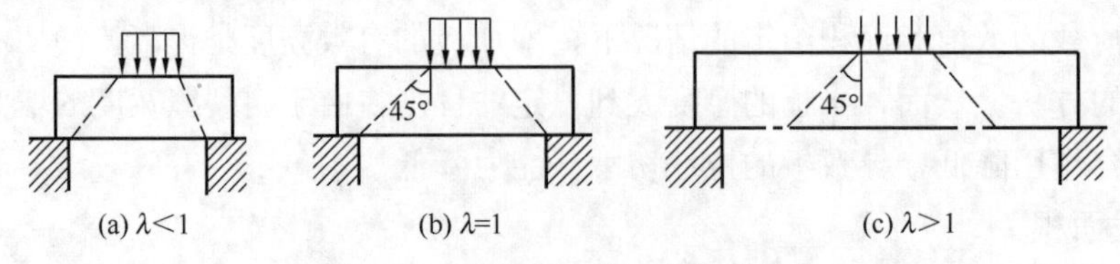

图 3-42　冲跨比对破坏形态的影响

状不再受冲跨比影响，其坡面倾角为45°。

3.3.2 混凝土板抗冲切性能分析与计算

自20世纪60年代以来，结构工程师为研究板的抗冲切性能进行了大量的试验研究及理论分析。目前，关于板柱节点抗冲切承载力的评价尚未有定论，其中，根据我国现行国家标准《混凝土结构设计规范》GB 50010计算所得的板柱节点抗冲切承载力与实际都有一定偏差。以下几个小节将介绍国内外学者根据不同理论背景推导出的板柱节点抗冲切承载力的计算方法。

1. 临界剪切裂缝理论

2008年，瑞士学者Muttoni提出了临界剪切裂缝理论。此理论假定临界剪切裂缝的宽度与板的旋转能力（斜率）呈正比，其冲切强度受斜压杆剪力作用下产生的斜剪裂纹宽度与骨料粗糙度控制。此理论充分考虑了弯曲变形对板柱节点冲切破坏的影响。临界剪切裂缝理论是在扇形模型的基础上发展形成的。在双向板中，临界剪切裂缝宽度w_c与板的极限转角ψ和板的有效高度d呈正比，即

$$w_c \propto \psi d \tag{3-41}$$

板柱节点在受竖向力作用时，剪力和弯矩复合作用引起的板内主拉应力的方向是倾斜的，当主拉应力超过混凝土的抗拉强度时，将出现斜裂缝。通过计算每一条弯剪裂缝对应的破坏准则曲线与力-转角曲线的交点可获得每一条裂缝对应的冲切荷载及板端的冲切转角，将冲切荷载作用下最小的裂缝视为临界裂缝，相应的冲切荷载即为板柱节点最终的冲切荷载（图3-43）。A点即为构件的冲切破坏点。因此，依据临界剪切裂缝理论计算板柱节点抗冲切承载力，需求解两条曲线。

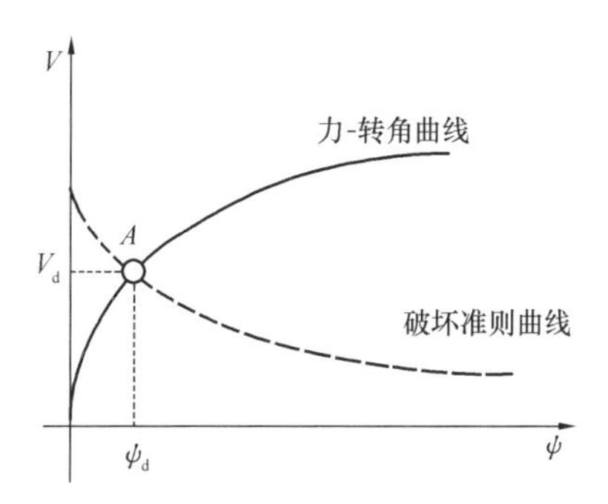

图3-43 破坏准则和力-转角曲线

注：V为剪力，ψ为转角；V_d为抗冲切承载力，ψ_d为到达抗冲切承载力时对应的转角。

1）力-转角关系

为了评估板冲切强度的大小，需要定义承载力与板转角之间的关系。一般情况下，力-转角关系可以通过板弯曲行为的非线性数值仿真得到。在轴对称情况下，弯矩-曲率的数值关系可直接得到。弯矩-曲率的关系如图3-44所示，包含四折线和两折线，对于轴对称单独板柱节点构件也可以简化为图3-45所示的形式，剪切裂缝在板柱节点沿圆锥体表面扩展。图3-45中，r_s为分离出的板构件半径；r_q为荷载距轴心半径；r_0为临界裂缝距轴心半径；ψ为板的转角。

当考虑弯矩-曲率四折线对应关系时，力-转角的表达式为：

$$V=\frac{2\pi}{r_q-r_c}\left[-m_r r_0+m_R\langle r_y-r_0\rangle+EI_1\psi\langle\ln(r_1)-\ln(r_y)\rangle\right.$$
$$\left.+EI_1\chi_{TS}\langle r_1-r_y\rangle+m_{cr}\langle r_{cr}-r_1\rangle+EI_0\psi\langle\ln(r_s)-\ln(r_{cr})\rangle\right] \tag{3-42}$$

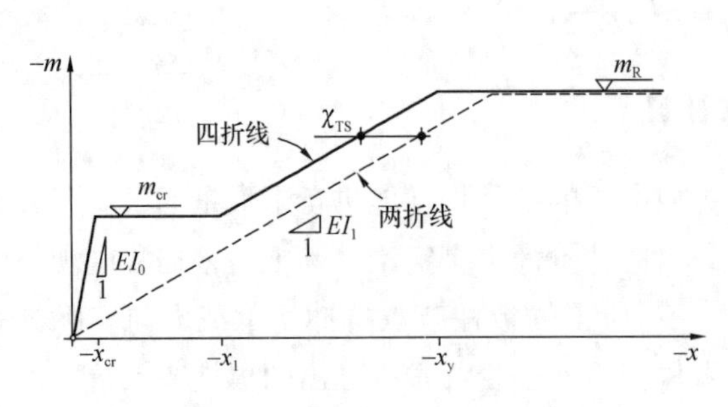

图 3-44 弯矩-曲率关系——两折线和四折线

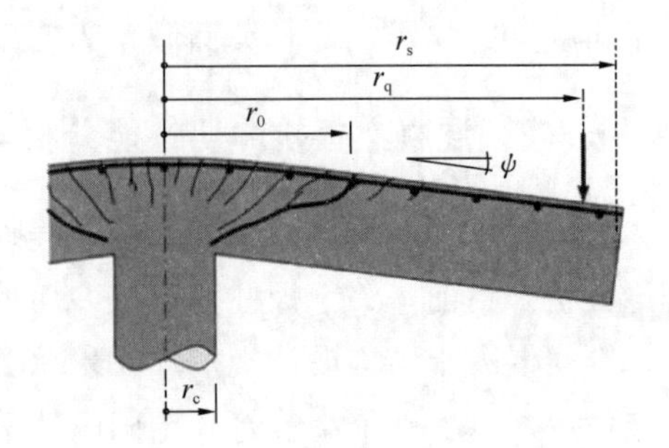

图 3-45 轴对称板的假设模型

式中，$\langle x \rangle$ 为算子，表示当 $x \geqslant 0$ 时取 x，当 $x<0$ 时取 0；r_c 为圆柱半径；m_r 为单位宽度的径向力矩；m_R 为单位宽度的最大弯矩；r_y 为屈服半径；EI_1 为开裂后弯曲刚度；r_1 为开裂稳定区域半径；χ_{TS} 为由于拉伸硬化而衰减的曲率；m_{cr} 为单位宽度的开裂弯矩；r_{cr} 为开裂区域半径；EI_0 为开裂前弯曲刚度。当忽略混凝土的抗拉强度 f_{ct} 和拉伸硬化的影响时，可以得到 1 个简化的弯矩-曲率关系，即图 3-44 中虚线表示的两折线关系曲线。此时，力-转角关系表达式如下。

当屈服半径 $r_y < r_0$ 时，构件处于弹性阶段，此时力-转角关系为：

$$V=\frac{2\pi}{r_q-r_c}EI_1\psi\left[1+\ln\frac{r_s}{r_0}\right] \tag{3-43}$$

对于弹塑性阶段，$r_0 \leqslant r_y < r_s$ 时，力-转角关系式为：

$$V=\frac{2\pi}{r_q-r_c}EI_1\psi\left[1+\ln\frac{r_s}{r_y}\right] \tag{3-44}$$

当屈服半径 $r_y=r_s$ 时，构件达到受弯承载力极限值，此时力-转角关系为：

$$V_{flex}=2\pi m_R\frac{r_s}{r_q-r_c} \tag{3-45}$$

2）破坏准则

在临界剪切裂缝理论的基础上，Muttoni 等认为临界裂缝的宽度与 ψ、d 的乘积呈比例关系，基于临界剪切裂缝理论的钢筋混凝土板冲切破坏准则按照试验验证修改，获得破坏准则曲线公式为：

$$\frac{V_R}{b_0\,d\sqrt{f_c}}=\frac{3/4}{1+15\dfrac{\psi d}{d_{g0}+d_g}},\ \psi=1.5\cdot\frac{r_s}{d}\cdot\frac{f_y}{E_s}\left(\frac{V}{V_{flex}}\right)^{3/2} \tag{3-46}$$

式中，V_R 为破坏准则荷载；b_0 为临界截面周长，取距离柱边 $0.5d$ 处板截面周长；f_c 为混凝土抗压强度；ψ 为板的转角；d 为板的有效高度；d_{g0} 为参考尺寸，一般设定为 16mm；d_g 为最大骨料尺寸，当为轻骨料混凝土时，取 0。

2. 塑性理论

一般认为塑形力学的分析方法可以用于钢筋混凝土结构。对于理想弹塑性材料，求其塑性极限荷载主要有两类分析方法：一类是以弹塑性变形理论为基础的分析法，随着荷载的不断增加，研究结构由弹性状态进入弹塑性状态，直至达到塑性极限状态，最后失去承载力或者达到变形限制条件的整个过程。利用这类分析法在解决实际工程的问题时，由于弹性变形的影响使得问题变得非常复杂，只有少数比较简单的问题才能得到解答。另一类分析方法称为塑性极限法，假设材料为理想刚塑性，在达到极限荷载时，荷载不增加而变形可以不断增长，研究结构达到塑性极限状态的行为。由于在塑性极限法中不考虑结构的弹性变形，使得问题的分析大为简化，而得到的塑性极限荷载与考虑弹塑性全过程得到的结果完全一致。因此采用塑性极限法求结构的极限承载力较为理想。

基于抛物线形的 Mohr-Coulomb 破坏准则(图 3-46)，通过极限分析，可推导出用于板柱节点冲切最小上限解的偏微分方程，并通过此偏微分方程求解出轴对称的圆柱节点抗冲切承载力的解析解，对方柱节点求解出隐式级数解。通过总结归纳已有的试验实测冲切锥平均水平倾角，可反推确定塑性分析中的 m 值，$m=\frac{f'_c}{f'_t}$（f'_c 和 f'_t 分别为混凝土的有效抗压和抗拉刚度）；但由于试验数据有限，m 的取值还有待于进一步研究。结合统计结果，发现方柱与中轴线剖面相交的屈服面接近于直线，而圆柱和中轴线剖面相交的屈服面则是相对内凹。对屈服面上的应力进行对比分析发现，圆柱和方柱节点在柱边的应力高于板底的应力，同时方柱节点在柱角点处存在应力集中现象。对于长方形的板柱节点或者其他任何形状的节点的冲切破坏可以基于本书推导的偏微分方程，找到合适的板底冲切破坏边界条件，通过差分法求解理论上限解。

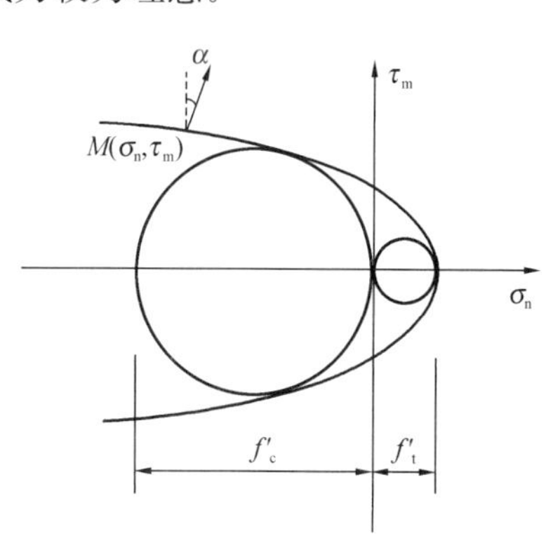

图 3-46 Mohr-Coulomb 准则

注：σ_n 为正应力，τ_m 为剪应力；M（σ_n，τ_m）为板内某点应力状态，f'_c 为混凝土单轴抗压强度，f'_t 为混凝土单轴抗拉强度。

板柱结构工程中的大部分试件能满足较小配筋率。为应用方便，抗冲切承载力计算公式可以写成：

$$V_3=0.14\left(\frac{h_0}{c}\right)^{\frac{1}{6}}(1000\rho)^{\frac{1}{2}}f_c^{\frac{1}{3}}sh_0,\ s=4(h+c) \tag{3-47}$$

板的厚度按工程习惯取为有效厚度，即我国设计规范中的 h_0。

3. 美国 ACI 规范中计算抗冲切承载能力的方法

美国 ACI 318-95 规范规定冲切临界截面与柱面相似，如图 3-47 所示，计算截面距柱面 $h_0/2$，这里 h_0 是板的有效厚度，为板的抗弯纵向钢筋的形心到混凝土受压面之间的距离，规范要求距柱面$h_0/2$ 的临界截面上：

$$v_u\leqslant\phi v_n \tag{3-48}$$

其中，v_u 为设计最大剪应力，由板柱之间传递的设计剪力和不平衡弯矩确定；v_n 为名义抗剪应力；ϕ 为混凝土强度折减系数。

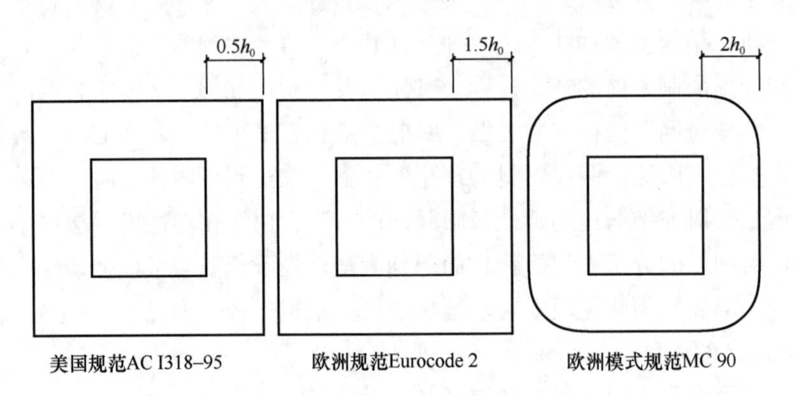

图 3-47 各国规范冲切临界截面取法

当不配抗冲切钢筋时，美国 ACI 318-95 规范要求非预应力板的名义抗剪应力为下列各式的较小者（单位为 N 和 mm）：

$$\begin{aligned} v_{\mathrm{n}} &= v_{\mathrm{c}} = 0.17\left(1+\frac{2}{\beta_{\mathrm{c}}}\right)\sqrt{f'_{\mathrm{c}}} \\ v_{\mathrm{n}} &= v_{\mathrm{c}} = 0.17\left(1+\frac{\alpha_{\mathrm{s}} h_0}{2 b_0}\right)\sqrt{f'_{\mathrm{c}}} \end{aligned} \tag{3-49}$$

其中，v_{c} 为混凝土所提供的名义抗剪应力；β_{c} 为柱的长边与短边之比；f'_{c} 为规定的混凝土圆柱体抗压强度；b_0 为冲切临界面周长；对于 α_{s} 的取值，内柱 $\alpha_{\mathrm{s}}=40$，边柱 $\alpha_{\mathrm{s}}=30$，角柱 $\alpha_{\mathrm{s}}=20$。

4. 欧洲规范 Eurocode 2

如图 3-47 所示，欧洲 Eurocode 2 规范假定冲切控制面位于距柱面 $1.5h_0$ 的位置，该规范给出的混凝土的抗冲切承载力（单位为 N 和 mm）计算公式为：

$$v_{\mathrm{Rdt}} = \tau_{\mathrm{Rd}} k(1.2+40\rho)d \tag{3-50}$$

其中，τ_{Rd} 为基本设计剪切强度，且 $\tau_{\mathrm{Rd}}=0.25 f_{\mathrm{ctk},0.05}/\gamma_{\mathrm{c}}$，$f_{\mathrm{ctk},0.05}=0.21 f_{\mathrm{ck}}^{2/3}$，$\gamma_{\mathrm{c}}$ 为混凝土材料分项系数，取 1.5；截面高度修正系数 $k=1.6-d\geqslant 1.0$，d 为冲切截面周长（单位为 m）；$\rho=\sqrt{\rho_{\mathrm{x}}\rho_{\mathrm{y}}}$，$\rho_{\mathrm{x}}$ 和 ρ_{y} 分别为板的 x 和 y 方向的抗弯钢筋配筋率。

5. 我国规范中计算抗冲切承载能力的方法

我国《混凝土结构设计规范》GB 50010—2010（2015 年版）规定，在局部荷载和集中反力作用下不配箍筋或弯起钢筋的非预应力板，其抗冲切承载力应符合下列规定：

$$F_l \leqslant (0.7\beta_{\mathrm{h}} f_{\mathrm{t}} + 0.25\sigma_{\mathrm{pc,m}})\eta u_{\mathrm{m}} h_0 \tag{3-51}$$

公式（3-51）中的系数 η，应按下列两个公式计算，并取其中较小值：

$$\eta_1 = 0.4 + 1.2/\beta_{\mathrm{s}}$$

$$\eta_2 = 0.5 + \frac{\alpha_{\mathrm{s}} h_0}{4 u_{\mathrm{m}}}$$

式中　F_l——局部荷载设计值或集中反力设计值；对于板柱结构，取柱所承受的轴向压力设计值的层间差值减去柱顶冲切破坏锥体范围内板所承受的荷载设计值；当有不平衡弯矩时，应按现行国家标准《混凝土结构设计规范》GB 50010 第6.5.6条的规定确定；

β_h——截面高度影响系数：当 h 不大于 800mm 时，取 β_h 为 1.0；当 h 不小于 2000mm 时，取 β_h 为 0.9，其间按线性内插法取用；

$\sigma_{pc,m}$——计算截面周长上两个方向混凝土有效预压应力，按长度的加权平均值取，其值宜控制在 1.0～3.5N/mm^2 范围内；

u_m——计算截面的周长，取距离局部荷载或集中反力作用面积周边 $h_0/2$ 处板垂直截面的最不利周长；

h_0——截面有效高度，取两个方向配筋的截面有效高度平均值；

η_1——局部荷载或集中反力作用面积形状的影响系数；

η_2——计算截面周长与板截面有效高度之比的影响系数；

β_s——局部荷载或集中反力作用面积为矩形时的长边与短边尺寸的比值，β_s 不宜大于 4；当 β_s 小于 2 时取 2；对圆形冲切面，β_s 取 2；

α_s——柱位置影响系数，中柱 α_s 取 40；边柱 α_s 取 30；角柱 α_s 取 20。

当板开有孔洞且孔洞至局部荷载或集中反力作用面积边缘的距离不大于 $6h_0$ 时，抗冲切承载力计算中取用的计算截面周长 u_m，应扣除局部荷载或集中反力作用面积中心至开孔外边画出两条切线之间所包含的长度（图 3-48）。

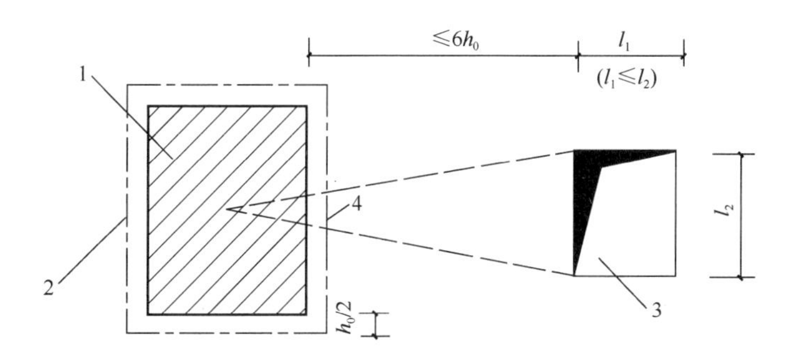

图 3-48　邻近孔洞时的临界界面周长

1—局部荷载或集中反力作用面；2—计算截面周长；3—孔洞；4—应扣除的长度

注：当图中 l_1 大于 l_2 时，孔洞边长 l_2 用 $\sqrt{l_1 l_2}$ 代替。

在局部荷载或集中反力作用下，当抗冲切承载力不满足规范的要求且板厚受到限制时，可配置箍筋或弯起钢筋。此时，受冲切截面及抗冲切承载力计算应符合下列条件：

受冲切截面

$$F_l \leqslant 1.2 f_t \eta u_m h_0 \tag{3-52}$$

配置箍筋、弯起钢筋时的抗冲切承载力

$$F_l \leqslant (0.5 f_t + 0.25 \sigma_{pc,m}) \eta u_m h_0 + 0.8 f_{yv} A_{svu} + 0.8 f_y A_{sbu} \sin\alpha \tag{3-53}$$

式中 f_{yv}——箍筋的抗拉强度设计值；

A_{svu}——与呈 45°冲切破坏锥体斜截面相交的全部箍筋截面面积；

A_{sbu}——与呈 45°冲切破坏锥体斜截面相交的全部弯起钢筋截面面积；

α——弯起钢筋与板底面的夹角。

当有可靠依据时，也可配置其他有效形式的抗冲切钢筋（如工字钢、槽钢、抗剪锚栓和扁钢 U 形箍等）。

配置抗冲切钢筋的冲切破坏锥体以外的截面，尚应按规定进行抗冲切承载力计算，此时，u_m 应取配置抗冲切钢筋的冲切破坏锥体以外 0.5 h_0 处的最不利周长。

思　考　题

3-1　混凝土结构的长期力学性能指的是哪些？

3-2　什么是混凝土结构的疲劳、徐变、冲切？这些效应具体是如何影响结构的长期力学性能的？

3-3　表征疲劳、徐变、冲切损伤程度的指标有哪些？

3-4　疲劳、徐变、冲切作用对混凝土结构产生的损伤，分别可以通过什么方法检测？

3-5　压磁效应测定疲劳损伤程度的原理是什么？

3-6　请简述混凝土在荷载作用下产生线性徐变、非线性徐变现象的机理。

3-7　影响混凝土结构抗冲切能力的因素有哪些？

习　　题

3-1　已知循环应力幅 $S_a=100$MPa，$R=0.2$，计算 S_{max}，S_{min}，S_m。

3-2　图 3-49 为一尺寸 100mm×100mm×400mm 的棱柱体试块受压及卸载的应变-时间曲线，其中压应变仅包括加荷瞬时变形和徐变应变。已知棱柱体抗压强度 $f_c=35$MPa，徐变过程中施加的恒定荷载使截面承受 0.5 倍 f_c的应力，加荷瞬时应变为 0.4×10^{-3}，时间为 15 个月时，棱柱体产生的压应变为 1.5×10^{-3}。试求：时间为 15 个月时的徐变度、徐变系数、徐变柔量。

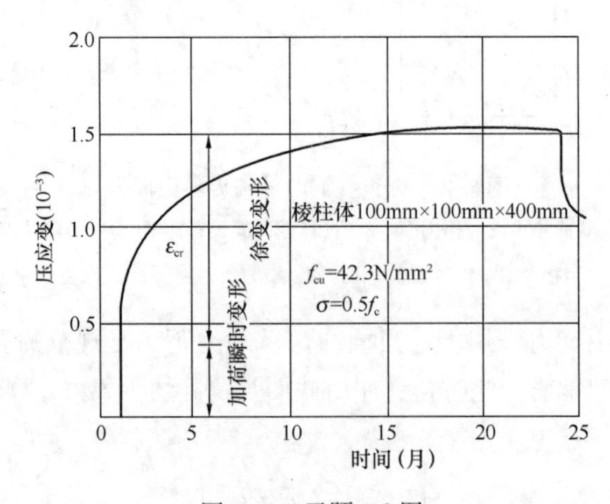

图 3-49　习题 3-2 图

参 考 文 献

[1] 江见鲸，李杰，金伟良．高等混凝土结构理论[M]. 北京：中国建筑工业出版社，2007.

[2] Meakawa K，Pimanmas A，Okamura H. Nonlinear mechanics of reinforced concrete[M]. London：CRC Press，2003.

[3] 王超．FV520B高强钢疲劳损伤的非线性超声检测与评价研究[D]. 杭州：浙江工业大学，2020.

[4] 王炜．基于宽频激励非线性调制的混凝土微裂纹检测数值研究[D]. 哈尔滨：哈尔滨工业大学，2019.

[5] Noorsuhada M N. An overview on fatigue damage assessment of reinforced concrete structures with the aid of acoustic emission technique[J]. Construction and Building Materials，2016，112：424-439.

[6] 于慧琳．基于红外热像法的疲劳强度与寿命快速评估方法研究[D]. 长沙：湖南大学，2019.

[7] De Pannemaecker A，Buffiere J Y，Fouvry S，et al. In situ fretting fatigue crack propagation analysis using synchrotron X-ray radiography[J]. International Journal of Fatigue，2017，97：56-69.

[8] Miesowicz K，Staszewski W J，Korbiel T. Analysis of Barkhausen noise using wavelet-based fractal signal processing for fatigue crack detection[J]. International Journal of Fatigue，2016，83：109-116.

[9] 吴明涛．Q235钢的磁声发射信号特征研究[D]. 南昌：南昌航空大学，2018.

[10] 黄松岭，彭丽莎，赵伟，王珅．缺陷漏磁成像技术综述[J]. 电工技术学报，2016，31(20)：55-63.

[11] 金伟良，张军．混凝土结构疲劳及其磁效应[M]. 杭州：浙江大学出版社，2022.

[12] 包胜，赵政烨，金鹏飞，杨健．铁磁性材料缺陷处的磁记忆信号特征分析[J]. 工程力学，2020，37(S1)：371-375.

[13] Bao S，Lou H，Zhao Z. Evaluation of stress concentration degree of ferromagnetic steels based on residual magnetic field measurements[J]. Journal of Civil Structural Health Monitoring，2020，10(1)：109-117.

[14] 张军，金伟良，毛江鸿．基于压磁效应的钢筋疲劳损伤试验研究[J]. 浙江大学学报(工学版)，2017(51)：1687.

[15] Zhang K，Zhang J，Jin W，et al. Characterization of fatigue crack propagation of pitting-corroded rebars using weak magnetic signals[J]. Engineering Fracture Mechanics. 2021，257：108033.

[16] Dabarera A，Li L，Dao V. Experimental evaluation and modelling of early-age basic tensile creep in high-performance concrete[J]. Materials and Structures，2021，54(3)：1-16.

[17] Rahimi-Aghdam S，Bažant Z P，Cusatis G. Extended microprestress-solidification theory for long-term creep with diffusion size effect in concrete at variable environment[J]. Journal of Engineering Mechanics，2019，145(2)：04018131.

[18] Wei Y，Liang S，Huang J. Concrete creep modeling：Application to slabs on ground[J]. Journal of Engineering Mechanics，2019，145(10)：04019078.

[19] Han B，Xie H B，Zhu L，et al. Nonlinear model for early age creep of concrete under compression strains[J]. Construction and Building Materials，2017，147(01)：203-211.

[20] Gan Y D，Vandamme M，Chen Y，et al. Experimental investigation of the short-term creep recovery of hardened cement paste at micrometre length scale[J]. Cement and Concrete Research，2021，149.

[21] Rossi P, Tailhan J L, Le Maou F, et al. Basic creep behavior of concrete investigation of the physical mechanisms by using acoustic emission[J]. Cement and concrete research, 2012, 42(1): 61-73.

[22] Rossi P, et al. Tensile basic creep versus compressive basic creep at early ages: comparison between normal strength concrete and a very high strength fibre reinforced concrete[J]. Materials and Structures, 2014, 47: 1773-1785.

[23] Saliba J, Grondin F, Matallah M, et al. Relevance of a mesoscopic modeling for the coupling between creep and damage in concrete[J]. Mechanics of time-dependent materials, 2013, 17(3): 481-499.

[24] Alam S Y, Saliba J, Loukili A. Fracture examination in concrete through combined digital image correlation and acoustic emission techniques[J]. Construction and Building Materials, 2014, 69: 232-242.

[25] Delsaute B, Staquet S. Monitoring the viscoelastic behaviour of cement based materials by means of repeated minute-scale-duration loadings[J]. In Advanced Techniques for Testing of Cement-Based Materials, Springer, Cham, 2020: 99-134.

[26] Muttoni A. Punching shear strength of reinforced concrete slabs without transverse reinforcement [J]. ACI Structural Journal, 2008, 105(4): 440-450.

[27] 易伟建，杨开. 钢筋混凝土板受冲切承载力可靠度分析[J]. 建筑结构，2014，44 (14)：1-7.

[28] 中国建筑科学研究院. 混凝土结构设计规范：GB 50010—2010(2015 年版)[S]. 北京：中国建筑工业出版社，2015.

[29] European Committee for Standardization. Design of concrete structures-Part 1-1: General rules and rules for buildings: EN 1992-1-1: 2004/AC[S].

第 4 章　超高性能混凝土结构

4.1　超高性能混凝土材料性能

4.1.1　材料组分

自波特兰水泥问世以来，混凝土材料一直被广泛用于基础设施建设中。混凝土材料具有成本低、易获取、耐火性好、抗压强度高等特点。但是，普通混凝土存在抗拉强度低、自重大、延性差等缺点。因此，为克服普通混凝土存在的缺陷并提高混凝土工程设计使用年限，超高性能混凝土（Ultra-High Performance Concrete）成为近年来研究的热点。超高性能混凝土简称为 UHPC，通常采用水泥、骨料、水等基础混凝土原料并同时掺入纤维、掺合料、外加剂等配置而成，具有优异的结构承载能力和良好的耐久性。

UHPC 的性能会受到原材料组分的影响。超高性能混凝土中的水泥含量一般为 800～1000kg/m^3，但高水泥含量不仅影响生产成本，而且影响水化热和尺寸稳定性。硅灰也是 UHPC 的重要组成部分，最佳硅灰含量很大程度上取决于水胶比，较低的水胶比需要的硅灰含量也较低。为降低成本，降低碳排放量，可采用高炉矿渣粉（GGBFS）和粉煤灰、偏高岭土、石灰石粉、稻壳灰等替代水泥和硅灰。

高炉矿渣粉多年来一直被用作混凝土中的补充胶凝材料。高炉矿渣粉替代波特兰水泥用量在 0～40%时，28d 抗压强度均大于 200MPa。在标准养护、蒸汽养护、高压釜养护 3 种情况下，均为高炉矿渣粉掺量为 20%时抗压强度最高。粉煤灰是燃煤电厂的副产品，由球形颗粒组成。它通常与高炉矿渣、硅灰或钢渣粉（SS）等形成二元、三元或四元体系。钢渣粉是炼钢过程的副产品。它含有一定量的 C_3S 和 C_2S。粉煤灰和钢渣粉可同时掺入超高性能混凝土中，钢渣粉/粉煤灰比值为 1.5 时抗压强度最高。偏高岭土通过煅烧天然黏土制成，其火山灰反应性主要受煅烧温度控制。偏高岭土粉的使用可以减少自收缩，细化孔隙结构，提高混凝土的早期强度和耐久性。使用偏高岭土代替硅灰制备 UHPC，UHPC 的抗压强度会随着偏高岭土加入比例的增加而降低。稻壳灰通过燃烧稻壳获得，含有 90%～96%的无定形形式的二氧化硅，可以被认为是一种高度活跃的火山灰。稻壳灰颗粒大小介于水泥和硅灰颗粒之间，比表面积超过 250m^2/g，具有多孔结构，其孔隙结构能够吸收一定量的水，为水泥的水化后期提供水分。不同粒径的稻壳灰对 UHPC 的抗压强度有一定的影响，当稻壳灰掺量为 20%时，稻壳灰粒径小于等于 5.6μm 的 UHPC，其 28d 抗压强度大于单独含有硅灰或粉煤灰的 UHPC。

纳米材料与其他混凝土材料相比，具有明显的高比表面积，可掺入混凝土中的纳米材料为纳米二氧化硅、纳米碳酸钙、纳米二氧化钛、纳米铁等。纳米材料由于它们具有较高的活性，可以作为水泥相的核心，进一步促进水泥的水化，作为纳米强化剂和/或填料，使微观结构和界面变得致密，从而导致孔隙率降低。

UHPC优异的延展性和抗冲击性归功于使用了合适的纤维。表4-1显示了混凝土中常用纤维的典型性能。纤维材料品种、纤维掺量、纤维尺寸、纤维形状和方向都会对UHPC的强度产生影响。一般来说，钢纤维掺量从0增大至3%时，UHPC的抗压强度和弹性模量也随之增大并且在掺量为3%时达到最大，这是由于纤维的存在抑制了宏观裂缝的发展，从而提高了抗压强度，但当钢纤维掺量超过4%时，抗压强度和弹性模量都有所下降，这是因为掺量过高会使钢纤维分布不均匀，在钢纤维与基体间形成了粘结强度较低的界面，从而降低UHPC的抗压强度。

不同纤维物理性能汇总 表4-1

类型	直径（μm）	相对密度	抗拉强度（MPa）	杨氏模量（GPa）	伸长率（%）
石棉纤维	0.5	2.75	500～980	84～140	0.3～0.6
丙烯酸纤维	5～17	1.18	800～950	16～23	9～11
聚酯纤维	10～80	1.38	735～1200	6～18	11～15
聚乙烯纤维	800～1000	0.96	200～300	5～6	3～4
聚丙烯纤维	20～70	0.91	300～770	3.5～11	15～25
尼龙纤维	23	1.16	900～960	4.2～5.2	18～20
PVA纤维	1.3	1.30	600～2500	5～50	6～17
碳纤维	7～18	1.75	1800～4000	200～480	1.2～1.6
钢纤维	250～1000	7.80	280～2800	200～250	0.5～4.0

4.1.2 配合比设计

超高性能混凝土的配合比设计可基于不同的设计原则分为4类配合比设计方法，包括密实堆积法、流变特性法、统计设计法和基于人工神经网络模型的配合比设计方法。表4-2总结了它们的设计原则和特性。

超高性能混凝土常用配合比设计方法 表4-2

配合比设计方法	设计原则
密实堆积法	通过调整胶结组分和细集料的比例，确保超高性能混凝土固体颗粒的密实填充，达到较高的强度和耐久性
流变特性法	根据超高性能混凝土流变性与原材料的关系，不断调整各组分的种类和比例，以达到超高性能混凝土的目标流变性能，确保混凝土的最佳性能
统计设计法	以原材料配比为变量，以超高性能混凝土的性能为响应。利用相关模型对试验结果进行分析，确定超高性能混凝土的最佳配合比，并消除误差
基于人工神经网络模型的配合比设计方法	利用大量的试验数据对人工神经网络模型进行训练，并不断调整输入和输出的权重，以减少试验值与预测值之间的差距

1. 密实堆积法

超高性能混凝土可以采用密实堆积法进行设计。现有的密实堆积法不考虑液相的影响及其与混合物固体颗粒的相互作用。因此，需要分离干湿状态下的填料及颗粒间的相互作用。

模型假定每个粒子的体积可以根据特定的粒子大小进行充分压缩，不同研究者基于不同的假定提出了不同的模型，其特点及考虑因素汇总如表 4-3 所示。

密实堆积设计方法常用的模型　表 4-3

模型	堆积系统			对颗粒堆积的影响	
	二元	三元	多组分	壁效应	松动效应
Furnas 模型	√				
Aim 和 Goff 模型	√			√	
Powers 模型	√			√	√
Toufar 模型		√		√	
LPDM 模型			√	√	√
SSM 模型			√	√	√
CPM 模型			√	√	√

2. 基于 UHPC 流变特性的配合比设计方法

基于 UHPC 流变特性的配合比设计方法是利用浆体的组成和流变性能之间的关系，来确定超高性能混合料的合适组成和配比。超高性能混凝土的流变特性是指混凝土在外力作用下的变形和流动特性。超高性能混凝土具有适当的流变性能，可以使纤维分布均匀，具有良好的机械强度和韧性。图 4-1 展示了这种设计方法的流程，该方法旨在优化超高性能混凝土的流变性能和抗压强度。

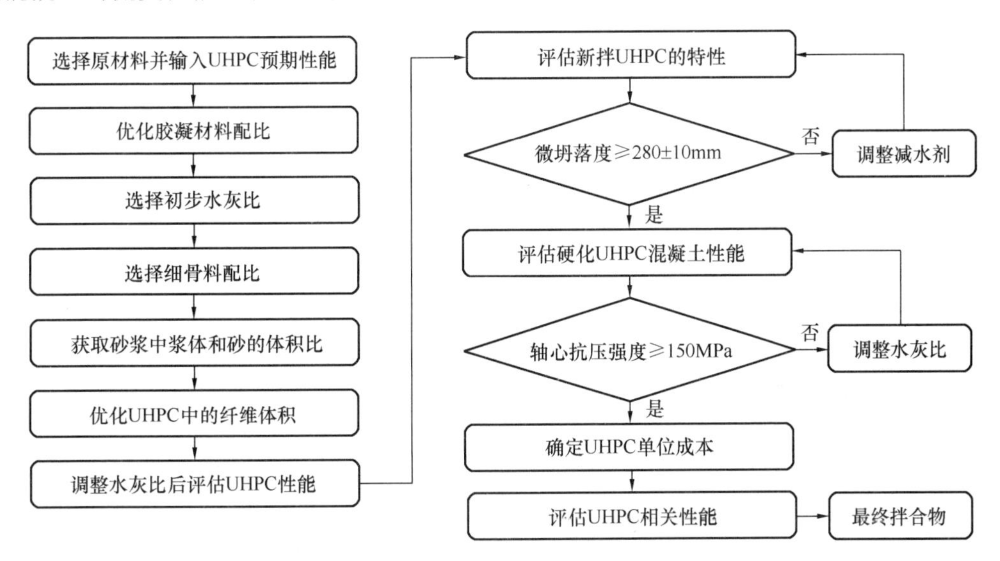

图 4-1　基于流变特性和抗压强度的 UHPC 配合比设计流程

3. 统计分析配合比设计方法

统计分析模型用于生成UHPC混合比例中的决策变量和客观数据。通过改变W/C、水泥、矿物和化学外加剂以及骨料的比例等参数来探索变量如何影响混凝土性能，在合理的参数范围内，可以得到一个合适的统计模型，以反映UHPC的配合比与新拌混凝土和硬化混凝土性能之间的数学关系。

在变量范围内，通过统计分析模型得到的最优配比方案是基于大量表现良好的数据，大大减少了试验次数和人力。然而，这种方法的响应和精度受其变量的制约，限制了其在超高性能混凝土中的应用。

4. 基于人工神经网络模型的配合比设计方法

在基于人工神经网络模型的超高性能混合料设计中，输入超高性能混合料变量，输出性能目标。通过调整输入权重，缩小试验值与输入值之间的差距，保证了模型的准确性。但实际上这种方法存在一定的误差，这是由于在模型设计时所输入的影响因素并不完善，模型的精度受到限制。

人工神经需要许多试验来训练每一个神经元。此外，可能会发生过度拟合，这导致神经网络无法获得新的数据。目前，人工神经网络模型仍然基于大量的数据，而缺乏理论推导。

4.1.3 力学性能

1. 受压性能

超高性能混凝土强度等级应按立方体抗压强度标准值确定。立方体抗压强度标准值是指按标准方法制作、养护的边长为100mm立方体试件，在28d或设计规定龄期以标准试验方法测得的具有95%保证率的抗压强度标准值。由于超高性能混凝土中添加较多掺合料，且有常温保湿养护、标准养护和湿热养护等多种不同的养护方法，不同种类和用量掺合料和不同养护方法下超高性能混凝土强度的发展规律会有所不同，因此立方体抗压强度的试验龄期不仅限于28d，还可根据工程实际情况予以适当调整。超高性能混凝土轴心抗压强度标准值f_{ck}可按表4-4采用。

超高性能混凝土轴心抗压强度标准值（MPa） **表4-4**

强度	强度等级				
	UC120	UC140	UC160	UC180	UC200
f_{ck}	84	98	112	126	140

参照现行国家标准《混凝土结构设计规范》GB 50010中混凝土轴心抗压强度的计算方法，超高性能混凝土轴心抗压强度f_{ck}按式（4-1）计算确定：

$$f_{ck} = 0.88\alpha_{c1}\alpha_{c2}f_{cu,k} \tag{4-1}$$

式中，系数0.88为考虑实际工程构件与立方体试件超高性能混凝土强度之间的差异而取用的折减系数；α_{c1}为棱柱体强度与立方体强度之比值，取0.80；α_{c2}为脆性折减系数，取1.0。

超高性能混凝土的轴心抗压强度设计值 f_c 可按表 4-5 采用。

超高性能混凝土轴心抗压强度设计值（MPa）　**表 4-5**

强度	强度等级				
	UC120	UC140	UC160	UC180	UC200
f_c	58	68	77	87	97

2. 受拉性能

目前 UHPC 的抗拉强度测试方法主要有轴拉试验、劈裂试验和弯拉试验。轴拉试验可直观地反映混凝土的受拉性能。

超高性能混凝土轴心抗拉初裂强度标准值 $f_{t0,k}$ 宜由试验确定，当无试验数据时，可按表 4-6 采用。

超高性能混凝土轴心抗拉初裂强度标准值（MPa）　**表 4-6**

强度	强度等级				
	UC120	UC140	UC160	UC180	UC200
$f_{t0,k}$	5.6	6.6	7.5	8.5	9.4

超高性能混凝土轴心抗拉初裂强度的设计值 f_{t0} 应按表 4-7 采用。

超高性能混凝土轴心抗拉初裂强度设计值（MPa）　**表 4-7**

强度	强度等级				
	UC120	UC140	UC160	UC180	UC200
f_{t0}	3.9	4.5	5.2	5.8	6.5

超高性能混凝土轴心抗拉强度标准值 f_{tk} 宜由试验确定，当无试验数据时，可按式（4-2)和式（4-3）计算：

$$f_{tk} = f_{t0,k}(1+\lambda_f a_f) \tag{4-2}$$

$$\lambda_f = \rho_f l_f / d_f \tag{4-3}$$

式中，f_{tk} 为超高性能混凝土轴心抗拉强度标准值；$f_{t0,k}$ 为超高性能混凝土轴心抗拉初裂强度标准值，即基体抗拉强度标准值；a_f 为钢纤维对抗拉强度的影响系数，可取 0.15；λ_f 为钢纤维含量特征参数；ρ_f 为钢纤维体积率；l_f 为钢纤维长度；d_f 为钢纤维直径。

按式（4-2）和式（4-3）计算的典型参数下超高性能混凝土轴心抗拉强度标准值见表 4-8。

典型参数下超高性能混凝土轴心抗拉强度标准值（MPa，钢纤维长径比 65）　**表 4-8**

钢纤维体积掺量（%）	强度等级				
	UC120	UC140	UC160	UC180	UC200
1.5	6.5	7.5	8.6	9.7	10.8
2.0	6.7	7.9	9.0	10.1	11.2
3.0	7.3	8.5	9.7	10.9	12.1
4.0	7.8	9.1	10.5	11.8	13.1

典型参数下超高性能混凝土轴心抗拉强度设计值 f_t 按表 4-9 采用。

典型参数下超高性能混凝土轴心抗拉强度设计值（MPa，钢纤维长径比 65）　**表 4-9**

钢纤维体积掺量	强度等级				
	UC120	UC140	UC160	UC180	UC200
1.5	4.5	5.2	5.9	6.7	7.4
2.0	4.6	5.4	6.2	7.0	7.7
3.0	5.0	5.9	6.7	7.5	8.4
4.0	5.4	6.3	7.2	8.1	9.0

3. 弹性模量

超高性能混凝土的弹性模量一般采用直接测试法，可参照现行国家标准《混凝土物理力学性能试验方法标准》GB/T 50081 的规定进行测试，采用千分表、引伸仪、电阻应变片、激光测长仪和 LVDT 位移传感器等微变形测量仪测试尺寸为 150mm×150mm×450mm 的标准试件的轴向变形。也可参考现行国家标准《活性粉末混凝土》GB/T 31387 建议采用 100mm×100mm×300mm 的棱柱体试块或 100mm×200mm 的圆柱体试块，加载速率宜为 1.2～1.4MPa。

超高性能混凝土受压和受拉的弹性模量 E_c 按表 4-10 采用或按式（4-4）计算。超高性能混凝土剪切变形模量 G_c 可取相应弹性模量值的 0.40 倍。超高性能混凝土泊松比 ν_c 可按 0.20 采用。

超高性能混凝土的弹性模量（$\times 10^4$ MPa）　**表 4-10**

弹性模量	强度等级				
	UC120	UC140	UC160	UC180	UC200
E_c	4.29	4.52	4.71	4.86	5.00

$$E_c = \frac{10^5}{1.5 + \dfrac{100}{f_{cu,k}}} \tag{4-4}$$

4. 收缩应变

不采用湿热养护时，超高性能混凝土的收缩应变 ε_{sh} 可按式（4-5）进行计算：

$$\varepsilon_{sh} = 7.0 \times 10^{-4} e^{-\left(\frac{2.5}{\sqrt{t-0.5}}\right)} \tag{4-5}$$

采用湿热养护时，超高性能混凝土的收缩应变 ε_{sh} 可按式（4-6）和式（4-7）进行计算：

$$\varepsilon_{sh} = 2.5 \times 10^{-4} t \quad (t \leqslant 2\text{d}) \tag{4-6}$$

$$\varepsilon_{sh} = 5.0 \times 10^{-4} \quad (\text{常数}, t > 2\text{d}) \tag{4-7}$$

式中，ε_{sh} 为超高性能混凝土的收缩应变；t 为龄期。

超高性能混凝土收缩在 2d 后基本完成，亦即收缩在养护期内就已基本完成，后期收缩增量很小可以忽略。超高性能混凝土的徐变应变 ε_{cc} 可按式（4-8）和式（4-9）计算：

$$\varepsilon_{cc} = \phi \sigma_{cp} / E_{ct} \tag{4-8}$$

$$\phi = \phi_{\infty} \frac{(t - t_0)^{0.6}}{(t - t_0)^{0.6} + 10} \tag{4-9}$$

式中，ε_{cc} 为超高性能混凝土的徐变应变；ϕ 为徐变系数；ϕ_{∞} 为徐变系数终值，可参考表4-11取值；σ_{cp} 为持续工作应力；t_0 为加载龄期；E_{ct} 为加载时刻超高性能混凝土的弹性模量。

超高性能混凝土的徐变系数终值　表4-11

加载龄期	徐变系数终值	
	常温保湿养护	湿热养护
4d	1.80	0.50
7d	1.70	0.48
14d	1.50	0.42
28d	1.20	0.30

5. 疲劳强度

超高性能混凝土轴心抗压疲劳强度设计值 f_c^f、轴心抗拉初裂疲劳强度设计值 f_{t0}^f 应分别按强度设计值乘表4-12、表4-13中的疲劳强度修正系数 γ_ρ 确定。

疲劳强度修正系数 γ_ρ 应根据疲劳应力比值 ρ_c^f 分别按表4-12、表4-13采用。疲劳应力比值应按下列公式计算：

$$\rho_c^f = \frac{\sigma_{c,min}^f}{\sigma_{c,max}^f} \tag{4-10}$$

$\sigma_{c,min}^f$、$\sigma_{c,max}^f$ 为构件疲劳验算时，截面同一纤维上混凝土的最小、最大应力。

超高性能混凝土受压疲劳强度修正系数 γ_ρ　表4-12

	$0 \leqslant \rho_c^f < 0.1$	$0.1 \leqslant \rho_c^f < 0.2$	$0.2 \leqslant \rho_c^f < 0.3$
γ_ρ	0.57	0.66	0.74
	$0.3 \leqslant \rho_c^f < 0.4$	$0.4 \leqslant \rho_c^f < 0.5$	$\rho_c^f \geqslant 0.5$
γ_ρ	0.83	0.92	1.00

超高性能混凝土受拉初裂疲劳强度修正系数 γ_ρ　表4-13

	$0 < \rho_c^f < 0.1$	$0.1 \leqslant \rho_c^f < 0.2$	$0.2 \leqslant \rho_c^f < 0.3$	$0.3 \leqslant \rho_c^f < 0.4$
γ_ρ	0.7	0.73	0.77	0.80
	$0.4 \leqslant \rho_c^f < 0.5$	$0.5 \leqslant \rho_c^f < 0.6$	$0.6 \leqslant \rho_c^f < 0.7$	$0.7 \leqslant \rho_c^f < 0.8$
γ_ρ	0.83	0.87	0.90	0.93
	$\rho_c^f \geqslant 0.8$			
γ_ρ	1.00			

4.1.4 耐久性能

1. 水渗透性

与普通混凝土相比，UHPC具有更低的孔隙度和更致密的微观结构，这保证了其优越的抗渗透性。混凝土的透水性主要受水胶比、孔径和孔连通性的影响。此外，28d前混凝土的渗透系数随养护龄期的延长而降低。98d后，UHPC的渗透系数为0.0005，是普通混凝土的1/3。UHPC的高渗透阻力源于其低水胶比和低孔隙度，水胶比对透水性的影响如图4-2所示，水胶比的降低能够降低渗透系数。

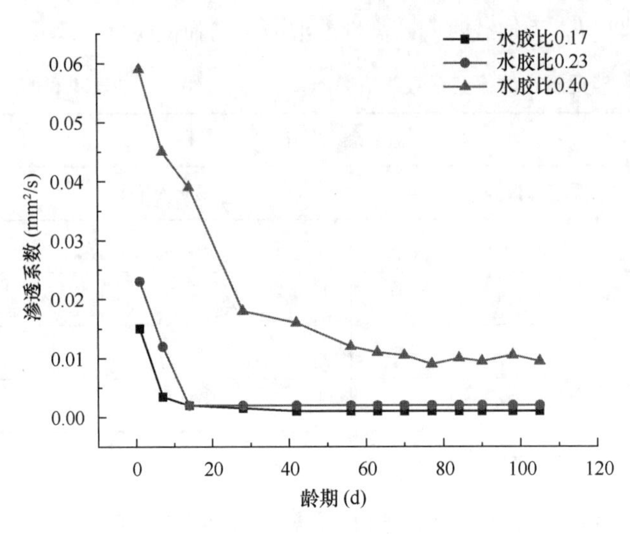

图4-2 不同水胶比对UHPC透水性的影响

在UHPC中使用SCM和纳米颗粒，尤其是硅粉和纳米SiO_2，由于火山灰反应和成核效应，可以促进C-S-H的形成，从而减少细孔并改善分离性。纳米SiO_2的加入降低了UHPC样品的总孔隙率和毛细管孔隙率。孔隙度的大幅降低和孔隙结构的细化可以使微观结构更加致密和均匀，从而导致透水性降低。

2. 氯离子渗透性

UHPC的氯离子渗透系数取决于水胶比、养护制度、介质溶液浓度、钢纤维体积和试验年龄，不同研究者对UHPC氯离子扩散系数研究汇总如表4-14所示。UHPC的氯离子扩散系数至少比普通混凝土和高强混凝土低一个数量级。与普通混凝土相比，UHPC表现出优越的抗氯离子渗透性。

UHPC氯离子扩散系数 表4-14

作者	养护条件	W/B	钢纤维含量	侵蚀条件	测试时间	氯离子扩散系数 ($\times10^{-13}m^2/s$)
Roux等	定型前和定型期间加压60MPa并在20℃下水固化28d	0.14	2%	3%NaCl	1年	0.2
Pierard和Cauberg	湿养护（相对湿度95%，温度为20℃）	0.18	0	16%NaCl	56d	4.0
Liu等	90℃蒸汽持续1d，然后90℃热水持续至室温	0.15	2.6%	10%NaCl	—	4.1
Thomas等	20℃养护2d，然后90℃养护2d	0.12	2%	海水	28d	1.3
Scheydt和Muller	在90℃下热处理3d	0.21	2.5%	3%NaCl	63d	1.3
Pierard等	20℃和95%相对湿度，持续90d	0.21	2%	16%NaCl	90d	2.3

3. 抗碳化性能

确保碳化反应的最有利条件是有足够的水分和 CO_2 浓度，水胶比、抗压强度等级和混凝土的孔隙率对碳化率有显著影响。W/B（水胶比）越大，孔隙度越高，碳化速度越快。由于 UHPC 中的水胶比非常低且含水量有限，其微观结构非常致密，孔径非常小。在标准或热固化条件下，UHPC 很少发生碳化。碳化 56d 和 90d 的 UHPC 试样未显示任何碳化迹象。暴露 6 个月后，UHPC 的碳化深度为 0.5mm，暴露于 1% CO_2 大气 1 年后，碳化深度增加至 1.5～2.0mm。

4. 抗冻融性能

冻融作用导致混凝土的典型劣化包括随机开裂、表面剥落和 D 型开裂导致的接缝劣化，这对混凝土的机械性能和抗渗透性有非常不利的影响。UHPC 具有优异的抗冻融性，这是由于其具有高度不透水的基质，而且材料毛细孔隙率很低。研究表明，UHPC 在 300 或 600 次冻融循环后没有退化，质量损失几乎为零。

5. 耐火性能

混凝土因其导热系数低、热容高，是一种优良的耐火建筑材料。UHPC 的残余抗压强度与温度的关系具有以下 3 个不同阶段的特征：(1) 初始稳定和恢复阶段（150～350℃）；(2) 强度损失阶段（350～800℃）；(3) 总强度损失阶段（大于 800℃）。抗压强度的初始增加是由于干燥硬化和未水化水泥颗粒因加热而持续水化。第二阶段的强度损失是由于 $Ca(OH)_2$ 的分解和 C-S-H 键的断裂，以及与 571℃左右石英从 a 型转变为 b 型有关的体积膨胀。图 4-3 比较了普通混凝土和 UHPC 在 500±50℃的固定温度室内加热时抗压强度的变化，加热 120min 后，UHPC 的抗压强度损失小于普通混凝土，这是由于钢纤维含量的增加可以抑制裂纹扩展，从而降低强度损失。

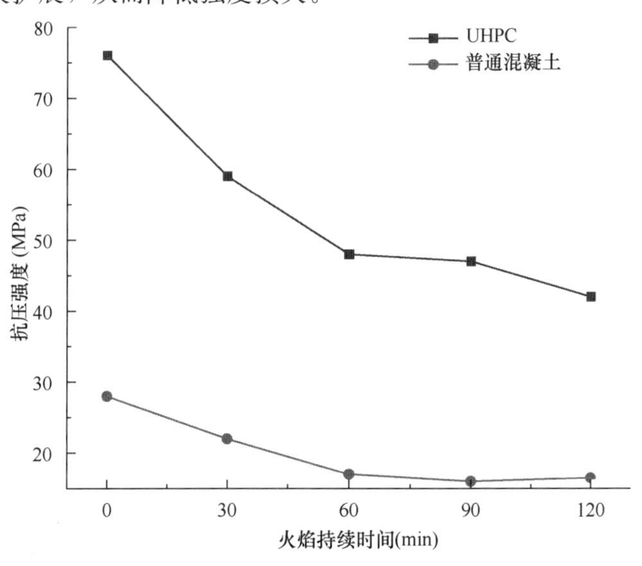

图 4-3　火焰持续时间对普通混凝土和 UHPC 抗压强度的影响

4.2 超高性能混凝土本构关系

4.2.1 受压本构关系

超高性能混凝土单轴受压的应力-应变关系如图 4-4 所示，可按式（4-11）确定：

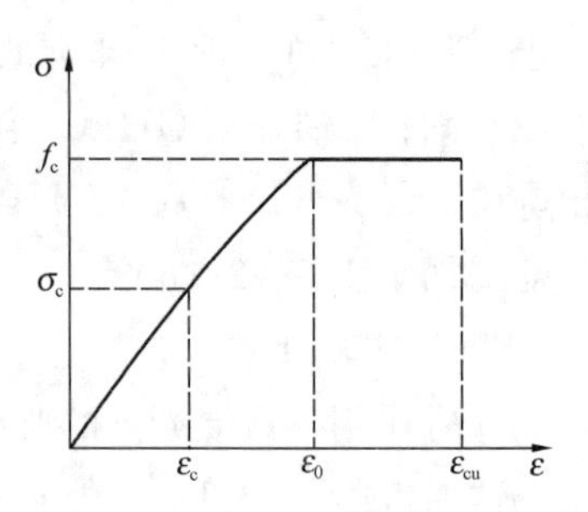

图 4-4 超高性能混凝土单轴受压的应力-应变关系

$$\sigma_c = f_c\left[1-\left(1-\frac{\varepsilon_c}{\varepsilon_0}\right)^n\right] \quad (\varepsilon_c < \varepsilon_0) \tag{4-11}$$

$$\sigma_c = f_c \quad (\varepsilon_0 \leqslant \varepsilon_c \leqslant \varepsilon_{cu}) \tag{4-12}$$

$$n = 1.2 - 0.001(f_{cu,k} - 100) \tag{4-13}$$

$$\varepsilon_0 = 0.0025 + 0.5(f_{cu,k} - 100) \times 10^{-5} \tag{4-14}$$

$$\varepsilon_{cu} = 0.0042 - 0.3(f_{cu,k} - 100) \times 10^{-5} \tag{4-15}$$

式中，σ_c 为超高性能混凝土压应变为 ε_c 时的应力；f_c为超高性能混凝土轴心抗压强度设计值；$f_{cu,k}$为超高性能混凝土立方体抗压强度标准值；ε_0 为超高性能混凝土峰值应力 f_c 对应的压应变；ε_{cu} 为超高性能混凝土极限压应变，当处于轴心受压时取为 ε_0 。

4.2.2 受拉本构关系

超高性能混凝土单轴受拉的应力-应变关系（图 4-5）可按式（4-16）确定：

$$\sigma_t = E_c\varepsilon_t \quad (\varepsilon_t \leqslant \varepsilon_{t0}) \tag{4-16}$$

$$\sigma_t = f_t \quad (\varepsilon_{t0} < \varepsilon_t \leqslant \varepsilon_{tp}) \tag{4-17}$$

$$\sigma_t = f_t + 0.15 f_t \frac{(\varepsilon_{tp} - \varepsilon_t)}{\varepsilon_{tu} - \varepsilon_{tp}} \quad (\varepsilon_{tp} < \varepsilon_t < \varepsilon_{tu}) \tag{4-18}$$

式中，σ_t 为超高性能混凝土拉应变为 ε_t 的拉应力；f_t 为超高性能混凝土轴心抗拉强度设计值；ε_{t0} 为超高性能混凝土拉应力达到 f_t 时的拉应变，取值为 f_t/E_c；ε_{tp}为超高性能混凝土拉应力开始随应变增加而减小时的拉应变，宜根据试验确定，当无试验数据时，可取 $\varepsilon_{tp} = 0.001\alpha_s(-1.27\lambda_f^2 + 5.61\lambda_f - 3.26)$；$\varepsilon_{tu}$为超高性能混凝土的极限拉应变。材料参数取值宜根据试验确定，当无试验数据时，可取 $\varepsilon_{tp} = 0.003(-0.49\lambda_f^2 + 2.24\lambda_f - 0.79)$；$\alpha_s$为端钩纤维影响系数，对端钩纤维，取为 1.30，对平直钢纤维，取为 1.0；λ_f为钢纤维特征参数，$\lambda_f = \rho_f l_f / d_f$ ，ρ_f 为钢纤维体积率，l_f 为钢纤维长度，d_f为钢纤维的等效直径。

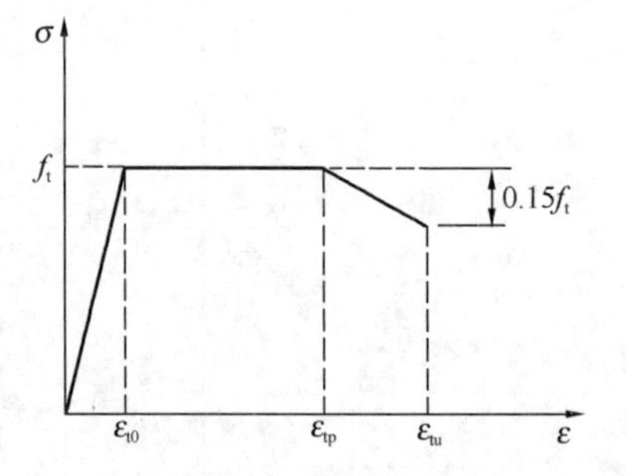

图 4-5 超高性能混凝土单轴受拉的应力-应变关系

4.3　超高性能混凝土梁的受弯性能

4.3.1　受弯性能变化规律

UHPC 梁是桥梁工程中常见的受弯构件，UHPC 材料本身具有比普通混凝土更强的性能，但在受弯过程中它与普通混凝土梁一样都会经历弹性阶段、带裂缝工作阶段和钢筋屈服阶段。UHPC 梁的抗弯性能主要受配筋率和钢纤维掺量的影响，不同配筋率和钢纤维掺量下的混凝土梁相对抗弯极限承载力如图 4-6、图 4-7 所示。

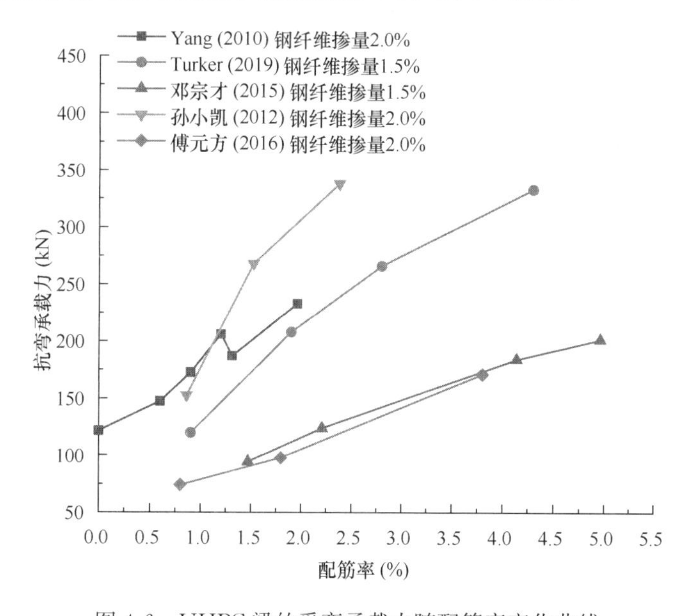

图 4-6　UHPC 梁的受弯承载力随配筋率变化曲线

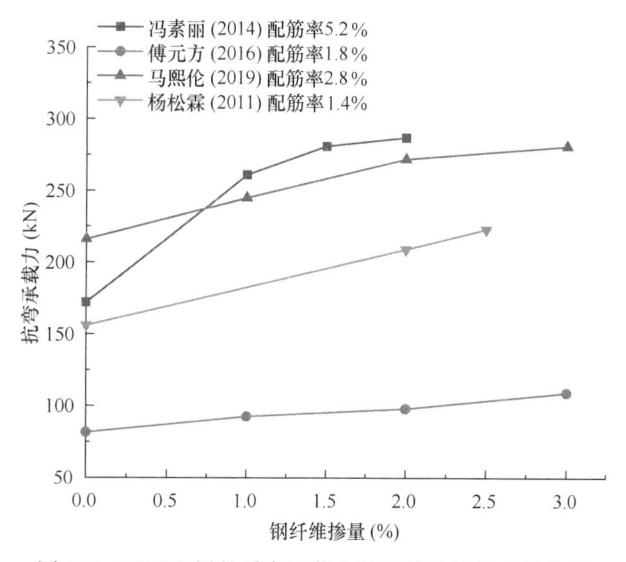

图 4-7　UHPC 梁的受弯承载力随钢纤维掺量变化曲线

从图 4-6、图 4-7 中可以发现，虽然不同学者所采用的钢纤维掺量不同，但研究结果表明随着配筋率的增大，UHPC 梁的受弯承载力也随之增大，这是由于 UHPC 梁充分开裂后，裂缝处混凝土失去作用，受弯承载力主要与构件的纵筋相关，配筋率对 UHPC 梁的受弯承载力影响较大。钢纤维含量在 0～3%范围内时，UHPC 梁的受弯承载力会随着钢纤维掺量的增大而增大，但过多的钢纤维掺量会导致成本过高，且在施工时影响搅拌混凝土的均匀性和流动性。

4.3.2 受弯承载力计算

矩形截面或翼缘位于受拉边的倒 T 形截面受弯构件，其正截面受弯承载力可依据图 4-8进行计算。

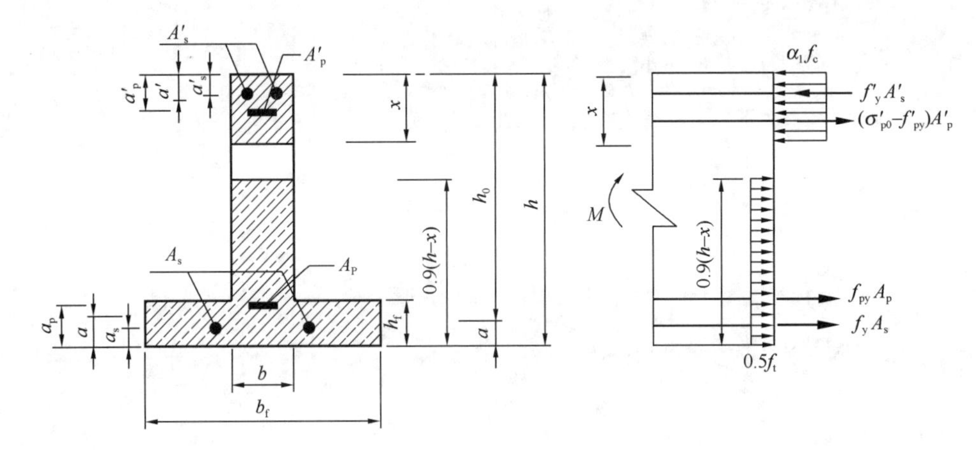

图 4-8 翼缘位于受拉边的倒 T 形截面受弯构件正截面受弯承载力计算

超高性能混凝土受压区高度由以下公式确定：

$$M \leqslant \alpha_1 f_c bx\left(h_0-\frac{x}{2}\right)-(\sigma'_{p0}-f'_{py})A'_p(h_0-a'_p)+f'_y A'_s(h_0-a'_s)$$
$$-0.45f_t b(h-x)[0.45(h-x)-a]-0.5f_t(b_f-b)h_f\left(\frac{h_f}{2}-a\right) \quad (4\text{-}19)$$

$$\alpha_1 f_c bx-(\sigma'_{p0}-f'_{py})A'_p+f'_y A'_s=f_{py}A_p+f_y A_s+0.45f_t b(h-x)+0.5f_t(b_f-b)h_f \quad (4\text{-}20)$$

超高性能混凝土受压区高度尚应符合以下条件：

$$x \leqslant \xi_b h_0 \quad (4\text{-}21)$$
$$x \geqslant 2a' \quad (4\text{-}22)$$

当构件中无纵向受压钢筋或不考虑纵向受压钢筋的作用时，不需要符合式（4-22）的约定。式中，M 为弯矩设计值；f_c 为超高性能混凝土轴心抗压强度设计值；f_t 为超高性能混凝土轴心抗拉强度设计值；f_y 、f_{py} 为普通钢筋、预应力钢筋抗拉强度设计值；f'_y 、f'_{py} 为普通钢筋、预应力筋抗压强度设计值；A_s 、A'_s 为受拉区、受压区纵向普通钢筋的截面面积；A_p 、A'_p 为受拉区、受压区纵向预应力钢筋的截面面积；α_1 为等效矩形应力图系数；σ'_{p0} 为受压区纵向预应力钢筋合力点处混凝土法向应力等于零时的预应力钢筋应力；b 为矩形截面的宽度；b_f 为受拉区翼缘的宽度；h_0 为截面有效高度；h 为截面高度；h_f 为受拉区翼缘的高度；ξ_b 为相对界限受压区高度；x 为受压区超高性能混凝土等效矩形应力图的高度；a_s、a_p 为受拉区纵向普通钢筋合力点、预应力钢筋合力点至截面受拉边缘的距离；a'_s、a'_p 为受压区纵向普通钢筋合力点、预应力钢筋合力点至截面受压边缘的距离；a 为纵向普通受拉钢筋和预应力受拉钢筋的合力点至截面近边缘的距离；a' 为受压区全部纵向钢筋合力点至截面受压边缘的距离，当受压区未配置纵向预应力钢筋或受压区纵向预应力钢筋应力 $(\sigma'_{p0}-f'_{py})$ 为拉应力时，a' 可用 a'_s 代替。

翼缘位于受压区的 T 形、I 形截面受弯构件，其正截面受弯承载力可根据图 4-9 进行计算。

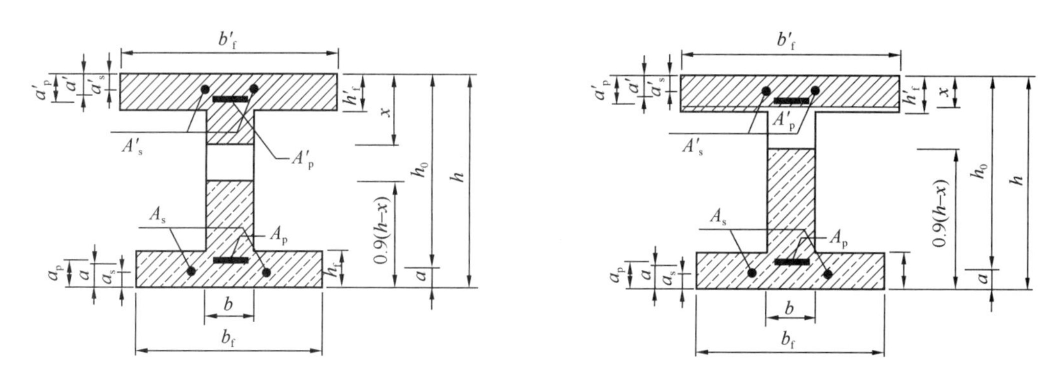

图 4-9　I 形截面受弯构件正截面受弯承载力计算

当满足式（4-23）的条件时，应按下列公式计算超高性能混凝土受压区高度：

$$f_{py}A_p+f_yA_s+0.45f_tb(h-x)+0.5f_t(b_f-b)h_f \leqslant \alpha_1 f_c b'_f h'_f+f'_yA'_s-(\sigma'_{p0}-f'_{py})A'_p \tag{4-23}$$

$$M\leqslant \alpha_1 f_c b'_f x\left(h_0-\frac{x}{2}\right)-(\sigma'_{p0}-f'_{py})A'_p(h_0-a'_p)+f'_yA'_s(h_0-a'_s) -0.45f_tb(h-x)[0.45(h-x)-a]-0.5f_t(b_f-b)h_f\left(\frac{h_f}{2}-a\right) \tag{4-24}$$

$$f_{py}A_p+f_yA_s+0.45f_tb(h-x)+0.5f_t(b_f-b)h_f =\alpha_1 f_c b'_f x-(\sigma'_{p0}-f'_{py})A'_p+f'_yA'_s \tag{4-25}$$

当不满足式（4-23）时，应按下列公式计算超高性能混凝土受压区高度：

$$M\leqslant a_1 f_c\left[bx\left(h_0-\frac{x}{2}\right)+(b'_f-b)h'_f\left(h_0-\frac{h'_f}{2}\right)\right]-(\sigma'_{p0}-f'_{py})A'_p(h_0-a'_p) +f'_yA'_s(h_0-a'_s) \tag{4-26}$$

$$a_1 f_c[bx+(b'_f-b)h'_f]-(\sigma'_{p0}-f'_{py})A'_p+f'_yA'_s =f_{py}A_p+f_yA_s+0.45f_tb(h-x)+0.5f_t(b_f-b)h_f \tag{4-27}$$

式中，M 为弯矩设计值；f_c 为超高性能混凝土轴心抗压强度设计值；f_t 为超高性能混凝土轴心抗拉强度设计值；b 为截面的腹板宽度；b_f 为受拉区翼缘的宽度；对于翼缘位于受压区的 T 形，$b_f=b$。b'_f 为受压区翼缘的宽度；h 为截面高度；h_f、h'_f 为受拉区、受压区翼缘的高度。

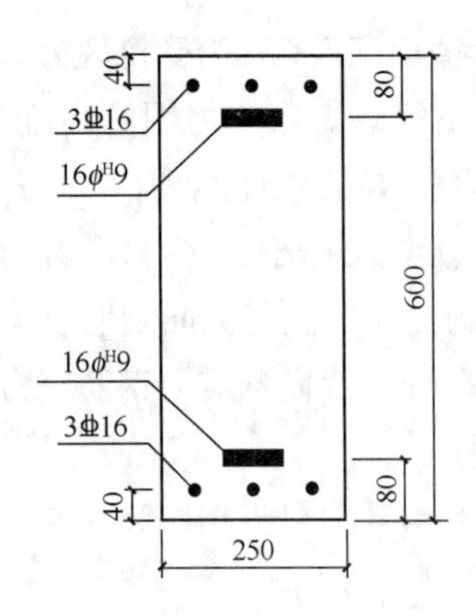

图 4-10　例题 4-1(单位：mm)

【例题 4-1】 某矩形截面预应力超高性能混凝土梁（图 4-10），计算跨度 $l_0 = 8.75\text{m}$，梁截面尺寸为 $b \times h = 250\text{mm} \times 600\text{mm}$。梁承受均布永久荷载标准值 $g_K = 16\text{kN/m}$、可变荷载标准值 $q_K = 14\text{kN/m}$，准永久值系数 $\psi_q = 0.5$。普通钢筋采用 HRB400 级钢筋，对称配置，$A_s = A'_s = 603\text{mm}^2$，$a_s = a'_s = 40\text{mm}$；预应力钢筋采用消除应力钢丝（$f_{py} = 1040\text{N/mm}^2$、$f'_{py} = 410\text{N/mm}^2$），受拉区配置 16 ϕ^{H}9（$A_p = 1017.9\text{mm}^2$），受压区配置 10 ϕ^{H}9（$A'_p = 636.2\text{mm}^2$），$a_p = a'_p = 80\text{mm}$，$\sigma'_{p0} = 610\text{N/mm}^2$；超高性能混凝土采用 UC160，钢纤维体积掺量 2.0%。校验该梁的受弯承载力。

【解】

1. 荷载效应基本组合

永久荷载和可变荷载均对结构不利，因此分别取值为 $r_G = 1.3$ 和 $r_Q = 1.5$。

$$M_{max} = \frac{1}{8}(r_G\, g_K + r_Q\, q_K)\, l_0^2$$
$$= \frac{1}{8}(1.3 \times 16 + 1.5 \times 14) \times 8.75^2$$
$$= 400.04\text{kN} \cdot \text{m}$$

2. 受压区高度计算

查表可知：对于 HRB400 级钢筋，$f_y = f'_y = 360\text{N/mm}^2$；对于钢纤维体积掺量 2.0%的超高性能混凝土 UC160，$f_c = 77\text{N/mm}^2$、$f_t = 6.2\text{N/mm}^2$；$\alpha_1 = 0.90$，$\xi_b = 0.49$。

有效高度 $h_0 = h - a_s = 560\text{mm}$；

对于矩形截面 $b_f = b = 250\text{mm}$；

根据式（4-20）可得：

$$0.90 \times 77 \times 250 \times x - (610 - 410) \times 381.7 + 360 \times 603$$
$$= 1040 \times 1272.4 + 360 \times 603 + 0.45 \times 6.2 \times 250 \times (600 - x)$$

解得 $x = 89.02\text{mm}$。

经过校验，受压区高度 x 符合要求：

$x = 89.02\text{mm} \leqslant \xi_b h_0 = 0.49 \times 560 = 274.4\text{mm}$

$x = 89.02\text{mm} > 2a'_s = 80\text{mm}$

3. 受弯承载力验算

纵向普通受拉钢筋和预应力受拉钢筋的合力点位置：

$a = (1040 \times 1017.9 \times 80 + 360 \times 603 \times 40)/(1040 \times 1017.9 + 360 \times 603)$
$= 73.2\text{mm}$

计算受弯承载力：

$$
\begin{aligned}
M_u =& 0.90 \times 77 \times 250 \times 89.02 \times (560 - 89.02/2) \\
& - (610 - 410) \times 636.2 \times (560 - 80) \\
& - 0.45 \times 6.2 \times 250 \times (600 - 89.2) \times [0.45 \times (600 - 89.2) - 73.2] \\
& + 360 \times 603 \times (560 - 40) \\
=& 791.02 \times 10^6 \mathrm{N \cdot mm} = 791.02 \mathrm{kN \cdot m}
\end{aligned}
$$

由于 $M_{max} = 400.04\mathrm{kN \cdot m} < 791.02\mathrm{kN \cdot m}$，受弯承载力符合要求。

4.4　超高性能混凝土梁的受剪性能

4.4.1　受剪性能变化规律

UHPC梁的受剪性能与配箍率、剪跨比以及掺入纤维的含量和种类等因素有关。由图4-11、图4-12可以发现，当配箍率增大时，UHPC梁的受剪承载力也逐渐提高，可见提高配箍率能有效提高构件的受剪承载力。当剪跨比较大时，UHPC梁的破坏形式为斜拉破坏，剪跨比较小时破坏形式为斜压破坏，在两者之间为剪压破坏，因此剪跨比对受剪承载力有重要的影响。当剪跨比逐渐减小时，UHPC梁的受剪承载力逐渐增大。

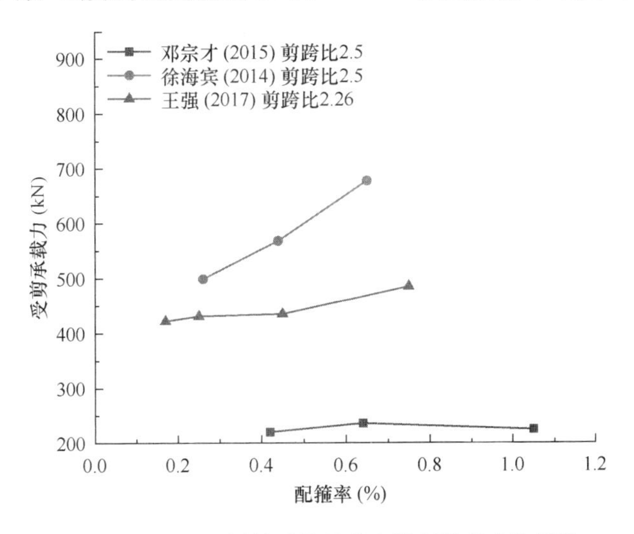

图4-11　UHPC梁的受剪承载力随配箍率变化规律

4.4.2　受剪承载力计算

矩形、T形、I形和箱形截面受弯构件的受剪截面应符合下列条件：

$$V \leqslant 0.1 f_c (1 + 0.15\lambda_f) b h_0 \tag{4-28}$$

式中，V 为构件斜截面上的最大剪力设计值；f_c 为超高性能混凝土轴心抗压强度设计值；b 为矩形截面的宽度或T形截面和箱形截面的腹板宽度；h_0 为截面有效高度；λ_f 为钢纤维含量特征参数，$\lambda_f = \rho_f l_f / d_f$，其中 ρ_f 为钢纤维的体积掺量百分率，l_f 为钢纤维的等效长度，d_f 为钢纤维的等效直径。

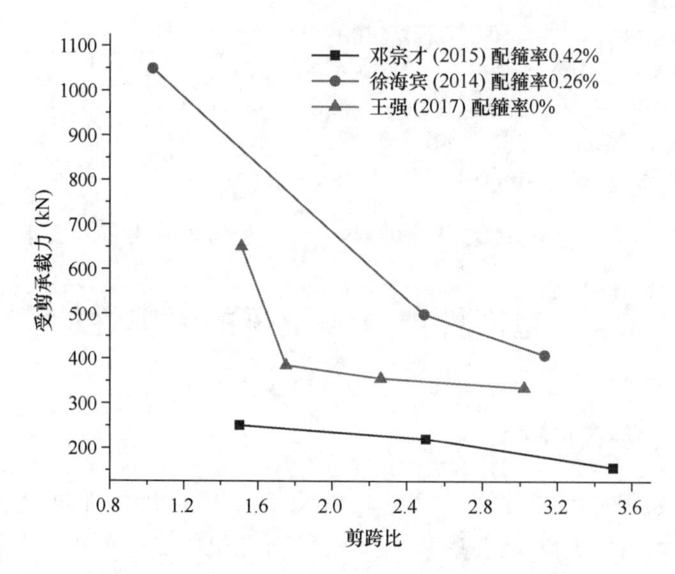

图 4-12 UHPC 梁的受剪承载力随剪跨比变化规律

根据现行行业标准《钢纤维混凝土结构设计标准》JGJ/T 465，对钢纤维混凝土受弯构件受剪截面的限制条件验算时，将普通混凝土受弯构件受剪承载力截面尺寸验算公式中的 f_c用 $f_c(1+0.15\lambda)$ 代替。已有研究结果表明受剪截面承载能力系数偏严控制可取为 0.10，对于防止脆性受剪破坏而言，其安全储备较为合理。

当仅配置箍筋时，矩形、T 形、I 形和箱形截面受弯构件的斜截面受剪承载力应符合下列条件：

$$V \leqslant V_{fc} + V_s + V_p \tag{4-29}$$

$$V_{fc} = \alpha_{cv} f_{t0}(1 + \beta_v \lambda_f) b h_0 \tag{4-30}$$

$$V_s = f_{yv} \frac{A_{sv}}{s} h_0 \tag{4-31}$$

$$V_p = 0.05 N_{p0} \tag{4-32}$$

式中，V_{fc}为超高性能混凝土所提供的受剪承载力；V_s 为箍筋所提供的受剪承载力；V_p 为由预加力提供的受剪承载力；α_{cv} 为斜截面超高性能混凝土受剪承载力系数，对于一般受弯构件取 $\alpha_{cv}=0.6$，对于集中荷载作用下的独立梁取 $\alpha_{cv}=1.5/(\lambda+1)$，其中 λ 为剪跨比，当 λ 小于 1.5 时，取 1.5，当 λ 大于 3.0 时，取 3.0；f_{t0} 为超高性能混凝土轴心抗拉初裂强度设计值；$(1+\beta_v\lambda_f)$ 为超高性能混凝土中钢纤维对抗拉强度的提高系数，λ_f 为钢纤维含量特征参数，$\lambda_f=\rho_f l_f/d_f$，其中 ρ_f 为钢纤维的体积掺量百分率，l_f 为钢纤维的等效长度，d_f 为钢纤维的等效直径；β_v 为钢纤维对超高性能混凝土受剪能力的影响系数，可取 $\beta_v=0.6$；b 为矩形截面的宽度，T 形、I 形和箱形截面的腹板总宽度；h_0 为截面有效高度；A_{sv}为配置在同一截面内箍筋各肢的全部截面面积；s 为沿构件长度方向的箍筋间距；f_{yv} 为箍筋的抗拉强度设计值；N_{p0}为计算截面上混凝土法向预应力等于零时的预加力，对于预应力混凝土连续梁以及允许出现裂缝的预应力混凝土简支梁，计算时应不考虑 N_{p0} 的作用。

当配有箍筋和弯起钢筋时，矩形、T形、I形和箱形截面超高性能混凝土受弯构件斜截面受剪承载力应符合下列条件：

$$V \leqslant V_{fc} + V_s + V_p + 0.75 f_{yv} A_{sb} \sin\alpha_s + 0.75 f_{py} A_{pb} \sin\alpha_p \tag{4-33}$$

式中，V 为配置弯起钢筋处的剪力设计值；V_{fc} 为超高性能混凝土所提供的受剪承载力；V_s 为箍筋所提供的受剪承载力；V_p 为由预加力所提供的受剪承载力；A_{sb}、A_{pb} 分别为同一平面内的弯起普通钢筋、弯起预应力筋的截面面积；α_s、α_p 分别为斜截面上弯起普通钢筋、弯起预应力筋的切线与构件纵轴线的夹角。

弯起钢筋或斜筋提供的斜截面受剪承载力偏安全地按现行行业标准《公路钢筋混凝土及预应力混凝土桥涵设计规范》JTG 3362 计算，弯起钢筋或斜筋受力的不均匀系数取 0.75，而非现行国家标准《混凝土结构设计规范》GB 50010 规定的 0.8。矩形、T形、I形和箱形截面一般受弯构件，当符合下式要求时，可不进行斜截面受剪承载力计算，但其箍筋的配置应满足构造要求。

$$V_{fc} = \alpha_{cv} f_{t0} (1 + \beta_v \lambda_f) b h_0 + 0.05 N_{p0} \tag{4-34}$$

式中，α_{cv} 为截面混凝土受剪承载力系数；f_{t0} 为超高性能混凝土轴心抗拉初裂强度设计值；β_v 为钢纤维对超高性能混凝土受剪能力的影响系数，可取 $\beta_v = 0.6$；λ_f 为钢纤维含量特征参数，$\lambda_f = \rho_f l_f / d_f$，其中 ρ_f 为钢纤维的体积掺量百分率，l_f 为钢纤维的等效长度，d_f 为钢纤维的等效直径；b 为矩形截面的宽度，T形截面或箱形截面的腹板宽度；h_0 为截面有效高度；N_{p0} 为计算截面上混凝土法向预应力等于零时的预加力，对于预应力混凝土连续梁以及允许出现裂缝的预应力混凝土简支梁，计算时应不考虑 N_{p0} 的作用。

不配箍筋和弯起钢筋的超高性能混凝土一般板类受弯构件，其斜截面受剪承载力应按下列规定计算：

$$V \leqslant 0.6 f_{t0} (1 + \beta_v \lambda_f) b h_0 \tag{4-35}$$

其中，f_{t0} 为超高性能混凝土轴心抗拉初裂强度设计值；β_v 为钢纤维对超高性能混凝土受剪能力的影响系数，可取 $\beta_v = 0.6$；λ_f 为钢纤维含量特征参数，$\lambda_f = \rho_f l_f / d_f$，其中 ρ_f 为钢纤维的体积掺量百分率，l_f 为钢纤维的等效长度，d_f 为钢纤维的等效直径；b 为矩形截面的宽度，T形截面或箱形截面的腹板宽度；h_0 为截面有效高度。

矩形、T形、I形和箱形截面偏心受压构件，其斜截面受剪承载力需符合下式规定：

$$V \leqslant \frac{1.5}{1+\lambda} f_{t0} (1 + \beta_v \lambda_f) b h_0 + f_{yv} \frac{A_{sv}}{s} h_0 + 0.07N \tag{4-36}$$

其中，f_{t0} 为超高性能混凝土轴心抗拉初裂强度设计值；λ 为偏心受压构件计算截面的剪跨比。按现行国家标准《混凝土结构设计规范》GB 50010 中矩形、T形、I形和箱形截面的偏心受压构件的相关规定确定；β_v 为钢纤维对超高性能混凝土受剪能力的影响系数，可取 $\beta_v = 0.6$；λ_f 为钢纤维含量特征参数，$\lambda_f = \rho_f l_f / d_f$，其中 ρ_f 为钢纤维的体积掺量百分率，l_f 为钢纤维的等效长度，d_f 为钢纤维的等效直径；b 为矩形截面的宽度，T形截面或箱形截面的腹板宽度；h_0 为截面有效高度；A_{sv} 为配置在同一截面内箍筋各肢的全部截面面积；s

为沿构件长度方向的箍筋间距；f_{yv}为箍筋的抗拉强度设计值；N为与剪力设计值V相应的轴向压力设计值，当大于$0.3f_cA$时，取$0.3f_cA$，f_c为超高性能混凝土轴心抗压强度设计值，A为构件的截面面积。矩形、T形、I形和箱形截面的偏心受拉构件，其斜截面抗剪承载力应符合下式规定：

$$V \leqslant \frac{1.5}{1+\lambda} f_{t0}(1+\beta_v\lambda_f)bh_0 + f_{yv}\frac{A_{sv}}{s}h_0 - 0.2N \tag{4-37}$$

其中，f_{t0}为超高性能混凝土轴心抗拉初裂强度设计值；λ为偏心受压构件计算截面的剪跨比，按现行国家标准《混凝土结构设计规范》GB 50010中矩形、T形、I形和箱形截面的偏心受压构件的相关规定确定；β_v为钢纤维对超高性能混凝土受剪能力的影响系数，可取$\beta_v=0.6$；λ_f为钢纤维含量特征参数；b为矩形截面的宽度，T形截面或箱形截面的腹板宽度；h_0为截面有效高度；A_{sv}为配置在同一截面内箍筋各肢的全部截面面积；s为沿构件长度方向的箍筋间距；f_{yv}为箍筋的抗拉强度设计值；N为与剪力设计值V相应的轴向拉力设计值。

4.5 超高性能混凝土柱的受压性能

4.5.1 受压性能变化规律

受压性能是UHPC最基本的力学性能之一，其抗压强度受材料组分、养护制度、纤维材料、水胶比等影响。UHPC混凝土抗压强度与钢纤维掺量和水胶比的关系如图4-13、图4-14所示。随着钢纤维掺量的增加，UHPC的抗压强度逐渐增加，这是因为纤维含量

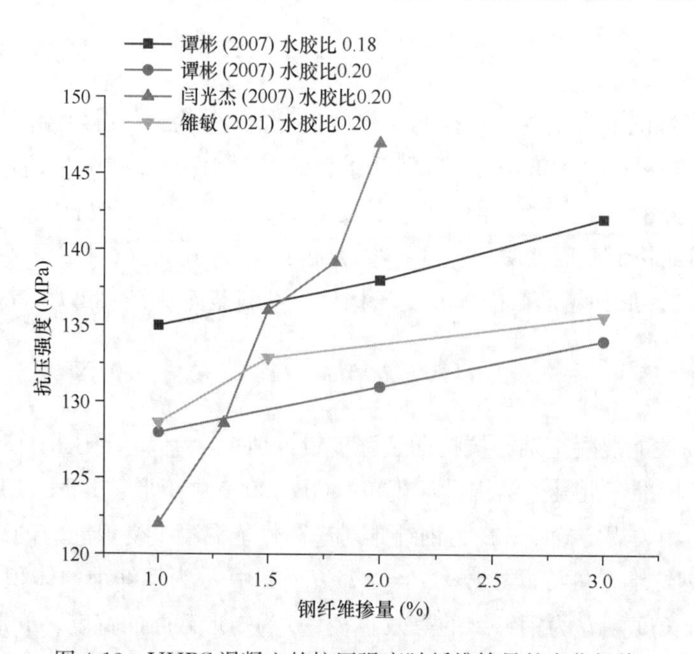

图4-13 UHPC混凝土的抗压强度随纤维掺量的变化规律

的增加会使得纤维对 UHPC 基体的约束以及填充作用增强，从而增大抗压强度。在纤维掺量相同的情况下，UHPC 混凝土抗压强度随着水胶比的增大而减小。

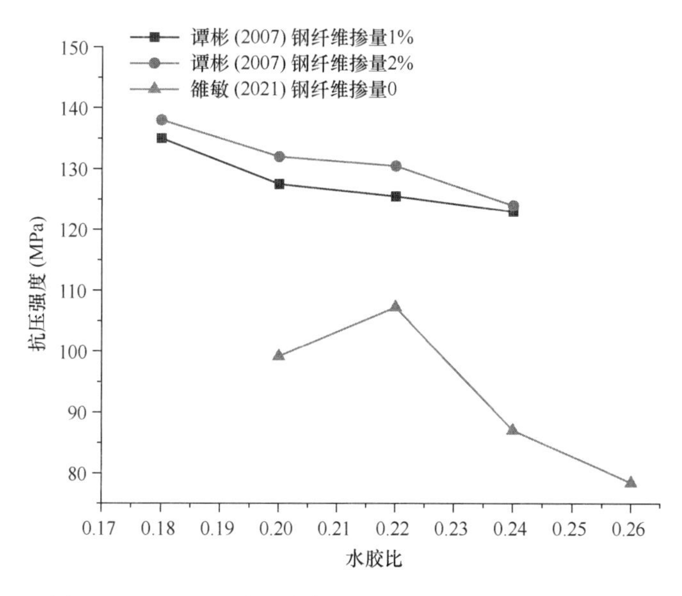

图 4-14　UHPC 混凝土的抗压强度随纤维掺量的变化规律

超高性能混凝土在单轴压缩下的破坏模式与钢纤维混凝土相似。超高性能混凝土的峰值应变随着混凝土强度的增加而显著增加。极限应力与峰值应力一致，极限应变与峰值应变一致。在一定的水胶比下，峰值应变随钢纤维含量的增加而增大。当水胶比过高（高达 0.24）时，钢纤维含量的增加对试样的韧性影响不大。当水胶比较高时，纤维表面容易形成水膜，导致纤维表面多孔性增强。

4.5.2　受压承载力计算

超高性能混凝土轴心受压构件，其轴心受压承载力按下式计算：

$$N \leqslant \varphi(f_c A_c + f'_y A'_s) \tag{4-38}$$

式中，N 为轴向压力设计值；φ 为构件的稳定系数，可按表 4-15 取值；f_c 为超高性能混凝土抗压强度设计值；A_c 为超高性能混凝土构件的截面面积；f_y 为纵向受压钢筋的抗压强度设计值；A_s 为纵向受压钢筋的面积。

超高性能混凝土轴心受压构件的稳定系数　表 4-15

l_0/b	≤8	10	12	14	16	18	20	22	24	26	28
l_0/d	≤7	8.5	10.5	12	14	15.5	17	19	21	22.5	24
l_0/i	≤28	35	42	48	55	62	69	76	83	90	97
φ	1.00	0.98	0.95	0.92	0.87	0.91	0.75	0.70	0.65	0.60	0.56

续表

l_0/b	30	32	34	36	38	40	42	44	46	48	50
l_0/d	26	28	29.5	31	33	34.5	36.5	38	40	41.5	43
l_0/i	104	111	118	125	132	139	146	153	160	167	174
φ	0.52	0.48	0.44	0.40	0.36	0.32	0.29	0.26	0.23	0.21	0.19

注：表中 l_0 为构件的计算长度；b 为矩形截面的短边尺寸；d 为圆形截面的直径；i 为截面的最小回转半径。

矩形截面偏心受压构件正截面受压承载力应符合以下规定（图 4-15）：

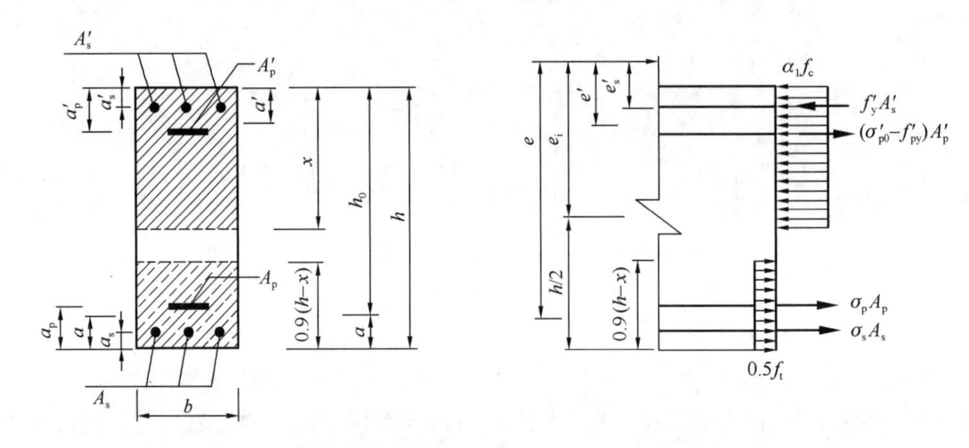

图 4-15　矩形截面偏心受压构件正截面受压承载力计算

$$N \leqslant \alpha_1 f_c bx-(\sigma'_{p0}-f'_{py})A'_p+f'_yA'_s-\sigma_pA_p-\sigma_sA_s-0.45f_tb(h-x) \tag{4-39}$$

$$Ne \leqslant \alpha_1 f_c bx\left(h_0-\frac{x}{2}\right)+f'_yA'_s(h_0-a'_s)-(\sigma'_{p0}-f'_{py})A'_p(h_0-a'_p) -0.45f_tb(h-x)[0.45(h-x)-a] \tag{4-40}$$

$$e=\eta e_i+\frac{h}{2}-a \tag{4-41}$$

$$e_i=e_0+e_a \tag{4-42}$$

式中，N 为轴向压力设计值；e 为轴向压力作用点至纵向普通受拉钢筋和预应力受拉钢筋合力点的距离；f_t 为超高性能混凝土轴心抗拉强度设计值；f'_y、f'_{py} 为普通钢筋、预应力钢筋抗压强度设计值；A_s、A'_s 为受拉区、受压区纵向普通钢筋的截面面积；A_p、A'_p 为受拉区、受压区纵向预应力钢筋的截面面积；α_1 为等效矩形应力图系数；a 为纵向普通受拉钢筋和预应力受拉钢筋的合力点至截面近边缘的距离；a_s、a_p 为受拉区纵向普通钢筋合力点、预应力钢筋合力点至截面受拉边缘的距离；a'_s、a'_p 为受压区纵向普通钢筋合力点、预应力钢筋合力点至截面受压边缘的距离；η 为偏心受压构件考虑二阶弯矩影响的轴向压力偏心距增大系数，按式（4-43）计算。

$$\eta=1+\frac{1}{1200(e_i/h_0)}\left(\frac{l_0}{h}\right)^2\zeta_1\zeta_2 \tag{4-43}$$

式中，$\zeta_1 = 0.2 + 2.7\frac{e_0}{h_0} \leqslant 1$，$\zeta_2 = 1.15 - 0.01\frac{l_0}{h} \leqslant 1$；$e_i$ 为初始偏心距，$e_i = e_0 + e_a$，e_0 为轴向压力对截面重心的偏心距，$e_0 = \frac{M}{N}$，e_a 为附加偏心距，其值取 20mm 和偏心方向截面最大尺寸 1/30 两者中的较大值；l_0 为受压构件的计算长度，依据结构所属工程类别按相应规程的规定确定；σ_p、σ_s 为分别为受拉边或受压较小边纵向预应力钢筋和普通钢筋的应力，应符合下列要求：当相对受压区高度 ξ 不大于界限相对受压区高度 ξ_b 时，为大偏压构件，取 σ_s 为 f_y，σ_p 为 f_{py}；当相对受压区高度 ξ 大于界限相对受压区高度 ξ_b 时，为小偏压构件，按式（4-44）和式（4-45）计算。

$$\sigma_{si} = E_s \varepsilon_{cu}\left(\frac{\beta_1 h_{0i}}{x} - 1\right) \tag{4-44}$$

$$\sigma_{pi} = E_s \varepsilon_{cu}\left(\frac{\beta_1 h_{0i}}{x} - 1\right) + \sigma_{p0i} \tag{4-45}$$

式中，h_{0i} 为第 i 层纵向钢筋截面重心至截面受压边缘的距离。

4.6　超高性能混凝土构件受拉性能

4.6.1　受拉性能变化规律

UHPC 单轴受拉试验可得到 UHPC 在外部荷载作用下的受拉应力-应变曲线，曲线综合反映了 UHPC 从开始受力至最终断裂全过程。国内外学者对不同纤维类型、不同纤维掺量和纤维直径的受拉应力-应变曲线进行了研究，汇总后的研究成果，如图 4-16 所示。

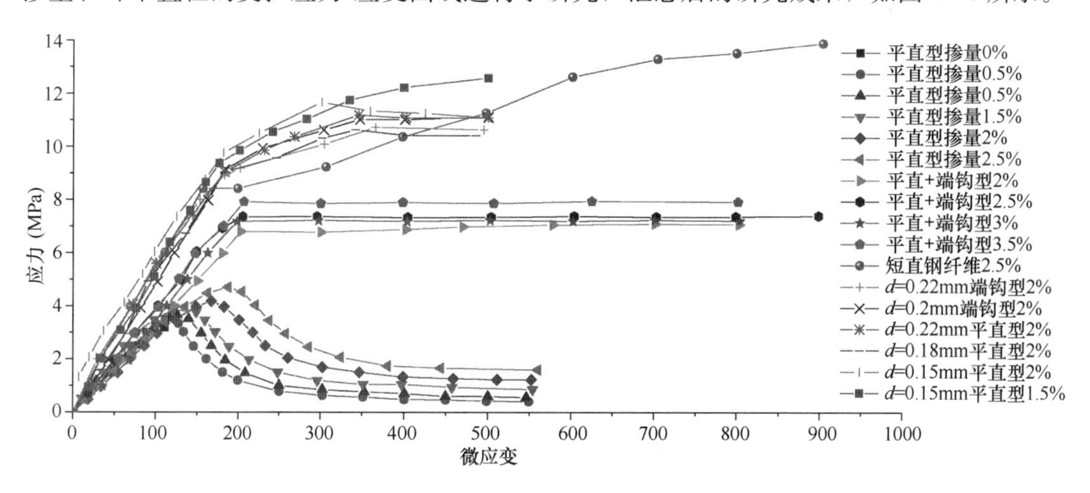

图 4-16　受拉应力-应变曲线

4.6.2　受拉承载力计算

轴心受拉构件正截面受拉承载力按下式进行计算：

$$N \leqslant f_y A_s + f_{py} A_p \tag{4-46}$$

式中，N 为轴向拉力设计值；f_y、f_{py} 为普通钢筋、预应力钢筋抗拉强度设计值；A_s、A_p 为纵向普通钢筋、预应力钢筋的全部截面面积。

矩形截面偏心受拉构件的正截面受拉承载力应符合以下规定。

1. 小偏心受拉构件

当轴向拉力作用在钢筋 A_s 与 A_p 的合力点和 A'_s 与 A'_p 的合力点之间时（图 4-17）：

$$Ne \leqslant f_y A'_s (h_0 - a'_s) + f_{py} A'_p (h_0 - a'_p) \tag{4-47}$$

$$Ne' \leqslant f_y A_s (h'_0 - a_s) + f_{py} A_p (h'_0 - a_p) \tag{4-48}$$

2. 大偏心受拉构件

当轴向拉力不作用在钢筋 A_s 与 A_p 的合力点和 A'_s 与 A'_p 的合力点之间时（图 4-18）：

$$N \leqslant f_y A_s + f_{py} A_p - f'_y A'_s + (\sigma'_{p0} - f'_{py}) A'_p - \alpha_1 f_c bx + 0.45 f_t b(h - x) \tag{4-49}$$

$$Ne \leqslant \alpha_1 f_c bx \left(h_0 - \frac{x}{2}\right) + f'_y A'_s (h_0 - a'_s) - (\sigma'_{p0} - f'_{py}) A'_p (h_0 - a'_p) - 0.45 f_t b(h - x)[0.45(h - x) - a] \tag{4-50}$$

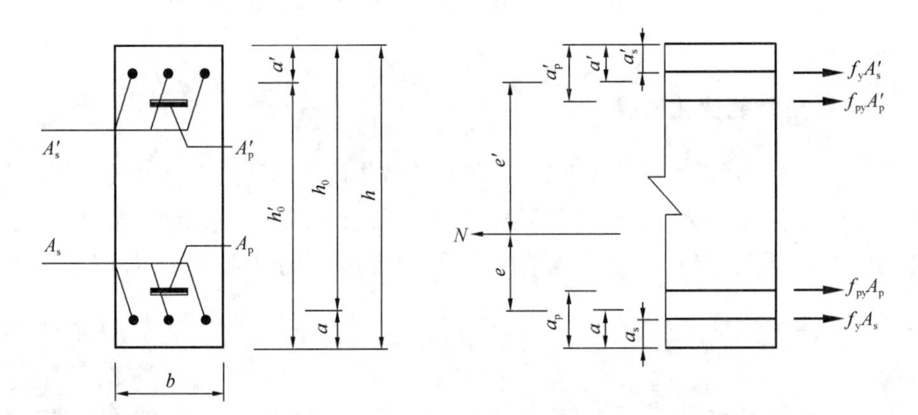

图 4-17　小偏心受拉构件

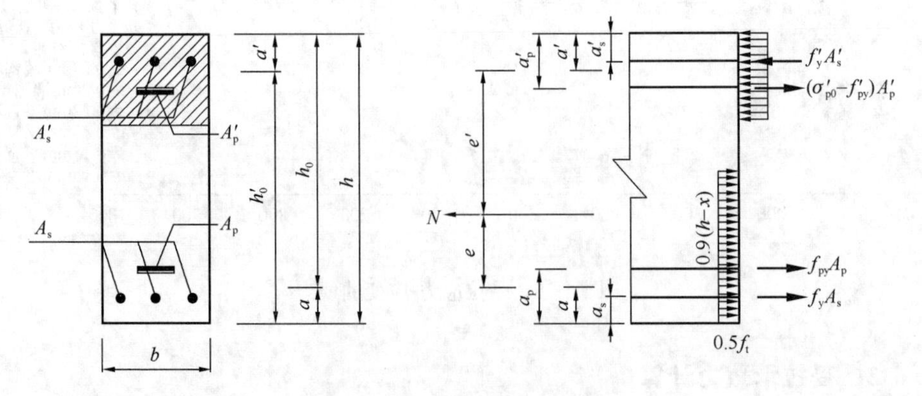

图 4-18　大偏心受拉构件

4.7 裂缝控制验算

4.7.1 裂缝控制等级

钢筋超高性能混凝土和预应力超高性能混凝土构件，按下列规定进行受拉边缘应力或正截面抗裂验算：

（1）一级裂缝控制等级构件，在荷载标准组合下，受拉边缘应力符合下列规定：

$$\sigma_{st}-0.85\sigma_{pc}\leqslant 0 \tag{4-51}$$

（2）二级裂缝控制等级构件，在荷载标准组合下，受拉边缘应力符合下列规定：

$$\sigma_{ck}-\sigma_{pc}\leqslant 0.7f_{tk} \tag{4-52}$$

（3）三级裂缝控制等级构件，钢筋超高性能混凝土构件的最大裂缝宽度可按荷载准永久组合与考虑长期作用影响的效应计算，预应力超高性能混凝土构件的最大裂缝宽度可按荷载标准组合并考虑长期作用影响的效应计算，且裂缝宽度满足式（4-53）的要求。

$$w_{f,max}\leqslant w_{lim} \tag{4-53}$$

式中 $\sigma_{ck}(\sigma_{st})$——荷载标准组合（短期效应组合）下抗裂验算边缘的混凝土法向应力；

σ_{pc}——扣除预应力损失后在抗裂验算边缘混凝土的预压应力；

f_{tk}——混凝土轴心抗拉强度；

$w_{f,max}$——按荷载标准组合（短期效应组合）并考虑长期影响的最大裂缝宽度计算值；

w_{lim}——最大裂缝宽度限值，根据结构所处环境类别和环境对配筋混凝土结构的作用等级进行分类定值，见表4-16。

由于超高性能混凝土基体具有良好的材料匀质性、高密实度以及孔隙率小等特征，超高性能混凝土具有优异的耐久性，且超高性能混凝土中乱向纤细钢纤维会扰乱裂缝处钢筋电化锈蚀的通路，降低锈蚀程度。当钢筋产生“锈胀”时，由于钢纤维的约束，其危害亦会降低。

超高性能混凝土构件的裂缝控制等级及最大裂缝宽度的限值　　表4-16

环境类别	环境等级	最大裂缝宽度限制（mm）	
		钢筋混凝土构件	B类预应力构件
碳化环境	Ⅰ-A	0.30(0.40)	0.20
	Ⅰ-B	0.20(0.30)	0.15(0.20)
	Ⅰ-C	0.20	0.10
冻融破坏环境	Ⅱ-C	0.20	0.10
	Ⅱ-D	0.15	—
	Ⅱ-E	0.15	—

续表

环境类别	环境等级	最大裂缝宽度限制(mm)	
		钢筋混凝土构件	B类预应力构件
海洋氯化物环境	Ⅲ-C	0.20	0.10
	Ⅲ-D	0.20	—
	Ⅲ-E	0.15	—
	Ⅲ-F	0.15	—
除冰盐等其他氯化物环境	Ⅳ-C	0.20	0.10
	Ⅳ-D	0.20	—
	Ⅳ-E	0.15	—
盐结晶环境	Ⅴ-E	0.15	—
	Ⅴ-F	0.15	—
化学腐蚀环境	Ⅵ-C	0.20	0.10
	Ⅵ-D	0.15	—
	Ⅵ-E	0.15	—

注：当有可靠依据并经专门论证，裂缝宽度限值可适当放宽并取表中括号内数值。

4.7.2 最大裂缝宽度

对于超高性能混凝土结构，由于钢纤维对基体中微裂缝的桥接作用，可有效地遏制微裂纹贯通和发展形成裂缝。正常使用极限状态下的超高性能混凝土构件最大裂缝宽度是基于普通钢筋混凝土构件的最大裂缝宽度并考虑钢纤维对裂缝宽度的约束效应计算而得，计算公式如下：

$$w_{\mathrm{f,max}} = w_{\max}(1-\beta_{\mathrm{w}}\lambda_{\mathrm{f}}) \tag{4-54}$$

式中 $w_{\max}$——不考虑钢纤维影响的普通钢筋混凝土受弯构件的最大裂缝宽度（mm），依据结构所属工程类别分别按相应的规范公式进行计算；

β_{w}——钢纤维影响系数，宜通过试验确定，当缺乏试验数据时，$\beta_{\mathrm{w}}=0.4$；且当$(1-\beta_{\mathrm{w}}\lambda_{\mathrm{f}})\leqslant 0.3$时，取$(1-\beta_{\mathrm{w}}\lambda_{\mathrm{f}})=0.3$；

λ_{f}——钢纤维含量特征值，$\lambda_{\mathrm{f}}=\rho_{\mathrm{f}}l_{\mathrm{f}}/d_{\mathrm{f}}$，其中$\rho_{\mathrm{f}}$为钢纤维体积率，$l_{\mathrm{f}}$为钢纤维长度，$d_{\mathrm{f}}$为钢纤维直径或等效直径。

对于β_{w}，《钢纤维混凝土结构技术规程》CECS 38:2004 中钢纤维影响系数$\beta_{\mathrm{cw}}=0.35$，但由于超高性能混凝土中无粗骨料，微细钢纤维在超高性能混凝土中分散更均匀，因此钢纤维影响系数β_{w}可适当放宽取值。

思 考 题

4-1 超高性能混凝土与传统混凝土在材料组成方面有哪些差异？

4-2 超高性能混凝土的常用配合比设计方法有哪些？分别基于什么设计原则？

4-3 相较于普通混凝土，为什么超高性能混凝土具有更好的耐久性？

4-4　影响超高性能混凝土受剪性能的因素有哪些?

4-5　相较于普通混凝土材料，超高性能混凝土的受压和受拉本构关系有什么区别?

4-6　纤维形状和尺寸对超高性能混凝土的力学性能是否有影响? 有什么样的影响?

4-7　钢纤维掺量对超高性能混凝土的力学性能和耐久性能有哪些方面的影响?

4-8　相较于普通混凝土，超高性能混凝土在裂缝控制方面有哪些优越性? 为什么超高性能混凝土更有利于裂缝控制?

4-9　与普通混凝土结构相比，超高性能混凝土结构设计计算时不同之处有哪些?

参 考 文 献

[1] Yu R, Spiesz P, Brouwers H. Development of an eco-friendly ultra-high performance concrete (UHPC) with efficient cement and mineral admixtures uses[J]. Cement and Concrete Composites, 2015, 55: 383-394.

[2] Wang X, Yu R, Song Q. Optimized design of ultra- high performance concrete (UHPC) with a high wet packing density[J]. Cement and Concrete Research, 2019, 126(6): 105921.

[3] Putten J, Dils J, Minne P. Determination of packing profiles for the verification of the compressible packing model in case of UHPC pastes[J]. Material and Structures, 2016, 50(2): 118.

[4] Hou D, Wu D, Wang X. Sustainable use of red mud in ultra-high performance concrete (UHPC): design and performance evaluation[J]. Cement and Concrete Composites, 2021, 115: 103862.

[5] 韩嵘，赵顺波，曲福来. 钢纤维混凝土抗拉性能试验研究 [J]. 土木工程学报，2006，(11)：63-67.

[6] 李芳园. 钢纤维特性对 UHPC 抗拉性能的影响研究 [D]. 长沙：湖南大学，2019.

[7] Roux N, Andrade C, Sanjuan M. Experimental study of durability of reactive powder concretes[J]. Journal of Material in Civil Engineering, 1996, 8(1): 1-6.

[8] Pierard J, Cauberg N, Remy O. Shrinkage and durability mechanics of concrete and concrete structures[J]. Proceedings of the 8th Int. Conference on Creep, Shrinkage and Durability Mechanics of Concrete and Concrete Structures, 2009, 1: 695-700.

[9] Liu J, Song S, Wang L. Durability and micro-structure of reactive powder concrete[J]. Journal of Wuhan University of Technology (Materials Science Edition), 2009, 24(03): 506-509.

[10] Thomas M, Green B, O'Neal E, Hossack A. Marine performance of UHPC at Treat Island[C]. Proceedings of the 3rd International Symposium on UHPC and Nanotechnology for High Performance Construction Materials, Kassel, Germany, 2012.

[11] Yang I, Kim C. Structural behavior of ultra high performance concrete beams subjected to bending [J]. Engineering Structures, 2010, 32(11): 3478-3487.

[12] Turker K, Hasgul U, Birol T. Hybrid fiber use on flexural behavior of ultra high performance fiber reinforced concrete beams[J]. Composite Structures, 2019, 229(6): 111400.

[13] 邓宗才，王义超，肖锐，兰明章，陈兴伟. 高强钢筋 UHPC 梁抗弯性能试验研究与理论分析[J]. 应用基础与工程科学学报，2015，23(01)：68-78.

[14] 孙小凯，刁波，叶英华. 钢筋超高性能纤维混凝土梁抗弯性能研究[J]. 工业建筑，2012，42(11)：16-21.

[15] 傅元方. UHPC 梁受弯性能研究[D]. 福州：福州大学，2016.

[16] 冯素丽. 钢筋超高性能混凝土梁延性性能试验研究[D]. 西安：长安大学，2014.

[17] 马熙伦，陈宝春，黄卿维，韦建刚，苏家战. 钢纤维掺量对 R-UHPC 梁受弯性能影响的研究[J]. 宁夏大学学报(自然科学版)，2019，40(02)：130-136.

[18] 杨松霖，刁波，叶英华. 钢筋超高性能混合纤维混凝土梁力学性能试验研究[J]. 建筑结构学报，2011，32(02)：17-23.

[19] 邓宗才，陈春生，陈兴伟. 混杂纤维活性粉末混凝土梁抗剪性能试验研究[J]. 土木工程学报，2015，48(05)：51-60.

[20] 徐海宾. HRB500 钢筋预应力超高性能混凝土梁受力性能研究[D]. 北京：北京工业大学，2015.

[21] 王强，金凌志，曹霞，吕海波. 活性粉末混凝土梁抗剪性能试验研究[J]. 浙江大学学报(工学版)，2017，51(05)：922-930.

[22] 谭彬. 活性粉末混凝土受压应力应变全曲线的研究[D]. 长沙：湖南大学，2007.

[23] 闫光杰. 活性粉末混凝土单轴受压强度与变形试验研究[J]. 华北科技学院学报，2007，4(2)：36-40.

[24] 雒敏. 超高性能混凝土构件力学性能及承载力的试验与理论研究[D]. 兰州：兰州交通大学，2021.

[25] 胡翱翔，梁兴文，李东阳，于婧，史庆轩，李林. 超高性能混凝土配合比设计及其受拉性能[J]. 湖南大学学报(自然科学版)，2018，45(03)：39-46.

[26] 张哲，邵旭东，李文光，朱平，陈洪. 超高性能混凝土轴拉性能试验[J]. 中国公路学报，2015，28(08)：50-58.

第 5 章　腐蚀混凝土结构

5.1　腐蚀钢筋性能

5.1.1　腐蚀钢筋性能变化规律

钢筋腐蚀是导致混凝土结构耐久性失效的主要原因之一。只有正确认识钢筋腐蚀后其力学性能的变化规律才能更加准确地对混凝土结构进行耐久性评估、寿命预测以及相应的计算机仿真分析。

目前国内外学者对腐蚀钢筋力学性能进行了广泛的试验研究，然而由于试验条件、试验方法、影响参数等因素的不同导致不同学者得出的结论差异性较大。显然，对腐蚀钢筋力学性能有一个全面的认识仍需要积累大量的试验数据。在以往的腐蚀钢筋力学性能退化规律研究中，大多研究的是腐蚀钢筋力学性能与钢筋截面平均腐蚀率的关系。然而钢筋表面的腐蚀状况具有很大的不确定性和随机性，如图 5-1 所示，对腐蚀程度的描述，除了要考虑钢筋的均匀腐蚀情况，还应考虑钢筋的局部坑蚀。

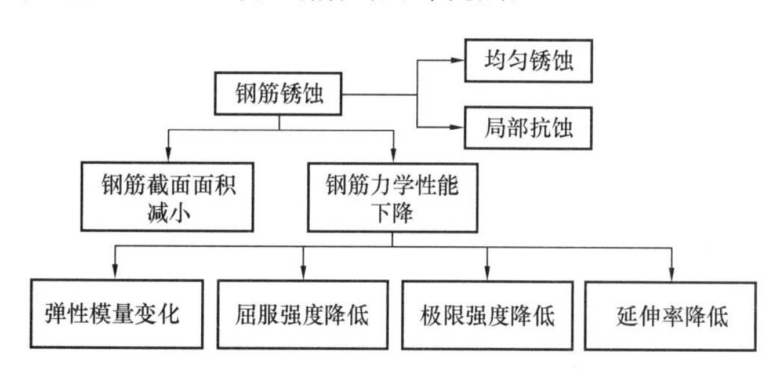

图 5-1　腐蚀引起钢筋性能退化

从以往实际工程混凝土结构中的腐蚀钢筋样本中可以发现，自然环境下混凝土中的腐蚀钢筋有如下特点：

① 腐蚀沿钢筋长度方向具有不均匀性；

② 钢筋靠近保护层一侧腐蚀往往较为严重；

③ 箍筋腐蚀往往较纵筋严重。

通过对试验结果的整理，可以得到一般情况下典型的完好和腐蚀钢筋的 P-Δ 曲线（图 5-2），从图中可以发现如下规律：

① 完好钢筋屈服平台较为明显且较长，当钢筋强化到最高点后，会产生明显的颈缩

现象，应力开始下降，但变形仍能增长，钢筋表现出较好的延性；

② 对于轻度腐蚀钢筋，屈服平台略有缩短，屈服强度略有下降，钢筋强化到最高点后应力下降速度变快，变形能力也开始下降；

③ 对于中等腐蚀钢筋，屈服平台变得不平稳，并呈现出多个“短平台”现象，屈服强度进一步降低，钢筋强化到最高点后变形能力急剧下降，破坏时下降段近乎消失；

④ 对于严重腐蚀钢筋，屈服平台不明显，甚至消失，钢筋在强化过程中突然被拉断，非常容易引起结构突然的脆性破坏。

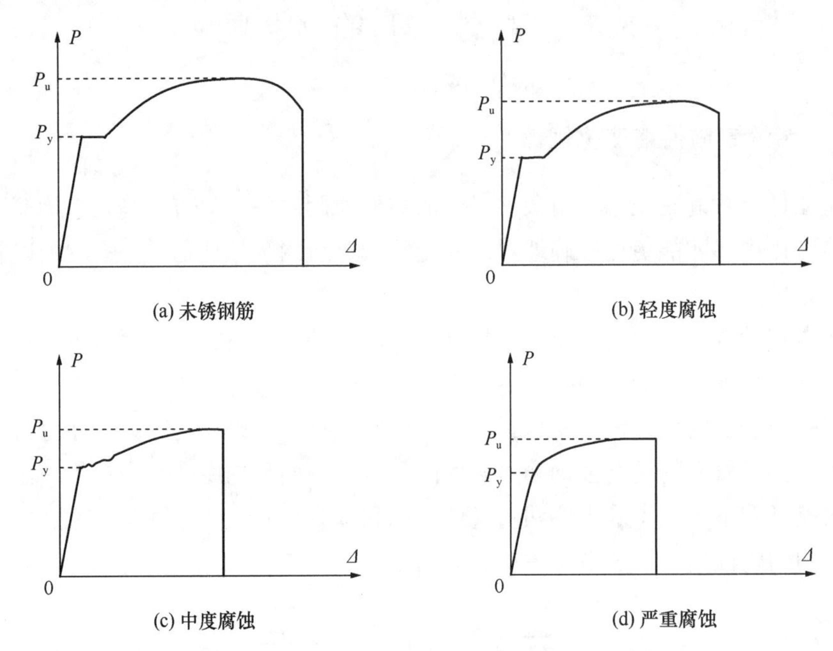

图 5-2 典型钢筋的 P-Δ 曲线

从钢筋拉断部位来看，完好钢筋的断裂位置具有随机性，而腐蚀钢筋的断裂位置一般发生在坑蚀截面处（图 5-3）。

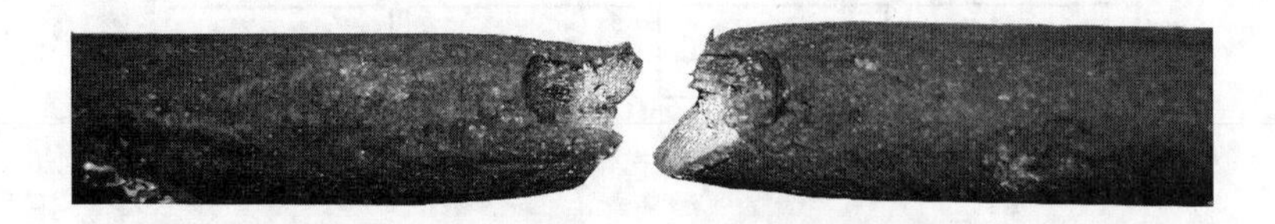

图 5-3 腐蚀钢筋受拉破坏的断裂位置

5.1.2 钢筋腐蚀深度估算

对于已经锈胀开裂的结构构件，可根据下式推断钢筋腐蚀深度，但宜用直接破型方法进行校核。

1）位于角部的光圆钢筋

$$\delta = 0.07w + \frac{0.012c}{d} + 0.00084 f_{\mathrm{cuk}} + 0.08 \quad (w \geqslant 0.3\mathrm{mm}) \tag{5-1}$$

2）位于角部的带肋钢筋

$$\delta = 0.086w + \frac{0.008c}{d} + 0.00055f_{cuk} + 0.015 \quad (w \geqslant 0.1\text{mm}) \tag{5-2}$$

式中 δ——钢筋腐蚀深度（mm）；

w——保护层锈胀裂缝宽度（mm）；

c——混凝土保护层厚度（mm）；

d——钢筋直径（mm）；

f_{cuk}——混凝土强度标准值或评定值（MPa）。

5.1.3 腐蚀钢筋的屈服强度

腐蚀钢筋的截面面积可采用腐蚀后钢筋的实际截面面积，其屈服强度可按下面方法进行确定：

1）当钢筋腐蚀截面损失率 $\eta_s \leqslant 5\%$且腐蚀比较均匀时，取未腐蚀钢筋的屈服强度；

2）钢筋腐蚀截面损失率 $5\% < \eta_s \leqslant 12\%$，或者 $\eta_s \leqslant 5\%$但腐蚀程度不均匀时，腐蚀钢筋的屈服强度可按下式计算：

$$f_{yc} = \frac{1 - 1.077\eta_s}{1 - \eta_s} f_y \tag{5-3}$$

式中 f_{yc}——腐蚀钢筋的屈服强度（MPa）；

f_y——未腐蚀钢筋的屈服强度（MPa）；

η_s——腐蚀钢筋截面损失率。

3）钢筋腐蚀的截面损失率 $\eta_s > 12\%$时，腐蚀钢筋的屈服强度应通过专项论证进行确定。

【例 5-1】某服役 20 年沿海混凝土工业厂房，经检测某混凝土梁的角部纵向钢筋顺筋裂缝宽度平均值为 3.5mm，纵筋采用 4 ⌀ 12（HRB400 级）（f_y=360MPa），混凝土保护层厚度为 40mm，强度等级为 C40，假设钢筋为均匀腐蚀，试估算该腐蚀钢筋的屈服强度。

【解】

位于角部的带肋钢筋（$w \geqslant 0.1$mm）

$$\delta = 0.086w + \frac{0.008c}{d} + 0.00055f_{cuk} + 0.015$$

$$= 0.086 \times 3.5 + \frac{0.008 \times 40}{12} + 0.00055 \times 26.8 + 0.015 = 0.357\text{mm}$$

由于钢筋为均匀腐蚀，$\chi_{average} = \frac{\delta}{d} = \frac{0.357}{12} = 0.03$

$$\eta_s = 2 \times \chi_{average} - \chi_{average}{}^2 = 2 \times 0.03 - 0.03^2 = 5.91\%$$

$5\% < \eta_s \leqslant 12\%$，则

$$f_{yc}=\frac{1-1.077\eta_s}{1-\eta_s}f_y=\frac{1-1.077\times5.91\%}{1-5.91\%}\times360=358\text{MPa}$$

该腐蚀钢筋的屈服强度为358MPa。

5.2 腐蚀钢筋与混凝土的粘结性能

5.2.1 粘结性能变化规律

混凝土结构中钢筋在受力后要发生变形，但由于周围混凝土的存在，会对纵向钢筋的变形产生约束作用，这种相互作用，在钢筋与混凝土接触表面产生的剪应力即为粘结应力。由于钢筋与混凝土的变形能力不同，当剪应力达到一定程度时，接触面将发生相对滑移。

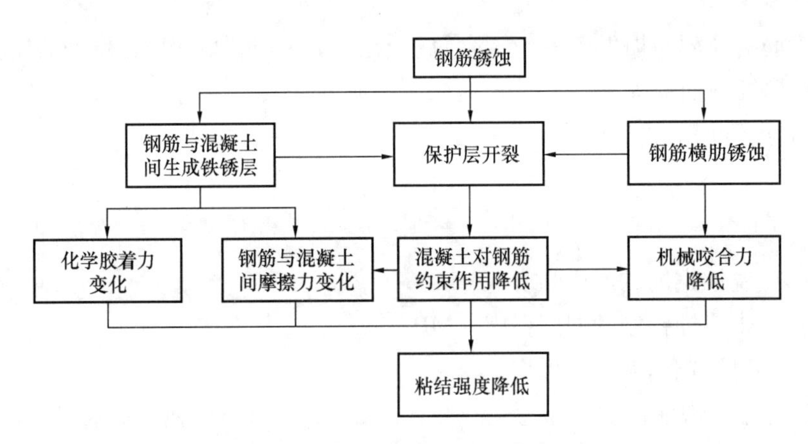

图5-4 钢筋腐蚀引起粘结强度退化

钢筋与混凝土间的粘结是钢筋混凝土构件共同工作的必要条件，通过粘结作用传递混凝土和钢筋两者间的应力，协调变形。钢筋与混凝土之间的粘结力由三部分组成：①钢筋与混凝土接触面上的化学胶着力；②钢筋与混凝土之间的摩擦力；③钢筋与混凝土的机械咬合力。如图5-4所示，在钢筋发生腐蚀后，钢筋与混凝土之间产生的铁锈层会导致钢筋与混凝土接触面上的化学胶着力和摩擦力发生变化；钢筋锈胀引起的保护层开裂会降低混凝土对钢筋的约束作用；腐蚀的钢筋横肋会降低钢筋与混凝土的机械咬合力。这些因素的共同作用，最终会使钢筋与混凝土间的粘结性能发生变化。腐蚀钢筋混凝土结构的粘结问题不仅在理论上具有重要意义，在工程实践中也很重要。

钢筋与混凝土的粘结应力τ按下式计算得到：

$$\tau=\frac{N}{\pi d l_b} \tag{5-4}$$

式中，N为钢筋所受拉力；l_b为钢筋与混凝土的粘结长度。

为了便于分析，定义相对极限粘结强度κ_p为腐蚀拔出试件极限粘结强度τ_{uc}与完好未腐蚀拔出试件的极限粘结强度τ_{u0}之比，即：

$$\kappa_{\mathrm{p}}=\frac{\tau_{\mathrm{uc}}}{\tau_{\mathrm{u0}}} \tag{5-5}$$

式中，κ_{p} 是一无量纲参数，可以描述锈后极限粘结强度的变化情况。从 κ_{p}-η_{average} 曲线（图5-5）中可以看出，η_{average} 对 κ_{p} 的影响基本可以划分为4个阶段：

阶段Ⅰ：$0<\eta_{\mathrm{average}}\leqslant\eta_{\mathrm{average,u}}$，$\kappa_{\mathrm{p}}$ 值随 η_{average} 的增大而增大。这主要是由于钢筋在腐蚀后的体积膨胀，会对钢筋周围混凝土产生锈胀力，而锈胀力反过来也会增大混凝土对钢筋的握裹力，从而增大了钢筋与混凝土间的摩阻力，提高了钢筋与混凝土的极限粘结强度。

阶段Ⅱ：$\eta_{\mathrm{average,u}}<\eta_{\mathrm{average}}<\eta_{\mathrm{average,cr}}$，随着腐蚀产物的增加，$\kappa_{\mathrm{p}}$ 开始下降。这是由于混凝土内部锈胀微裂缝的出现，使部分界面间的腐蚀产物部分渗出，减弱了锈胀力的影响。另外，腐蚀产物在钢筋与混凝土的界面之间起到一种“润滑”作用，从而导致极限粘结强度开始随着腐蚀量的增加而降低。

阶段Ⅲ：$\eta_{\mathrm{average,cr}}\leqslant\eta_{\mathrm{average}}<\eta_{\mathrm{average,r}}$，随着腐蚀程度的进一步增加，混凝土表面开始出现锈胀裂缝，κ_{p} 进入急剧下降阶段。

阶段Ⅳ：$\eta_{\mathrm{average}}\geqslant\eta_{\mathrm{average,r}}$，混凝土表面锈胀裂缝进一步开展，$\kappa_{\mathrm{p}}$ 维持在某一极小的残余值附近不再变化。

一般来说，阶段Ⅲ的过程很短，当腐蚀程度发展到 $\eta_{\mathrm{average,cr}}$ 后，κ_{p} 值会急剧下降，极大地削弱钢筋与混凝土的粘结性能。一般来说，工程中较为关注的是 $\eta_{\mathrm{average,u}}$ 和 $\eta_{\mathrm{average,cr}}$ 发生时刻，也就是阶段Ⅰ和阶段Ⅱ间的 κ_{p}-η_{average} 关系，以便对结构进行准确的评估并给予及时的修复。影响 $\eta_{\mathrm{average,u}}$ 和 $\eta_{\mathrm{average,cr}}$ 的因素很多，如混凝土水胶比、钢筋类型、钢筋直径、混凝土保护层厚度、是否配箍筋等，因此，应根据具体情况区别对待。下面分别对光圆钢筋拔出试件和变形钢筋进行分析。

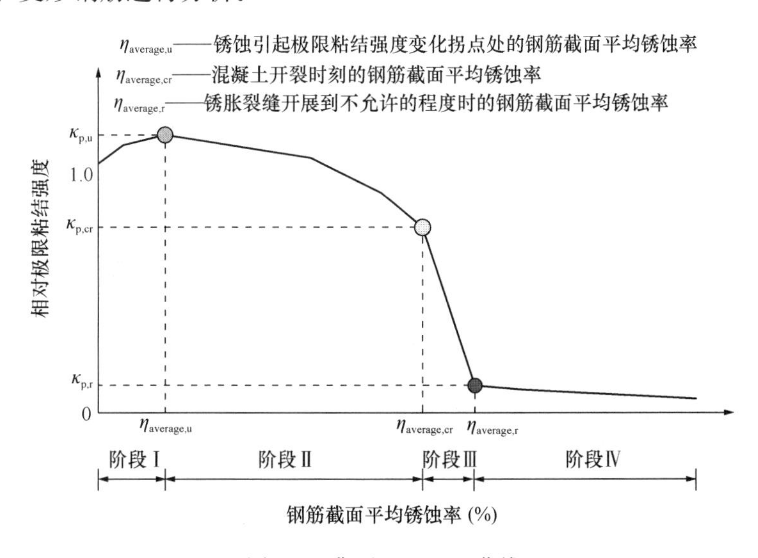

图5-5　典型 κ_{p}-η_{average} 曲线

光圆钢筋拔出试件的破坏模式通常属于剪切型，如图5-6(a) 所示。在试验中表现为：当加荷初期，拉力较小，钢筋与混凝土界面上开始受剪时，化学胶着力起主要作用，此时，界面上无滑移，随着拉力的增大，化学胶着力从加荷端开始逐渐丧失，摩擦力开始起主要作用，此时，滑移逐渐增大，粘结刚度逐渐减小；当粘结应力达到峰值后，滑移量急剧增大，τ-s 曲线进入下降段，此时，嵌入钢筋表面凹陷处的混凝土被陆续剪碎磨平，摩擦力不断减小，之后 τ-s 曲线逐渐趋于平缓。破坏时，钢筋从试件内拔出，拔出钢筋表面与其周围混凝土表面沾满了水泥和铁锈粉末，并有明显的纵向摩擦痕迹。当钢筋腐蚀程度较大时拔出试件的破坏模式开始表现为劈裂型，如图 5-6(b) 所示，与上述剪切型破坏模式不同，当粘结应力到达峰值后，混凝土试块瞬间沿着锈胀裂缝劈开，试件达到破坏。

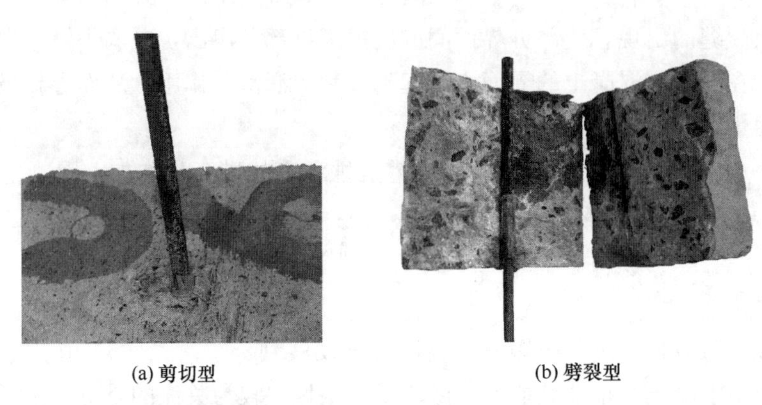

(a) 剪切型　　(b) 劈裂型

图 5-6　光圆钢筋拔出试件破坏模式

变形钢筋拔出试件破坏模式分为劈裂型和刮犁型两种。变形钢筋拔出试件劈裂型破坏表现为：当粘结应力到达峰值后，混凝土试块瞬间劈裂成若干块，试件达到破坏。将劈裂试件混凝土剖开后，可以看到混凝土劈裂面上留有清晰的钢筋肋印，肋前的混凝土被挤碎，在钢筋横肋之间的根部嵌固着挤碎的粉末状混凝土，如图 5-7(a) 所示。而对于刮犁型破坏试件，当粘结应力到达峰值后，滑移量急剧增加，粘结应力迅速下降，最终稳定在某一残余值处，τ-s 曲线逐渐趋于平缓，破坏时，钢筋从试件内拔出，钢筋的肋与肋之间全部被混凝土粉末紧密地填实，如图 5-7(b) 所示。

(a) 劈裂型　　(b) 刮犁型

图 5-7　变形钢筋拔出试件破坏模式

5.2.2　腐蚀钢筋混凝土粘结强度退化模型

为了使粘结强度退化模型具有更好的应用性，并保证一定的安全度，通过收集国内外 300 多个腐蚀钢筋拔出试件的试验数据，将试验结果按不同 η_{average} 区间划分为三部分后分别进行回归分析，可以得到如式（5-6）所示的 κ_{p}-η_{average} 三折线模型：

$$\kappa_{\text{p}}=\begin{cases}1-2.79\eta_{\text{average}} & \eta_{\text{average}}<4\% \\ 1.59-11.88\eta_{\text{average}} & 4\%\leqslant\eta_{\text{average}}<10\% \\ 0.40 & \eta_{\text{average}}\geqslant10\%\end{cases} \tag{5-6}$$

另外，如图 5-8 所示，在考虑 95%保证率的情况下，可以将虚线以点（10%，0.40）为基点平移至点（8%，0.05）处，并忽略小腐蚀率情况下 η_{average} 对 κ_{p} 的有利作用，对 κ_{p}-η_{average} 曲线采用双折线模型，即图 5-8 中实线部分，这就是 κ_{p}-η_{average} 关系实用模型。在 κ_{p}-η_{average} 关系图中，当 $\eta_{\text{average}}<8\%$ 时，用一条通过点（0，1.00）和点（8%，0.05）的直线表示腐蚀构件粘结强度的下降；当 $\eta_{\text{average}}\geqslant8\%$ 时，用通过点（8%，0.05）的水平直线表示腐蚀构件粘结强度的残余段，上述关系可表达为如式（5-7）所示的 κ_{p}-η_{average} 双折线模型：

$$\kappa_{\text{p}}=\begin{cases}1-11.875\eta_{\text{average}} & \eta_{\text{average}}<8\% \\ 0.05 & \eta_{\text{average}}\geqslant8\%\end{cases} \tag{5-7}$$

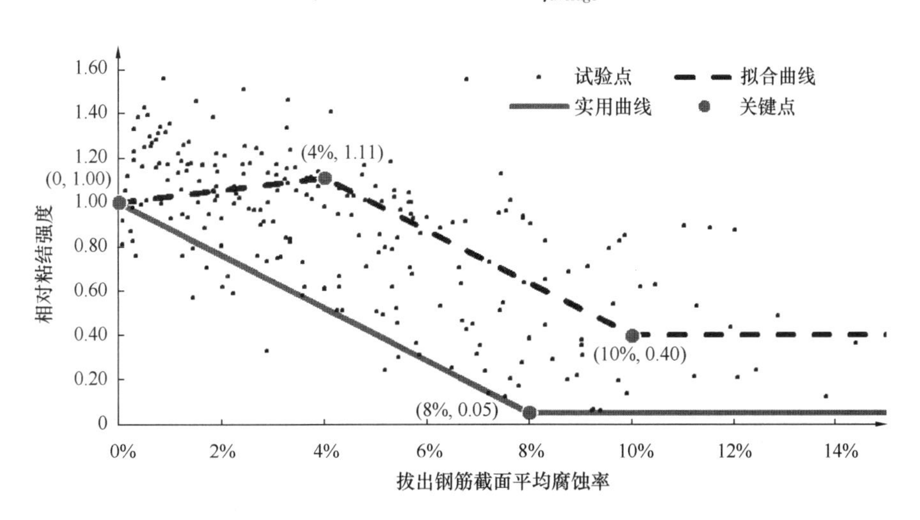

图 5-8　κ_{p}-η_{average} 双折线模型与三折线模型

5.3　腐蚀混凝土梁的受弯性能

5.3.1　受弯破坏过程分析

钢筋混凝土梁是钢筋混凝土结构中的重要受弯构件之一，研究钢筋混凝土梁中的钢筋腐蚀对其受弯性能的影响，是钢筋混凝土耐久性研究中一个十分重要的问题。如图 5-9 所示，影响腐蚀钢筋混凝土梁受弯性能退化的主要原因可以分为 3 个方面：一是钢筋作用的退化，包括纵筋截面的损失，纵筋力学性能的降低；二是混凝土与钢筋共同作用的退化，即钢筋混凝土粘结性能的退化；三是混凝土作用的退化，包括锈胀剥落引起的受压区混凝土截面减小和锈胀力的作用引起的混凝土受力状态的改变。这些因素的共同作用最终会影响腐蚀钢筋混凝土梁的受弯性能。腐蚀钢筋混凝土梁受弯性能的退化主要表现为：梁的承载力降低、梁的延性退化和梁的破坏形态发生变化。

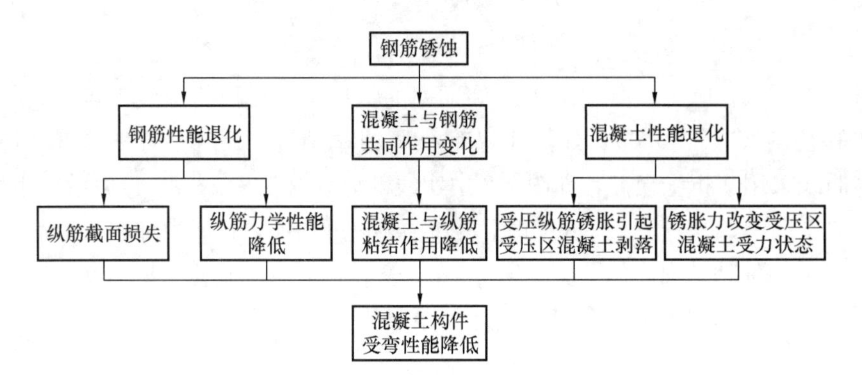

图 5-9　钢筋腐蚀引起受弯性能退化

5.3.2　受弯性能变化规律

腐蚀钢筋混凝土受弯梁的失效模式主要可以分为两种：一是受压区混凝土被压碎破坏；二是受拉纵筋被拉断破坏。如图 5-10 所示，当钢筋腐蚀程度较小时，受弯梁的破坏形式一般为前者，破坏过程中梁经历了一个裂缝和挠度均有较大发展的过程，破坏时，在众多的裂缝中，有一条主要的破坏裂缝，其宽度较大，延伸较高，挠度剧增，有明显的预兆，表现出良好的延性；当腐蚀程度较大时，不均匀腐蚀的产生，会极大削弱受弯梁坑蚀发生处截面的承载力，导致受拉纵筋被拉断失效，破坏时往往比较突然，梁底挠度急剧增大，并伴随钢筋被拉断的巨响，为一种类似少筋梁的脆性破坏。

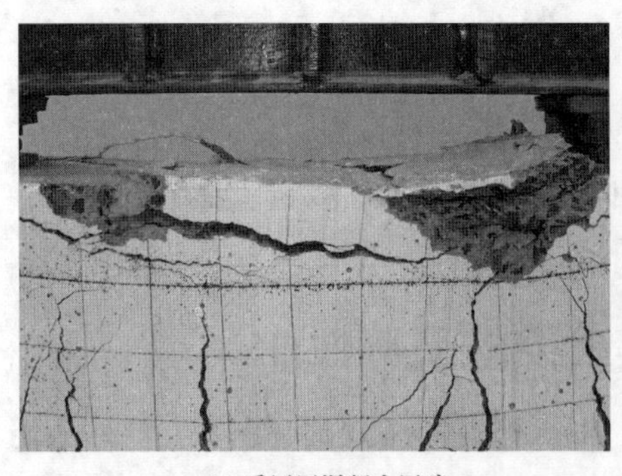

(a) 受压区混凝土压碎

(b) 受拉纵筋被拉断

图 5-10　受弯梁破坏模式

5.3.3 腐蚀钢筋混凝土受弯构件承载力计算方法

腐蚀受弯构件正截面承载力可参照现行国家标准《混凝土结构设计规范》GB 50010计算，构件截面尺寸应采用锈损后、剥蚀后的实际截面尺寸，钢筋应采用锈后实际截面面积和实际屈服强度。正截面受弯承载力计算公式如下：

$$M_c = \alpha_1 f_c x\left(h_0 - \frac{x}{2}\right) = \alpha_{sc} f_{yc} A_{sc}(h_0 - \frac{x}{2}) \tag{5-8}$$

式中 α_{sc}——受拉腐蚀钢筋强度利用系数；

f_{yc}——腐蚀钢筋的屈服强度（MPa）；

A_{sc}——腐蚀后的钢筋截面面积（mm^2）。

腐蚀钢筋的屈服强度 f_{yc} 可按下列规定取用：

1）截面损失率 $\eta_s \leqslant 5\%$ 且腐蚀比较均匀时，可取未锈钢筋的屈服强度；

2）截面损失率 $5\% < \eta_s \leqslant 12\%$，或 $\eta_s \leqslant 5\%$ 但腐蚀不均匀，可按下式计算：

$$f_{yc} = \frac{1 - 1.077\eta_s}{1 - \eta_s} f_y \tag{5-9}$$

式中 f_y——钢筋腐蚀前的强度设计值（MPa）；

η_s——钢筋腐蚀截面损失率。

3）截面损失率 $\eta_s > 12\%$ 时，应根据有关研究成果另行确定。

受拉腐蚀钢筋强度利用系数 α_{sc} 可按下列规定取用：

1）无锈胀裂缝或配筋指标 $q_0 \leqslant 0.25$：

$$\alpha_{sc} = 1.0 \tag{5-10}$$

2）钢筋腐蚀深度 $\delta \geqslant 0.3$mm，且配筋指标 $q_0 > 0.25$：

$$\alpha_{sc} = \begin{cases} 1.45 - 1.82\,q_0 & (0.25 < q_0 \leqslant 0.44) \\ 0.92 - 0.63\,q_0 & (q_0 > 0.44) \end{cases} \tag{5-11}$$

3）钢筋腐蚀深度 $\delta < 0.3$mm，且配筋指标 $q_0 > 0.25$：

$$\alpha_{sc} = \begin{cases} 1.0 + (0.45 - 1.82\,q_0)\dfrac{\delta}{0.3} & (0.25 < q_0 \leqslant 0.44) \\ 1.0 + (-0.08 - 0.63\,q_0)\dfrac{\delta}{0.3} & (q_0 > 0.44) \end{cases} \tag{5-12}$$

构件受拉区损伤长度小于梁跨1/3时，取 $\alpha_{sc} = 1.0$。

配筋指标按下式计算：

$$q_0 = \frac{A_s f_y + \sum A_{sci} f_{sci}}{f_c b h_0} \tag{5-13}$$

式中 A_s、f_y——受拉钢筋中未锈钢筋截面面积（mm^2）、抗拉强度设计值（MPa）；

A_{sci}、f_{yci}——第 i 根腐蚀受拉钢筋截面面积（mm^2）、抗拉强度设计值（MPa）。

【例 5-2】 某住宅的钢筋混凝土梁，梁截面尺寸为 $b \times h = 250 \times 450$mm，混凝土强度等级为 C30（$f_c = 14.3$MPa），保护层厚度为 20mm。纵向受拉钢筋采用 4Φ18（HRB500 级，$f_y = 435$MPa），所采用的箍筋直径为 10mm，弯矩设计值为 110kN·m。经检验，该梁所有钢筋全部腐蚀且可视作均匀腐蚀，腐蚀深度为 0.8mm。试验算该梁是否安全。

【解】

（1）腐蚀钢筋屈服强度

钢筋相对平均锈蚀深度 $\chi_{average} = \dfrac{\delta}{d} = \dfrac{0.8}{18} = 0.044$mm

钢筋腐蚀的截面损失率 $\eta_s = 2 \times \chi_{average} - \chi_{average}{}^2 = 2 \times 0.044 - 0.044^2 = 8.69\%$

$5\% < \eta_s \leqslant 12\%$，则

$$f_{yc} = \frac{1 - 1.077\eta_s}{1 - \eta_s} f_y = \frac{1 - 1.077 \times 8.69\%}{1 - 8.69\%} \times 435 = 432\text{MPa}$$

（2）受拉腐蚀钢筋强度利用系数 α_{sc}

受拉钢筋合力点至截面受拉边缘的距离 $a_s = 20 + 10 + \dfrac{18}{2} = 39$mm

$$h_0 = h - a_s = 450 - 39 = 411\text{mm}$$

配筋指标 $q_0 = \dfrac{A_s f_y + \Sigma A_{sci} f_{sci}}{f_c b h_0} = \dfrac{4 \times \pi \times (9 - 0.4)^2 \times 432}{14.3 \times 250 \times 411} = 0.27$

则钢筋腐蚀深度 $\delta \geqslant 0.3$mm，且配筋指标 $0.25 < q_0 \leqslant 0.44$

因此，$a_{sc} = 1.45 - 1.82\, q_0 = 0.953$

（3）弯矩复核

$$\Sigma X = 0,\ \alpha_1 f_c b x = f_{yc} A_{sc}$$

$$\begin{aligned} M_c &= \alpha_1 f_c x \left(h_0 - \frac{x}{2}\right) = \alpha_{sc} f_{yc} A_{sc} \left(h_0 - \frac{x}{2}\right) \\ &= 0.953 \times 432 \times 4\pi \times (9 - 0.4)^2 \times \left(411 - \frac{112}{2}\right) \\ &= 136\text{kN} \cdot \text{m} > 110\text{kN} \cdot \text{m} \end{aligned}$$

经复核，该梁安全。

5.4 腐蚀混凝土梁的受剪性能

5.4.1 受剪破坏过程分析

设计时选用适当的混凝土保护层厚度，是保护钢筋不被侵蚀的有效手段之一。现行国家标准《混凝土结构设计规范》GB 50010 中对混凝土保护层厚度的要求是相对于纵向受力钢筋的混凝土保护层厚度，因而箍筋较纵筋更接近混凝土表面，更容易受到外界物质的侵蚀，另外由于施工质量的原因还会出现箍筋外露现象，进一步加速了箍筋的腐蚀。箍筋常常作为提高混凝土梁受剪承载力的受力钢筋布置在钢筋混凝土梁的受剪区内，箍筋的腐

蚀必然会影响到梁的受剪性能。如图5-11所示，影响腐蚀钢筋混凝土梁受剪性能退化的主要原因可以分为3个方面：一是钢筋作用的退化，包括箍筋截面的损失、箍筋力学性能的降低和销栓作用的降低；二是混凝土与钢筋共同作用的退化；三是混凝土作用的退化，包括锈胀剥落引起的剪压区混凝土截面减小和锈胀力作用引起的箍筋对混凝土的约束作用的改变。这些因素的共同作用最终会影响腐蚀钢筋混凝土梁的受剪性能。混凝土梁的受剪破坏为脆性破坏，一旦发生其后果要比抗弯破坏严重。

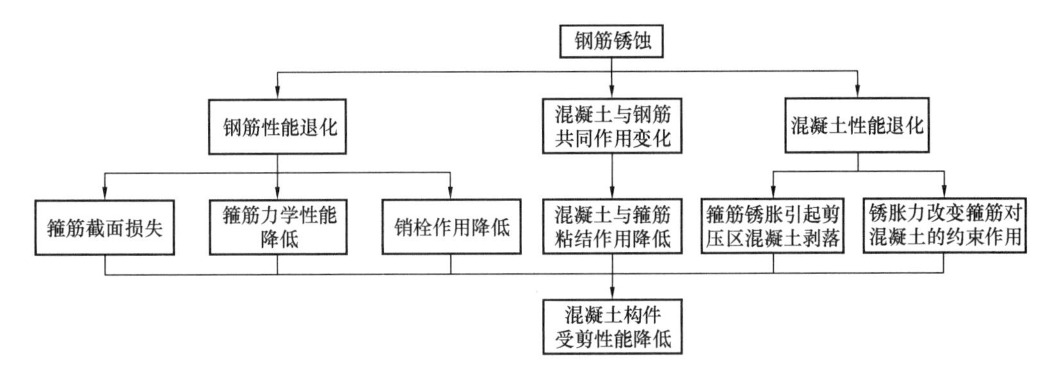

图5-11　钢筋腐蚀引起受剪性能退化

5.4.2　受剪性能变化规律

腐蚀钢筋混凝土受剪梁的失效模式主要可以分为两类，如图5-12所示：第一类失效模式是剪压面混凝土压碎破坏，即剪压破坏，加载后在梁的弯剪段内先出现若干条弯剪斜裂缝，随荷载的增大，其中出现一条延伸较长、开展较宽的主要斜裂缝，即临界斜裂缝，随着荷载的继续增大，临界斜裂缝将不断向加载作用点处延伸，使斜裂缝上端的混凝土的剪压面不断减小，最后剪压面在正应力和剪应力的共同作用下，混凝土达到复合受力极限强度破坏，对于伸长率较高、延性较好的箍筋，当腐蚀程度较小时，受剪梁的失效模式一般为此类。第二类失效模式是箍筋被拉断破坏，从开始加载到临界斜裂缝出现后，随着荷载的继续增大，当箍筋延性不足时，斜裂缝开展到一定宽度后，箍筋会被突然拉断而破坏，对于伸长率不高、延性不好的箍筋，或钢筋腐蚀程度较大的情况，受剪梁的失效模式一般为此类。

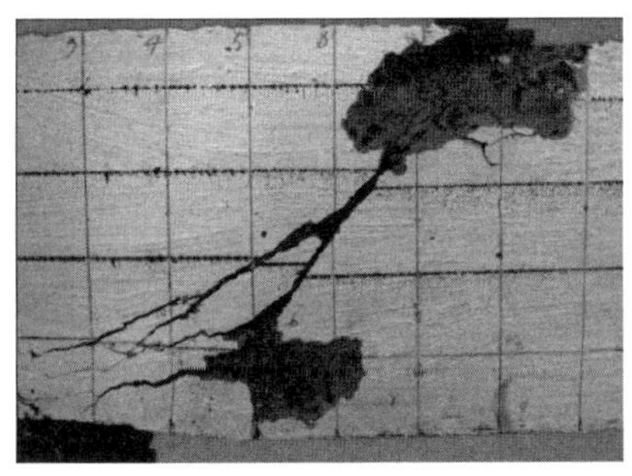

(a) 剪压面混凝土压碎破坏

(b) 箍筋拉断破坏

图5-12　受剪梁破坏模式

5.4.3 腐蚀钢筋混凝土受剪构件承载力计算方法

对于仅配箍筋的梁，其承受的剪力由钢筋和混凝土共同承担，在计算腐蚀钢筋混凝土梁受剪性能时应该同时考虑腐蚀对这两部分受剪能力的削弱。

1. 箍筋承担剪力部分

受剪梁中承担剪力的有效箍筋面积可以按斜裂缝所穿越的数目计算，取斜裂缝与梁轴线夹角为 45°（图 5-13），有效箍筋数可以由下式计算得到：

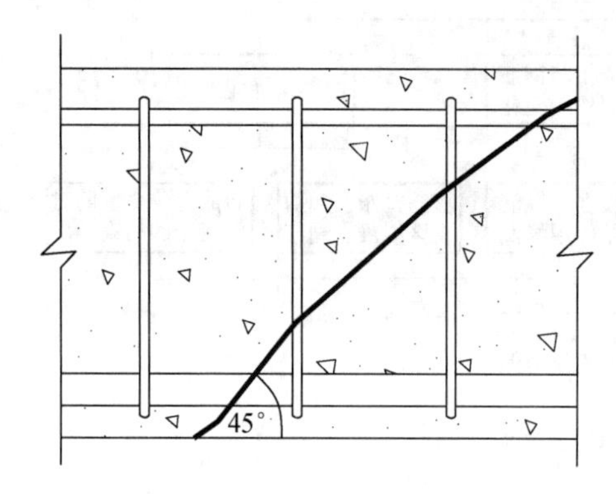

图 5-13 临界斜裂缝穿越箍筋数

$$n_{\mathrm{v}}=\frac{h}{s} \tag{5-14}$$

式中，h 为截面高度；s 为箍筋的间距。

对于双肢箍筋，每根箍筋面积 $A_{\mathrm{sv},i}$ 为：

$$A_{\mathrm{sv},i}=A_{\mathrm{sv},i1}+A_{\mathrm{sv},i2} \tag{5-15}$$

式中，$A_{\mathrm{sv},i1}$，$A_{\mathrm{sv},i2}$ 分别为每肢箍筋的截面面积。

因此，受剪梁中的有效箍筋面积为：

$$A_{\mathrm{sv}}=\sum_{i=1}^{n_{\mathrm{v}}}A_{\mathrm{sv},i} \tag{5-16}$$

2. 混凝土承担剪力部分

对于轻度腐蚀箍筋，混凝土保护层尚未开裂或是裂缝开展不严重时，受剪梁的有效宽度可以直接取梁的原始宽度；当箍筋腐蚀严重时，会引起混凝土保护层的剥落，对梁截面的宽度造成了削弱，因此在计算受剪梁混凝土部分所承担剪力时应该考虑截面的有效宽度。如图 5-14所示，根据混凝土的剥落角度 α、箍筋间距 s、保护层厚度 a 和箍筋直径 d_{v} 的不同，梁截面的有效宽度 b_{eff} 可以分为两种情况计算：

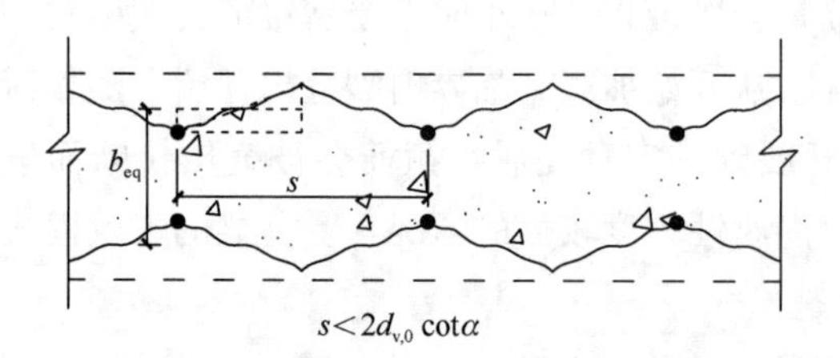

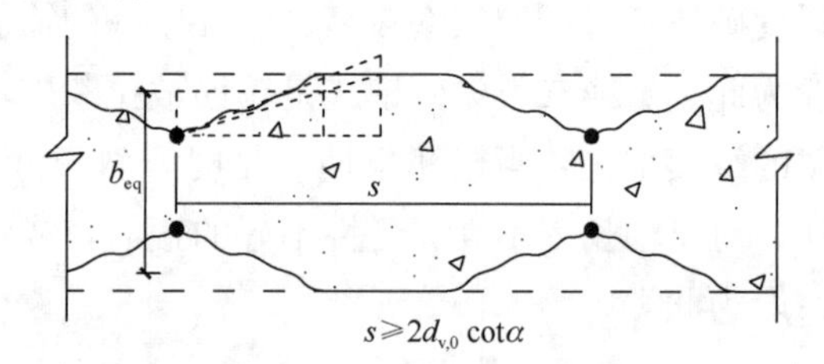

图 5-14 箍筋腐蚀对混凝土的损伤

当 $s<2d_{\mathrm{v},0}\cot\alpha$ 时，腐蚀梁截面的有效宽度为：

$$b_{\mathrm{eff}}=b-2(a+d_{\mathrm{v}})+\frac{s\tan\alpha}{2} \tag{5-17}$$

当 $s\geqslant2d_{\mathrm{v},0}\cot\alpha$ 时，腐蚀梁截面的有效宽度为：

$$\begin{aligned}b_{\mathrm{eff}}&=b-2(a+d_{\mathrm{v}})+2\left[\frac{s(a+d_{\mathrm{v}})-(a+d_{\mathrm{v}})^{2}\cot\alpha}{s}\right]\\&=b-\frac{2}{s\tan\alpha}(a+d_{\mathrm{v}})^{2}\end{aligned} \tag{5-18}$$

对于由箍筋引起的混凝土保护层剥落，α 可以根据实际测量得到，一般可取 $\alpha=20°$。从上面可以看出，在相同条件下，箍筋越密，当混凝土发生剥落后，b_{eff} 也越小，从而导致了梁的受剪能力的下降。

3. 腐蚀钢筋混凝土受剪性能模型

受剪腐蚀构件的计算公式可参照现行国家标准《混凝土结构设计规范》GB 50010 计算，腐蚀钢筋应采用锈后截面面积和锈后钢筋强度设计值，以及考虑混凝土锈裂对截面损伤的影响。

【例 5-3】 一钢筋混凝土矩形截面简支梁，截面尺寸为 $b\times h=250\text{mm}\times 600\text{mm}$，混凝土强度等级为 C35（$f_c=16.7\text{MPa}$；$f_t=1.57\text{MPa}$），保护层厚度为 20mm，其中，纵筋采用 4Φ20，同时仅配置双肢箍筋Φ8@150（HPB300 级）（$f_{yv}=270\text{MPa}$）。梁仅承受均布荷载（包括自重），支座边缘截面的剪力设计值为 310kN。已知钢筋腐蚀后混凝土剥落角度 $\alpha=30°$，经检测箍筋腐蚀深度达 0.4mm，验算该梁是否符合受剪承载力要求。

【解】

(1) 箍筋承担剪力部分

有效箍筋数

$$n_v=\frac{h}{s}=\frac{600}{150}=4$$

对于双肢箍筋，每根箍筋面积 $A_{sv,i}$ 为：

$$A_{sv,i}=A_{sv,i1}+A_{sv,i2}=\pi\times 4^2\times 2=101\text{mm}^2$$

受剪梁中的有效箍筋面积为：

$$A_{sv}=\sum_{i=1}^{n_v}A_{sv,i}=4\times 101=404\text{mm}^2$$

钢筋相对平均锈蚀深度 $\chi_{average}=\dfrac{\delta}{d}=\dfrac{0.4}{8}=0.05\text{mm}$

$$\eta_s=2\times\chi_{average}-\chi_{average}{}^2=2\times 0.05-0.05^2=9.75\%$$

$5\%<\eta_s\leqslant 12\%$，则

$$f_{yvc}=\frac{1-1.077\eta_s}{1-\eta_s}f_{yv}=\frac{1-1.077\times 9.75\%}{1-9.75\%}\times 270=268\text{MPa}$$

(2) 混凝土承担剪力部分

$$2d_{v,0}\cot\alpha=2\times 8\times\cot 30°=27.71$$

可见 $s=150\geqslant 2d_{v,0}\cot\alpha=27.71$，因此腐蚀梁截面的有效宽度为：

$$b_{eff}=b-\frac{2}{s\tan\alpha}(a+d_v)^2=250-\frac{2}{150\tan 30°}(20+8)^2=232\text{mm}$$

(3) 受剪承载力复核

梁构件受剪承载力系数 a_{cv} 经验取值为 0.7，此外 a_s 取值 40mm

$$h_0 = h - a_s = 600 - 40 = 560\text{mm}$$

$$V \leqslant V_u = a_{cv} f_t b_{eff} h_0 + f_{yvc} \frac{A_{sv}}{s} h_0 = 0.7 \times 1.57 \times 232 \times 560 + 268 \times \frac{404}{150} \times 560 = 506\text{kN}$$

经复核，该梁受剪承载力仍符合要求。

5.5 腐蚀混凝土柱的受压性能

5.5.1 受压破坏过程分析

受压构件和受弯构件一样，也是工业与民用建筑中应用最为广泛的基本构件之一，最常见的就是柱子。如图 5-15 所示，影响腐蚀钢筋混凝土柱受压承载力的因素可以分为 3 个部分：一是钢筋作用的退化，主要是受力纵筋的截面损失和力学性能的降低；二是混凝土与钢筋共同作用的退化；三是混凝土作用的退化，纵向钢筋和箍筋腐蚀后引起的混凝土保护层剥落均会导致混凝土受压截面的减小，另外，锈胀力还会改变受压核心混凝土的受力状态。在这些影响的作用下，混凝土柱受压性能也会随之发生退化。

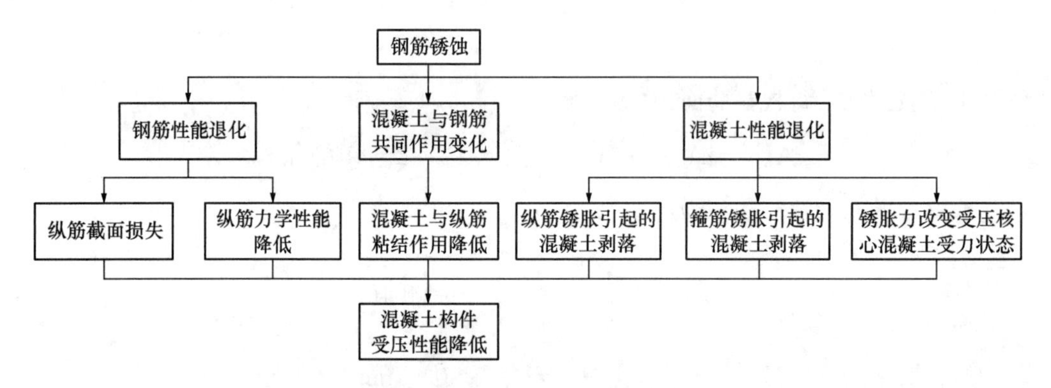

图 5-15 钢筋腐蚀引起受压性能退化

受压构件按受力情况不同，分为轴心受压和偏心受压构件两类。在实际的工程中，理想的轴心受压构件是比较少的。通常由于荷载作用位置的偏差、混凝土的非均匀性、配筋的不对称以及施工制作误差等原因，往往存在着或多或少的初始偏心距。而锈胀引起的混凝土保护层剥落，会使受压柱的力学中心发生改变，从而改变混凝土柱的偏心距，甚至改变混凝土柱的偏心状态。

5.5.2 受压性能变化规律

对于小偏心受压柱，加荷过程初期，柱表面无裂缝产生，当荷载较大时，远离偏心荷载一侧出现横向水平裂缝，但水平裂缝的开展与延伸并不显著，未形成明显的主裂缝，而受压边缘混凝土应变增长较快，临近破坏时受压边出现纵向裂缝，混凝土被压碎，破坏较突然，无明显预兆。

对于大偏心受压柱，在荷载增加到一定程度时，受拉边缘就形成了若干条水平裂缝，随着荷载的继续增加，形成一条主要水平裂缝，该裂缝扩展较快，宽度增大，并且裂缝深度逐渐向受压区方向延伸，使受压区高度减小，破坏时，受压区出现纵向裂缝，混凝土被压碎破坏，破坏前变形较小偏心受压柱大。

与完好柱相比，锈后钢筋混凝土柱在受荷过程中，由于锈胀裂缝的影响，受压边缘混凝土过早地被压碎，并在破坏前受压区混凝土保护层剥落现象显著。

5.5.3 腐蚀钢筋混凝土受压构件承载力计算方法

腐蚀受压构件可参照现行国家标准《混凝土结构设计规范》GB 50010 计算，但应采用锈后钢筋截面面积、锈后钢筋强度，混凝土应采用裂损后的等效截面面积。

1. 腐蚀对柱的混凝土截面损伤分析

在柱中，箍筋和纵筋的腐蚀引起的混凝土胀裂或剥落，都会对混凝土截面造成损伤，不仅降低了混凝土截面实际受荷面的有效面积，还会改变柱截面的实际力学中心，改变柱承载时的偏心状态。因此，只有在确定了锈后混凝土柱的有效截面后才可以对柱的承载力进行正确的评估。箍筋锈胀引起的混凝土截面损伤一般为横向裂缝或横向剥落（图 5-16a），而纵筋引起的损伤一般为纵向裂缝或纵向剥落（图 5-16b），两者对混凝土有效截面影响应当区别考虑。由于柱中配筋形式多样，不同配筋形式的混凝土剥落情况也不同，下面以柱的配筋方式为例介绍如何确定锈胀损伤后混凝土截面有效面积，对于其他的配筋形式，均可以通过外观检测得到实际混凝土的剥落情况后，按类似方法处理。

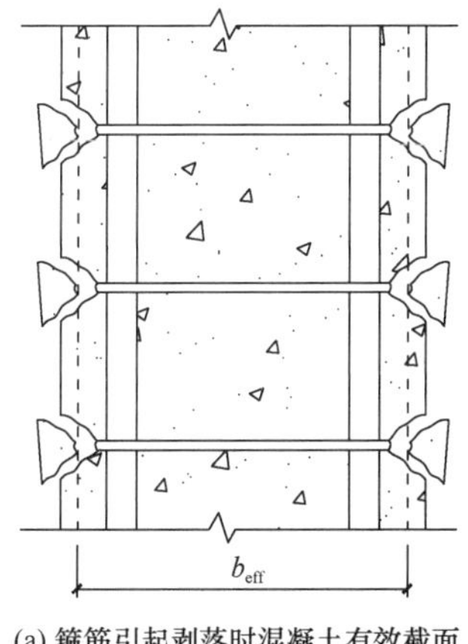

(a) 箍筋引起剥落时混凝土有效截面

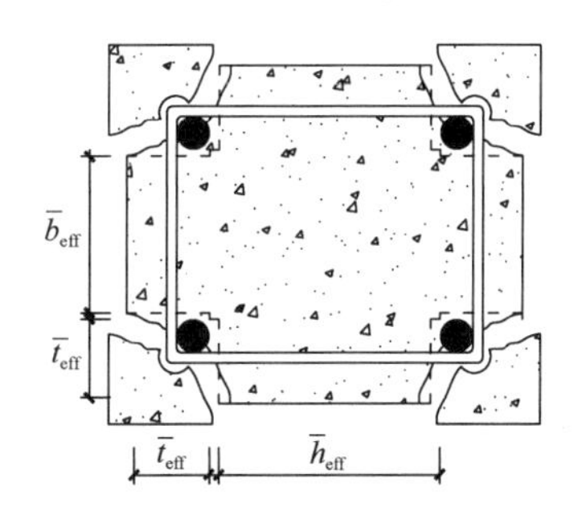

(b) 纵筋引起剥落时混凝土有效截面

图 5-16　柱中钢筋腐蚀对混凝土的损伤

与受剪梁中箍筋剥落时的有效截面宽度计算类似，腐蚀柱中截面的有效宽度和有效高度计算方法分别为：

$$b_{eff}=\begin{cases}b-2(a+d_v)+\dfrac{s\tan\alpha}{2} & s<2\,d_{v,0}\cot\alpha\\ b-\dfrac{2}{s\tan\alpha}(a+d_v)^2 & s\geqslant 2\,d_{v,0}\cot\alpha\end{cases}\tag{5-19}$$

$$h_{\mathrm{eff}}=\begin{cases}h-2(a+d_{\mathrm{v}})+\dfrac{s\tan\alpha}{2} & s<2d_{\mathrm{v},0}\cot\alpha\\ h-\dfrac{2}{s\tan\alpha}(a+d_{\mathrm{v}})^{2} & s\geqslant 2d_{\mathrm{v},0}\cot\alpha\end{cases}\tag{5-20}$$

受保护层厚度和箍筋直径的影响，不同构件中，箍筋锈胀引起混凝土的剥落角度 α 也不同，α 可从实际构件表面检测得到。在考虑箍筋腐蚀引起的混凝土剥落后，柱截面从原来的矩形 $b\times h$ 等效为矩形 $b_{\mathrm{eff}}\times h_{\mathrm{eff}}$，混凝土保护层厚度 a 变为：

$$a_{\mathrm{eff}}=a-\frac{b-b_{\mathrm{eff}}}{2}\ \text{或}\ a_{\mathrm{eff}}=a-\frac{h-h_{\mathrm{eff}}}{2}\tag{5-21}$$

如图 5-16(b) 所示，在考虑箍筋引起剥落后的混凝土有效截面后，纵筋引起混凝土剥落后截面的有效面积进一步减小。实际上，对于锈胀裂缝宽度达到某一值的混凝土柱，在达到极限荷载前，纵筋引起开裂处的混凝土便早已提前退出工作，因此，这部分混凝土对柱的极限受压承载力并无贡献，在计算柱的极限受压承载力时便可视为剥落。试验表明，在钢筋截面平均腐蚀率达到 4%后，锈胀裂缝处的混凝土在柱达到极限荷载前便已开始逐渐剥落，因此在计算时不考虑这部分混凝土的作用。图 5-16(b) 中有效截面中的各参数的计算方法如下：

$$\bar{b}_{\mathrm{eff}}=\begin{cases}b_{\mathrm{eff}}-(2+\cot\bar{\beta})(a_{\mathrm{eff}}+d_{\mathrm{s},0}) & \bar{\beta}\leqslant 90^{\circ}\\ b_{\mathrm{eff}}-2\sqrt{1+\cot\bar{\beta}}(a_{\mathrm{eff}}+d_{\mathrm{s},0}) & \bar{\beta}>90^{\circ}\end{cases}\tag{5-22}$$

$$h_{\mathrm{eff}}=\begin{cases}h_{\mathrm{eff}}-(2+\cot\bar{\beta})(a_{\mathrm{eff}}+d_{\mathrm{s},0}) & \bar{\beta}\leqslant 90^{\circ}\\ h_{\mathrm{eff}}-2\sqrt{1+\cot\bar{\beta}}(a_{\mathrm{eff}}+d_{\mathrm{s},0}) & \bar{\beta}>90^{\circ}\end{cases}\tag{5-23}$$

$$\bar{t}_{\mathrm{eff}}=\begin{cases}a_{\mathrm{eff}}+d_{\mathrm{s},0} & \bar{\beta}\leqslant 90^{\circ}\\ \sqrt{1+\cot\bar{\beta}}(a_{\mathrm{eff}}+d_{\mathrm{s},0}) & \bar{\beta}>90\end{cases}\tag{5-24}$$

式中，$\bar{\beta}$ 为纵筋腐蚀对开裂处混凝土的损伤系数，考虑到当腐蚀率较小时，开裂处混凝土仍能发挥部分作用，$\bar{\beta}$ 值与钢筋的腐蚀率和混凝土剥落角度 β 有关，混凝土剥落角度 β 可以根据实际测量得到。根据一些试验中实际柱的锈胀情况，纵筋腐蚀对开裂处混凝土的损伤系数 $\bar{\beta}$ 取值如下：

$$\bar{\beta}=\begin{cases}\operatorname{arccot}\left[-1+\dfrac{(\cot\beta+1)\eta_{\mathrm{average}}}{0.06}\right] & 0\leqslant\eta_{\mathrm{average}}<6\%\\ \beta & \eta_{\mathrm{average}}\geqslant 6\%\end{cases}\tag{5-25}$$

2. 腐蚀钢筋混凝土柱受压承载力计算

在考虑了箍筋和纵筋锈胀引起的混凝土截面损失后，混凝土的有效截面可以等效为如图 5-17 所示截面。下面分别对小偏心受压柱和大偏心受压柱的极限承载力进行计算。

1）小偏心情况

由纵向力的平衡条件，各力对 A_{s} 合力点取矩以及对 A'_{s} 合力点取矩的力矩平衡条件，

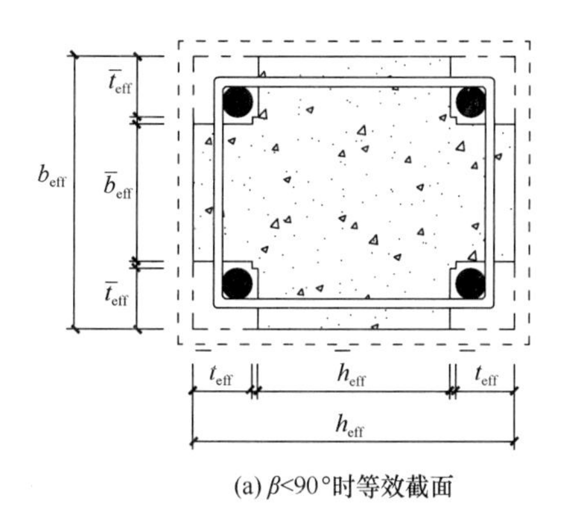

(a) β<90°时等效截面

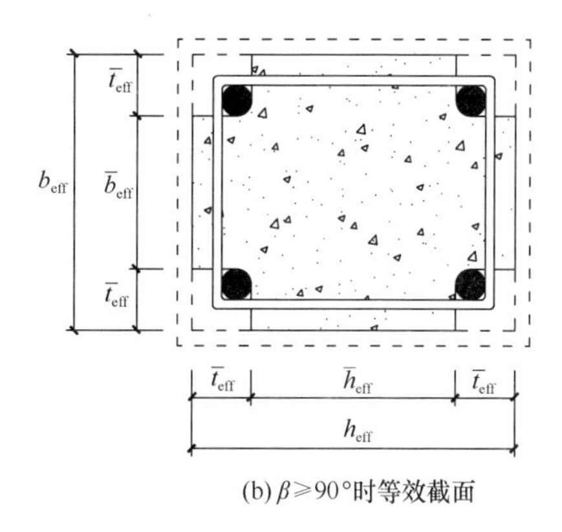

(b) $\beta \geqslant$90°时等效截面

图 5-17　锈裂后混凝土柱等效截面

可以得到以下计算公式：

① 当 $\beta \leqslant 90°$时，

$$N_{uc}=\alpha_1 f_c\Big[\bar{b}_{eff}\bar{t}_{eff}+(b_{eff}-2\bar{t}_{eff})\Big(\frac{h_{eff}-\bar{h}_{eff}}{2}-\bar{t}_{eff}\Big)+b_{eff}\Big(x-\frac{h_{eff}-\bar{h}_{eff}}{2}\Big)\Big]+f'_yA'_{sc}-\sigma_sA_{sc} \tag{5-26}$$

$$\begin{aligned}N_{uc}e=\alpha_1 f_c\Big[&\bar{b}_{eff}\bar{t}_{eff}\Big(h_0-\frac{\bar{t}_{eff}}{2}\Big)\\&+(b_{eff}-2\bar{t}_{eff})\Big(\frac{h_{eff}-\bar{h}_{eff}}{2}-\bar{t}_{eff}\Big)\Big(h_0-\frac{h_{eff}-\bar{h}_{eff}}{4}-\frac{\bar{t}_{eff}}{2}\Big)\\&+b_{eff}\Big(x-\frac{h_{eff}-\bar{h}_{eff}}{2}\Big)\Big(h_0-\frac{h_{eff}-\bar{h}_{eff}}{4}-\frac{x}{2}\Big)\Big]\\&-f'_yA'_{sc}\Big(h_0-a'_{eff}-\frac{d'_{s,0}}{2}\Big)\end{aligned} \tag{5-27}$$

$$\begin{aligned}N_{uc}e'=\alpha_1 f_c\Big[&-\bar{b}_{eff}\bar{t}_{eff}\frac{\bar{t}_{eff}-d'_{s,0}}{2}\\&+(b_{eff}-2\bar{t}_{eff})\Big(\frac{h_{eff}-\bar{h}_{eff}}{2}-\bar{t}_{eff}\Big)\Big(\frac{h_{eff}-\bar{h}_{eff}}{4}+\frac{d'_{s,0}-\bar{t}_{eff}}{2}\Big)\\&+b_{eff}\Big(x-\frac{h_{eff}-\bar{h}_{eff}}{2}\Big)\Big(\frac{h_{eff}-\bar{h}_{eff}}{4}+\frac{x+d'_{s,0}}{2}-\bar{t}_{eff}\Big)\Big]\\&-\sigma_sA_{sc}(h_0-a'_{eff})\end{aligned} \tag{5-28}$$

式中，α_1 为等效矩形应力图形的应力值与混凝土轴心抗压强度之比；h_0 为等效后截面有效高度，$h_0=h_{eff}-a_{eff}-d_{s,0}/2$；$x$ 为等效矩形应力图中混凝土受压区高度；σ_s 为偏心距远侧纵筋在柱破坏时应力；a'_{eff} 为偏心距近侧纵筋混凝土保护层厚度；e 为轴向压力作用点至 A_s 处的合力点距离；e' 为轴向压力作用点至 A'_s 处的合力点距离；e 和 e' 的表达式如下：

$$e=\eta e_i+h/2-a_{eff}-d_{s,0}/2 \tag{5-29}$$

$$e' = h/2 - \eta e_i - a'_{eff} - d'_{s,0}/2 \tag{5-30}$$

式中，η 为偏心距增大系数，其取值方法可参见现行国家标准《混凝土结构设计规范》GB 50010；e_i 为初始偏心距，$e_i = e_0 + e_a$，e_0 为截面设计偏心距，e_a 为考虑荷载作用位置的不定性、混凝土质量的不均匀性及施工的偏差等因素产生的附加偏心距。

② 当 $\beta > 90°$时，

$$N_{uc} = \alpha_1 f_c[\bar{b}_{eff}\bar{t}_{eff} + b_{eff}(x - \bar{t}_{eff})] + f'_y A'_{sc} - \sigma_s A_{sc} \tag{5-31}$$

$$N_{uc}e = \alpha_1 f_c\left[\bar{b}_{eff}\bar{t}_{eff}\left(h_0 - \frac{\bar{t}_{eff}}{2}\right) + b_{eff}(x - \bar{t}_{eff})\left(h_0 - \frac{x + \bar{t}_{eff}}{2}\right)\right] - f'_y A'_{sc}\left(h_0 - a'_{eff} - \frac{d'_{s,0}}{2}\right) \tag{5-32}$$

$$N_{uc}e' = \alpha_1 f_c\left[-\bar{b}_{eff}\bar{t}_{eff}\left(a'_{eff} + \frac{d'_{s,0} - \bar{t}_{eff}}{2}\right) + b_{eff}(x - \bar{t}_{eff})\left(\frac{x + \bar{t}_{eff} - d'_{s,0}}{2} - a'_{eff}\right)\right] - \sigma_s A_{sc}(h_0 - a'_{eff}) \tag{5-33}$$

2）大偏心情况

由纵向力的平衡条件，各力对 A_s 合力点取矩的力矩平衡条件，可以得到以下计算公式：

① 当 $\beta \leqslant 90°$ 时，

$$N_{uc} = \alpha_1 f_c\left[\bar{b}_{eff}\bar{t}_{eff} + (b_{eff} - 2\bar{t}_{eff})\left(\frac{h_{eff} - \bar{h}_{eff}}{2} - \bar{t}_{eff}\right) + b_{eff}\left(x - \frac{h_{eff} - \bar{h}_{eff}}{2}\right)\right] + f'_y A'_{sc} - f_y A_{sc} \tag{5-34}$$

$$\begin{aligned} N_{uc}e = \alpha_1 f_c\Big[&\bar{b}_{eff}\bar{t}_{eff}\left(h_0 - \frac{\bar{t}_{eff}}{2}\right) \\ &+ (b_{eff} - 2\bar{t}_{eff})\left(\frac{h_{eff} - \bar{h}_{eff}}{2} - \bar{t}_{eff}\right)\left(h_0 - \frac{h_{eff} - \bar{h}_{eff}}{4} - \frac{\bar{t}_{eff}}{2}\right) \\ &+ b_{eff}\left(x - \frac{h_{eff} - \bar{h}_{eff}}{2}\right)\left(h_0 - \frac{h_{eff} - \bar{h}_{eff}}{4} - \frac{x}{2}\right)\Big] \\ &- f'_y A'_{sc}\left(h_0 - a'_{eff} - \frac{d'_{s,0}}{2}\right) \end{aligned} \tag{5-35}$$

② 当 $\beta > 90°$时，

$$N_{uc} = \alpha_1 f_c[\bar{b}_{eff}\bar{t}_{eff} + b_{eff}(x - \bar{t}_{eff})] + f'_y A'_{sc} - f_y A_{sc} \tag{5-36}$$

$$N_{uc}e = \alpha_1 f_c\left[\bar{b}_{eff}\bar{t}_{eff}\left(h_0 - \frac{\bar{t}_{eff}}{2}\right) + b_{eff}(x - \bar{t}_{eff})\left(h_0 - \frac{x + \bar{t}_{eff}}{2}\right)\right] - f'_y A'_{sc}\left(h_0 - a'_{eff} - \frac{d'_{s,0}}{2}\right) \tag{5-37}$$

【例 5-4】 某钢筋混凝土偏心受压柱的截面尺寸为 $b\times h=300\text{mm}\times400\text{mm}$，混凝土强度等级为 C30（$f_c=14.3\text{MPa}$），受拉、受压钢筋合力点至边缘距离为 $a_s=a'_s=45\text{mm}$，保护层厚度为 30mm，柱承受轴向压力设计值 $N=254\text{kN}$，柱顶、柱底截面弯矩设计值 $M_1=136\text{kN}\cdot\text{m}$，柱底截面弯矩设计值 $M_2=150\text{kN}\cdot\text{m}$，柱端弯矩在结构分析时考虑侧移二阶效应。弯矩作用平面内柱上下端的支撑长度为 $l_c=4\text{m}$，弯矩作用平面外柱上下端的计算长度 $l_0=5.5\text{m}$，受压钢筋采用 3 Φ 18，受拉钢筋为 4 Φ 18，均为 HRB400；箍筋采用Φ 6@100（HPB300）。已知纵筋、箍筋腐蚀引起的混凝土剥落角度皆为 30°，经检验钢筋平均腐蚀深度为 0.8mm，截面损失率 η_s 为 8.7%，验算该柱是否符合抗压承载力要求。

【解】

（1）箍筋、纵筋引起剥落时混凝土有效截面

$$s=100\geqslant 2d_{v,0}\cot\alpha=2\times6\cot30°=20.78$$

则
$$b_{eff}=b-\frac{2}{s\tan\alpha}(a+d_v)^2=300-\frac{2}{100\tan30°}(30+6)^2=255\text{mm}$$

$$h_{eff}=h-\frac{2}{s\tan\alpha}(a+d_v)^2=400-\frac{2}{100\tan30°}(30+6)^2=355\text{mm}$$

$$a_{eff}=a-\frac{b-b_{eff}}{2}=30-\frac{300-255}{2}=8\text{mm}$$

由于 $\eta_{average}=8.7\%\geqslant6\%$，因此

损伤系数
$$\bar{\beta}=\beta=30°\leqslant90°$$

$$\bar{b}_{eff}=b_{eff}-(2+\cot\bar{\beta})(a_{eff}+d_{s,0})=255-(2+\cot30°)(8+18)=158\text{mm}$$

$$\bar{h}_{eff}=h_{eff}-(2+\cot\bar{\beta})(a_{eff}+d_{s,0})=355-(2+\cot30°)(8+18)=258\text{mm}$$

$$\bar{t}_{eff}=a_{eff}+d_{s,0}=8+18=26\text{mm}$$

（2）判断是否考虑附加弯矩

$$\frac{h}{30}=\frac{400}{40}=14<20\text{mm，取 }e_a=20\text{mm}$$

$$h_{01}=h-a_s=400-45=355\text{mm}$$

杆端弯矩比 $\dfrac{M_1}{M_2}=\dfrac{136}{150}=0.906>0.9$

应考虑杆件自身挠曲变形

$$\xi_c=\frac{0.5f_cA}{N}=\frac{0.5\times14.3\times300\times400}{254000}=3.38>1\text{，取 }\xi_c=1$$

偏心距调节系数 $C_m=0.7+0.3\dfrac{M_1}{M_2}=0.7+0.3\times0.906=0.972$

$$\eta_{ns}=1+\frac{1}{\dfrac{1300\left(\dfrac{M_2}{N}+e_a\right)}{h_0}}\left(\frac{l_c}{h}\right)\xi_c=1+\frac{1}{\dfrac{1300\left(\dfrac{150\times10^6}{254\times10^3}+20\right)}{355}}\left(\frac{4000}{400}\right)^2\times1=1.04$$

$$M = C_m \eta_{ns} M_2 = 0.972 \times 1.04 \times 150 = 152\text{kN} \cdot \text{m}$$

(3) 判断偏压类型

计算界限偏心距 e_{ib}

$$e_{ib} = \frac{a_1 f_c b h_{01}^2 \xi_b (1 - 0.5\xi_b) + f'_y A'_s (h_{01} - a'_s)}{a_1 f_c b h_{01} \xi_b + f'_y A'_s - f_y A_s} - \left(\frac{h}{2} - a_s\right)$$

$$= \frac{1 \times 14.3 \times 300 \times 355^2 \times 0.518 \times (1 - 0.5 \times 0.518) + 360 \times 763 \times (355 - 45)}{1 \times 14.3 \times 300 \times 355 \times 0.518 + 360 \times 763 - 360 \times 1018}$$

$$- \left(\frac{400}{2} - 45\right) = 265\text{mm}$$

$$e_0 = \frac{M}{N} = \frac{152 \times 10^6}{254 \times 10^3} = 598\text{mm}$$

$$e_i = e_0 + e_a = 598 + 20 = 618\text{mm} > e_{ib}$$

为大偏心受压构件。

(4) 构件复核

$$h_0 = h_{eff} - a_{eff} - \frac{d_{s,0}}{2} = 355 - 8 - \frac{18}{2} = 338\text{mm}$$

$$e = \eta e_i + \frac{h}{2} - a_{eff} - \frac{d_{s,0}}{2} = 1.04 \times 618 + \frac{400}{2} - 8 - \frac{18}{2} = 826\text{mm}$$

因为 $\beta < 90°$

$$N_{uc} = \alpha_1 f_c \left[\bar{b}_{eff} \bar{t}_{eff} + (b_{eff} - 2\bar{t}_{eff})\left(\frac{h_{eff} - \bar{h}_{eff}}{2} - \bar{t}_{eff}\right) + b_{eff}\left(x - \frac{h_{eff} - \bar{h}_{eff}}{2}\right)\right]$$

$$+ f'_y A'_{sc} - f_y A_{sc}$$

$$= 1 \times 14.3\left[158 \times 26 + (255 - 2 \times 26)\left(\frac{355 - 258}{2} - 26\right)\right.$$

$$\left.+ 255\left(x - \frac{355 - 258}{2}\right)\right] + 360 \times 697 - 360 \times 929$$

$$= 3646.5x - 136315.6$$

$$N_{uc} e = N_{uc} \times 826$$

$$= \alpha_1 f_c \left[\bar{b}_{eff} \bar{t}_{eff}\left(h_0 - \frac{\bar{t}_{eff}}{2}\right)\right.$$

$$+ (b_{eff} - 2\bar{t}_{eff})\left(\frac{h_{eff} - \bar{h}_{eff}}{2} - \bar{t}_{eff}\right)\left(h_0 - \frac{h_{eff} - \bar{h}_{eff}}{4} - \frac{\bar{t}_{eff}}{2}\right)$$

$$\left.+ b_{eff}\left(x - \frac{h_{eff} - \bar{h}_{eff}}{2}\right)\left(h_0 - \frac{h_{eff} - \bar{h}_{eff}}{4} - \frac{x}{2}\right)\right] - f'_y A'_{sc}\left(h_0 - a'_{eff} - \frac{d'_{s,0}}{2}\right)$$

$$= 1 \times 14.3\left[158 \times 26\left(338 - \frac{26}{2}\right)\right.$$

$$+ (255 - 2 \times 26)\left(\frac{355 - 258}{2} - 26\right)\left(338 - \frac{355 - 258}{4} - \frac{26}{2}\right)$$

$$+255\left(x-\frac{355-258}{2}\right)\left(338-\frac{355-258}{4}-\frac{x}{2}\right)\Big]+360\times929\left(338-8-\frac{18}{2}\right)$$

$$=-1823.25x^2+1232517x+90602396$$

解得 $N_{uc}=239\text{kN}<N=254\text{kN}$

该柱已不满足抗压强度要求。

思　考　题

5-1　试讨论不同环境作用对混凝土和钢筋劣化过程的影响的区别。

5-2　请分析混凝土结构内部钢筋腐蚀的原因，你可以举出哪些结构腐蚀破坏的案例？

5-3　在建造阶段常常会在施工现场使用发生轻微腐蚀的钢筋，这种钢筋腐蚀对结构性能有何影响？其影响机理与结构服役过程中的钢筋腐蚀有何不同？

5-4　钢筋腐蚀如何影响混凝土结构的力学性能？

5-5　有哪些方法可以提高混凝土结构的耐久性能？

习　　题

5-1　某钢筋混凝土梁，经破型检测其角部纵向钢筋最大腐蚀深度达 1.5mm，且呈非均匀腐蚀（半球形坑蚀）。已知该梁纵筋采用 4Φ8（HRB500 级）（$f_y=435$MPa）。试估算该钢筋的屈服强度。

5-2　某一钢筋混凝土梁的截面尺寸为 $b\times h=200\text{mm}\times500\text{mm}$，该梁混凝土保护层厚度为 20mm，强度等级为 C30（$f_c=14.3$MPa）。其中箍筋直径为 10mm，且纵向受拉钢筋采用 4Φ18（HRB400）（$f_y=360$MPa），弯矩设计值为 110kN·m。经检验，该梁所有钢筋均匀腐蚀，腐蚀深度为 0.2mm。试验算该梁是否安全。

5-3　一钢筋混凝土矩形截面简支梁全长 4.5m，截面尺寸为 $b\times h=300\text{mm}\times600\text{mm}$，支座边缘到中心距离为 0.12m。同时，该梁承受均布荷载（包括自重）为 200kN/m。混凝土强度等级为 C40（$f_c=19.1$MPa；$f_t=1.71$MPa），保护层厚度为 20mm，该梁仅配置双肢箍筋Φ8@150（HRB335 级）（$f_{yv}=300$MPa），无弯起钢筋。已知钢筋腐蚀后混凝土剥落角度 $\alpha=20°$，箍筋腐蚀深度达 0.5mm，验算该梁是否符合受剪承载力要求。

5-4　钢筋混凝土偏心受压柱，其截面尺寸为 $b\times h=500\text{mm}\times800\text{mm}$，混凝土强度等级为 C30（$f_c=14.3$MPa），受拉、受压钢筋合力点至边缘距离为 $a_s=a'_s=45$mm，保护层厚度为 30mm，柱承受轴向压力设计值 $N=3800$kN，柱顶、柱底截面弯矩设计值 $M_1=460$kN·m，柱底截面弯矩设计值 $M_2=480$kN·m，柱端弯矩在结构分析时考虑侧移二阶效应。弯矩作用平面内柱上下端的支撑长度为 $l_c=8$m，弯矩作用平面外柱上下端的计算长度 $l_0=8$m，受压钢筋采用 3Φ22，受拉筋为 4Φ22，均为 HRB400；箍筋采用Φ8@150（HPB300）。已知钢筋腐蚀引起的混凝土剥落角度为 20°，经检验钢筋平均腐蚀深度为 0.8mm，截面损失率 η_s 为 7.3%，验算该柱是否符合受压承载力要求。

参　考　文　献

[1]　Hou B R, Li X G, Ma X M, et al. The cost of corrosion in China[J]. Npj Materials Degradation, 2017, 1(1): 1-10.

[2]　Xia J, Jin W, Zhao Y, et al. Mechanical performance of corroded steel bars in concrete[J]. Proceed-

ings of the Institution of Civil Engineers-Structures and Buildings，2013，166(5)：235-246.

[3] 西安建筑科技大学，中交四航工程研究院有限公司. 既有混凝土结构耐久性评定标准：GB/T 51355—2019[S]. 北京：中国建筑工业出版社，2019.

[4] Parulekar Y M，Dutta D，Thodetti N，et al. Performance assessment of corroded reinforced concrete structure considering bond deterioration[J]. Journal of Performance of Constructed Facilities，2020，34(2)：040200092.

[5] Mangat P S，Elgarf M S. Flexural strength of concrete beams with corroding reinforcement[J]. Aci Structural Journal，1999，96(1)：149-158.

[6] Yalciner H，Kumbasaroglu A，El-Sayed A K，et al. Flexural strength of corroded reinforced concrete beams[J]. Aci Structural Journal，2020，117(1)：29-41.

[7] Xia J，Jin W，Li L. Effect of chloride-induced reinforcing steel corrosion on the flexural strength of reinforced concrete beams[J]. Magazine of Concrete Research，2012，64(6)：471-485.

[8] Huang L，Ye H，Jin X，et al. Corrosion-induced shear performance degradation of reinforced concrete beams[J]. Construction and Building Materials，2020，248(118668).

[9] Higgins C，Farrow W C. Tests of reinforced concrete beams with corrosion-damaged stirrups[J]. Aci Structural Journal，2006，103(1)：133-141.

[10] Xia J，Jin W，Li L. Shear performance of reinforced concrete beams with corroded stirrups in chloride environment[J]. Corrosion Science，2011，53(5)：1794-1805.

[11] Firouzi A，Abdolhosseini M，Ayazian R. Service life prediction of corrosion-affected reinforced concrete columns based on time-dependent reliability analysis[J]. Engineering Failure Analysis，2020，117：104944.

[12] Xia J，Jin W，Li L. Performance of corroded reinforced concrete columns under the action of eccentric loads[J]. Journal of Materials in Civil Engineering，2016，28：040150871.

[13] 金伟良. 腐蚀混凝土结构学[M]. 北京：科学出版社，2011.

第6章　混凝土结构加固

6.1　概　　述

6.1.1　基本定义

混凝土建筑结构作为20世纪建筑领域中技术发展最迅速、应用最广泛的一种结构体系，在使用过程中，会受到物理老化、化学腐蚀、作用效应提高等各种因素影响，导致结构功能性降低，不足以满足结构正常使用状态要求或承载力要求，产生各种安全隐患，需要在其使用寿命周期中进行加固修复，以维持结构的安全状态和保证功能的正常发挥。在欧美发达国家中，目前用于建筑加固改造的投资已占国家建筑业总投资的1/2以上，美国劳工部门在20世纪末的一项产业预测报告中曾经预言：建筑维修加固业将是21世纪最为热门的行业之一。

以桥梁维护为例，现在美国每年用在桥梁加固维护上的投资已经超过了新建桥梁项目的投资额。2017年3月，美国土木工程师学会（ASCE）发布了2017年基础设施成果报告。根据该报告，美国整体基础设施的等级为D+。数据分析公司Transit Labs曾称，仅美国50个国会选区就有300多座桥梁存在“结构缺陷”，其他133个选区中还有80～300座年久失修的桥梁。

我国自1949年以来，特别是改革开放之后，经济快速发展，基础设施建设规模更是成为世界第一，旧的结构设计在功能上不能满足目前使用的需要，也是刺激建筑加固修复专业迅速发展的重要因素。特别是随着我国经济发展和人民生活水平的不断提高，近年来旧城改造几乎成了各大、中城市的共同课题。在大规模城市改造中，有相当数量的旧建筑需要通过加固改造来满足新的功能要求，这些也为建筑加固修复业带来了空前的发展机遇。据有关资料统计，自1997年以来，我国加固工程量平均年递增30%以上，到2000年，全国年加固修复工程量已突破100万m^2。混凝土结构加固修复工程通常包括结构检测与鉴定评估、加固设计与施工等多个环节，涉及材料、技术和管理等多方面的因素。加固修复技术主要存在传统技术基本配套，单一整体技术水平不高、建筑结构加固工程趋于专业化等特点，但整个产业体系尚不完善、以碳纤维材料技术为代表的新型加固修复技术发展迅速，但目前国内尚未普及应用。如何保障建筑的安全性、耐久性和使用功能，已成为目前全球范围内的巨大挑战。相比于重建，对既有结构进行修复加固更为经济环保，具有重要的社会经济效益，受到工程界、学术界的广泛关注。

现有工程上传统加固方法主要有：增大截面加固法、预应力加固法、外部粘贴加固法、注浆加固法、增设构件加固法、增设支点加固法等。

6.1.2 研究现状

1. 增大截面加固法

增大截面加固法是一种最传统的加固方法，简单来说，就是增大构件的截面面积（浇筑新混凝土和增设一定数量的钢筋），从而达到增加构件承载力的目的，目前已广泛应用于混凝土结构、砖混结构的加固中。这种加固方法具有工程成本相对比较低，技术成熟，可靠性高，应用场景广泛等优点。其缺点主要来自两个方面，一是现场施工湿作业工作量大，养护时间长，对人们的生产和生活会造成一定的影响；二是由于该方法会增加原构件的截面面积和尺寸大小，受限于实际结构的空间条件。

2. 预应力加固法

预应力加固法就是在构件体外，增设预应力拉杆或撑杆，进而对构件进行加固的一种方法。此种方法的原理是，通过对后加的拉杆或撑杆施加预应力，承担了部分荷载，改变了原结构的内力分布，进而提高整体的承载力。由于该方法基本不增加原构件的截面尺寸，相较于增大截面加固法，对作业空间的要求不是很高。与此同时，该方法还能有效提高构件的刚度和抗裂性能，改善加固构件在使用阶段的性能。不过该方法的施工难度相对较大，使用过程中还会出现应力松弛的现象，对预应力张拉设备要求较高，需要可靠的锚固措施。目前主要应用于大跨度结构的加固，如桥梁等。

3. 外贴钢板加固法

外贴钢板加固法是最早应用的外贴加固法之一，始于 19 世纪 60 年代，是将钢板用结构胶或螺栓固定在钢筋混凝土结构受拉侧表面，达到加固和增强原结构强度和刚度的目的。该工艺的具体流程包括以下几个步骤：胶粘剂配置，构件和钢板表面处理，表面涂胶，粘贴钢，固定加压，固化等。这种加固方法具有坚固耐用、简捷可靠等优点。但是，使用外贴钢板加固也有一些缺点，包括重量大带来的运输、搬运、安装上的不便，钢板锈蚀问题，钢板长度不足带来的节点处理问题，粘贴施工需要支撑和框架等。

4. 外贴纤维复合材料加固法

纤维复合材料（Fibre Reinforced Polymer，简称 FRP）最开始应用于汽车、航天航空等领域，随着材料科学的进步，后被应用于土木工程领域修复加固中。外贴 FRP 加固法与外贴钢板加固法类似，通过胶粘剂或者锚板将 FRP 固定在钢筋混凝土梁受拉表面，形成一个整体，进而提高结构整体承载力。FRP 的材料类型包括玻璃纤维 FRP（GFRP）、芳纶纤维 FRP（AFRP）、碳纤维 FRP（CFRP）和玄武岩纤维 FRP（BFRP）等；材料形式包括板材、布材、筋材、网格等。相比于钢材，FRP 具有轻质高强、耐腐蚀、维护成本低等优势。以 CFRP 布为例，材料密度仅为 1.7～2.19g/cm^3，而抗拉强度一般在 3000MPa 以上，最高可达 7000MPa，是同截面钢材的 7～10 倍，弹性模量略高于普通钢筋，粘贴 CFRP 布每平方米质量不到 1.0kg，几乎不会额外增加结构质量。另外由于 CFRP 布是一种柔性材料，可以随意弯曲剪裁，并且不会改变结构外观，所以可被应用于各种结构类型、结构形状。正因如此，外贴 FRP 加固法，在土木工程领域得到了广泛的关注和发展。

5. 纤维织物增强水泥基复合材料加固法

FRP是由纤维增强材料和有机高分子聚合物胶凝材料复合而成，虽然纤维本身有很好的耐久性、抗腐蚀性等优点，但是作为基体的高分子胶凝材料在高温及紫外线作用下容易发生降解，导致FRP力学性能和耐久性能的劣化。考虑到FRP的耐久性问题，纤维织物增强水泥基复合材料（Fabric Reinforced Cementitious Matrix，简称FRCM）逐渐得到关注。FRCM作为一种新型复合材料，总体上属于纤维织物增强混凝土（Textile Reinforced Concrete，简称TRC）或者纤维织物增强砂浆（Textile Reinforced Mortar，简称TRM）的一种，但其具有一定的区别。根据国际标准评估委员会（ICC-ES）AC 434标准中的定义，FRCM是由1～2层有机成分含量不大于5%的砂浆基胶凝材料和网状或者织物状干纤维（Dry Fiber）组成的复合材料。由于所采用的干纤维编织网和无机水泥基胶凝材料，纤维材料如碳纤维等具有耐腐蚀、防止化学侵蚀等优点，结构单元的厚度主要取决于增强纤维编织网所需的锚固厚度，而非混凝土保护层厚度。因此，FRCM可作为一种轻质、高强、耐久的薄壁材料。同时具有纤维几何可变、与混凝土相容性好、受温度影响较小、渗透性好、不易燃、可在低温和浸水环境应用等优点，已被证明可以成功应用于高温环境、湿热环境或者水下环境中结构的修复和加固。

6. 增设构件加固法

增设构件加固法就是在原有的构件体系里增加新的构件，从而改善结构受力情况，保护受损构件或者薄弱构件的一种方法。比如：在两根横梁之间再增加一根新梁，在两根柱子之间增加一个新柱子等，改变荷载传递路径，减少荷载效应，达到结构加固的目的。这种加固方法的优点是不破坏原有结构构件，施工简易，并能较好地改善结构的整体性与抗震性能。缺点是由于增设构件，对建筑物的使用功能可能会有所影响，一般适用于厂房以及增设构件对使用要求不会产生影响的结构构件加固。

7. 增设支点加固法

增设支点加固法是在结构构件上增设支撑点，比如：在梁、板等构件上增设支点，在柱子、屋架之间增加柱间支撑或者屋架支撑，从而减少构件的计算跨度，减小了结构的弯曲及剪力，增加结构的稳定性，以此来达到结构加固的目的。

总的来说，应用FRP，FRCM等新型复合材料对土木工程结构进行加固属于较新型的加固方法，相较于传统加固方法虽然发展得较晚，费用较高，施工技术还较不完善等，但具有传统加固法不可比拟的优势，具有更广阔的应用前景。

6.2　增大截面法加固设计方法

6.2.1　设计规定

增大截面法适用于钢筋混凝土受弯和受压构件的加固。采用增大截面法时，按现场检测结果确定的原构件混凝土强度等级不应低于C13。当被加固构件界面处理及其粘结质量符合规范规定时，可按整体截面计算。采用增大截面法加固钢筋混凝土结构构件时，其正截面承载力应按现行国家标准《混凝土结构设计规范》GB 50010 的基本假定进行计算。采用增大截面加固法对混凝土结构进行加固时，应采取措施卸除全部或大部分作用在结构上的活荷载。

6.2.2 受弯构件正截面

采用增大截面法加固受弯构件时，应根据原结构构造和受力的实际情况，选用在受压区或受拉区增设现浇钢筋混凝土外加层的加固方式。当仅在受压区加固受弯构件时，其承载力、抗裂度、钢筋应力、裂缝宽度及挠度的计算和验算，可按现行国家标准《混凝土结构设计规范》GB 50010 关于叠合式受弯构件的规定进行。当验算结果表明，仅需增设混凝土叠合层即可满足承载力要求时，也应按构造要求配置受压钢筋和分布钢筋。

（1）当在受拉区加固矩形截面受弯构件时（图 6-1），其正截面受弯承载力应按下列公式确定：

$$M \leqslant \alpha_s f_y A_s \left(h_0 - \frac{x}{2}\right) + f_{y0} A_{s0} \left(h_{01} - \frac{x}{2}\right) + f'_{y0} A'_{s0} \left(\frac{x}{2} - a'\right) \tag{6-1}$$

$$\alpha_1 f_{c0} bx = f_{y0} A_{s0} + \alpha_s f_y A_s - f'_{y0} A'_{s0} \tag{6-2}$$

$$2a' \leqslant x \leqslant \xi_b h_0 \tag{6-3}$$

式中 M——构件加固后弯矩设计值（kN·m）；

α_s——新增钢筋强度利用系数，取 $\alpha_s = 0.9$；

f_y——新增钢筋的抗拉强度设计值（N/mm^2）；

A_s——新增受拉钢筋的截面面积（mm^2）；

h_0、h_{01}——构件加固后和加固前的截面有效高度（mm）；

x——混凝土受压区高度（mm）；

f_{y0}、f'_{y0}——原钢筋的抗拉、抗压强度设计值（N/mm^2）；

A_{s0}、A'_{s0}——原受拉钢筋和原受压钢筋的截面面积（mm^2）；

a'——纵向受压钢筋合力点至混凝土受压区边缘的距离（mm）；

α_1——受压区混凝土矩形应力图的应力值与混凝土轴心抗压强度设计值的比值；当混凝土强度等级不超过 C50 时，取 $\alpha_1 = 1.0$；当混凝土强度等级为 C80 时，取 $\alpha_1 = 0.94$；其间按线性内插法确定；

f_{c0}——原构件混凝土轴心抗压强度设计值（N/mm^2）；

b——矩形截面宽度（mm）；

ξ_b——构件增大截面加固后的相对界限受压区高度。

（2）受弯构件增大截面加固后的相对界限受压区高度 ξ_b，应按下列公式确定：

$$\xi_b = \frac{\beta_1}{1 + \dfrac{\alpha_s f_y}{\varepsilon_{cu} E_s} + \dfrac{\varepsilon_{s1}}{\varepsilon_{cu}}} \tag{6-4}$$

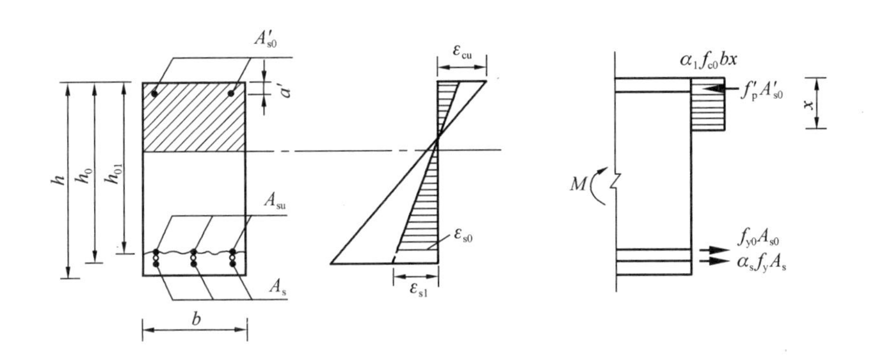

图 6-1　矩形截面受弯构件正截面加固计算简图

$$\varepsilon_{s1} = \left(1.6\frac{h_0}{h_{01}} - 0.6\right)\varepsilon_{s0} \tag{6-5}$$

$$\varepsilon_{s0} = \frac{M_{0k}}{0.85 h_{01} A_{s0} E_{s0}} \tag{6-6}$$

式中　β_1——计算系数，当混凝土强度等级不超过 C50 时，β_1 取值为 0.80；当混凝土强度等级为 C80 时，β_1 取值为 0.74；其间按线性内插法确定；

ε_{cu}——混凝土极限压应变，取 $\varepsilon_{cu}=0.0033$；

ε_{s1}——新增钢筋位置处，按平截面假设确定的初始应变值；当新增主筋与原主筋的连接采用短钢筋焊接时，可近似取 $h_{01}=h_0$，$\varepsilon_{s1}=\varepsilon_{s0}$；

M_{0k}——加固前受弯构件验算截面上原作用的弯矩标准值；

ε_{s0}——加固前，在初始弯矩 M_{0k} 作用下原受拉钢筋的应变值。

（3）当按式（6-2）及式（6-3）算得的加固后混凝土受压区高度 x 与加固前原截面有效高度 h_{01} 之比 x/h_{01} 大于原截面相对界限受压区高度 ξ_{b0} 时，应考虑原纵向受拉钢筋应力 σ_{s0} 尚未达到 f_{y0} 的情况。此时，应将上述两公式中的 f_{y0} 改为 σ_{s0}，并重新进行验算。验算时，σ_{s0} 值可按下式确定：

$$\sigma_{s0} = \left(\frac{0.8h_{01}}{x} - 1\right)\varepsilon_{cu} E_s \leqslant f_{y0} \tag{6-7}$$

对翼缘位于受压区的 T 形截面受弯构件，其受拉区增设现浇配筋混凝土层的正截面受弯承载力，应按本节（1）～（3）的计算原则和现行国家标准《混凝土结构设计规范》GB 50010 关于 T 形截面受弯承载力的规定进行计算。

6.2.3　受弯构件斜截面

（1）受弯构件加固后的斜截面应符合下列条件：

当 $h_w/b \leqslant 4$ 时

$$V \leqslant 0.25\beta_c f_c b h_0 \tag{6-8}$$

当 $h_w/b \geqslant 6$ 时

$$V \leqslant 0.20\beta_c f_c b h_0 \tag{6-9}$$

当$4<h_w/b<6$时，按线性内插法确定。

式中 V——构件加固后剪力设计值（kN）；

β_c——混凝土强度影响系数，按现行国家标准《混凝土结构设计规范》GB 50010的规定值采用；

b——矩形截面的宽度或T形、I形截面的腹板宽度（mm）；

h_w——截面的腹板高度（mm）；对矩形截面，取有效高度；对T形截面，取有效高度减去翼缘高度；对I形截面，取腹板净高。

（2）采用增大截面法加固受弯构件时，其斜截面受剪承载力应符合下列规定：

当受拉区增设配筋混凝土层，并采用U形箍与原箍筋逐个焊接时

$$V \leqslant \alpha_{cv}[f_{t0} b h_{01} + \alpha_c f_t b(h_0 - h_{01})] + f_{yv0}\frac{A_{sv}}{s_0}h_0 \tag{6-10}$$

当增设钢筋混凝土三面围套，并采用加锚式或胶锚式箍筋时

$$V \leqslant \alpha_{cv}(f_{t0} b h_{01} + \alpha_c f_t A_c) + \alpha_s f_{yv}\frac{A_{sv}}{s}h_0 + f_{yv0}\frac{A_{sv0}}{s_0}h_{01} \tag{6-11}$$

式中 α_{cv}——斜截面混凝土受剪承载力系数，对一般受弯构件取0.7；对集中荷载作用下（包括作用有多种荷载，其中集中荷载对支座截面或节点边缘所产生的剪力值占总剪力的75%以上的情况）的独立梁，取α_{cv}为$1.75/(\lambda+1)$，λ为计算截面的剪跨比，可取λ等于a/h_0，当λ小于1.5时，取1.5；当λ大于3时，取3；a为集中荷载作用点至支座截面或节点边缘的距离；

α_c——新增混凝土强度利用系数，取$\alpha_c=0.7$；

f_t、f_{t0}——新、旧混凝土轴心抗拉强度设计值（N/mm^2）；

A_c——三面围套新增混凝土截面面积（mm^2）；

α_s——新增箍筋强度利用系数，取$\alpha_s=0.9$；

f_{yv}、f_{yv0}——新箍筋和原箍筋的抗拉强度设计值（N/mm^2）；

A_{sv}、A_{sv0}——同一截面内新箍筋各肢截面面积之和及原箍筋各肢截面面积之和（mm^2）；

s、s_0——新增箍筋或原箍筋沿构件长度方向的间距（mm）。

6.2.4 受压构件正截面

（1）采用增大截面法加固钢筋混凝土轴心受压构件（图6-2）时，其正截面受压承载力应按下式确定：

$$N \leqslant 0.9\varphi[f_{c0}A_{c0} + f'_{y0}A'_{s0} + \alpha_{cs}(f_c A_c + f'_y A'_s)] \tag{6-12}$$

式中 N——构件加固后的轴向压力设计值（kN）；

φ——构件稳定系数，根据加固后的截面尺寸，按现行国家标准《混凝土结构设计规范》GB 50010的规定值采用；

A_{c0}、A_c——构件加固前混凝土截面面积和加固后新增部分混凝土截面面积（mm^2）；

f'_y、f'_{y0}——新增纵向钢筋和原纵向钢筋的抗压强度设计值（N/mm^2）；

A'_s——新增纵向受压钢筋的截面面积（mm^2）；

α_{cs}——综合考虑新增混凝土和钢筋强度利用程度的降低系数，取 α_{cs} 值为 0.8。

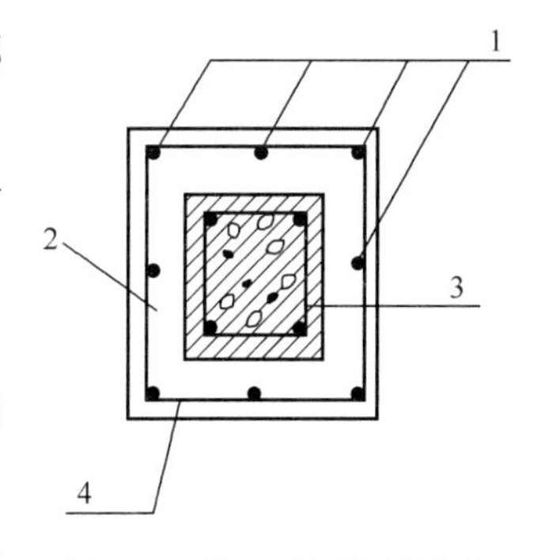

图 6-2　轴心受压构件增大截面加固

1—新增纵向受力钢筋；2—新增截面；3—原柱截面；4—新加箍筋

（2）采用增大截面法加固钢筋混凝土偏心受压构件时，其矩形截面正截面承载力应按下列公式确定（图 6-3）：

$$N \leqslant \alpha_1 f_{cc} bx + 0.9 f'_y A'_s + f'_{y0} A'_{s0} - \sigma_s A_s - \sigma_{s0} A_{s0} \tag{6-13}$$

$$Ne \leqslant \alpha_1 f_{cc} bx\left(h_0 - \frac{x}{2}\right) + 0.9 f'_y A'_s (h_0 - a'_s) + f'_{y_0} A'_{s0} (h_0 - a'_{s0}) - \sigma_{s0} A_{s0} (a_{s0} - a_s) \tag{6-14}$$

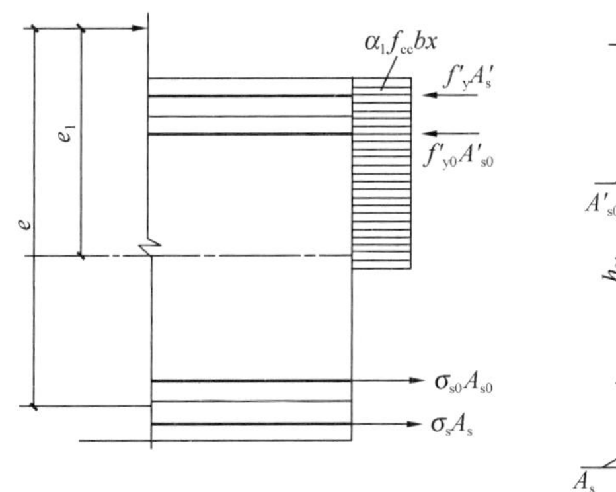

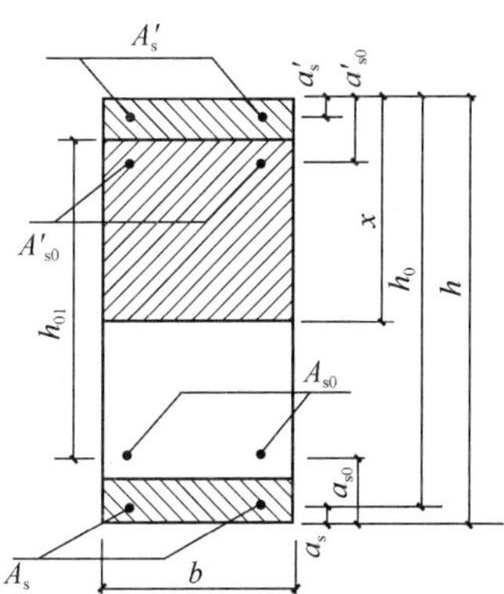

图 6-3　矩形截面偏心受压构件加固的计算

$$\sigma_{s0} = \left(\frac{0.8h_{01}}{x} - 1\right) E_{s0}\, \varepsilon_{cu} \leqslant f_{y0} \tag{6-15}$$

$$\sigma_{s0} = \left(\frac{0.8h_0}{x} - 1\right) E_s\, \varepsilon_{cu} \leqslant f_y \tag{6-16}$$

式中　f_{cc}——新旧混凝土组合截面的混凝土轴心抗压强度设计值（N/mm^2），可近似按 $f_{cc} = \frac{1}{2}(f_{c0} + 0.9 f_c)$ 确定；若有可靠试验数据，也可按试验结果确定；

f_c、f_{c0}——分别为新旧混凝土轴心抗压强度设计值（N/mm^2）；

σ_{s0}——原构件受拉边或受压较小边纵向钢筋应力，当为小偏心受压构件时，图中 σ_{s0} 可能变向；当算得 $\sigma_{s0} > f_{y0}$ 时，取 $\sigma_{s0} = f_{y0}$；

σ_s——受拉边或受压较小边的新增纵向钢筋应力（N/mm^2）；当算得 $\sigma_s > f_y$ 时，取 $\sigma_s = f_y$；

A_{s0}——原构件受拉边或受压较小边纵向钢筋截面面积（mm^2）；

A'_{s0}——原构件受压较大边纵向钢筋截面面积（mm^2）；

e——偏心距，为轴向压力设计值 N 的作用点至纵向受拉钢筋合力点的距离，按本节第（3）条确定（mm）；

a_{s0}——原构件受拉边或受压较小边纵向钢筋合力点到加固后截面近边的距离（mm）；

a'_{s0}——原构件受压较大边纵向钢筋合力点到加固后截面近边的距离（mm）；

a_s——受拉边或受压较小边新增纵向钢筋合力点至加固后截面近边的距离（mm）；

a'_s——受压较大边新增纵向钢筋合力点至加固后截面近边的距离（mm）；

h_0——受拉边或受压较小边新增纵向钢筋合力点至加固后截面受压较大边缘的距离（mm）；

h_{01}——原构件截面有效高度（mm）。

（3）轴向压力作用点至纵向受拉钢筋的合力作用点的距离（偏心距）e，应按下列规定确定：

$$e = e_i + \frac{h}{2} - a \tag{6-17}$$

$$e_i = e_0 + e_a \tag{6-18}$$

式中 e_i——初始偏心距；

a——纵向受拉钢筋的合力点至截面近边缘的距离；

e_0——轴向压力对截面重心的偏心距，取为 M/N；当需要考虑二阶效应时，M 应按现行国家标准《混凝土结构设计规范》GB 50010 第 6.2.4 条规定的 $C_m\eta_{ns}M_2$，乘以修正系数 ψ 确定，即取 M 为 $\psi C_m\eta_{ns}M_2$；对于 ψ，当为对称形式加固时，取为 1.2，当为非对称加固时，取为 1.3；

e_a——附加偏心距，按偏心方向截面最大尺寸 h 确定；当 $h \leqslant 600$mm 时，取 e_a 为 20mm；当 $h > 600$mm 时，取 $e_a = h/30$。

6.2.5 构造规定

采用增大截面加固法时，新增截面部分，可用现浇混凝土、自密实混凝土或喷射混凝土浇筑而成。也可用掺有细石混凝土的水泥基灌浆料灌注而成。原构件混凝土表面应经处理，设计文件应对所采用的界面处理方法和处理质量提出要求。一般情况下，除混凝土表面应予打毛外，尚应采取涂刷结构界面胶、种植剪切销钉或增设剪力键等措施，以保证新旧混凝土共同工作。新增混凝土层的最小厚度，对于板不应小于 40mm；对于梁、柱采用现浇混凝土、自密实混凝土或灌浆料施工时，不应小于 60mm，采用喷射混凝土施工时，不应小于 50mm。加固用的钢筋，应采用热轧钢筋。板的受力钢筋直径不应小于 8mm；梁的受力钢筋直径不应小于 12mm；柱的受力钢筋直径不应小于 14mm；加锚式箍筋直径不应小于 8mm；U 形箍筋直径应与原箍筋直径相同；分布筋直径不应小于 6mm。

新增受力钢筋与原受力钢筋的净间距不应小于 25mm，并应采用短筋或箍筋与原钢筋焊接；其构造应符合下列规定：

（1）当新增受力钢筋与原受力钢筋的连接采用短筋（图6-4a）焊接时，短筋的直径不应小于25mm，长度不应小于其直径的5倍，各短筋的中距不应大于500mm；

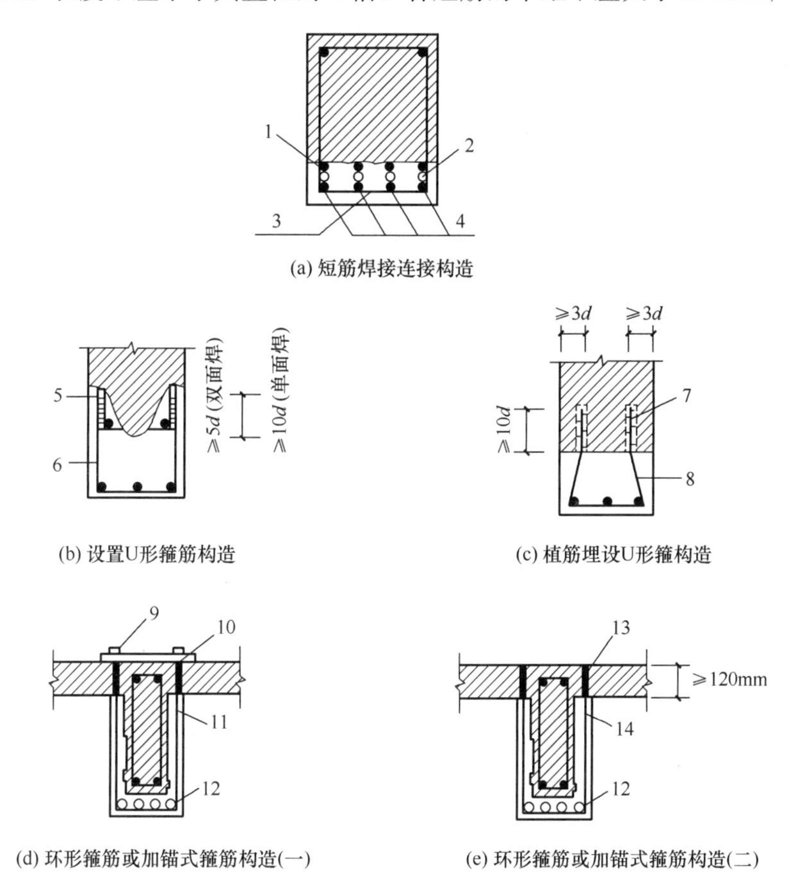

图6-4　增大截面配置新增箍筋的连接构造

1—原钢筋；2—连接短筋；3—ϕ6连系钢筋，对应在原箍筋位置；4—新增钢筋；5—焊接于原箍筋上；6—新加U形箍；7—植箍筋用结构胶锚固；8—新加箍筋；9—螺栓，螺母拧紧后加点焊；10—钢板；11—加锚式箍筋；12—新增受力钢筋；13—孔中用结构胶锚固；14—胶锚式箍筋；d—箍筋直径

（2）当截面受拉区一侧加固时，应设置U形箍筋（图6-4b），U形箍筋应焊在原有箍筋上，单面焊的焊缝长度应为箍筋直径的10倍，双面焊的焊缝长度应为箍筋直径的5倍；

（3）当用混凝土围套加固时，应设置环形箍筋或加锚式箍筋（图6-4d或e）；

（4）当受构造条件限制而需采用植筋方式埋设U形箍（图6-4c）时，应采用锚固型结构胶种植，不得采用未改性的环氧类胶粘剂和不饱和聚酯类的胶粘剂种植，也不得采用无机锚固剂（包括水泥基灌浆料）种植；

（5）梁的新增纵向受力钢筋，其两端应可靠锚固；柱的新增纵向受力钢筋的下端应伸入基础并应满足锚固要求；上端应穿过楼板与上层柱脚连接或在屋面板处封顶锚固。

6.3 粘贴钢板法加固设计方法

粘贴钢板法适用于对钢筋混凝土受弯、大偏心受压和受拉构件的加固。本方法不适用于素混凝土构件，包括纵向受力钢筋一侧配筋率小于0.2%的构件加固。被加固的混凝土结构构件，其现场实测混凝土强度等级不得低于C15，且混凝土表面的正拉粘结强度不得低于1.5MPa。粘贴钢板加固钢筋混凝土结构构件时，应将钢板受力方式设计成仅承受轴向应力作用。粘贴在混凝土构件表面上的钢板，其外表面应进行防锈蚀处理。表面防锈蚀材料对钢板及胶粘剂应无害。采用规定的胶粘剂粘贴钢板加固混凝土结构时，其长期使用的环境温度不应高于60℃；处于特殊环境（如高温、高湿、介质侵蚀、放射等）的混凝土结构采用本方法加固时，除应按国家现行有关标准的规定采取相应的防护措施外，尚应采用耐环境因素作用的胶粘剂，并按专门的工艺要求进行粘贴。采用粘贴钢板对钢筋混凝土结构进行加固时，应采取措施卸除全部或大部分作用在结构上的活荷载。当被加固构件的表面有防火要求时，应按现行国家标准《建筑设计防火规范》GB 50016规定的耐火等级及耐火极限要求，对胶粘剂和钢板进行防护。

6.3.1 受弯构件正截面

（1）采用粘贴钢板对梁、板等受弯构件进行加固时，除应符合现行国家标准《混凝土结构设计规范》GB 50010正截面承载力计算的基本假定外，尚应符合下列规定：

构件达到受弯承载能力极限状态时，外贴钢板的拉应变ε_{sp}应按截面应变保持平面的假设确定；钢板应力σ_{sp}取拉应变ε_{sp}与弹性模量E_{sp}的乘积；当考虑二次受力影响时，应按构件加固前的初始受力情况，确定粘贴钢板的滞后应变；在达到受弯承载能力极限状态前，外贴钢板与混凝土之间不致出现粘结剥离破坏。受弯构件加固后的相对界限受压区高度$\xi_{b,sp}$应按加固前控制值的0.85倍采用，即：

$$\xi_{b,sp} = 0.85\xi_b \tag{6-19}$$

式中 ξ_b——构件加固前的相对界限受压区高度，按现行国家标准《混凝土结构设计规范》GB 50010的规定计算。

（2）在矩形截面受弯构件的受拉面和受压面粘贴钢板进行加固时（图6-5），其正截面承载力应符合下列规定：

$$M \leqslant \alpha_1 f_{c0} bx\left(h - \frac{x}{2}\right) + f'_{y0}A'_{s0}(h - a') + f'_{sp}A'_{sp}h - f_{y0}A_{s0}(h - h_0) \tag{6-20}$$

$$\alpha_1 f_{c0} bx = \psi_{sp} f_{sp} A_{sp} + f_{y0}A_{s0} - f'_{y0}A'_{s0} - f'_{sp}A'_{sp} \tag{6-21}$$

$$\psi_{sp} = \frac{(0.8\varepsilon_{cu}h/x) - \varepsilon_{cu} - \varepsilon_{sp,0}}{f_{sp}/E_{sp}} \tag{6-22}$$

$$x \geqslant 2a' \tag{6-23}$$

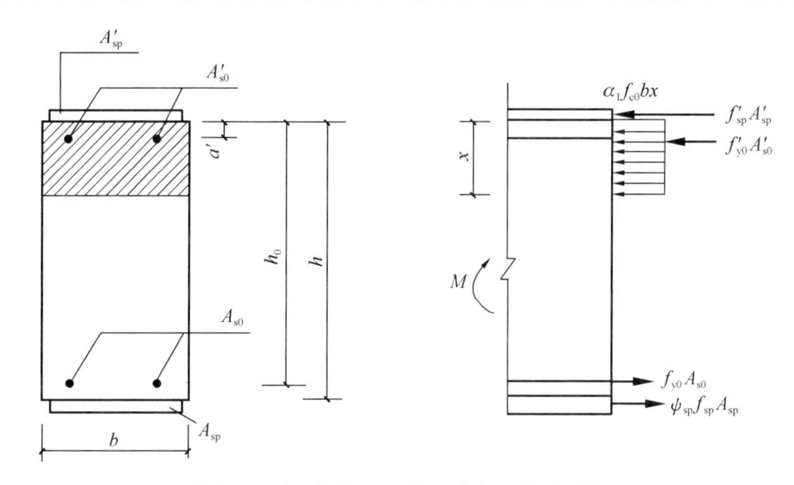

图 6-5　矩形截面正截面受弯承载力计算

式中　M——构件加固后弯矩设计值（kN·m）；

x——混凝土受压区高度（mm）；

b、h——矩形截面宽度和高度（mm）；

f_{sp}、f'_{sp}——加固钢板的抗拉、抗压强度设计值（N/mm²）；

A_{sp}、A'_{sp}——受拉钢板和受压钢板的截面面积（mm²）；

A_{s0}、A'_{s0}——原构件受拉和受压钢筋的截面面积（mm²）；

a'——纵向受压钢筋合力点至截面近边的距离（mm）；

h_0——构件加固前的截面有效高度（mm）；

ψ_{sp}——考虑二次受力影响时，受拉钢板抗拉强度有可能未达到设计值而引用的折减系数；当 $\psi_{sp}>1.0$ 时，取 $\psi_{sp}=1.0$；

ε_{cu}——混凝土极限压应变，取 $\varepsilon_{cu}=0.0033$；

$\varepsilon_{sp,0}$——考虑二次受力影响时，受拉钢板的滞后应变，应按式（6-27）的规定计算；若不考虑二次受力影响，取 $\varepsilon_{sp,0}=0$。

当受压面没有粘贴钢板(即 $A'_{sp}=0$)，可根据式(6-20) 计算出混凝土受压区的高度 x，按式（6-22）计算出强度折减系数 ψ_{sp}，然后代入式(6-21)，求出受拉面应粘贴的加固钢板量 A_{sp}。

（3）对受弯构件正弯矩区的正截面加固，其受拉面沿轴向粘贴的钢板的截断位置，应从其强度充分利用的截面算起，取不小于按下式确定的粘贴延伸长度：

$$l_{sp} \geqslant (f_{sp}t_{sp}/f_{bd}) + 200 \tag{6-24}$$

式中　l_{sp}——受拉钢板粘贴延伸长度（mm）；

t_{sp}——粘贴的钢板总厚度（mm）；

f_{sp}——加固钢板的抗拉强度设计值（N/mm²）；

f_{bd}——钢板与混凝土之间的粘结强度设计值（N/mm²），取 $f_{bd}=0.5f_t$；f_t 为混凝土抗拉强度设计值，按现行国家标准《混凝土结构设计规范》GB 50010 的规定值采用；当 f_{bd} 计算值低于 0.5MPa 时，取 f_{bd} 为 0.5MPa；当 f_{bd} 计算值高于 0.8MPa 时，取 f_{bd} 为 0.8MPa。

（4）对框架梁和独立梁的梁底进行正截面粘贴钢板加固时，受拉钢板的粘贴应延伸至支座边或柱边，且延伸长度l_{sp}应满足式（6-24）的规定。当受实际条件限制无法满足此规定时，可在钢板的端部锚固区加贴U形箍板（图6-6）。此时，U形箍板的数量应符合下列规定：

当$f_{sv}b_1 \leqslant 2f_{bd}h_{sp}$时

$$f_{sp}A_{sp} \leqslant 0.5f_{bd}l_{sp}b_1 + 0.7nf_{sv}b_{sp}b_1 \tag{6-25}$$

当$f_{sv}b_1 > 2f_{bd}h_{sp}$时

$$f_{sp}A_{sp} \leqslant 0.5f_{bd}l_{sp}b_1 + nf_{bd}b_{sp}h_{sp} \tag{6-26}$$

式中 f_{sv}——钢对钢粘结强度设计值（N/mm²），对A级胶取3.0MPa；对B级胶取2.5MPa；

A_{sp}——加固钢板的截面面积（mm²）；

n——加固钢板每端加贴U形箍板的数量；

b_1——加固钢板的宽度（mm）；

b_{sp}——U形箍板的宽度（mm）；

h_{sp}——U形箍板单肢与梁侧面混凝土粘结的竖向高度（mm）。

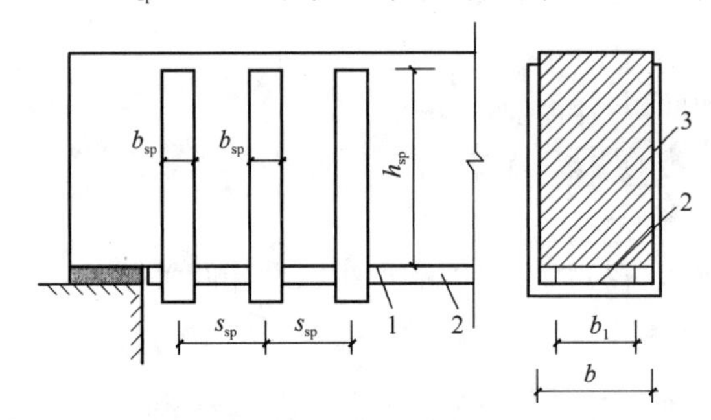

图6-6 梁端增设U形箍板锚固

1—胶层；2—加固钢板；3—U形箍板

对受弯构件负弯矩区的正截面加固，钢板的截断位置距充分利用截面的距离，除应根据负弯矩包络图按公式（6-26）确定外，尚宜按构造规定进行设计。对翼缘位于受压区的T形截面受弯构件的受拉面粘贴钢板进行受弯加固时，应按本节原则和现行国家标准《混凝土结构设计规范》GB 50010中关于T形截面受弯承载力的计算方法进行计算。

（5）当考虑二次受力影响时，加固钢板的滞后应变$\varepsilon_{sp,0}$应按下式计算：

$$\varepsilon_{sp,0} = \frac{\alpha_{sp}M_{0k}}{E_sA_sh_0} \tag{6-27}$$

式中 M_{0k}——加固前受弯构件验算截面上作用的弯矩标准值（kN·m）；

α_{sp}——综合考虑受弯构件裂缝截面内力臂变化、钢筋拉应变不均匀以及钢筋排列影响的计算系数，按表6-1的规定采用。

计算系数α_{sp}值 **表6-1**

ρ_{te}	≤0.007	0.010	0.020	0.030	0.040	≥0.060
单排钢筋	0.70	0.90	1.15	1.20	1.25	1.30
双排钢筋	0.75	1.00	1.25	1.30	1.35	1.40

注：ρ_{te}为原有混凝土有效受拉截面的纵向受拉钢筋配筋率，即$\rho_{te}=A_s/A_{te}$；A_{te}为有效受拉混凝土截面面积，按现行国家标准《混凝土结构设计规范》GB 50010的规定计算。当原构件钢筋应力$\sigma_{s0} \leqslant 150$MPa，且$\rho_{te} \leqslant 0.05$时，表中$\alpha_{sp}$值可乘以调整系数0.9。

当钢板全部粘贴在梁底面（受拉面）有困难时，允许将部分钢板对称地粘贴在梁的两侧面。此时，侧面粘贴区域应控制在距受拉边缘1/4梁高范围内，且应按下式计算确定梁的两侧面实际需粘贴的钢板截面面积 $A_{sp,1}$：

$$A_{sp,1} = \eta_{sp} A_{sp,b} \tag{6-28}$$

式中　$A_{sp,b}$——按梁底面计算确定的，但需改贴到梁的两侧面的钢板截面面积；

η_{sp}——考虑改贴梁侧面引起的钢板受拉合力及其力臂改变的修正系数，应按表6-2采用。

修正系数 η_{sp} 值　**表6-2**

h_{sp}/h	0.05	0.10	0.15	0.20	0.25
η_{sp}	1.09	1.20	1.33	1.47	1.65

注：h_{sp}为从梁受拉边缘算起的侧面粘贴高度；h为梁截面高度。

钢筋混凝土结构构件加固后，其正截面受弯承载力的提高幅度，不应超过40%，并应验算其受剪承载力，避免受弯承载力提高后而导致构件受剪破坏先于受弯破坏。粘贴钢板的加固量，对受拉区和受压区，分别不应超过3层和2层，且钢板总厚度不应大于10mm。

6.3.2　受弯构件斜截面

受弯构件斜截面受剪承载力不足，应采用胶粘的箍板进行加固，箍板宜设计成加锚封闭箍、胶锚U形箍或钢板锚U形箍的构造方式（图6-7a），当受力很小时，也可采用一般U形箍。箍板应垂直于构件轴线方向粘贴（图6-7b）；不得采用斜向粘贴。

（1）受弯构件加固后的斜截面应符合下列规定：

当 $h_w/b \leqslant 4$ 时

$$V \leqslant 0.25\beta_c f_{c0} b h_0 \tag{6-29}$$

当 $h_w/b \geqslant 6$ 时

$$V \leqslant 0.20\beta_c f_{c0} b h_0 \tag{6-30}$$

当 $4 < h_w/b < 6$ 时，按线性内插法确定。

式中　V——构件斜截面加固后的剪力设计值；

β_c——混凝土强度影响系数，按现行国家标准《混凝土结构设计规范》GB 50010规定值采用；

b——矩形截面的宽度；T形或I形截面的腹板宽度；

h_w——截面的腹板高度：对矩形截面，取有效高度；对T形截面，取有效高度减去翼缘高度；对I形截面，取腹板净高。

（2）采用加锚封闭箍或其他U形箍对钢筋混凝土梁进行抗剪加固时，其斜截面承载力应符合下列公式规定：

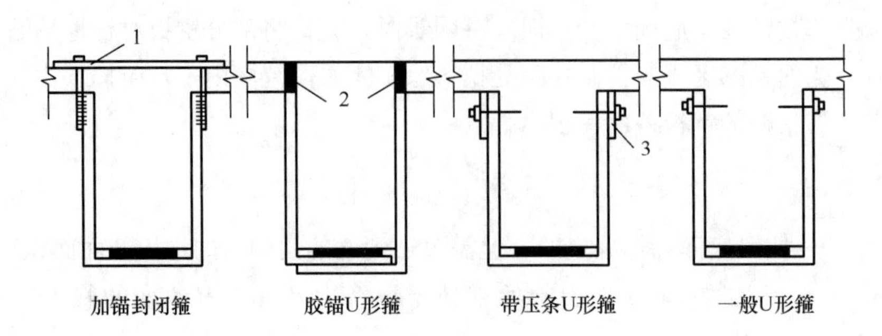

(a) 构造方式

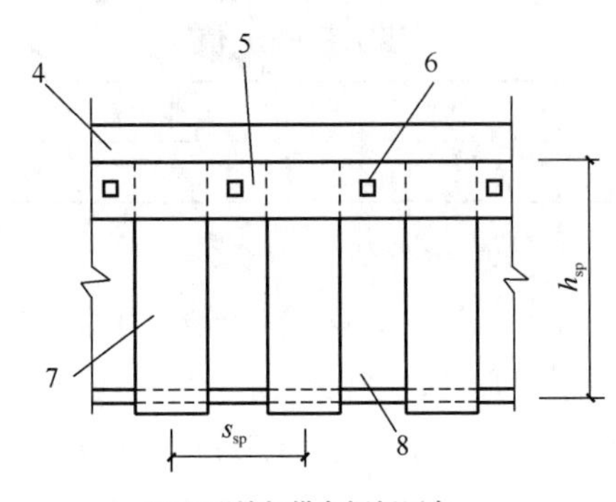

(b) U形箍加纵向钢板压条

图 6-7　扁钢抗剪箍及其粘贴方式

1—扁钢；2—胶锚；3—粘贴钢板压条；4—板；5—钢板底面空鼓处应加钢垫板；6—钢板压条附加锚栓锚固；7—U 形箍；8—梁

$$V \leqslant V_{b0} + V_{b,sp} \tag{6-31}$$

$$V_{b,sp} = \psi_{vb} f_{sp} A_{b,sp} h_{sp} / s_{sp} \tag{6-32}$$

式中　V_{b0}——加固前梁的斜截面承载力（kN），按现行国家标准《混凝土结构设计规范》GB 50010 计算；

$V_{b,sp}$——粘贴钢板加固后，对梁斜截面承载力的提高值（kN）；

ψ_{vb}——与钢板的粘贴方式及受力条件有关的抗剪强度折减系数，按表 6-3 确定；

$A_{b,sp}$——配置在同一截面处箍板各肢的截面面积之和（mm^2），即 $2b_{sp}t_{sp}$，b_{sp} 和 t_{sp} 分别为箍板宽度和箍板厚度；

h_{sp}——U 形箍板单肢与梁侧面混凝土粘结的竖向高度（mm）；

s_{sp}——箍板的间距（图 6-7b）（mm）。

抗剪强度折减系数 ψ_{vb} 值　　**表 6-3**

箍板构造		加锚封闭箍	胶锚或钢板锚 U 形箍	一般 U 形箍
受力条件	均布荷载或剪跨比 $\lambda \leqslant 3$	1.00	0.92	0.85
	剪跨比 $\lambda \geqslant 1.5$	0.68	0.63	0.58

注：当 λ 为中间值时，按线性内插法确定 ψ_{vb} 值。

6.4　粘贴纤维增强复合材料加固设计方法

6.4.1　受压构件正截面

1）轴心受压构件可采用沿其全长无间隔地环向连续粘贴纤维织物的方法（简称环向围束法）进行加固。

2）采用环向围束加固轴心受压构件适用于下列情况：

（1）长细比 $l/b \leqslant 12$ 的圆形截面柱；

（2）长细比 $l/b \leqslant 14$，截面高宽比 $h/b \leqslant 1.5$，截面高度 $h \leqslant 600\text{mm}$，且截面棱角经过圆化打磨的正方形或矩形截面柱。

当 $l/d \geqslant 12$（圆形截面柱）或 $l/b \leqslant 14$（正方形或矩形截面柱），构件的长细比已经比较大，有可能因纵向弯曲而导致纤维材料不起作用；与此同时，若矩形截面边长过大，也会使纤维材料对混凝土的约束作用明显降低，故明确规定了采用此方法加固时的适用条件。

3）采用环向围束的轴心受压构件，其正截面承载力应符合下列规定：

$$N \leqslant 0.9[(f_{c0} + 4\sigma_l)A_{cor} + f'_{y0}A'_{s0}] \tag{6-33}$$

$$\sigma_1 = 0.5\beta_c k_c \rho_f E_f \varepsilon_{fe} \tag{6-34}$$

式中　N——轴向压力设计值；

f_{c0}——原构件混凝土轴心抗压强度设计值；

σ_l——有效约束应力；

A_{cor}——环向围束内混凝土面积；对圆形截面 $A_{cor} = \pi D^2/4$；对正方形和矩形截面 $A_{cor} = bh - (4-\pi)r^2$，其中 D 为圆形截面柱的直径，b 为正方形截面边长或矩形截面宽度，h 为矩形截面高度，r 为截面棱角的圆化半径（倒角半径）；

β_c——混凝土强度影响系数；当混凝土强度等级不大于 C50 时，$\beta_c = 1.0$；当混凝土强度等级为 C80 时，$\beta_c = 0.8$；其间按线性内插法确定；

k_c——环向围束的有效约束系数，按照现行国家标准《混凝土结构加固设计规范》GB 50367—2013 第 10.4.3 条的规定采用；

ρ_f——环向围束体积比，按现行国家标准《混凝土结构加固设计规范》GB 50367—2013 第 10.4.4 条的规定计算；

E_f——纤维复合材的弹性模量；

ε_{fe}——纤维复合材的有效拉应变设计值；对重要构件取 $\varepsilon_{fe} = 0.0035$；对一般构件取 $\varepsilon_{fe} = 0.0045$。

4）环向转束的计算参数 k_c 和 ρ_f，应按下列规定确定：

（1）有效约束系数 k_c 值的确定

对圆形截面柱，$k_c = 0.95$；

对正方形和矩形截面柱，应按下列公式计算：

$$k_{c}=1-\frac{(b-2r)^{2}+(h-2r)^{2}}{3A_{cor}(1-\rho_{s})} \tag{6-35}$$

式中 ρ_s——柱中纵向钢筋的配筋率。

图 6-8 为环向围束内矩形截面有效约束面积。

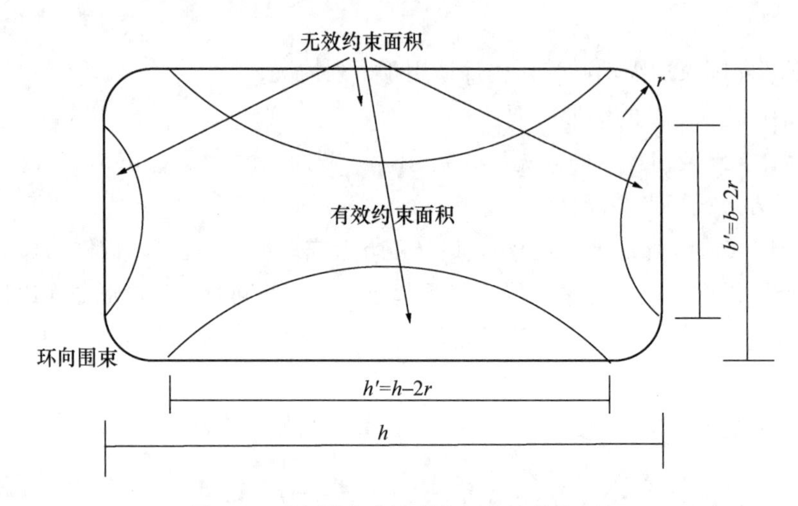

图 6-8 环向围束内矩形截面有效约束面积

（2）环向围束体积比 ρ_f 值的确定

对圆形截面柱：

$$\rho_{f}=4n_{f}t_{f}/D$$

对正方形和矩形截面柱：

$$\rho_{f}=2n_{f}t_{f}(b+h)/A_{cor}$$

式中 n_f, t_f——纤维复合材的层数和每层厚度。

6.4.2 受压构件斜截面

采用环形箍加固的柱，其斜截面受剪承载力应符合下列规定：

$$V\leqslant V_{co}+V_{cf} \tag{6-36}$$

$$V_{cf}=\varphi_{vc}f_{f}A_{f}h/s_{f}$$

$$A_{f}=2n_{f}b_{f}t_{f}$$

式中 V——构件加固后剪力设计值；

V_{co}——加固前原构件斜截面受剪承载力，按现行国家标准《混凝土结构设计规范》GB 50010 的规定计算；

V_{cf}——粘贴纤维复合材加固后，对柱斜截面承载力的提高值；

φ_{vc}——与纤维复合材受力条件有关的抗剪强度折算系数，按表 6-6 的规定值采用；

f_f ——受剪加固采用的纤维复合材抗拉强度设计值，按表 6-4 和表 6-5 规定的抗拉强度设计值乘以调整系数 0.5 确定；

A_f ——配置在同一截面处纤维复合材环形箍的全截面面积；

n_f、b_f、t_f ——纤维复合材环形箍的层数、宽度和每层厚度；

s_f ——环形箍的中心间距。

碳纤维复合材设计计算指标 **表 6-4**

性能项目		单向织物（布）		条形板	
		高强度Ⅰ级	高强度Ⅱ级	高强度Ⅰ级	高强度Ⅱ级
抗拉强度设计值 f_f (N/mm^2)	重要构件	1600	1400	1150	1000
	一般构件	2300	2000	1600	1400
弹性模量设计值 E_f（MPa）	重要构件	2.3×10^5	2.0×10^5	1.6×10^5	1.4×10^5
	一般构件				
拉应变设计值 ε_f	重要构件	0.007	0.007	0.007	0.007
	一般构件	0.01	0.01	0.01	0.01

注：L 形板按高强度Ⅱ级条形板的设计计算指标采用。

玻璃纤维复合材（单向织物）设计计算指标 **表 6-5**

类别	抗拉强度设计值 f_f (N/mm^2)		弹性模量设计值 E_f（MPa）		拉应变设计值 ε_f	
	重要结构	一般结构	重要结构	一般结构	重要结构	一般结构
S 玻璃纤维	500	700	7.0×10^5		0.007	0.01
E 玻璃纤维	350	500	6.0×10^5		0.007	0.01

φ_{vc} 值 **表 6-6**

轴压比		≤0.1	0.3	0.5	0.7	0.9
受力条件	均布荷载或 $\lambda_r\geqslant3$	0.95	0.84	0.72	0.62	0.51
	$\lambda_r\leqslant1$	0.9	0.72	0.54	0.34	0.16

注：λ_r 为柱的剪跨比。对框架柱 $\lambda_r=H_0/2h_0$，H_0 为柱的净高，h_0 为柱截面有效高度；中间值按线性内插法确定。

6.4.3 大偏心受压构件

矩形截面大偏心受压柱的加固，其正截面承载力应符合下列规定：

$$N\leqslant\alpha_1 f_{c0}bx+f'_{y0}A'_{s0}-f_{y0}A_{s0}-f_fA_f \tag{6-37}$$

$$Ne\leqslant\alpha_1 f_{c0}bx\left(h-\frac{x}{2}\right)+f'_{y0}A'_{s0}(h_0-a')+f_fA_f(h-h_0) \tag{6-38}$$

$$e=e_i+\frac{h}{2}-a \tag{6-39}$$

$$e_i=e_0+e_a \tag{6-40}$$

式中 e ——轴向压力作用点到纵向受拉钢筋 A_s 合力点的距离（mm）；

e_i——初始偏心距（mm）；

e_0——轴向压力对截面重心的偏心距（mm），取为 M/N；当需要考虑二阶效应时 M 应按照《混凝土结构加固设计规范》GB 50367—2013 第 6.4.3 条确定；

e_a——附加偏心距（mm），按偏心方向截面最大尺寸 h 确定；当 $h \leqslant 600$mm 时，$e_a = 20$mm；当 $h > 600$mm 时，$e_a = h/30$；

a、a'——纵向受拉钢筋合力点、纵向受压钢筋合力点至截面近边的距离（mm）；

f_f——纤维复合材抗拉强度设计值（N/mm²），应根据其品种，分别按表 6-4 和表 6-5采用。

6.4.4 受拉构件正截面

当采用外贴纤维复合材加固钢筋混凝土受拉构件（如水塔、水池等环形或其他封闭形结构）时，应按原构件纵向受拉钢筋的配置方式，将纤维织物粘贴于相应位置的混凝土表面上，且纤维方向应与构件受拉方向一致，并处理好围拢部位的搭接和锚固（图 6-9）。

由于非预应力的纤维复合材在受拉杆件（如桁架弦杆、受拉腹杆等）端部锚固的可靠性很差，因此一般仅用于环形的方形封闭结构的加固，而且仍然要处理好围拢部位的搭接与锚固问题。由此可见，其适用范围是很有限的，应事先做好可行性论证。

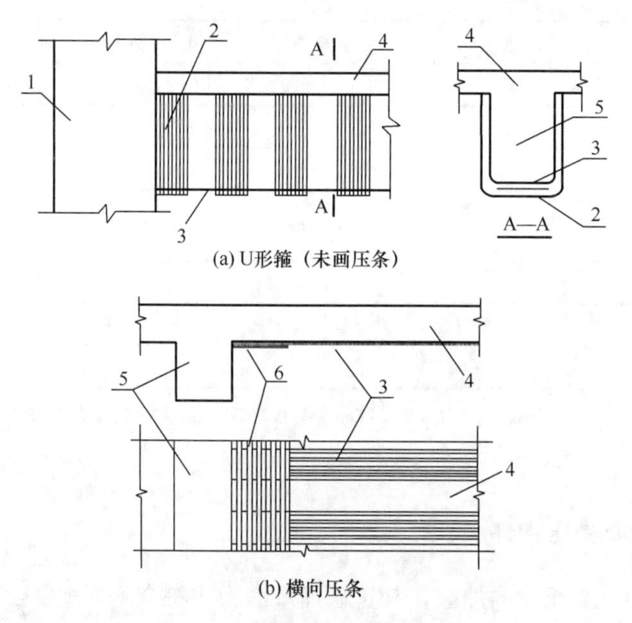

图 6-9　梁、板纤维复合材端部锚固措施

1—柱；2—U 形箍；3—纤维复合材；4—板；5—梁；6—横向压条

（1）轴心受拉构件的加固，其正截面承载力应按下式确定：

$$N \leqslant f_{y0} A_{s0} + f_f A_f \tag{6-41}$$

式中　N——轴向拉力设计值；

f_f——纤维复合材抗拉强度设计值，应根据其品种，分别按表 6-4 和表 6-5 采用。

（2）矩形截面大偏心受拉构件的加固，其正截面承载力应符合下列规定：

$$N \leqslant f_{y0}A_{s0} + f_fA_f - \alpha_1 f_{c0}bx - f'_{y0}A'_{s0} \tag{6-42}$$

$$Ne \leqslant \alpha_1 f_{c0}bx\left(h_0 - \frac{x}{2}\right) + f'_{y0}A'_{s0}(h_0 - a'_s) + f_fA_f(h - h_0) \tag{6-43}$$

式中　N——加固后轴向拉力设计值；

e——轴向拉力作用点至纵向受拉钢筋合力点的距离；

f_f——纤维复合材抗拉强度设计值，应根据其品种，分别按表 6-4 和表 6-5 采用。

6.4.5　受弯构件正截面

1）采用纤维复合材对梁、板等受弯构件进行加固时，除应遵守现行国家标准《混凝土结构设计规范》GB 50010 正截面承载力计算的基本假定外，尚应遵守下列规定：

（1）纤维复合材的应力与应变关系取直线式，其拉应力 σ_f 等于拉应变 ε_f 与弹性模量 E_f 的乘积；

（2）当考虑二次受力影响时，应按加固前的初始受力情况，确定纤维复合材的滞后应变；

（3）在达到受弯承载能力极限状态前，加固材料与混凝土之间不致出现粘结剥离破坏。

2）受弯加固后的界限受压区高度 ξ_{fb} 应按下列规定确定：

采用构件加固前控制值的 0.85 倍，即 $\xi_{fb} = 0.85\xi_b$，ξ_b 为构件加固前的相对界限受压区高度，按现行国家标准《混凝土结构设计规范》GB 50010 的规定计算。

3）在矩形截面受弯构件的受拉边混凝土表面上粘贴纤维复合材进行加固时，其正面承载力应按下列公式确定（图 6-10）：

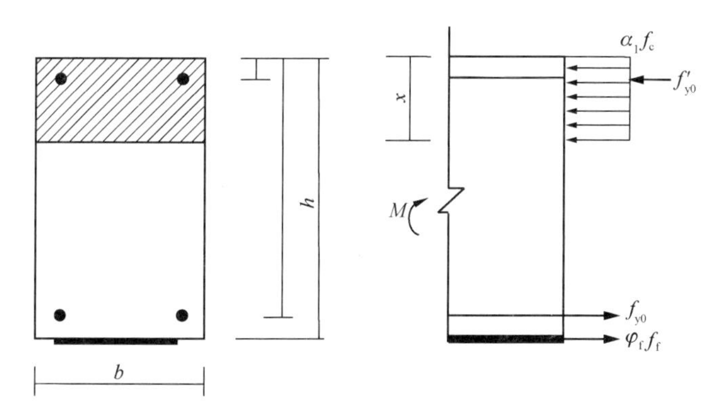

图 6-10　矩形截面构件正截面受弯承载力计算

$$M \leqslant \alpha_1 f_{c0}bx\left(h - \frac{x}{2}\right) + f'_{y0}A'_{s0}(h - a') - f_{y0}A_{y0}(h - h_0) \tag{6-44}$$

$$\alpha_1 f_{c0}bx = f_{y0}A_{s0} + \varphi_f f_f A_{fe} - f'_{y0}A'_{s0} \tag{6-45}$$

$$\varphi_f = \frac{\dfrac{0.8\varepsilon_{cu}h}{x} - \varepsilon_{cu} - \varepsilon_{f0}}{\varepsilon_f} \tag{6-46}$$

$$x \geqslant 2a' \tag{6-47}$$

式中　M——构件加固后弯矩设计值；

x——等效矩形应力图形的混凝土受压区高度，简称混凝土受压区高度；

b、h——矩形截面宽度和高度；

f_{y0}、f'_{y0}——原截面受拉钢筋和受压钢筋的抗拉、抗压强度设计值；

A_{s0}、A'_{s0}——原截面受拉钢筋和受压钢筋的截面面积；

a'——纵向受压钢筋合力点至截面近边的距离；

h_0——构件加固前的截面有效高度；

f_f——纤维复合材的抗拉强度设计值，应根据纤维复合材的品种，分别按表 6-4及表 6-5 采用；

A_{fe}——纤维复合材的有效截面面积；

φ_f——考虑纤维复合材实际抗拉应变未达到设计值而引入的强度利用系数，当 $\varphi_f > 1.0$ 时，取 $\varphi_f = 1.0$；

ε_{cu}——混凝土极限压应变，取 $\varepsilon_{cu} = 0.0033$；

ε_f——纤维复合材拉应变设计值，应根据纤维复合材的品种，分别按表 6-4 和表 6-5 采用；

ε_{f0}——考虑二次受力影响时，纤维复合材的滞后应变，应按现行国家标准《混凝土结构加固设计规范》GB 50367 第 10.2.8 条的规定计算，若不考虑二次受力影响时，取 $\varepsilon_{f0} = 0$。

4）实际粘贴的纤维复合材截面面积 A_f，应按下列公式计算：

$$A_f = A_{fe}/k_m \tag{6-48}$$

纤维复合材厚度折减系数 k_m，应按下列规定确定：

当采用预成型板时，$k_m=1.0$；

当采用多层粘贴的纤维织物时，k_m值按下式计算：

$$k_m = 1.16 - \frac{n_f E_f t_f}{308000} \leqslant 0.90$$

式中 E_f——纤维复合材弹性模量设计值（MPa），应根据纤维复合材的品种，分别按表 6-4和表 6-5 采用；

n_f、t_f——纤维复合材（单向织物）层数和单层厚度。

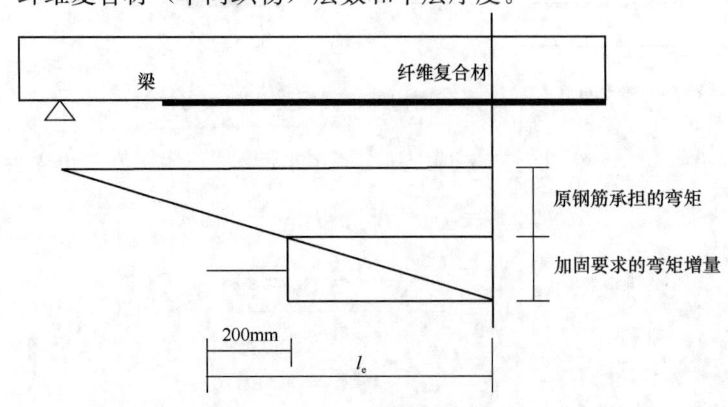

图 6-11 纤维复合材的粘贴延伸长度

5）对受弯构件正弯矩区的正截面加固，其粘贴纤维复合材的截断位置应从其充分利用的截面算起，取不小于按下式确定的粘贴延伸长度（图 6-11）：

$$l_e = \frac{\varphi_1 f_f A_f}{f_{f,v} b_f} + 200 \tag{6-49}$$

式中　l_e ——纤维复合材料粘贴延伸长度（mm）；

b_f ——对梁为受拉面粘贴的纤维复合材的总宽度（mm），对板为 1000mm 板宽范围内粘贴的纤维复合材总宽度；

f_f ——纤维复合材抗拉强度设计值，分别按表 6-4 和表 6-5 采用；

$f_{f,v}$ ——纤维与混凝土之间的强度设计值（MPa），取 $f_{f,v}=0.4f_t$；f_t 为混凝土抗拉强度设计值，按现行国家标准《混凝土结构设计规范》GB 50010 的规定值采用，当 $f_{f,v}$ 计算值低于 0.40MPa 时，取 $f_{f,v}=0.4$MPa；当 $f_{f,v}$ 计算值高于 0.70MPa 时，取 $f_{f,v}=0.70$MPa；

φ_1 ——修正系数，对重要构件，取 $\varphi_1=1.45$，对一般构件取 $\varphi_1=1.0$。

6）当考虑二次受力影响时，纤维复合材的滞后应变 ε_{f0} 应按下式计算：

$$\varepsilon_{f0} = \frac{\alpha_f M_{0k}}{E_s A_s h_0} \tag{6-50}$$

式中　M_{0k} ——加固前受弯构件验算截面上原作用的弯矩标准值；

α_f ——综合考虑受弯构件裂缝截面内力臂变化、钢筋拉应变不均匀以及钢筋排列影响等的计算系数，应按表 6-7 采用。

计算系数 α_f 值　　**表 6-7**

ρ_{te}	≤0.007	0.010	0.020	0.030	0.040	≥0.060
单排钢筋	0.70	0.90	1.15	1.20	1.25	1.30
双排钢筋	0.75	1.00	1.25	1.30	1.35	1.40

注：表中 ρ_{te} 为混凝土有效受拉截面的纵向受拉钢筋配筋率，即 $\rho_{te}=A_n/A_{te}$，A_{te} 为有效受拉混凝土截面面积，按现行国家标准《混凝土结构设计规范》GB 50010 的规定计算；当原构件钢筋应力 $\sigma_{s0}\leq150$MPa，且 $\rho_{te}\leq0.05$ 时，表中的数值，可乘以调整系数 0.9。

7）当纤维复合材全部粘贴在梁底面（受拉面）有困难时，允许将部分纤维复合材对称地粘贴在梁的两侧面。此时，侧面粘贴区域应控制在距受拉区边缘 1/4 梁高范围内，且应按下式计算确定梁的两侧面实际粘贴的纤维复合材截面面积 $A_{f,1}$：

$$A_{f,1} = \eta_f A_{f,b} \tag{6-51}$$

式中　$A_{f,b}$ ——按梁底面计算确定的，但需改贴到梁的两侧面的纤维复合材截面面积；

η_f ——考虑贴梁侧面引起的纤维复合材受拉合力及其力臂改变的修正系数，按表 6-8 采用。

修正系数 η_f 值　　**表 6-8**

h_f/h	0.05	0.10	0.15	0.20	0.25
η_f	1.09	1.19	1.3	1.43	1.59

注：表中 h_f 为从梁受拉边缘算起的侧面粘贴高度，h 为梁截面高度。

6.4.6 受弯构件斜截面

对斜截面加固的纤维粘贴方式作了统一的规定，并且在构造上，只允许采用环形箍、加锚封闭箍、胶锚U形箍和加织物压条的一般U形箍，不允许仅在侧面粘贴条带受剪，因为试验表明这种粘贴方式受力不可靠。

（1）受弯构件加固后的斜截面应符合下列条件：

当 $h_w/b \leqslant 4$ 时

$$V \leqslant 0.25\beta_c f_c b h_0 \tag{6-52}$$

当 $h_w/b \geqslant 6$ 时

$$V \leqslant 0.20\beta_c f_c b h_0 \tag{6-53}$$

当 $4 < h_w/b < 6$ 时，按线性内插法确定。

式中 V——构件斜截面加固后的剪力设计值（kN）；

β_c——混凝土强度影响系数，按现行国家标准《混凝土结构设计规范》GB 50010的规定值采用；

f_c——原构件混凝土轴心抗压强度设计值（N/mm^2）；

b——矩形截面的宽度；T形或I形截面的腹板宽度（mm）；

h_0——截面有效高度（mm）；

h_w——截面的腹板高度（mm）；对矩形截面，取有效高度；对T形截面，取有效高度减去翼缘高度；对I形截面，取腹板净高。

（2）当采用条带构成的环形（封闭）箍或U形箍对钢筋混凝土梁进行抗剪加固时，其斜截面承载力应符合下列规定：

$$V \leqslant V_{b0} + V_{bf} \tag{6-54}$$

$$V_{bf} = \psi_{vb} f_f A_f h_f / S_f \tag{6-55}$$

式中 V_{b0}——加固前梁的斜截面承载力（kN），按现行国家标准《混凝土结构设计规范》GB 50010计算；

V_{bf}——粘贴条带加固后，对梁斜截面承载力的提高值（kN）；

ψ_{vb}——与条带回锚方式及受力条件有关的抗剪强度折减系数，按表6-9取值；

f_f——受剪加固采用的纤维复合材抗拉强度设计值（N/mm^2），按表6-4和表6-5规定的抗拉强度设计值乘以调整系数0.56确定；当为框架梁或悬挑构件时，调整系数改取0.28；

A_f——配置在同一截面处构成环形或U形箍的纤维复合材条带的全部截面面积（mm^2）；$A_f = 2n_f b_f t_f$，n_f 为条带粘贴的层数，b_f 和 t_f 分别为条带宽度和条带单层厚度；

h_f——梁侧面粘贴的条带竖向高度（mm），对环形箍，$h_f = h$；

S_f——纤维复合材条带的间距（mm）。

抗剪强度折减系数 ψ_{vb} 值 表 6-9

条带加锚方式		环形箍及加锚封闭箍	胶锚或钢板锚U形箍	加织物压条的一般U形箍
受力条件	均布荷载或剪跨比 $\lambda \geqslant 3$	1.00	0.88	0.75
	$\lambda \leqslant 1.5$	0.68	0.60	0.50

注：当 λ 为中间值时，按线性内插法确定 ψ_{vb} 值。

6.4.7 提高柱的延性的加固计算

当采用环向围束作为附加箍筋时，应按下列公式计算柱箍筋加密区加固后的箍筋体积配筋率 ρ_v，且应满足现行国家标准《混凝土结构设计规范》GB 50010 的规定。

$$\rho_v = \rho_{v,e} + \rho_{v,f} \tag{6-56}$$

$$\rho_{v,f} = k_c \rho_f \frac{b_f f_f}{s_f f_{yv0}} \tag{6-57}$$

式中 $\rho_{v,e}$——被加固柱原有箍筋的体积配筋率，当需重新复核时，应按箍筋范围内的核心截面进行计算；

$\rho_{v,f}$——环向围束作为附加箍筋算得的箍筋体积配筋率的增量；

ρ_f——环向围束体积比，按现行国家标准《混凝土结构加固设计规范》GB 50367 第 10.4.4 条规定计算；

k_c——环向围束的有效约束系数；圆形截面，取 $k_c = 0.90$；正方形截面，取 $k_c = 0.66$；矩形截面，取 $k_c = 0.42$；

b_f——环向围束纤维条带的宽度；

s_f——环向围束纤维条带的中心间距；

f_f——环向围束纤维复合材的抗拉强度设计值，应根据其品种，分别按表 6-4 和表 6-5 采用；

f_{yv0}——原箍筋抗拉强度设计值。

6.4.8 构造设计

1）对钢筋混凝土受弯构件正弯矩区进行正截面加固时，其受拉面沿轴向粘贴的纤维复合材应延伸至支座边缘，且应在纤维复合材的端部（包括截断处）及集中荷载作用点的两侧，设置纤维复合材的U形箍（对梁）或横向压条（对板）。

2）当纤维复合材延伸至支座边缘仍不满足现行国家标准《混凝土结构加固设计规范》GB 50367—2013 第 10.2.5 条延伸长度的要求时，应采取下列锚固措施：

（1）对梁，应在延伸长度范围内均匀设置U形箍锚固，并应在延伸长度端部设置一道，U形箍的粘贴高度应为梁的截面高度，若梁有翼缘或有现浇楼板，应伸至其底面。U形箍的宽度，对端箍不应小于加固纤维复合材宽度的 2/3，且不应小于 150mm；对中间箍不应小于加固纤维复合材宽度的 1/2，且不应小于 100mm。U形箍的厚度不应小于受弯加固纤维复合材厚度的1/2。

（2）对板，应在延伸长度范围内通长设置垂直于受力纤维方向的压条。压条采用纤维复合材制作。压条除应在延伸长度端部布置一道外，尚宜在延伸长度范围内再均匀布置1～2道。压条的宽度不应小于受弯加固纤维复合材条带宽度的3/5，压条的厚度不应小于受弯加固纤维复合材厚度的1/2。

（3）当纤维复合材延伸至支座边缘，遇到下列情况，应将端箍（或端部压条）改为钢材制作、传力可靠的机械锚固措施：

① 可延伸长度小于计算长度的一半；

② 加固用的纤维复合材为预成型板材。

3）当采用纤维复合材对受弯构件负弯矩区进行正截面承载力加固时，应采取下列构造措施：

（1）支座处无障碍时，纤维复合材应在负弯矩包络图范围内连续粘贴；其延伸长度的截断点应位于正弯矩区，且距正弯矩转换点不应小于1m。

（2）支座处虽有障碍，但梁上有现浇板，且允许绕过柱位时，宜在梁侧4倍板厚（h_b）范围内，将纤维复合材粘贴于板面上（图6-12）。

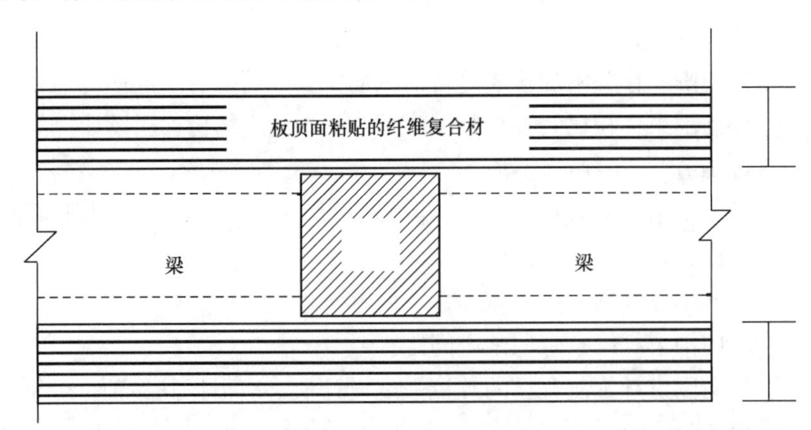

图6-12 绕过柱位粘贴纤维复合材

（3）在框架顶层梁柱的端节点处，纤维复合材只能贴至柱边缘而无法延伸时，应加贴L形钢板及U形钢箍板进行锚固（图6-13），L形钢板的总截面面积应按下式进行计算：

$$A_{a,1} = 1.2\varphi_f f_f A_f / f_y \tag{6-58}$$

式中 $A_{a,1}$——支座处需粘贴的L形钢板截面面积；

φ_f——纤维复合材的强度利用系数，按现行国家标准《混凝土结构加固设计规范》GB 50367第10.2.3条采用；

f_f——纤维复合材抗拉强度设计值，分别按表6-4、表6-5采用；

A_f——支座处实际粘贴的纤维复合材截面面积；

f_y——L形钢板抗拉强度设计值。

L形钢板总宽度不宜小于90%的梁宽，且宜由多条L形钢板组成，钢板厚度不宜小

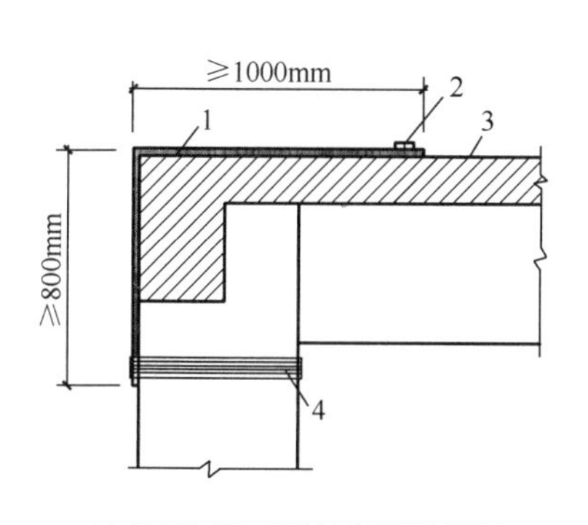

(a) 柱顶加贴L形碳纤维板锚固构造

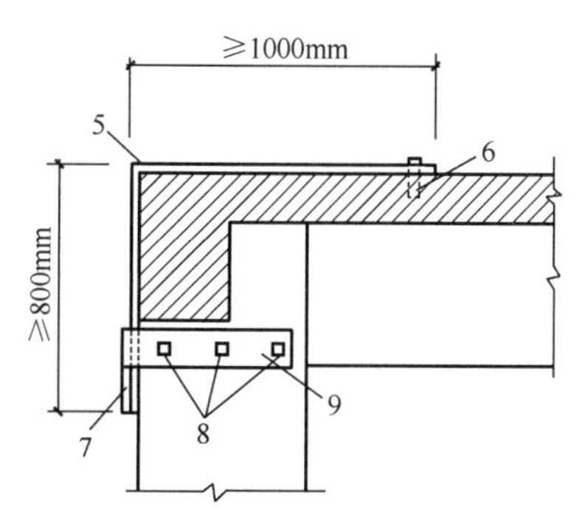

(b) 柱顶加贴L形钢板锚固构造

图 6-13 柱顶加贴 L 形碳纤维板或钢板锚固构造

1—粘贴 L 形碳纤维板；2—横向压条；3—纤维复合材；4—纤维复合材围束；
5—粘贴 L 形钢板；6—M12 锚栓；7—加焊顶板（预焊）；8—d≥M16 的 6.8 级锚栓；
9—胶粘于柱上的 U 形钢箍板

于 3mm。

4）当梁上无现浇板，或负弯矩区的支座处需采取加强的锚固措施时，可采取图 6-14 的构造方式。

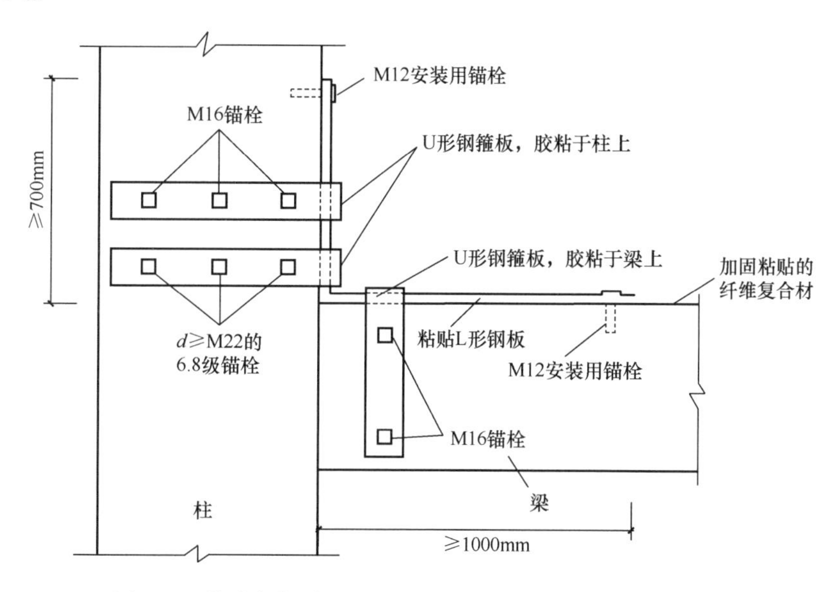

图 6-14 柱中部加贴 L 形钢板及 U 形钢箍板的锚固构造示例

若梁上有现浇板，也可采取这种构造方式进行锚固，其 U 形钢箍板穿过楼板处，应采用半重叠钻孔法，在板上钻出扁形孔以插入箍板，再用结构胶予以封固。

5）当加固的受弯构件为板、壳、墙和筒体时，纤维复合材应选择多条密布的方式进行粘贴，每一条带的宽度不应大于 200mm；不得使用未经裁剪成条的整幅织物满贴。

6）当受弯构件粘贴的多层纤维织物允许截断时，相邻两层纤维织物宜按内短外长的原则分层截断；外层纤维织物的截断点宜越过内层截断点 200mm 以上，并应在截断点加设 U 形箍。

7）当采用纤维复合材对钢筋混凝土梁或柱的斜截面承载力进行加固时，其构造应符合下列规定：

（1）宜选用环形箍或加锚的U形箍；仅按构造需要设箍时，也可采用一般U形箍。

（2）U形箍的纤维受力方向应与构件轴向垂直。

（3）当环形箍或U形箍采用纤维复合材带时，其净间距 $s_{f,n}$（图6-15）不应大于现行国家标准《混凝土结构设计规范》GB 50010 规定的最大箍筋间距的0.7倍，且不应大于梁高的0.25倍。

（4）U形箍的粘贴高度应符合现行国家标准《混凝土结构加固设计规范》GB 50367 第9.9.2条的要求；U形箍的上端应粘贴纵向压条予以锚固。

（5）当梁的高度 $h \geqslant 600$mm 时，应在梁的腰部增设一道纵向腰压带（图6-15）。必要时，也可在腰压带端部增设自锁装置。

8）当采用纤维复合材的环向围束对钢筋混凝土柱进行正截面加固或提高延性的抗震加固时，其构造应符合下列规定：

（1）环向围束的纤维织物层数，对圆形截面柱不应少于2层，对正方形和矩形截面柱不应少于3层。当有可靠经验时，对采用芳纶纤维织物加固的矩形截面柱，其最少层数也可取为2层。

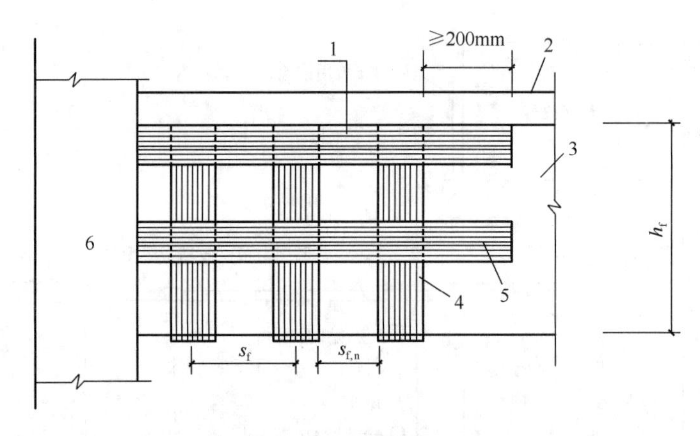

图6-15 纵向腰压带

1—纵向压条；2—板；3—梁；4—U形箍；5—纵向腰压条；6—柱；
s_f—U形箍的中心间距；$s_{f,n}$—U形箍的净间距；h_f—梁侧面粘贴的条带竖向高度

（2）环向围束上下层间的搭接宽度不应小于50mm，纤维织物环向截断点的延伸长度不应小于200mm，且各条带搭接位置应相互错开。

9）当沿柱轴向粘贴纤维复合材对大偏心受压柱进行正截面承载力加固时，纤维复合材应避开楼层梁，沿柱脚穿越楼层，且纤维复合材宜采用板材；其上下端部锚固构造应采用机械锚固。同时，应设法避免在楼层处截断纤维复合材。

10）当采用U形箍、L形纤维板或环向围束进行加固而需要在构件阳角处绕过时，其截面棱角应在粘贴前进行圆化打磨处理（图6-16）；梁的圆化半径 r，对碳纤维不应小于20mm，对玻璃纤维不应小于15mm；柱的圆化半径，对碳纤维不应小于25mm，对玻

璃纤维不应小于20mm。

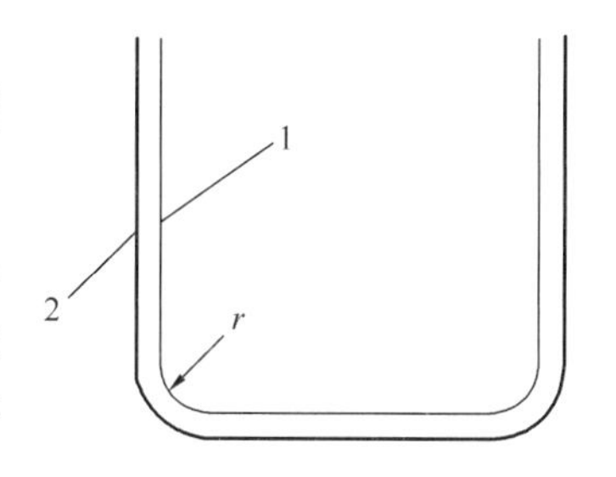

图6-16　构件截面棱角的圆化打磨

1—构件截面外表面；2—纤维复合材；r—角部圆化半径

根据粘贴纤维复合材的受力特性，在使用该方法加固混凝土结构构件时，还应注意以下几点：

（1）该加固方法不推荐用于小偏心受压构件的加固。由于纤维复合材仅适用于承受拉应力作用，而且小偏心受压构件的纵向受拉钢筋达不到屈服强度，采用粘贴纤维将造成材料的极大浪费。

（2）该加固方法不适用于素混凝土构件（包括配筋率不符合现行国家标准《混凝土结构设计规范》GB 50010最小配筋率构造要求的构件）的加固。需要注意的是：对于梁板结构，若曾经在构件截面的受压区采用增大截面法加大了其混凝土厚度，而又拟在受拉区采用粘贴纤维的方法进行加固时，应首先检查其最小配筋率能否满足现行国家标准《混凝土结构设计规范》GB 50010的要求。

（3）在实际工程中，经常会遇到原结构的混凝土强度低于现行设计规范规定的最低强度等级的情况。如果原结构混凝土强度过低，它与纤维增强复合材的粘结强度也必然很低，易发生呈脆性的剥离破坏。此时，纤维复合材不能充分发挥作用，所以使用该加固方法时，被加固的混凝土结构构件，其现场实测混凝土强度等级不得低于C15，且混凝土表面的正拉粘结强度不得低于1.5MPa。

（4）纤维复合材料不能设计为承受压力，而只能考虑抗拉作用，所以应将纤维受力方式设计成仅随拉应力作用。

（5）粘贴在混凝土构件表面上的纤维复合材，不得直接暴露于阳光或有害介质中，其表面应进行防护处理。表面防护材料应对纤维及胶粘剂无害，且应与胶粘剂有可靠的粘结强度及相互协调的变形性能。

（6）根据常温条件下普通型结构胶粘剂的性能，采用该方法加固的结构，其长期使用的环境温度不应高于60℃；处于特殊环境（如高温、高湿、介质侵蚀、放射等）的混凝土结构采用本方法加固时，除应按国家现行有关标准的规定采取相应的防护措施外，尚应采用考虑环境因素作用的胶粘剂，并按专门的工艺要求进行粘贴。

（7）粘贴纤维复合材的胶粘剂一般是可燃的，故应按照现行国家标准《建筑设计防火规范》GB 50016规定的耐火等级和耐火极限要求，对纤维复合材进行防护。

（8）采用纤维复合材加固时，应采取措施尽可能地卸载。其目的是减少二次受力的影响，亦即降低纤维复合材的滞后应变，使得加固后的结构能充分利用纤维材料的强度。

6.5　粘贴纤维增强复合材加固法设计算例

某商业楼建于1977年，为两跨4层钢筋混凝土框架结构，两跨跨度分别为6600mm和5400mm，框架柱距6000mm，总高度14000mm，其立面如图6-17所示。该商业楼的抗震设防烈度为7度。框架柱截面350mm×350mm，配10Φ18主筋、Φ8@200箍筋。

梁柱混凝土设计强度等级分别为C20和C30，主筋均为HRB335级钢筋，箍筋均为HPB235级钢筋。（注：因本工程建于1977年，根据当时的规范，本章中钢筋符号Φ代表HPB235级钢筋。）

经检测鉴定，该商业楼为不合格工程，需对该商业楼进行加固改造。

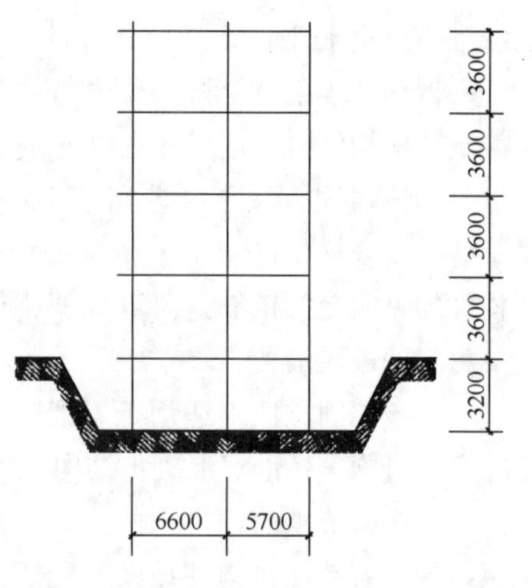

图6-17 商业楼立面图（单位：mm）

6.5.1 受压构件正截面加固算例

【例6-1】该商业楼的混凝土中柱，计算高度为4.0m，截面尺寸$b\times h=350\text{mm}\times350\text{mm}$，C30混凝土，纵向配筋10Φ18，均匀布置，箍筋Φ8@200。采用碳纤维环绕约束混凝土截面，3层，0.167mm厚，无间隔。计算柱轴心受压承载力。

【解】

（1）判断构件长细比

$l/b=4000/350=11.43<14$，可进行环向约束加固。

（2）承载力验算

$$N\leqslant0.9[(f_{c0}+4\sigma_l)A_{cor}+f'_{y0}A'_{s0}]$$

其中：$f_{c0}=15\text{N/mm}^2$，$f'_{y0}=300\text{N/mm}^2$，$A'_{s0}=2545\text{mm}^2$，取$r=10\text{mm}$

则$A_{cor}=bh-(4-\pi)r^2=350\times350-(4-\pi)\times10^2=1.22\times10^5\text{mm}^2$

$$\sigma_l=0.5\beta_c k_c\rho_f E_f\varepsilon_{fe}$$

其中：$\beta_c=1.0$（混凝土强度等级小于C50）；

有效约束系数$k_c=1-\dfrac{(b-2r)^2+(h-2r)^2}{3A_{cor}(1-\rho_s)}$

其中：
$$\rho_s=\frac{2545}{350\times350}=0.021$$

故，
$$k_c=1-\frac{(350-2\times10^2)^2+(350-2\times10)^2}{3\times1.22\times10^5\times(1-0.021)}=0.874$$

$$E_f=2.3\times10^5\text{N/mm}^2,\ \varepsilon_{fc}=0.0045$$

环向约束体积比$\rho_f=\dfrac{2n_f t_f(b+h)}{A_{cor}}=\dfrac{2\times3\times0.167\times(350+350)}{1.22\times10^5}=0.575\%$

$$\sigma_l=0.5\times1.0\times0.874\times0.575\%\times2.3\times10^5\times0.0045=2.601\text{N/mm}^2$$

$$N=0.9\times[(15+4\times2.601)\times1.22\times10^5+300\times2545]=3476509\text{N}=3476.5\text{kN}$$

【例6-2】该商业楼边柱，边长$b\times h=350\text{mm}\times350\text{mm}$，净高4.0m，C30混凝土，纵向配筋10Φ18，均匀布置，均匀布置箍筋Φ8@200，柱轴压比为0.60，保护层厚度21mm。现设计剪力为300kN，采用碳纤维布环向加固方案。

【解】

(1) 验算截面尺寸

$V=350\text{kN}<0.25\beta_c f_{c0}bh_0=0.25\times1.0\times15\times350\times(350-21-9)=420\text{kN}$，满足要求。

(2) 确定加固前偏心受压柱的抗剪承载力 V_{c0}

$$V_{c0}=\frac{1.75}{\lambda+1}f_{t0}bh_0+f_{yv0}\frac{A_{sv0}}{s_0}h_0+0.07N$$

其中，$f_{t0}=1.5\text{N/mm}^2$，$b=350\text{mm}$，$h_0=350-30=320\text{mm}$，

$$f_{yv0}=210\text{N/mm}^2,\ s_0=200\text{mm},\ A_{sv0}=157\text{mm}^2$$

$$\lambda=\frac{4000}{2\times320}=6.25，取\lambda=3$$

$$N=0.3f_{c0}bh=0.3\times15\times350\times350=5.5125\times10^5\text{N}$$

故 $V_{c0}=\dfrac{1.75}{3+1}\times1.5\times350\times320+210\times\dfrac{157}{200}\times320+0.07\times5.5125\times10^5$

$=1.65\times10^5\text{N}$

(3) 碳纤维承载剪力 V_{cf}

$$V_{cf}=V-V_{c0}=350-165=185\text{kN}$$

(4) 碳纤维布用量

$$V_{cf}=\varphi_{vc}f_fA_fh/s_f$$

其中：通过插值法可得 $\varphi_{vc}=0.67$

采用高强度Ⅰ级碳纤维布，则 $f_f=0.5\times1600=800\text{N/mm}^2$，$h=350\text{mm}$

故

$$\frac{A_f}{s_f}=\frac{V_{cf}}{\varphi_{vc}f_fh}=\frac{185\times10^3}{0.67\times800\times350}=0.986\text{mm}$$

由于 $A_f=2n_fb_ft_f$

选取粘贴碳纤维布4层，每层层厚0.167mm，宽400mm，间距500mm，则实际

$$\frac{A_f}{s_f}=\frac{2n_fb_ft_f}{s_f}=\frac{2\times4\times0.167\times400}{500}=1.0688\text{mm}>0.986\text{mm}$$

6.5.2　受弯构件正截面加固算例

【例6-3】 该商业楼楼盖中的某矩形截面梁截面尺寸为 $b\times h=200\text{mm}\times400\text{mm}$，受拉钢筋为4Φ14（$A_{s0}=615\text{mm}^2$，配筋率0.84%），$f_{c0}=15\text{N/mm}^2$。现拟将该梁的弯矩设计值提高到 $80\times10^6\text{N}\cdot\text{mm}$，加固前原作用的弯矩标准值 $50\times10^6\text{N}\cdot\text{mm}$。该梁的抗剪能力满足使用要求，仅需进行抗弯加固。

【解】（1）原梁承载力计算

由 $\alpha_1 f_{c0} bx = f_{y0} A_{s0}$，得

$$x = \frac{f_{y0} A_{s0}}{\alpha_1 f_{c0} b} = \frac{300 \times 615}{1.0 \times 15 \times 200} = 61.5\text{mm}$$

$$\xi = \frac{x}{h_0} = \frac{61.5}{400 - 35} = 0.168$$

$$M = f_{y0} A_{s0}\left(h_0 - \frac{x}{2}\right) = 300 \times 615 \times \left(365 - \frac{61.5}{2}\right) = 61.67 \times 10^6 \text{N} \cdot \text{mm}$$

（2）加固设计

弯矩提高系数：

$$\frac{80 - 61.67}{61.67} = 0.2972 = 29.72\% < 40\%$$

$$\begin{aligned} M &= \alpha_1 f_{c0} bx\left(h - \frac{x}{2}\right) - f_{y0} A_{s0}(h - h_0) \\ &= 1.0 \times 15 \times 200x \times \left(400 - \frac{x}{2}\right) - 300 \times 615 \times (400 - 365) \\ &= 80 \times 10^6 \text{N} \cdot \text{mm} \end{aligned}$$

得 x=80.06mm，则

$\xi = \frac{x}{h_0} = \frac{80.06}{365} = 0.219 < 0.85\xi_b = 0.85 \times 0.55 = 0.4675$，满足要求

$$\rho_{te} = \frac{A_{s0}}{0.5bh} = \frac{615}{0.5 \times 200 \times 400} = 0.01538$$

$$\sigma_{s0} = \frac{M_{0k}}{0.87 A_{s0} h_0} = \frac{50 \times 10^6}{0.87 \times 615 \times 365} = 256.02\text{MPa}$$

$$\alpha_f = \left(\frac{0.01538 - 0.01}{0.02 - 0.01}\right) \times (1.15 - 0.9) + 0.9 = 1.034$$

$$\varepsilon_{f0} = \frac{\alpha_f M_{0k}}{E_s A_{s0} h_0} = \frac{1.034 \times 50 \times 10^6}{2.0 \times 10^5 \times 615 \times 365} = 1.152 \times 10^{-3}$$

$$\varphi_f = \frac{\frac{0.8\varepsilon_{cu} h}{x} - \varepsilon_{cu} - \varepsilon_{f0}}{\varepsilon_f} = \frac{0.8 \times 0.0033 \times \frac{400}{80.06} - 0.0033 - 1.152 \times 10^{-3}}{0.01} = 0.8738$$

由 $\alpha_1 f_{c0} bx = \varphi_f \cdot f_f A_{fe} + f_{y0} A_{s0} - f'_{y0} A'_{s0}$，得

采用高强度Ⅱ级碳纤维布：

$1 \times 15 \times 200 \times 80.06 = 0.8738 \times 2000 \times A_{fe} + 300 \times 615 - 0$，得 $A_{fe} = 31.86\text{mm}^2$

预估采用 3 层 0.167mm 规格的碳纤维布：

$$k_m = 1.16 - \frac{n_f E_f t_f}{308000} = 1.16 - \frac{3 \times 2.0 \times 10^5 \times 0.167}{308000} = 0.8347 < 0.90$$

实际应粘贴的碳纤维面积：$A_f = \frac{A_{fe}}{k_m} = \frac{31.86}{0.8347} = 38.17\text{mm}^2$

碳纤维布总宽度为：$B=\frac{38.17}{0.167}=228.6\text{mm}$

因此选用100mm宽的碳纤维布3层可满足要求。

思　考　题

6-1　请举出身边发生的或者从媒体中得知的建筑物劣化、补修、加固等相关的事例。

6-2　什么是混凝土结构的全寿命管理及全寿命费用？

6-3　混凝土结构劣化的主要原因有哪些？如何根据混凝土结构外观初步判断劣化原因？

6-4　混凝土裂缝修复的主要方法及材料有哪些，各有何优缺点？

6-5　混凝土结构加固的主要方法及材料有哪些，各有何优缺点？

6-6　什么是应力滞后问题？在加固设计中如何考虑该问题的影响？

6-7　修复、加固后新老界面剥离的主要原因有哪些？如何避免剥离发生？

习　　题

6-1　某商业楼T形截面梁 $b\times h=250\text{mm}\times500\text{mm}$，$b'_f=700\text{mm}$，$h'_f=70\text{mm}$，采用C20混凝土，HRB335级钢筋，受拉钢筋面积为3Φ22（$A_{s0}=1140\text{mm}^2$，配筋率为0.98%）。梁的抗剪能力满足要求，仅需进行抗弯加固，要求受弯承载力提高40%，不考虑二次受力。采用粘贴纤维增强复合材加固法加固，试给出加固方案。

6-2　某商业楼中一矩形截面梁，承受均布荷载，混凝土强度等级为C30，截面尺寸 $b\times h=300\text{mm}\times750\text{mm}$，配有受拉钢筋3Φ20。原弯矩标准值为72kN·m，现增加设计弯矩到250kN·m。采用粘贴纤维增强复合材加固法加固，试给出加固方案。

6-3　某商业楼中一矩形截面梁，承受均布荷载，混凝土强度等级为C30，截面尺寸 $b\times h=250\text{mm}\times600\text{mm}$，板厚100mm，配箍筋Φ10@200。原设计剪力为300kN，现增加设计剪力至400kN。采用粘贴纤维增强复合材加固法加固，试给出加固方案。

参 考 文 献

[1]　宋中南．我国混凝土结构加固修复业技术现状与发展对策[J]．混凝土，2002，10：10-11.

[2]　任慧韬．纤维增强复合材料加固混凝土结构基本力学性能和长期性能研究[D]．大连：大连理工大学，2003.

[3]　梁小雨．锚固作用下复材加固混凝土梁保护层剥离机理研究[D]．杭州：浙江大学，2015.

[4]　Pham H B，Al-Mahaidi R. Prediction models for debonding failure loads of carbon fiber reinforced polymer retrofitted reinforced concrete beams[J]. Journal of Composites for Construction，2006，10(1)：48-59.

[5]　施海锋．外贴复材抗弯加固梁锚固效应和机理研究[D]．杭州：浙江大学，2020.

[6]　Baluch M H. Strengthening of shear-damaged RC beams by external bonding of steel plates[J]. Magazine of Concrete Research，1995，47(173)：329-334.

[7]　Dussek I J. Strengthening of bridge beams and similar structures by means of epoxy-resin-bonded external reinforcement[J]. Transportation Research Record，1980，785(1)：21-24.

[8]　Hollaway L C. A review of the present and future utilisation of FRP composites in the civil infrastructure with reference to their important in-service properties[J]. Construction and Building Materials,

2010，24(12)：2419-2445.

[9] Zhang D，Zhao Y，Jin W，et al. Shear strengthening of corroded reinforced concrete columns using pet fiber based composites[J]. Engineering Structures，2017，153：757-765.

[10] 张大伟，陈驹，金伟良，等．外包纤维布中空夹层钢管混凝土柱水平承载力试验研究[J]. 建筑结构学报，2015，(S1)：1-5.

[11] D'Ambrisi A，Feo L，Focacci F. Experimental analysis on bond between PBO-FRCM strengthening materials and concrete[J]. Composites Part B：Engineering，2013，44(1)：524-532.

[12] AC 434. Acceptance criteria for masonry and concrete strengthening using fiber-reinforced cementitious matrix (FRCM) composite systems[S]. ICC Evaluation Service，Whittier，CA，2013.

[13] Zhang D，Rashid K，Wang B，Ueda T. Experimental and analytical investigation of crack spacing and width for overlaid RC beams at elevated temperatures[J]. Journal of Structural Engineering，ASCE，2018，143(12)：04017168.

第 7 章　再生混凝土结构

7.1　再生混凝土材料性能

20 世纪 90 年代以来，世界建筑业进入高速发展阶段。随着混凝土的需求量不断增加，制备混凝土所需的天然砂、石等原材料日渐枯竭；加之老旧建、构筑物拆除产生的大量建筑垃圾难以处理，被随意堆放、填埋，占用了大量土地资源。在此背景下，为缓解自然资源日益匮乏的压力，实现建筑垃圾高效资源化利用的目标，再生混凝土的应用研究已成为国内外重点关注与亟待解决的问题。

再生混凝土全称为再生骨料混凝土（Recycled Aggregate Concrete，RAC），即将建筑垃圾中含量较高的废弃混凝土经加工处理后得到再生骨料，并部分或全部取代普通骨料（即天然砂石骨料）制备而成的混凝土。根据废弃混凝土处理所得骨料的颗粒粒径，可以将再生骨料分为再生粗骨料（5～40mm）、再生细骨料（0.15～5mm），处理骨料的同时也会产生一些再生粉体（< 0.15 mm）。本章将结合近年来国内外研究成果，介绍再生混凝土材料及结构性能变化规律，内容涉及再生混凝土材料性能、再生混凝土与钢筋的粘结性能以及再生混凝土构件的受弯、受剪、受压等结构性能。

再生粗骨料主要包括表面附着部分老砂浆的次生颗粒、表面未附着老砂浆的天然颗粒以及老砂浆颗粒，其中，表面附着部分老砂浆的次生颗粒比例最高。相较于普通骨料，再生粗骨料颗粒形貌呈现棱角多、表面粗糙、表面附着老砂浆等特点。此外，废弃混凝土在破碎过程中，因机械损伤产生微裂纹，这些因素导致再生骨料孔隙率高、吸水率大、堆积密度小、压碎指标高。再生粗骨料用于浇筑混凝土，不仅会引入质地疏松的老砂浆，还会增加混凝土界面过渡区数量和种类的复杂程度。对普通混凝土而言，界面仅存在于普通骨料和砂浆之间，对再生混凝土而言，普通骨料、老砂浆、新砂浆两两之间均存在界面。图 7-1给出了再生混凝土的内部界面过渡区示意图，可以发现，再生混凝土内部包含三类界面过渡区，分别为：天然骨料和老砂浆的界面，天然骨料和新砂浆的界面，以及老砂浆和新砂浆的界面；而对于普通混凝土，界面仅存在于天然骨料和砂浆之间。因此，由于老砂浆的引入以及界面过渡区的增加，再生混凝土的材料性能一般弱于相同配合比的普通混凝土。

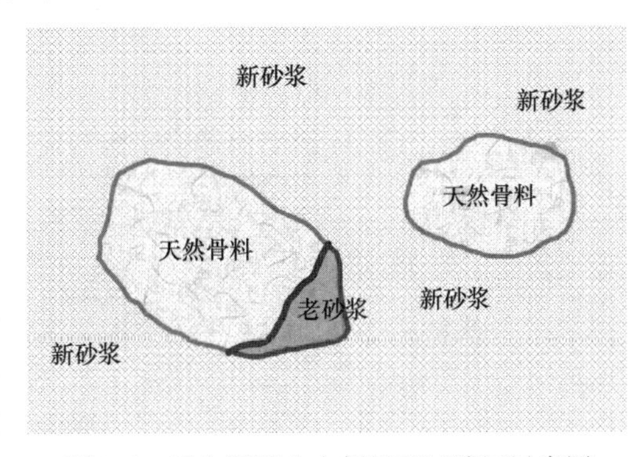

图 7-1　再生混凝土内部界面过渡区示意图

7.1.1　工作性能

混凝土的工作性能是指混凝土拌合物在保证组成材料质地均匀的条件下，易于施工操作（拌合、运输、浇筑和振捣）的性能。混凝土的工作性能一般使用新拌混凝土的坍落度指标进行衡量。相比天然粗骨料，再生粗骨料吸水率更大，这会影响新拌再生混凝土的坍落度，进而影响再生混凝土的工作性能。

一般情况下，如果保持用水量不变，随着再生粗骨料取代率增加，混凝土的坍落度会不断下降。主要原因是：再生粗骨料表面含有较多疏松多孔的老砂浆，吸收了更多的拌合用水，且再生粗骨料表面棱角多，不利于混凝土拌合。因此，为获得与普通骨料混凝土相当的工作性能，在不添加减水剂的前提下，再生混凝土在进行配合比设计时需要考虑增加更多的水。然而，部分学者研究表明，再生混凝土的坍落度不一定小于普通混凝土，当再生粗骨料的替代率为 0～60％时，其坍落度与普通混凝土基本相同，坍落度损失不大，当取代率超过 70％时，再生混凝土的坍落度明显降低。产生这一结果的原因，可能与不同国家和地区所用的再生粗骨料吸水率差异较大有关，也可能与不同研究中所采用的再生粗骨料的形状、粗糙程度及其颗粒级配有关。

7.1.2　力学性能

混凝土的力学性能是设计者和质量控制工程师最重视的性质，反映出混凝土质量的高低，是建筑结构设计的基本依据。再生混凝土力学性能的研究成果较多，很多学者在其研究成果中报道了再生粗骨料取代率对混凝土性能的影响，图 7-2～图 7-4 总结了部分代表性文献中再生混凝土的相对抗压强度、相对劈裂抗拉强度、相对弹性模量等力学性能随再生粗骨料取代率的变化规律。图中，混凝土相对性能是指再生混凝土性能与普通混凝土性能的比值，以普通混凝土的性能为标准“1”（下同）。

从图 7-2 可以发现，随着再生粗骨料取代率的增加，再生混凝土的相对抗压强度不断

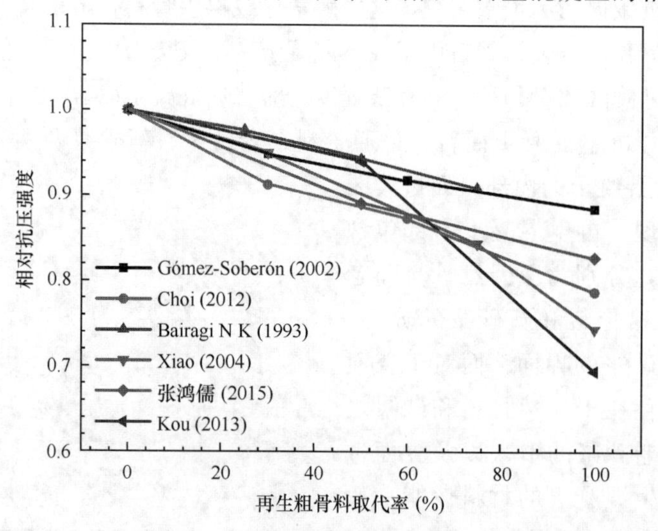

图 7-2　再生混凝土相对抗压强度随再生粗骨料取代率变化曲线

降低，即再生混凝土抗压强度与普通混凝土相比的损失程度增加。当再生粗骨料取代率为50%时，再生混凝土抗压强度比同配比的普通骨料混凝土要低5% ~18%，而当取代率为100%时，抗压强度的损失率可达12%~30%。再生混凝土抗压强度劣于普通骨料混凝土的主要原因在于其内部引入的再生粗骨料；再生粗骨料表面附着老砂浆，使得其整体密度降低、孔隙率及吸水率增大；在配合比相同的条件下，再生粗骨料的存在增大了混凝土中砂浆的含量，而减少了天然粗骨料的含量，因此导致再生混凝土抗压强度的下降。研究人员基于试验数据分析，提出了再生混凝土轴心抗压强度的经验公式，如公式（7-1）所示：

$$f_c = (ar^2 + br + c) \times 0.89 f_{cu} \tag{7-1}$$

式中，f_c、f_{cu}分别表示再生混凝土轴心抗压强度及立方体抗压强度；r表示再生粗骨料取代率；a、b、c根据再生粗骨料所占比例不同而取相应的常数，当普通骨料为碎石时，a取0.0227、b取0.1030、c取0.9620。

从图7-3可以发现，随着再生粗骨料取代率的增大，再生混凝土的相对劈裂抗拉强度减小，与抗压强度变化规律一致。当再生粗骨料取代率为50%时，再生混凝土劈裂抗拉强度比同配比的普通混凝土要低8% ~22%，而当取代率为100%时，再生混凝土劈裂抗拉强度的损失率可达7%~35%。产生这一结果的主要原因与抗压强度劣化的原因类似，即再生粗骨料的引入在混凝土中产生了更多薄弱的界面过渡区，从而导致混凝土劈裂抗拉强度降低。研究人员对再生粗骨料取代率分别为0、30%、50%、70%、100%的再生混凝土试块进行了抗拉强度试验，经试验数据统计回归分析，得到再生混凝土抗拉强度的经验公式，如式（7-2）所示：

$$f_t = (-0.006r + 0.24)(f_{cu})^{2/3} \tag{7-2}$$

式中，f_t、f_{cu}分别表示再生混凝土劈裂抗拉强度及立方体抗压强度；r表示再生粗骨料取代率。

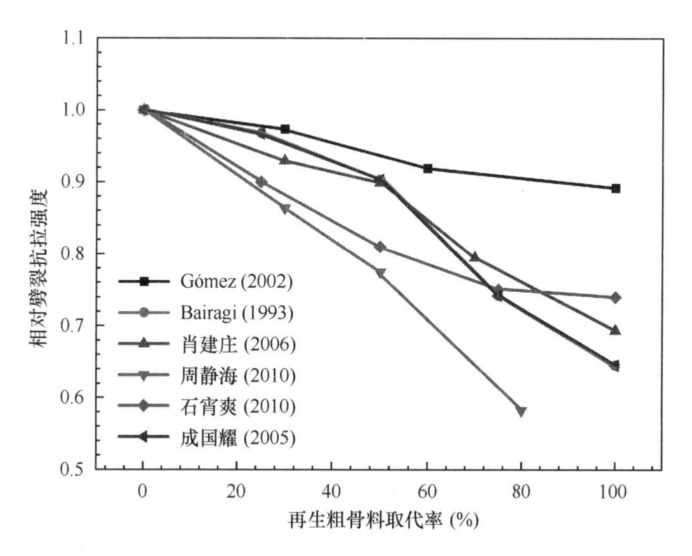

图7-3　再生混凝土相对劈裂抗拉强度随再生粗骨料取代率变化曲线

从图 7-4 可以发现，随着再生粗骨料取代率的增大，再生混凝土的弹性模量基本呈线性减小。主要原因是，混凝土材料的弹性模量取决于骨料性能、砂浆性能，以及骨料和砂浆间的粘结性能（即各类界面过渡区的性能）。与普通粗骨料相比，再生粗骨料表面附着的老砂浆使得其整体刚度更小，即再生粗骨料本身抵抗变形能力较差。与此同时，在相同配合比条件下，再生混凝土中引入了带有附着老砂浆的再生粗骨料，使得混凝土中砂浆含量上升而天然粗骨料含量下降，而天然粗骨料的刚度一般显著大于砂浆，因此再生混凝土的弹性模量随再生粗骨料取代率的增大而减小。研究人员基于人工神经网络技术，给出了再生混凝土弹性模量的经验公式，如公式（7-3）所示：

$$E_c = 5.5 \times 10^3 \times f_{cu}^{0.5} \times \left(\frac{\rho}{2400}\right)\left(1 - \frac{r}{a}\right) \tag{7-3}$$

式中，E_c 表示再生混凝土弹性模量；f_{cu} 表示再生混凝土立方体抗压强度；ρ 表示再生混凝土中细骨料的比例；r 表示再生粗骨料取代率；a 是与再生粗骨料取代率有关的参数，$a = 2.2876r + 0.1288$。

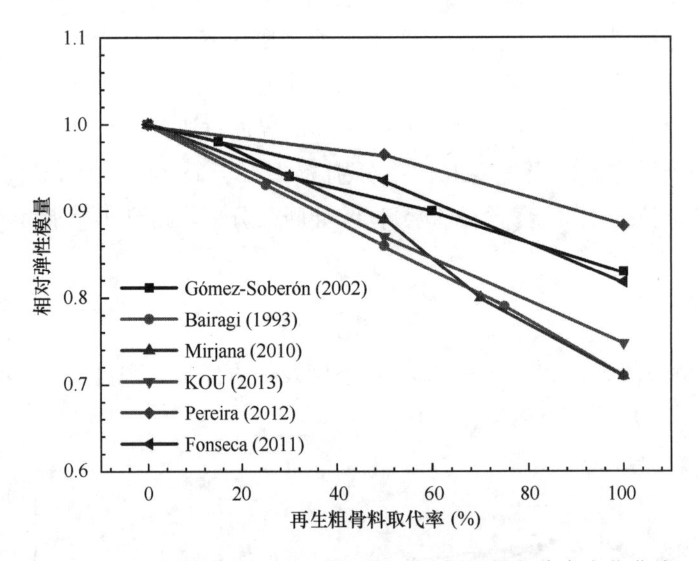

图 7-4 再生混凝土相对弹性模量随再生粗骨料取代率变化曲线

除了抗压强度、劈裂抗拉强度及弹性模量等性能外，单轴受压应力-应变关系也是混凝土的基本力学性能。通常情况下，再生混凝土应力-应变曲线的形状与普通混凝土类似。在上升段，随着再生粗骨料取代率的增加，再生混凝土的峰值应变（ε_0）会增大，且高于普通混凝土，这是由于再生混凝土弹性模量较低，骨料自身变形较大。在下降段，取混凝土应力-应变曲线中应力值等于峰值应力 85％时对应的应变为极限应变（ε_u），如图 7-5 所示，再生混凝土 ε_u 低于普通混凝土，但是随着再生粗骨料取代率的增加，再生混凝土的 ε_u 反而增大，同时再生混凝土极限应变与峰值应变的比值小于普通混凝土，且随着再生粗骨料取代率的增加而减少。这说明：在相同情况下，再生混凝土变形吸收的能量较少、材质脆、延性差。一些学者基于不同再生粗骨料取代率的再生混凝土棱柱体试验，提出了两阶段再生混凝土应力-应变曲线拟合公式，如公式（7-4）所示：

$$y=\begin{cases}ax+(3-2a)x^2+(a-2),\ 0\leqslant x<1\\ \dfrac{x}{b\,(x-1)^2}+x,\ x\geqslant 1\end{cases}\tag{7-4}$$

式中，$x=\varepsilon_u/\varepsilon_0$，$y=\sigma/f_c$，$a=1.65r^2-2.71r+2.15$，$b=6.12r+0.91$，$r$ 为再生粗骨料取代率，σ 为再生混凝土的应力，f_c 为再生混凝土的轴心抗压强度。

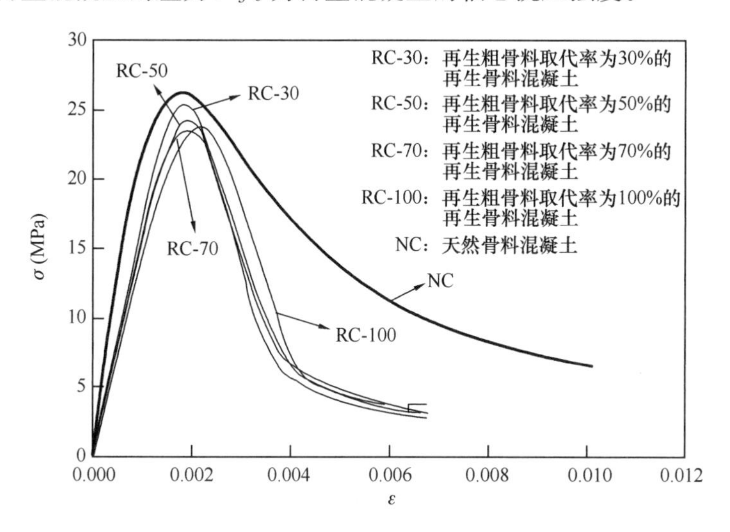

图 7-5　不同再生粗骨料取代率混凝土应力-应变曲线

7.1.3　耐久性

混凝土的耐久性指的是混凝土抵抗环境介质作用并长期保持其良好的使用性能和外观的整体性，从而维持混凝土结构的安全、正常使用的能力，常用的衡量指标主要是混凝土抗氯离子渗透系数、碳化深度、冻融质量损失等。由于再生粗骨料的掺入，再生混凝土的长期性能与普通混凝土有所不同，如图 7-6～图 7-8 所示。

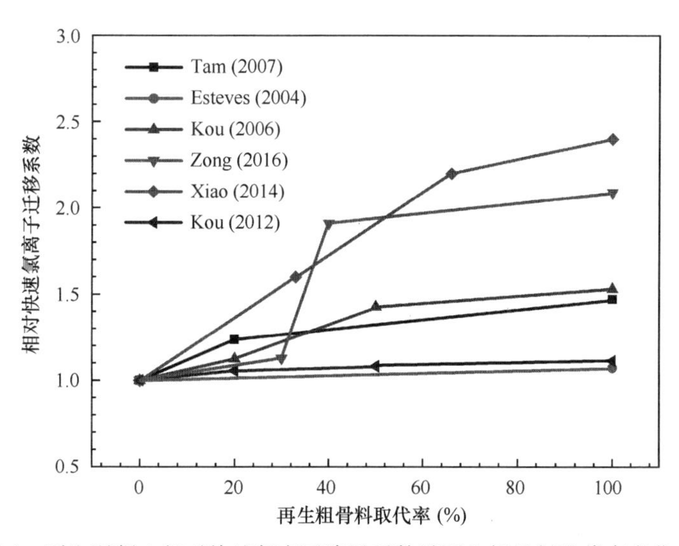

图 7-6　再生混凝土相对快速氯离子渗透系数随再生粗骨料取代率变化曲线

从图 7-6 可以发现，随着再生粗骨料取代率的增加，再生混凝土的相对快速氯离子渗透系数越大，表明氯离子在再生混凝土内渗透越快，即再生混凝土抵抗氯离子渗透的能力越弱。再生混凝土内孔隙率更高，界面过渡区的数量也更多，致使再生混凝土内存在更多的氯离子迁移路径。不同文献中，再生混凝土的相对快速氯离子渗透系数随再生粗骨料取代率增大而增加的快慢也不同。这是因为混凝土的相对快速氯离子渗透系数还受混凝土的水灰比和养护龄期等因素的影响。

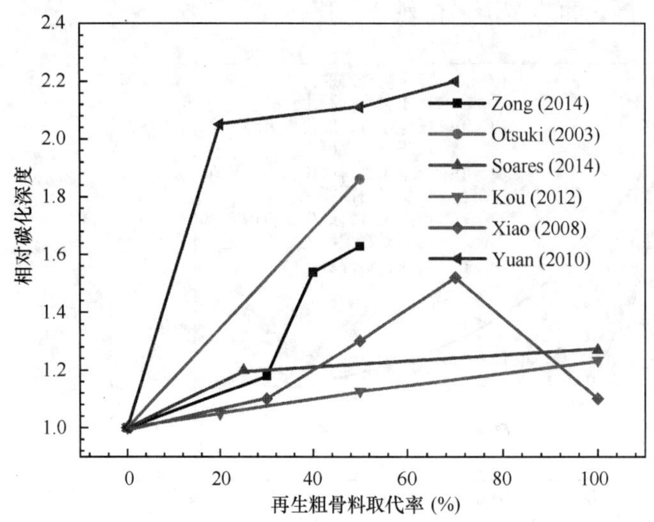

图 7-7 再生混凝土相对碳化深度随再生粗骨料取代率变化曲线

从图 7-7 可以发现，随着再生粗骨料取代率的增加，再生混凝土的相对碳化深度呈增大趋势，这表明再生混凝土抵抗二氧化碳渗入的能力降低。这是因为再生粗骨料的吸水率更大，新形成的再生混凝土的孔隙率更大，二氧化碳更易侵入、更易与水泥砂浆中的 CH、C-S-H 和未反应的熟料反应，使再生混凝土碳化更快、碳化深度更大。但是，也有部分文献发现：再生粗骨料表面附着的老砂浆，也有碳化潜能，可能有利于提高再生混凝土整体的抗碳化性能。

从图 7-8 可以发现，再生混凝土经过一定次数冻融循环后的质量损失率随再生粗骨料取代率的增加而增大，即再生混凝土抗冻性能随再生粗骨料取代率的增加而减弱。随冻融循环次数的增加，再生混凝土质量损失率增大，但与普通混凝土间质量损失率差值变小。主要因为再生粗骨料表面附有老水泥砂浆，孔隙率大，导致再生混凝土具有高吸水率且极易吸水饱和，抗冻融性能较弱。

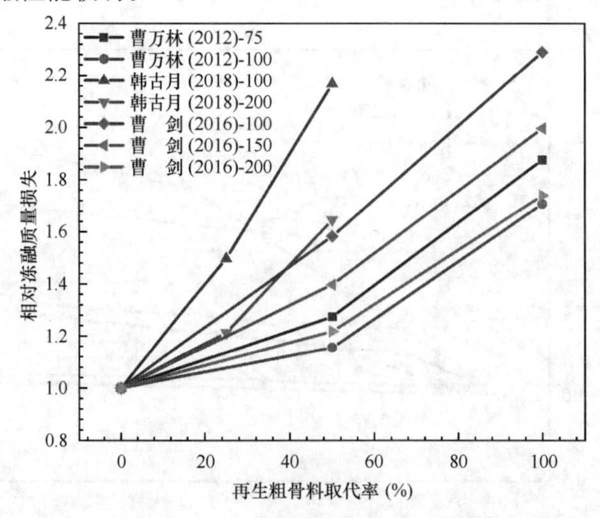

图 7-8 再生混凝土相对冻融质量损失随再生粗骨料取代率变化曲线

注：图例中“75”“100”“150”“200”表示经过的冻融循环次数。

7.2　再生混凝土与钢筋的粘结性能

良好的粘结性能是确保混凝土与钢筋能够共同工作的前提条件。钢筋混凝土的粘结强度主要由钢筋与混凝土之间化学胶着力、摩擦力以及机械咬合力控制，再生粗骨料的掺入可能会影响混凝土与钢筋的粘结性能。

7.2.1　再生混凝土与钢筋粘结性能变化规律

一般认为，光圆钢筋比带肋钢筋粘结强度更低，且更容易受到再生粗骨料的影响。图7-9、图7-10在总结部分文献的基础上，分别给出了相同条件下再生混凝土与光圆钢筋、带肋钢筋间相对粘结强度随再生粗骨料取代率的变化规律。

从图7-9可以发现，随着再生粗骨料取代率增大，再生混凝土与光圆钢筋间的粘结强度降低，且降低率较大。主要原因是，光圆钢筋与再生混凝土间的相互作用主要是二者之间的化学胶着力，由于再生混凝土本身力学性能较差，其对光圆钢筋的约束作用不强，所以光圆钢筋与再生混凝土的粘结强度劣于与普通骨料混凝土的粘结强度。然而也有少部分学者的研究成果与图7-9中的规律略有不同，他们发现，50%取代率的再生混凝土与光圆钢筋间的粘结强度是普通骨料混凝土的0.877倍，而对于100%取代率的再生混凝土，这一值为0.936；虽然再生混凝土与光圆钢筋间粘结强度小于普通骨料混凝土，但并不是一定随着再生粗骨料取代率的增大而下降。

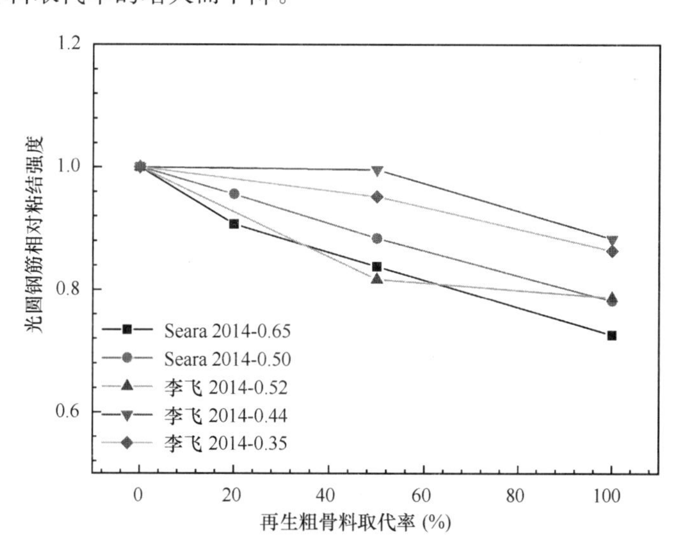

图7-9　再生混凝土与光圆钢筋间相对粘结强度随再生粗骨料取代率变化曲线

从图7-10可以发现，再生混凝土与带肋钢筋间粘结强度受再生粗骨料取代率的影响不大。主要是因为，再生混凝土与带肋钢筋间的协同工作，除了有化学胶着力的作用之外，主要起作用的是二者之间的机械咬合力及摩擦力，这两者的作用较大，超过了混凝土与钢筋间的化学胶着力的作用，因此削弱了再生混凝土材料性能差对混凝土与钢筋间相互

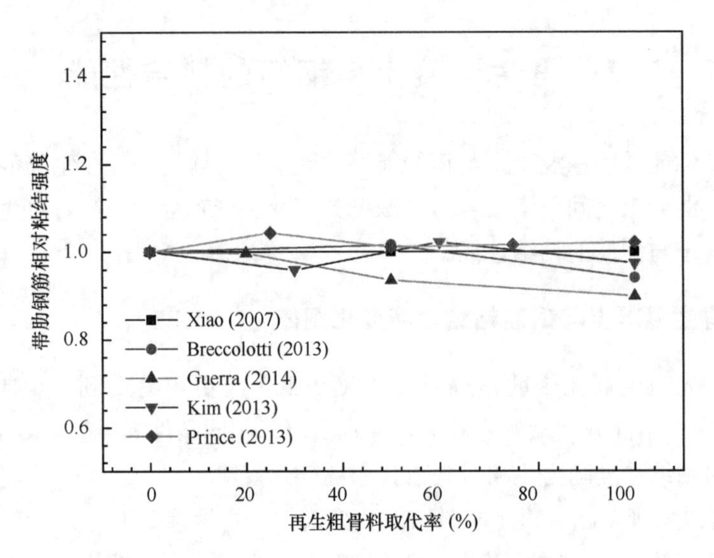

图 7-10　混凝土与带肋钢筋间相对粘结强度随再生粗骨料取代率变化曲线

作用的不良影响，导致再生粗骨料取代率对拔出粘结强度影响较小。然而，也有与图 7-10 中结果不一致的研究结论，即再生混凝土与带肋钢筋间的粘结强度随再生粗骨料取代率的增大而增大。主要原因是，再生混凝土表面更粗糙，因而其与带肋钢筋间的摩擦力更大，粘结更好；从细微观的角度上来看，再生粗骨料有“蓄水池”作用，使得再生粗骨料周围的界面过渡区水化更充分、微观力学性能更佳，再生混凝土力学性能随之提升，其与钢筋间的粘结性能也会更强。

另外，再生混凝土抗压强度、保护层厚度、再生粗骨料级配、钢筋锚固长度以及钢筋外形等因素也会对再生混凝土与钢筋的粘结强度产生影响。关于抗压强度对粘结强度的影响，高强度再生混凝土和钢筋的粘结机理与普通混凝土的相似。粘结强度与再生混凝土的抗压强度具有相似的趋势，即随着再生粗骨料取代率的增加，粘结强度下降。关于保护层厚度，较厚的混凝土保护层改善了粘结性能，较大的钢筋尺寸导致再生混凝土和普通骨料混凝土的粘结强度降低。此外，钢筋和再生混凝土的粘结强度随再生粗骨料最大粒径的降低而增大，降低幅度为 6%～30%；随钢筋锚固长度的增大而显著降低，降低幅度为 10%～20%；带肋钢筋和再生混凝土的粘结强度约为光圆钢筋和再生混凝土的 2 倍。

7.2.2　再生混凝土与钢筋粘结-滑移本构关系

研究表明，钢筋再生混凝土的粘结-滑移曲线与钢筋普通混凝土相似。当钢筋直径小于 12mm 时，曲线可分为微滑移阶段、内裂滑移阶段、拔出阶段、下降阶段和残余阶段（图 7-11a)；当钢筋直径为 16～25mm 时，曲线可分为微滑移阶段、下降阶段和残余阶段（图 7-11b)。

一些学者结合文献试验数据，通过无量纲化处理，提出两阶段粘结-滑移本构方程，如公式（7-5)：

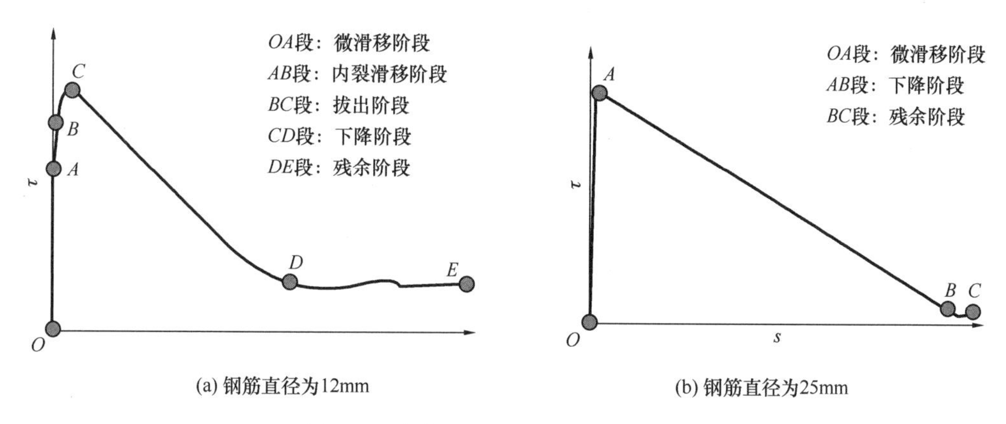

(a) 钢筋直径为12mm　　(b) 钢筋直径为25mm

图 7-11　钢筋再生混凝土粘结-滑移曲线

$$\frac{\tau}{\tau_0}=\begin{cases}(s/s_0)^m & (s/s_0\leqslant 1)\\ \dfrac{s/s_0}{n(s/s_0-1)^2+s/s_0} & (s/s_0>1)\end{cases} \tag{7-5}$$

$$\tau_0=1.91\sqrt{f_{\mathrm{cu}}}+1.16 \tag{7-6}$$

式中，τ_0 和 s_0 分别表示钢筋再生混凝土的粘结强度与对应的滑移量，对于带肋钢筋 τ_0 按照公式（7-6）计算，f_{cu} 表示再生混凝土立方体抗压强度，m、n 表示曲线上升和下降段的特征系数，一般 m 取 0.3，使用光圆钢筋时 n 取 0.038，使用带肋钢筋时 n 取 0.1～0.15（再生粗骨料取代率 0 时取 0.1，再生粗骨料取代率 100%时取 0.15，中间线性插值）。

7.3　再生混凝土构件的受弯性能

7.3.1　再生混凝土构件受弯性能变化规律

再生混凝土梁与再生混凝土板构件是再生混凝土结构中重要的横向水平构件，主要用于直接或间接承受结构的竖向荷载作用。研究再生混凝土构件的受弯性能主要是研究再生混凝土梁与再生混凝土板构件的受弯性能。

再生混凝土梁、板与普通混凝土梁、板一样，在受弯加载时都经历了开裂前弹性阶段、带裂缝工作阶段和钢筋屈服后阶段，且在每个阶段中再生混凝土梁、板正截面的平均应变都基本符合平截面假定。不同再生粗骨料取代率下的混凝土梁、板的相对抗弯极限承载力，如图 7-12、图 7-13 所示。

从图 7-12、图 7-13 可以发现，随着再生粗骨料取代率的增大，再生混凝土梁的相对抗弯极限承载力在 1 附近波动，再生混凝土板的相对抗弯极限承载力略有下降，但降低幅度并不显著，这表明再生粗骨料取代率对再生混凝土受弯构件的抗弯极限承载力影响不大。产生这一结果的主要原因是，屈服之后混凝土受弯构件充分开裂，构件裂缝处混凝土退出工作，因此混凝土在承担梁、板的极限弯矩方面发挥的作用较小。再生混凝土的抗弯

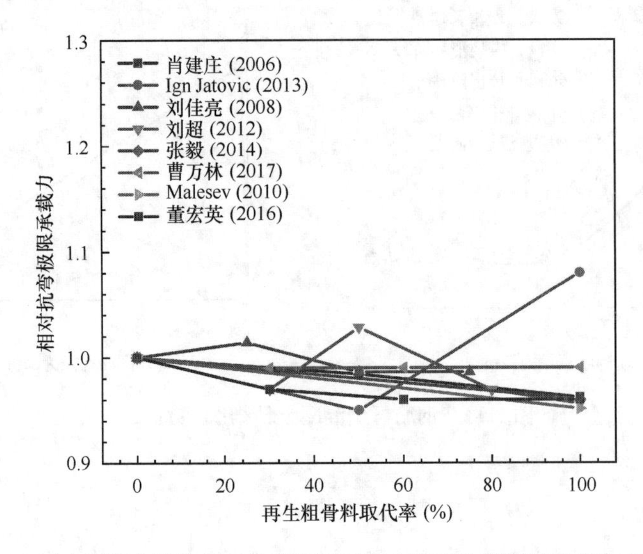

图 7-12　再生混凝土梁的相对抗弯极限承载力随再生粗骨料取代率变化曲线

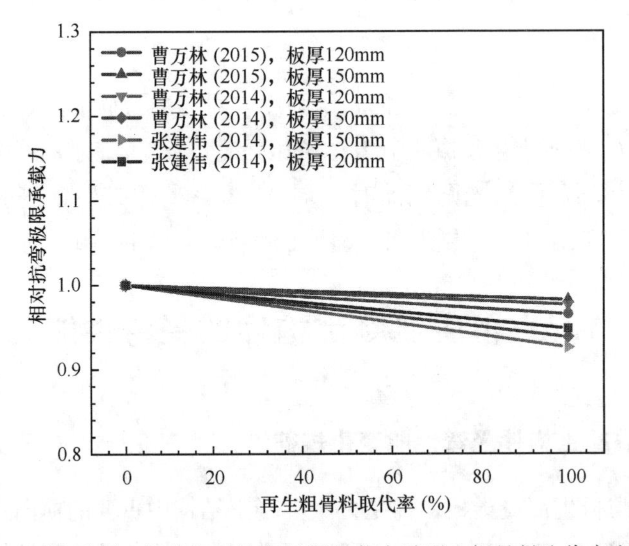

图 7-13　再生混凝土板的相对抗弯极限承载力随再生粗骨料取代率变化曲线

极限承载力主要与构件的纵筋性能有关。一般情况下，纵筋的横截面积越大，其强度越强，再生混凝土受弯构件的抗弯极限承载力越大。在相同的配筋条件下，再生混凝土与普通混凝土受弯构件的抗弯极限承载力基本相当，受再生粗骨料取代率的影响不大。

但是，随着再生粗骨料取代率的增加，再生混凝土梁、板等受弯构件的开裂荷载会减小，这是因为再生粗骨料的取代率越高，再生混凝土的抗拉强度越低，所以再生混凝土受弯构件开裂更早，开裂荷载值更小。当混凝土受弯构件开裂后，在相同荷载作用下，表面裂缝的宽度比普通混凝土受弯构件更宽，挠度比普通混凝土构件的挠度更大，表明再生混凝土受弯构件在相同荷载作用下抵抗变形的能力更弱，其原因在于再生混凝土的弹性模量要低于普通混凝土。

7.3.2　再生混凝土构件受弯性能计算

虽然再生混凝土梁、板的抗弯极限承载力与普通混凝土梁、板相差不大，但考虑到再生混凝土本身的性能缺陷，部分研究学者结合试验拟合数据，基于现行混凝土结构设计规范，对再生混凝土梁、板受弯性能计算提出了修正建议。

关于再生混凝土梁、板的受弯承载力计算，研究人员通过试验发现：再生混凝土梁、板的开裂弯矩较普通混凝土梁、板低，而再生混凝土梁、板的抗弯极限承载力与普通混凝土梁、板基本相同，按照现行规范公式计算再生混凝土梁、板的抗弯极限承载力是可行的，但对比相应的普通混凝土梁、板，其安全储备有一定减小；同时，由于再生混凝土在实际工程中应用的实例较少，还不能很好地把握再生混凝土长期工作时的物理力学性能，为了安全起见，对再生混凝土受弯构件的抗弯极限承载力规范计算公式进行适当的修正，如式（7-7）所示：

$$M_{u,RAC} = \alpha_r f_c \alpha_1 b\left(h_0 - \frac{x}{2}\right) \tag{7-7}$$

式中，$M_{u,RAC}$ 为再生混凝土受弯构件的抗弯极限承载力；f_c 为再生混凝土轴心抗压强度；α_1 为受弯构件矩形应力图的应力值系数，当混凝土强度等级不大于C50时，α_1 取1.0；b 为受弯构件的宽度；h_0 为受弯构件的有效高度；x 为受弯构件的混凝土受压区高度；α_r 是与再生粗骨料取代率有关的参数，建议 $\alpha_r = 1 - \eta r$，r 为再生粗骨料取代率，η 为再生粗骨料取代率影响系数，文献［24］、［25］中建议当再生混凝土为中低强度混凝土时，η 取值0.11，当再生混凝土为高强混凝土时，η 取值0.2，表明再生粗骨料取代率对高强再生混凝土梁的抗弯极限承载力影响更明显。

关于再生混凝土梁、板的挠度计算，研究人员通过试验发现：由于再生粗骨料上附着有旧砂浆，砂浆的弹性模量通常比天然骨料低，使得再生粗骨料的弹性模量降低。随着再生粗骨料的掺入，再生混凝土梁、板的钢筋与再生混凝土间的粘结性能退化，导致再生混凝土梁、板的变形性能降低，挠度增大。因此，基于现行规范中普通混凝土梁、板的挠度计算公式，并且考虑上述影响因素，给出了再生混凝土梁、板的挠度计算建议公式，如式（7-8）所示：

$$f = \zeta\alpha \frac{M l_0^2}{B_s} \tag{7-8}$$

式中，ζ 为考虑再生混凝土掺入的挠度修正系数，建议取值1.4；α 为不同荷载形式的挠度计算系数，可参考静力计算手册；M 为再生混凝土构件在外荷载作用下的弯矩；l_0 为构件的跨度；B_s 为构件的刚度，计算公式如式（7-9）所示：

$$B_s = \frac{E_s A_s h_0^2}{b\psi + 0.2 + 6\alpha_E \rho} \tag{7-9}$$

式中，E_s、A_s 分别为钢筋的弹性模量及横截面积；h_0 为混凝土构件的有效高度；ψ 为构件挠度计算的不均匀系数；α_E 为钢筋与再生混凝土相对弹性模量；ρ 为受拉区混凝土的配筋率，以上参数均可参考现行混凝土规范取值；b 为再生混凝土梁、板挠度计算建议常数，当计算构件为梁时，b 取 1.16，当计算构件为板时，b 取 1.15。

关于再生混凝土梁、板的裂缝宽度计算，研究人员通过试验发现：在同级荷载作用下，再生混凝土梁、板较普通混凝土梁、板裂缝开展更快，裂缝最大宽度更大，再生粗骨料取代率及再生混凝土梁、板的配筋情况均能影响混凝土构件的裂缝发展形态及宽度，依据现行规范计算再生混凝土梁、板的裂缝宽度与试验结果差别较大；并基于现行规范中普通混凝土梁、板的裂缝宽度计算公式，给出了再生混凝土梁、板的裂缝宽度计算建议公式（7-10）：

$$\omega_{\max} = \alpha_{\mathrm{cr}} \psi \frac{\sigma_{\mathrm{sk}}}{E_{\mathrm{s}}} \left(4.18 C_{\mathrm{s}} + 0.18 \frac{d_{\mathrm{eq}}}{\rho_{\mathrm{te}}} \right) \tag{7-10}$$

式中，$\omega_{\max}$ 表示再生混凝土梁、板裂缝最大宽度；α_{cr} 为表征再生混凝土构件受力形式的常数；ψ 为构件裂缝计算的不均匀系数；σ_{sk}、E_{s} 分别为受拉钢筋的应力、弹性模量；C_{s} 为混凝土保护层厚度；d_{eq} 为钢筋的等效直径；ρ_{te} 为受拉区钢筋的配筋率。以上参数均可参考现行混凝土规范取值。

7.3.3 再生混凝土构件受弯性能规范公式

再生混凝土构件受弯性能的设计和计算可以按照现行行业标准《再生混凝土结构技术标准》JGJ/T 443 进行。

1. 再生混凝土材料性能的取值方法

该标准首先按照现行国家标准《混凝土用再生粗骨料》GB/T 25177 规定将再生粗骨料划分为Ⅰ、Ⅱ、Ⅲ类；并规定用于再生混凝土房屋的混凝土，Ⅰ类再生粗骨料取代率宜为 50%～100%，Ⅱ、Ⅲ类再生粗骨料当用于多层或高层再生混凝土房屋时取代率宜为 30%～50%，当用于低层再生混凝土房屋时取代率宜为 50%～100%。使用Ⅰ类再生粗骨料制备的再生混凝土设计强度及弹性模量取值与《混凝土结构设计规范》GB 50010—2010（2015 年版）规定一致。Ⅱ、Ⅲ类再生粗骨料制备的再生混凝土设计强度需在普通混凝土设计强度的基础上乘以强度折减系数 α_σ，α_σ 取值规定如下：

（1）再生粗骨料取代率为 30%时，α_σ 取 0.95；

（2）再生粗骨料取代率为 100%时，α_σ 取 0.85；

（3）再生粗骨料取代率介于 30%与 100%之间时，α_σ 按线性插值法取用。

Ⅱ、Ⅲ类再生粗骨料制备的再生混凝土弹性模量可按照表 7-1 取值，当再生粗骨料取代率介于 30%与 100%之间时，再生混凝土的弹性模量可线性插值。

再生混凝土的弹性模量 E_{RC}（$\times 10^4$ N/mm^2） **表 7-1**

强度等级	C15	C20	C25	C30	C35	C40	C45	C50
再生粗骨料取代率 30%	1.98	2.30	2.52	2.70	2.84	2.93	3.02	3.11
再生粗骨料取代率 100%	1.76	2.04	2.24	2.40	2.52	2.60	2.68	2.76

2. 再生混凝土受弯构件承载能力极限状态计算

依照现行行业标准《再生混凝土结构技术标准》JGJ/T 443 规定，对掺用Ⅰ类再生粗骨料的再生混凝土受弯构件的承载能力极限状态设计与普通混凝土结构构件一致；对掺用

Ⅱ、Ⅲ类再生粗骨料的再生混凝土梁、板等构件的受弯承载能力的设计需要考虑再生混凝土强度折减系数 α_σ，而后按照普通混凝土梁、板构件受弯承载力的设计方法计算，再生混凝土适筋梁的受弯承载力计算如公式（7-11）所示：

$$M_{u,RAC} = \alpha_\sigma f_c \alpha_1 bx(h_0 - x/2) \tag{7-11}$$

式中，$M_{u,RAC}$ 为再生混凝土构件的受弯承载力；f_c 为不同等级再生混凝土轴心抗压强度；α_1 为受弯构件矩形应力图的应力值系数，当混凝土强度等级不大于 C50 时，α_1 取 1.0；b 为受弯构件的宽度；h_0 为受弯构件的有效高度；x 为受弯构件的混凝土受压区高度；α_σ 按照本节第 1 条的规定取值。

【例 7-1】 2008 年四川汶川地震后，地方政府为妥善处理并利用好震后巨量建筑垃圾，最大程度地减少对环境的破坏，计划利用某办公大楼所拆建筑固废，通过废弃混凝土回收、清理、分选、破碎等工艺流程，生产再生粗骨料，据此制备再生混凝土，并用于该地某一框架结构花园水榭走廊的灾后重建。已知，通过骨料性能测试，该批粗骨料属于Ⅱ类再生粗骨料。有一矩形截面简支梁，其跨中截面尺寸与配筋如图 7-14 所示，梁的再生混凝土强度等级为 C30，再生粗骨料的取代率为 30%，纵向受力筋采用 HRB400，a_s 取 55mm，ξ_b 取 0.5180，经验算该再生混凝土梁的纵向钢筋满足最小配筋率要求，求该再生混凝土梁的抗弯极限承载力。

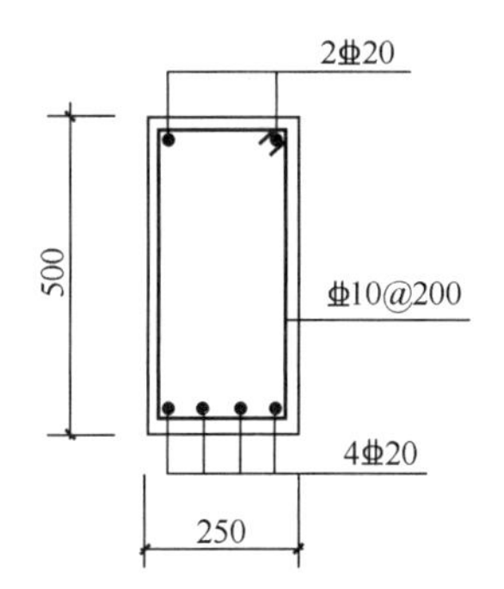

图 7-14　再生混凝土梁截面尺寸及配筋示意图（单位：mm）

【解】 根据题目要求，查询《混凝土结构设计规范》GB 50010—2010（2015 年版）《再生混凝土结构技术标准》JGJ/T 443—2018，混凝土强度等级为 C30，混凝土的抗压强度设计值 f_c 为 14.3MPa，再生粗骨料取代率为 30%，再生混凝土强度折减系数 α_σ 取 0.95，则再生混凝土的抗压强度设计值为：

$$f_{rc} = 0.95 \times 14.3 = 13.6\text{MPa}$$

由于该梁为双筋矩形截面梁，纵筋配置满足最小配筋率要求，建立再生混凝土梁跨中截面力的平衡方程：

$$\alpha_1 f_{rc} bx = f_y A_s - f'_y A'_s$$

式中，$f_y = f'_y = 360\text{MPa}$，$A_s = 2A'_s = 1257\text{mm}^2$，解方程可得再生混凝土受压区高度 $x=66.5\text{mm}$。

再生混凝土梁跨中截面有效高度：

$$h_0 = 500 - 55 = 445\text{mm}$$

由于 $x=66.5\text{mm}<\xi_b h_0=0.518\times(500-55)=230.5\text{mm}$，属于适筋破坏。

故再生混凝梁的抗弯极限承载力：

$$M_{u,RAC} = \alpha_1 f_{rc} bx(h_0 - x/2) = 1.0 \times 13.6 \times 250 \times 66.5 \times (445 - 66.5/2) = 93.1\text{MPa}$$

3. 再生混凝土受弯构件正常使用极限状态计算

依照现行行业标准《再生混凝土结构技术标准》JGJ/T 443，对掺用Ⅰ类再生粗骨料的再生混凝土受弯构件的正常使用极限状态设计与普通混凝土结构构件一致；对掺用Ⅱ、Ⅲ类再生粗骨料的再生混凝土梁、板等构件的正常使用极限状态设计（如再生混凝土构件的裂缝及挠度变形验算）需要考虑再生混凝土强度折减系数α_σ(参数取值规定同前)，以及荷载长期作用下再生混凝土构件裂缝及挠度变形的附加增大系数α_θ，其中α_θ取值规定如下：

（1）再生粗骨料取代率为30%时，α_θ取1.03；

（2）再生粗骨料取代率为100%时，α_θ取1.1；

（3）再生粗骨料取代率介于30%与100%之间时，α_θ按线性插值法取用。

根据现行行业标准《再生混凝土结构技术标准》JGJ/T 443规定，Ⅱ、Ⅲ类再生粗骨料的再生混凝土梁裂缝宽度计算如公式（7-12）所示：

$$\omega_{\max}=\alpha_\theta\,\alpha_{cr}\psi\frac{\sigma_{sk}}{E_s}\left(1.9\,C_s+0.08\,\frac{d_{eq}}{\rho_{te}}\right) \tag{7-12}$$

式中，α_θ为荷载长期作用下再生混凝土构件裂缝及挠度变形的附加增大系数；α_{cr}为表征再生混凝土构件受力形式的常数；ψ为构件裂缝计算的不均匀系数；σ_{sk}、E_s分别为受拉钢筋的应力、弹性模量；C_s为混凝土保护层厚度；d_{eq}为钢筋的等效直径；ρ_{te}为受拉区钢筋的配筋率。以上参数均可参考现行混凝土规范取值。

Ⅱ、Ⅲ类再生粗骨料的再生混凝土梁挠度计算如公式（7-13）所示：

$$f=\alpha_\theta\alpha\,\frac{M\,l_0^2}{B_s} \tag{7-13}$$

式中，α_θ为荷载长期作用下再生混凝土构件裂缝及挠度变形的附加增大系数，α为不同荷载形式的挠度计算系数，可参考静力计算手册；M为再生混凝土构件在外荷载作用下的弯矩；l_0为构件的跨度；B_s为构件的刚度，计算如公式（7-14）所示：

$$B_s=\frac{E_sA_sh_0^2}{1.15\psi+0.2+\dfrac{6\alpha_E\rho}{(1+3.5\gamma'_f)}} \tag{7-14}$$

式中，E_s、A_s分别为钢筋的弹性模量及横截面积；h_0为混凝土构件的有效高度；ψ为构件挠度计算的不均匀系数；α_E为钢筋与再生混凝土相对弹性模量；ρ为受拉区混凝土的配筋率；γ'_f为与构件截面形式有关的参数。以上参数均可参考现行混凝土规范取值。

7.4 再生混凝土构件的受剪性能

7.4.1 再生混凝土构件受剪性能变化规律

研究再生混凝土构件的受剪性能主要是研究再生混凝土梁构件的受剪性能。不同于混凝土梁受弯破坏时的延性破坏，混凝土梁的受剪破坏是一种脆性破坏，会造成更为严重的后果。再生混凝土梁的受剪性能不仅与混凝土的性能相关，还受混凝土梁内箍筋的影响。根据梁中斜截面受剪承载力的组成，一般可分为无箍筋梁和有箍筋梁两类。

对于无箍筋的再生混凝土梁，其受剪破坏模式与普通混凝土梁相同。图7-15总结了不同再生粗骨料取代率下无箍筋混凝土梁的相对抗剪极限承载力，从图中可以发现，无箍筋的再生混凝土梁的抗剪极限承载力低于普通混凝土梁，且随着再生粗骨料取代率的增加，两者之间的差距越来越大。一方面，再生粗骨料与新砂浆的界面粘结性能较差，水泥的水化产物未能较好地填充二者的界面过渡区，结构比较疏松，孔隙较多、较大，且多为有害孔。另一方面，对于再生混凝土梁，其斜裂缝间骨料的咬合机理与普通混凝土略有不同。对于普通混凝土梁，天然粗骨料的强度远大于砂浆的强度，且天然粗骨料与砂浆的界面粘结性能较好，所以普通混凝土梁中骨料的咬合力较好；而对于再生混凝土梁，由于再生粗骨料在破碎过程中产生的微裂缝，其与新砂浆的粘结强度较差，所以在斜裂缝处容易被拉断，斜裂缝处只有少量的再生粗骨料突出表面，所以再生混凝土梁中骨料的咬合力相较普通混凝土梁要小。因此，再生混凝土梁的受剪承载力比普通混凝土梁要低。

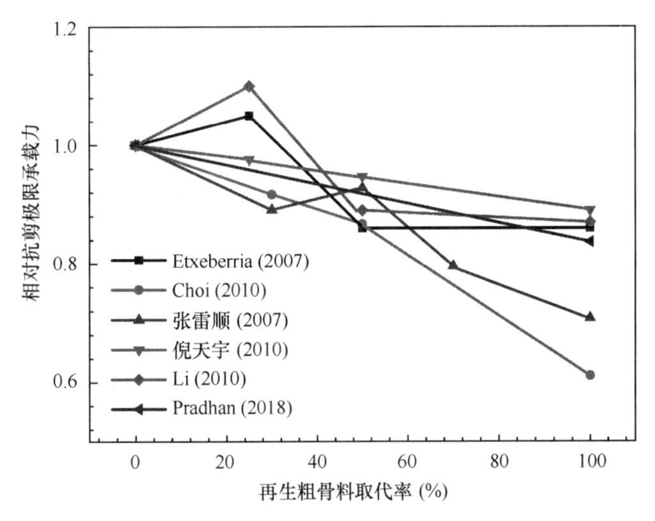

图 7-15　无箍筋再生混凝土梁的相对抗剪极限承载力随再生粗骨料取代率变化曲线

图 7-16 总结了不同再生粗骨料取代率下有箍筋的混凝土梁的相对抗剪极限承载力。

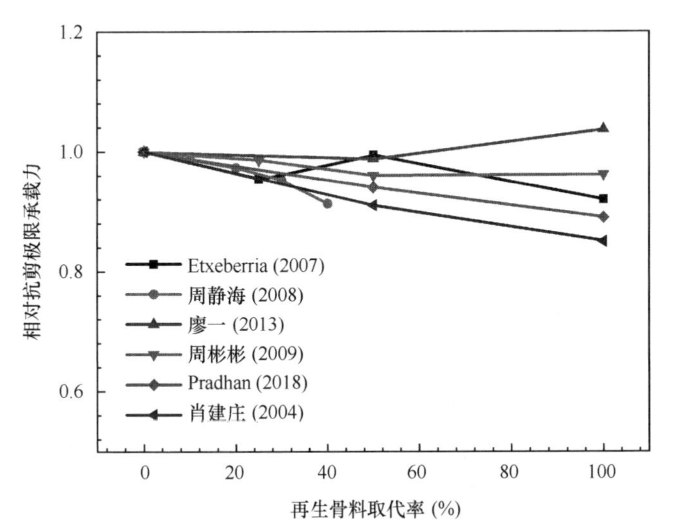

图 7-16　有箍筋再生混凝土梁的相对抗剪极限承载力随再生粗骨料取代率变化曲线

从图 7-16 可以发现，在不同的再生粗骨料取代率下，有配箍的再生混凝土梁相对抗剪极限承载力在 1 附近波动，且波动的范围很小，这表明有配箍的再生混凝土梁的受剪承载力与再生粗骨料取代率关系不大。这是因为对于有箍筋的再生混凝土梁，受剪承载力由再生混凝土和箍筋协同提供，而箍筋所提供的受剪承载力往往较混凝土大很多，从而减小了再生混凝土梁与普通混凝土梁在混凝土性能上的差距。但是，由于再生混凝土的抗弯刚度更小，再生混凝土梁的受剪斜裂缝宽度及变形均比普通混凝土梁的稍大。

7.4.2 再生混凝土构件受剪性能计算

再生混凝土梁的受剪承载力计算可根据梁配置箍筋的情况分为无箍筋梁受剪承载力计算及有箍筋梁受剪承载力计算，前者仅考虑再生混凝土的影响，后者考虑再生混凝土和箍筋的共同影响。

对无箍筋再生混凝土梁受剪承载力计算，研究人员通过试验发现：再生混凝土梁的受剪承载力随着剪跨比、再生粗骨料取代率的增大而减小，且受剪承载力与再生粗骨料取代率近似呈线性关系，基于现行规范中普通混凝土梁受剪计算公式，并且考虑上述影响因素，给出了再生混凝土梁受剪计算建议公式，如式（7-15）所示：

$$V_{u,RAC} = (1-\alpha r)V_u \tag{7-15}$$

式中，$V_{u,RAC}$为再生混凝土梁受剪承载力；V_u为现行规范规定的普通混凝土梁的受剪承载力；r 表示再生粗骨料取代率；α 表示再生粗骨料影响系数，文献中建议 α 取 0.1。

关于有箍筋的再生混凝土梁受剪承载力计算，一般有两种观点。一种观点是再生粗骨料影响再生混凝土及钢筋的受剪承载力，即有箍筋的再生混凝土梁受剪承载力计算对箍筋和混凝土各自承担的剪力部分均要进行折减修正，如式（7-16）所示：

$$V_{u,RAC} = (1-0.3r)\left(\frac{1.75}{\lambda+1}f_t b h_0 + A_{sv} f_{yv}\frac{h_0}{s}\right) \tag{7-16}$$

式中，$V_{u,RAC}$ 为再生混凝土梁受剪承载力；r 表示再生粗骨料取代率；λ 为再生混凝土梁的剪跨比；f_t 为再生混凝土的抗拉强度；A_{sv}、f_{yv} 分别为钢筋的横截面积及钢筋的抗拉强度；h_0 为混凝土受压区有效高度；s 为箍筋的间距。

另一种观点是再生粗骨料仅影响再生混凝土的受剪承载力。即有箍筋再生混凝土梁受剪承载力计算仅需对混凝土承担的剪力部分进行修正即可，如式（7-17）所示：

$$V_{u,RAC} = (1-0.2r)\frac{1.75}{\lambda+1}f_t b h_0 + A_{sv} f_{yv}\frac{h_0}{s} \tag{7-17}$$

式中所涉及的公式符号与式（7-16）一致。

7.4.3 再生混凝土构件受剪性能规范公式

现行行业标准《再生混凝土结构技术标准》JGJ/T 443 对再生混凝土梁受剪承载力的计算作出规定。该标准规定，对掺用Ⅰ类再生粗骨料的再生混凝土梁的受剪承载力与普通混凝土梁计算方法一致；对掺用Ⅱ、Ⅲ类再生粗骨料的再生混凝土梁的受剪承载力的计算则要考虑再生混凝土强度折减系数 α_σ（参数取值见 7.3.3 节），而后按照普通混凝土梁受剪承载力的设计方法计算。以配有箍筋的矩形截面简支梁为例，该标准规定的再生混凝土梁的受剪承载力计算见公式（7-18）：

$$V_u = \alpha_\sigma f_t \alpha_{cv} b h_0 + f_{yv} \frac{A_{sv}}{s} h_0 \tag{7-18}$$

式中，f_t 为再生混凝土的抗拉强度；α_{cv} 为表征荷载形式的参数；A_{sv}、f_{yv} 分别为钢筋的横截面积及钢筋的抗拉强度；h_0 为混凝土受压区有效高度；s 为箍筋的间距。以上参数取值方式与现行国家标准《混凝土结构设计规范》GB 50010 一致。

【例 7-2】背景条件同例 7-1，若再生混凝土梁的再生粗骨料取代率为 100%，其他条件同 7.3.3 节的例 7-1，求该再生混凝土梁的受剪承载力。

【解】根据题目要求，查询《混凝土结构设计规范》GB 50010—2010（2015 年版）和《再生混凝土结构技术标准》JGJ/T 443—2018，混凝土强度等级为 C30，混凝土的抗压强度设计值 f_c 为 14.3MPa，抗拉强度设计值 f_t 为 1.43MPa，再生粗骨料取代率为 100%，再生混凝土强度折减系数 α_σ 取 0.85，则再生混凝土的抗压、抗拉强度设计值为：

$$f_{rc} = 0.85 \times 14.3 = 12.2\text{MPa}$$

$$f_{rt} = 0.85 \times 1.43 = 1.22\text{MPa}$$

验算再生混凝土梁的箍筋配筋率：

$\rho_{sv} = \dfrac{A_{sv}}{bs} = 0.314\% \geqslant 0.24 \dfrac{f_{rt}}{f_{yv}} = 0.24 \times \dfrac{0.85 \times 1.43}{360} = 0.081\%$，满足最小要求。

结合式（7-18）再生混凝土梁受剪承载力计算公式：

$$\begin{aligned} V_{u1} &= \alpha_{cv} f_{rt} b h_0 + f_{yv} \frac{A_{sv}}{s} h_0 \\ &= 0.7 \times 0.85 \times 1.43 \times 250 \times 445 + 360 \times 0.785 \times 445 = 220.4\text{kN} \end{aligned}$$

根据再生混凝土梁的截面限制情况，$\dfrac{h_w}{b} = \dfrac{445}{250} \leqslant 4$：

$$V_{u2} = 0.25 \beta_c f_{rc} b h_0 = 0.25 \times 1.0 \times 12.2 \times 250 \times 445 = 339.3\text{kN}$$

最终再生混凝土梁的受剪承载力 V_u 取 V_{u1} 与 V_{u2} 的较小值 220.4kN。

7.5　再生混凝土构件的受压性能

7.5.1　再生混凝土构件受压性能变化规律

研究再生混凝土构件的受压性能主要是研究再生混凝土柱构件的受压性能。再生混凝土柱是再生混凝土结构中重要的竖向承重构件，对支撑结构和传递荷载具有重要作用。再生混凝土柱受压性能的研究一般分为轴心压力作用和偏心压力作用两种情况。

在轴心压力作用下，再生混凝土柱的裂缝形态和破坏过程与普通混凝土柱相同，但再生混凝土柱的表面开裂荷载更小。不同再生粗骨料取代率的混凝土柱的相对抗轴压极限承载力如图 7-17 所示。从图 7-17 可以发现，随着再生粗骨料取代率的增加，再生混凝土柱的相对抗轴压极限承载力降低，这是因为随着再生粗骨料取代率的增加，混凝土材料的抗压强度降低。此外，当再生粗骨料取代率低于 50%时，再生混凝土的相对抗轴压极限承载力均大于 0.95；而当再生粗骨料取代率高于 50%时，再生混凝土的相对抗轴压极限承载力迅速降低。这表明，当再生粗骨料取代率低于 50%时，可认为再生混凝土柱与普通混凝土柱的抗轴压极限承载力相当。这是因为在柱构件中，箍筋、纵筋及混凝土协同工作来承受轴压。因此，当再生粗骨料取代率较小时，再生混凝土材料性能劣化程度较小，对柱的轴压承载力削弱作用不大；而当再生粗骨料取代率显著增大时，再生混凝土材料力学性能劣化程度增大，对柱的轴压承载力削弱作用也随之增大。

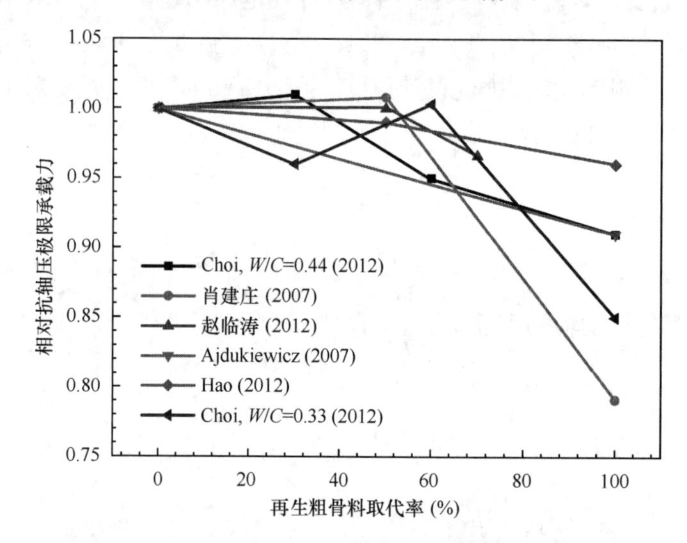

图 7-17 再生混凝土柱的相对抗轴压极限承载力随再生粗骨料取代率变化曲线

在偏心压力作用下，混凝土柱存在 2 种破坏模式，分别为小偏压破坏和大偏压破坏。研究结果表明，再生混凝土柱和普通混凝土柱在偏心压力作用下的裂缝形态和破坏过程也相同，再生混凝土受压柱正截面沿高度方向的正应变近似满足平截面假设，且与普通混凝土柱有相类似的 N-M 相关曲线。不同再生粗骨料取代率的混凝土柱的相对抗偏压极限承载力如图 7-18 所示。从图 7-18 可以发现，随着再生粗骨料取代率的增加，再生混凝土柱的相对抗偏压极限承载力也缓慢降低。当再生粗骨料取代率为 100%时，其相对抗偏压极限承载力也不低于 0.9，这可以认为再生混凝土柱的抗偏压极限承载力与普通混凝土柱基本相当，但试验数据表明再生混凝土柱的变形要大于普通混凝土柱。因此，在实际工程中应用再生混凝土柱时，需要谨慎考虑其在荷载作用下所产生的较大变形。

关于再生混凝土短柱和长柱在抗震条件下的延性情况，试验发现，再生混凝土短柱破坏时为剪切脆性破坏，延性较差，而再生混凝土长柱则发生弯曲破坏，延性较好。当再生粗骨料取代率增大时，再生柱的抗压极限承载力虽然无明显下降，但再生柱的延性降低，耗能能力下降。因此，从抗震角度上看，再生混凝土长柱构件是适用的，而短柱构件需要

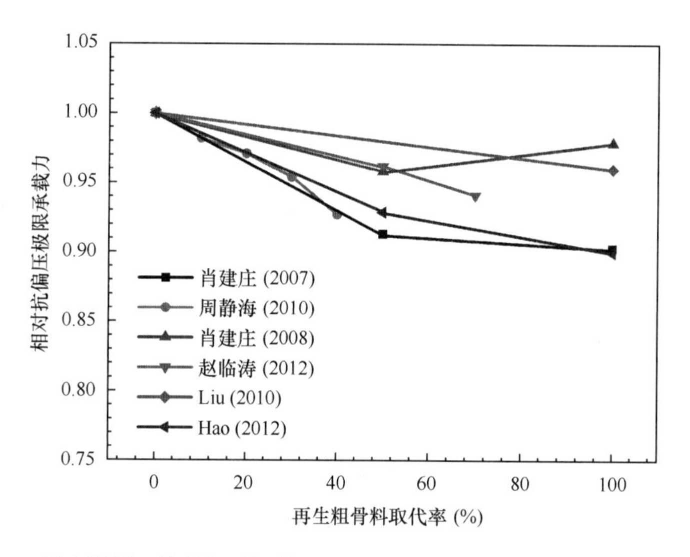

图 7-18 再生混凝土柱的相对抗偏压极限承载力随再生粗骨料取代率变化曲线

谨慎设计，采取适当的措施以保证再生短柱的延性，如减小试件的轴压比、增大配箍率等。

7.5.2 再生混凝土构件受压性能计算

关于再生混凝土柱的轴心受压承载力计算，研究人员试验发现：再生混凝土柱轴心受压下，其损伤过程与破坏特征和普通混凝土柱类似，且再生混凝土柱的延性比普通混凝土柱略好，再生混凝土柱轴心受压承载力计算，可近似采用现行规范相关公式计算，但需考虑再生粗骨料取代率对再生混凝土轴心受压柱承载能力的影响。关于再生粗骨料取代率对再生混凝土轴心受压柱承载能力的影响，有两种观点，一种是再生粗骨料取代率仅影响混凝土部分提供的轴压承载力，如式（7-19）所示；另一种是再生粗骨料取代率影响混凝土及钢筋共同提供的轴压承载力，如式（7-20）所示：

$$N_u = 0.9\varphi(\alpha f_c A + f'_y A'_s) \tag{7-19}$$

$$N_u = 0.9\alpha\varphi(f_c A + f'_y A'_s) \tag{7-20}$$

式中，α 为再生粗骨料取代率引起的承载力折减系数，当再生粗骨料取代率为 30%、100%时，折减系数 α 分别取 0.95、0.85，中间线性插值；f_c 为再生混凝土抗压强度；A 为再生混凝土构件的截面积；f'_y、A'_s 分别为钢筋的抗压强度与横截面积。

关于再生混凝土柱偏心受压承载力的计算，试验发现，现行混凝土规范能够满足再生混凝土柱的偏心受压计算，但考虑到再生混凝土强度较弱，按照现行混凝土规范进行计算，再生混凝土柱构件的设计安全储备降低。为提高再生混凝土柱构件的设计性能，基于可靠性分析结果，对现有再生混凝土柱偏心受压规范公式进行了修正，如式（7-21）所示：

$$N_u = \alpha_R[\alpha_1 f_c bx + (f'_y - \sigma_s)A_s]$$

$$N_u e = \alpha_R\left[\alpha_1 f_c bx\left(h_0 - \frac{x}{2}\right) + f'_y A'_s(h_0 - a'_s)\right] \tag{7-21}$$

式中，α_R表示再生混凝土附加可靠度调整系数，偏压计算时 α_R 可取 0.9，其他参数见式（7-11）。

7.5.3　再生混凝土受压性能规范公式

现行行业标准《再生混凝土结构技术标准》JGJ/T 443 对再生混凝土柱受压承载力的计算作出规定。该标准规定，对掺用Ⅰ类再生粗骨料的再生混凝土柱的受压承载力与普通混凝土柱计算方法一致；对掺用Ⅱ、Ⅲ类再生粗骨料的再生混凝土柱的受压承载力的计算则要考虑再生混凝土强度折减系数 α_σ（参数取值见 7.3.3 节），而后按照普通混凝土柱受压承载力的设计方法计算。

对于再生混凝土柱轴心受压承载力的计算，以两端简支普通箍筋再生混凝土柱为例，再生混凝土柱的轴心受压承载力计算见式（7-22）：

$$
\begin{aligned}
\rho = A'_s/A_{全} \leqslant 3,\ N_u &= 0.9\varphi(\alpha_\sigma f_c A_{全} + f'_y A'_s) \\
\rho = A'_s/A_{全} > 3,\ N_u &= 0.9\varphi[\alpha_\sigma f_c (A_{全} - A'_s) + f'_y A'_s]
\end{aligned}
\tag{7-22}
$$

对于再生混凝土柱偏心受压承载力的计算，以两端固结再生混凝土柱为例，再生混凝土柱的大偏心受压承载力计算见式（7-23）：

$$
\begin{aligned}
\alpha_1 \alpha_\sigma f_c bx\left(e - h_0 + \frac{x}{2}\right) + f'_y A'_s e' - f_y A_s e &= 0 \\
N_u &= \alpha_1 \alpha_\sigma f_c bx + f'_y A'_s - f_y A_s
\end{aligned}
\tag{7-23}
$$

式中，e 为轴向力作用点至受拉钢筋合力点之间的距离；e' 为轴向力作用点至受压钢筋合力点之间的距离。

【例 7-3】 背景条件与例 7-1 相同，现设计该花园水榭走廊的框架柱，已知该柱为矩形截面钢筋再生混凝土柱，再生混凝土强度等级为 C30，再生粗骨料取代率为 30%，柱截面尺寸 400mm×600mm，采用对称配筋，纵向受力筋采用 HRB400，柱每侧配筋面积为 636mm^2，α_s=40mm，界限相对受压区高度 $\xi_b = 0.518$，初始偏心距 e_i=520mm，求再生混凝土柱的偏心受压承载力。

【解】 根据题目要求，查询《混凝土结构设计规范》GB 50010—2010（2015 年版）和《再生混凝土结构技术标准》JGJ/T 443—2018，混凝土强度等级为 C30，混凝土的抗压强度设计值 f_c 为 14.3MPa，再生粗骨料取代率为 30%，再生混凝土强度折减系数 α_σ 取 0.95，则再生混凝土的抗压强度设计值为

$$f_{rc} = 0.95 \times 14.3 = 13.6\text{MPa}$$

根据几何关系可知，偏心压力 N 距离受拉钢筋、受压钢筋的距离分别为

$$e = 520 + \frac{600}{2} - 40 = 780\text{mm}$$

$$e' = 520 - \frac{600}{2} + 40 = 260\text{mm}$$

假设该再生混凝土柱为大偏心受压，对偏心压力 N 取矩，列出力矩平衡方程

$$\alpha_1 f_{rc} bx\left(e-h_0+\frac{x}{2}\right)+f'_y A'_s e'-f_y A_s e=0$$

式中其他参数均与现行混凝土规范一致。

解方程得到混凝土受压区高度 $x=83.6\text{mm}<\xi_b h_0=0.518\times(600-40)=290\text{mm}$，柱的受压类型为大偏心受压。

代入再生混凝土柱大偏心受压承载力计算公式，由于对称配筋，可知再生混凝土柱的偏心受压承载力为

$$N_u=\alpha_1 f_{rc} bx=1.0\times13.6\times400\times83.6=454.8\text{kN}$$

思　考　题

7-1　针对再生骨料孔隙率和吸水率较大等缺陷，请思考改善或提高再生骨料性能的方法。

7-2　再生混凝土弹性模量比较低，这会对再生混凝土结构构件性能产生什么影响？

7-3　请思考再生骨料混凝土结构与天然骨料混凝土结构耐久性的异同。

参 考 文 献

[1]　Bendixen M, Best J, Hackney C, et al. Time is running out for sand[J]. Nature. 2019, 571(7763): 29-31.

[2]　Wang Z, Yang D Y, Frangopol D M, et al. Inclusion of environmental impacts in life-cycle cost analysis of bridge structures[J]. Sustainable and Resilient Infrastructure, 2020, 5(4).

[3]　金伟良．工程结构全寿命设计方法[M]. 北京：科学出版社，2020.

[4]　金伟良，王竹君．工程结构全寿命设计绿色指标体系构建[J]. 建筑结构学报，2018，39(03)：120-129.

[5]　肖建庄．再生混凝土[M]. 北京：中国建筑工业出版社，2008.

[6]　Meng T, Wei H, Yang X, et al. Effect of mixed recycled aggregate on the mechanical strength and microstructure of concrete under different water cement ratios [J]. Materials, 2021, 14(10) : 2631.

[7]　Peng L, Zhao Y, Zhang H. Flexural behavior and durability properties of recycled aggregate concrete (RAC) beams subjected to long-term loading and chloride attacks[J]. Construction and Building Materials, 2021, 277: 122277.

[8]　彭立港，赵羽习，曾维来，等．再生骨料混凝土界面参数研究[J]. 建筑材料学报，2021：1-15.

[9]　Zhao Y X, Peng L G, Zeng W L, et al. Improvement in properties of concrete with modified RCA by microbial induced carbonate precipitation[J]. Cement and Concrete Composites, 2021, 124: 104251.

[10]　Zeng W L, Zhao Y X, Zheng H B, et al. Improvement in corrosion resistance of recycled aggregate concrete by nano silica suspension modification on recycled aggregates[J]. Cement and Concrete Composites, 2020, 106(C) : 103476.

[11]　Manzi S, Mazzotti C, Bignozzi M C. Short and long-term behavior of structural concrete with recycled concrete aggregate[J]. Cement and Concrete Composites, 2013, 37: 312-318.

[12]　Zhou C H, Chen Z P. Mechanical properties of recycled concrete made with different types of coarse aggregate[J]. Construction and Building Materials, 2017, 134: 497-506.

[13]　曾维来．再生骨料混凝土结构性能劣化及再生骨料改性工艺研究[D]. 杭州：浙江大学，2020.

[14] Li X P. Recycling and reuse of waste concrete in China[J]. Resources, Conservation & Recycling, 2008, 53(1) : 36-44.

[15] 曹万林，赵羽习，叶涛萍．再生混凝土结构长期工作性能研究进展[J]. 哈尔滨工业大学学报，2019，51(06)：1-17.

[16] Xiao J Z, Falkner H. Bond behaviour between recycled aggregate concrete and steel rebars[J]. Construction and Building Materials, 2005, 21(2): 395-401.

[17] Prince M, Robert J, Singh B. Bond behaviour of deformed steel bars embedded in recycled aggregate concrete[J]. Construction and Building Materials, 2013, 49(Dec.): 852-862.

[18] Kang T. The choice of recycled concrete aggregates for flexural members[Z]. 2012.

[19] Limbachiya M, Meddah M S, Ouchagour Y. Performance of Portland/Silica fume cement concrete produced with recycled concrete aggregate[J]. ACI Materials Journal, 2012, 109(1).

[20] 王博，白国良，吴淑海，等．再生混凝土极限黏结强度及钢筋锚固长度取值研究[J]. 工业建筑，2013，43(08)：59-63.

[21] Sun-Woo K, Hyun-Do Y. Influence of recycled coarse aggregates on the bond behavior of deformed bars in concrete[J]. Engineering Structures, 2013, 48: 133-143.

[22] 肖建庄，李丕胜，秦薇．再生混凝土与钢筋间的粘结滑移性能[J]. 同济大学学报(自然科学版)，2006(01)：13-16.

[23] 张鸿儒．基于界面参数的再生骨料混凝土性能劣化机理及工程应用[D]. 杭州：浙江大学，2016.

[24] 董宏英，王超超，陈桂林，等．高强再生混凝土梁抗弯性能试验研究[J]. 自然灾害学报，2016，25(02)：187-194.

[25] 刘超，白国良，冯向东，等．再生混凝土梁抗弯承载力计算适用性研究[J]. 工业建筑，2012，42(04)：25-30.

[26] 陈爱玖，王璇，解伟，等．再生混凝土梁受弯性能试验研究[J]. 建筑材料学报，2015，18(04)：589-595.

[27] 刘超，白国良，冯向东，等．再生混凝土梁正截面裂缝宽度计算方法研究[J]. 工业建筑，2013，43(05)：64-67.

[28] 张雷顺，张晓磊，闫国新．再生混凝土无腹筋梁抗剪性能试验研究[J]. 工业建筑，2007，(09)：57-61.

第 8 章　混凝土结构模拟方法

8.1　混凝土的破坏准则

混凝土是一种复合的多相材料，内部结构非常复杂。从宏观结构看，可以把混凝土看作骨料分散在水泥浆基材中的多相材料，或者骨料分散在砂浆中的材料。当结构尺寸大于粗骨料尺寸 4 倍以上时，往往看成均匀的各向同性材料，作宏观受力分析，供设计应用。从微观结构看，混凝土是由水泥凝胶、氢氧化钙结晶、未水化的水泥颗粒、凝胶空隙、毛细管及孔隙水、空气泡等组成。此外，水泥的水化反应会延续相当长的时间，毛细管中的水分还会继续蒸发，留下不少空隙与微细裂缝。因而混凝土从微观上看是不均匀的多相材料。许多学者致力于微观力学研究，这对于分析研究混凝土变形、断裂的内部原因和破坏机理是很重要的。但从结构分析和结构设计来看，则应从宏观的层次上把混凝土看作均匀的各向同性材料。

8.1.1　双轴受力下的混凝土强度

1. 双轴荷载下的试验结果

常用的双轴荷载试件有 3 种：立方体试件、平板试件和空心圆柱体试件。前两种直接在两个方向加载，但平板试件的加载方向在平板面内。空心圆柱体试件是轴向加压，施加扭转或内、外水压力。20 世纪 60 年代末期，德国学者 Kupfer 等用 20cm×20cm×5cm 的平板试件，做了双向受力试验。试件中有拉-拉、拉-压、双压等各种组合，选用了不同的应力比 σ_1/σ_2（$\sigma_3=0$）。试验结果表明：

（1）当双向受压时，混凝土一个方向的抗压强度随着另一方向压力的增加而增大，最大应力大约在两个主应力之比为 $\sigma_1/\sigma_2=0.5$ 处发生，为单向抗压强度的 1.22～1.27 倍。当双向等压时，强度为单向受压强度的 1.16～1.20 倍。混凝土强度等级低的提高系数大，国内一些单位对 C15～C25 混凝土试块的试验结果可达到 1.4 以上。

（2）当一向受拉一向受压时，混凝土受压方向的抗压强度随着另一方向拉应力的增加而降低（几乎呈线性关系）；或者说混凝土的抗拉强度随着另一方向压应力的增大而降低。

（3）当双向受拉时，混凝土的抗拉强度基本上不受另一方向的影响，即双向抗拉强度与单向抗拉强度基本相同。

（4）在双向应力状态，混凝土的应变大小与应力状态的性质（是受压还是受拉）有关。在单向及双向受压状态，平均最大压应变约为 3000$\mu\varepsilon$；平均最大拉应变为 2000～4000$\mu\varepsilon$。而在单向或双向受拉状态下，平均最大主拉应变均为 80$\mu\varepsilon$。

（5）接近破坏时，试件的体积会增加。这种非弹性的体积增加主要是由混凝土中微裂缝的扩展造成的。

（6）对于普通混凝土，强度包络图受加载路径影响很小。但有人认为，轻质混凝土非比例加载的强度略低于比例加载的情况。

2. 双轴受力混凝土强度的计算公式

根据试验结果，提出了很多强度计算公式，下面介绍最常用的几种。

（1）修正的莫尔-库伦准则

莫尔（Mohr）提出了平面极限剪应力与该平面上的正应力有关，即：

$$|\tau| = f(\sigma) \tag{8-1}$$

$f(\sigma)$ 的包络线由试验结果来确定，当最大的莫尔圆正切于包络线时材料达到破坏强度。因此，在三向应力状态下材料的破坏与中间应力大小无关。莫尔的包络线最简单的为库伦（Coulomb）给出的直线方程，如图 8-1 所示，其方程式为：

$$|\tau| = c - \sigma\tan\varphi \tag{8-2}$$

式中，c 为材料的内聚力；φ 为材料的内摩擦角。

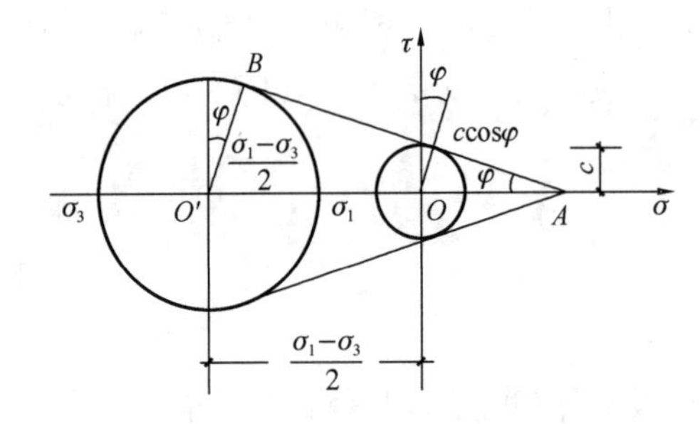

图 8-1　莫尔-库伦准则

对于混凝土材料，很少去测定 c 及 φ，现用混凝土的另外两个强度指标，抗拉强度 f_t 与抗压强度 f_c 来表示：

$$\frac{\sigma_1}{f_t} - \frac{\sigma_3}{f_c} = 1 \tag{8-3}$$

其中，$f_c = \frac{2c\cos\varphi}{1-\sin\varphi}$，$f_t = \frac{2c\cos\varphi}{1+\sin\varphi}$

或　$m\sigma_1 - \sigma_3 = f_c$，$\sigma_1 \geqslant \sigma_2 \geqslant \sigma_3$　(8-4)

其中，
$$m = \frac{1+\sin\varphi}{1-\sin\varphi} = \frac{f_c}{f_t}$$

这便是修正的莫尔-库伦准则。

（2）Kupfer 公式

双向受压时，有

$$\sigma_{2c} = \frac{1+3.65\alpha}{(1+\alpha)^2} f_c,\ 0 \leqslant \alpha = \sigma_1/\sigma_2 \leqslant 1 \tag{8-5}$$

一拉一压时，有

$$\sigma_{1t} = \left(1 - 0.8\frac{\sigma_2}{f_c}\right) f_t,\ \alpha < 0 \tag{8-6}$$

双向受拉时，有

$$\sigma_{1t} = \sigma_{2t} = f_t \tag{8-7}$$

由于 Kupfer 的试验做得很出色，这一试验结果及他们提出的公式也因而得到了广泛的应用。

(3) 多折线公式

Liu、Nilson 和 Slate 建议在双压区用双折线来替代莫尔-库伦准则中的单直线，具体表达式为：

$$\alpha = \frac{\sigma_1}{\sigma_2} \leqslant 0.2,\ \sigma_{2c} = \left(1 + \frac{\alpha}{1.2 - \alpha}\right) f_c,\ \sigma_{1c} = \alpha\sigma_2 \tag{8-8}$$

$$0.2 \leqslant \alpha \leqslant 1.0,\ \sigma_{2c} = 1.2 f_c,\ \sigma_{1c} = \alpha\sigma_2 \tag{8-9}$$

在拉压区，其表达式与莫尔-库伦准则相同。

8.1.2　三轴受力下的混凝土强度准则（古典强度理论）

混凝土强度准则是混凝土结构非线性分析中的一个重要问题。建立混凝土强度准则模型的目的是尽可能地概括不同受力状态下混凝土的强度破坏条件。

对于混凝土强度准则，一般是对极限强度而言。通常采用空间坐标的破坏曲面来描述混凝土的破坏情况，因而，混凝土强度准则就是建立混凝土空间坐标的破坏曲面的规律。通常有简单的一参数一直到五参数的混凝土强度准则。

混凝土的弹性极限和破坏曲面可用 3 个主应力坐标轴 σ_1、σ_2、σ_3 来表示，如图 8-2 所示。为了用数学方法表达方便，又可用应力不变量 J_1、J_2、J_3 来表示，或用圆柱坐标系统，亦称为 Haigh-Westergaard 坐标（即 ε、ρ、θ）表示，也用八面体应力坐标轴来表示。因此，破坏曲面的函数方程式可表达为：

$$\left.\begin{aligned} & f(\sigma_1, \sigma_2, \sigma_3) = 0 \\ & f(J_1, J_2, J_3) = 0 \\ & f(\varepsilon, \rho, \theta) = 0 \\ & f(\sigma_{oct}, \tau_{oct}, \theta) = 0 \end{aligned}\right\} \tag{8-10}$$

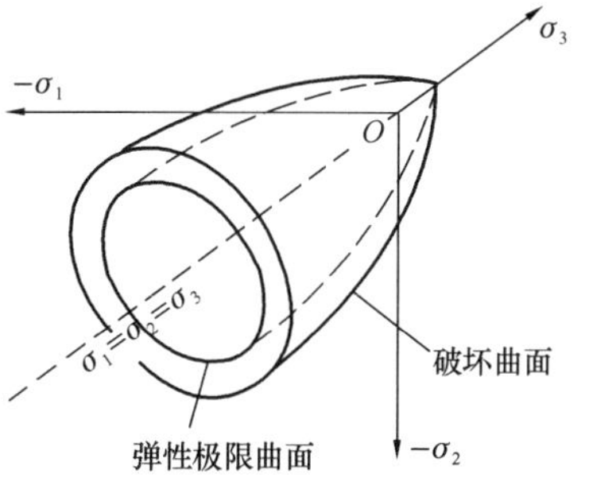

图 8-2　混凝土弹性极限面及破坏曲面

1. 最大拉应力强度准则（Rankine 强度准则）

1876 年 Rankine 提出最大拉应力强度准则。按照这个强度准则，混凝土材料中任一点的强度达到混凝土单轴抗拉强度 f_t 时，混凝土即达到脆性破坏，不管这一点上是否还有其他法向应力或剪应力。因此，垂直于 σ_1、σ_2、σ_3 平面的强度表达式为：

$$\sigma_1 = f_t,\ \sigma_2 = f_t,\ \sigma_3 = f_t \tag{8-11}$$

当 $0° \leqslant \theta \leqslant 60°$，且有 $\sigma_1 \geqslant \sigma_2 \geqslant \sigma_3$ 时，破坏准则为 $\sigma_1 = f_t$，即

$$f_t - \sigma_m = \frac{2}{\sqrt{3}} \sqrt{J_2} \cos\theta$$

$$f_t - \frac{I_1}{3} = \frac{2}{\sqrt{3}} \sqrt{J_2} \cos\theta$$

可得：

$$f(I_1,\ J_2,\ \theta)=2\sqrt{3}\sqrt{J_2}\cos\theta+I_1-3f_t=0 \tag{8-12}$$

因为

$$\xi=\frac{I_1}{\sqrt{3}},\ \rho=\sqrt{2J_2}$$

所以

$$f(\rho,\ \xi,\ \theta)=\sqrt{2}\rho\cos\theta+\xi-\sqrt{3}f_t=0 \tag{8-13}$$

在 π 平面上，有

$$\xi=0,\ \sqrt{2}\rho\cos\theta-\sqrt{3}f_t=0$$

$$\rho=\sqrt{\frac{3}{2}}\frac{f_t}{\cos\theta}$$

2. Tresca 强度准则

1864 年 Tresca 提出当混凝土材料中一点应力达到最大剪应力的临界值 k 时，混凝土材料即达到极限强度 u，数学表达式为：

$$\max\left(\frac{1}{2}\mid\sigma_1-\sigma_2\mid,\frac{1}{2}\mid\sigma_2-\sigma_3\mid,\ \frac{1}{2}\mid\sigma_3-\sigma_1\mid\right)=k \tag{8-14}$$

k 为纯剪时的极限强度。取 $\sigma_1\geqslant\sigma_2\geqslant\sigma_3$ 时，最大剪应力为：$\frac{1}{2}(\sigma_1-\sigma_3)$，于是上式可表达为：

$$\frac{\sigma_1-\sigma_3}{2}=\frac{1}{\sqrt{3}}\sqrt{J_2}\left[\cos\theta-\cos\left(\theta+\frac{2}{3}\pi\right)\right]=k,\ 0^\circ\leqslant\theta\leqslant60^\circ \tag{8-15}$$

从以上公式可以看到破坏面与静水压力 I_1、ξ 大小无关，子午线是与 ξ 轴平行的平行线，在偏平面上为一正六边形，如图 8-3 所示。破坏面在空间是与静水压力轴平行的正六边形棱柱体。

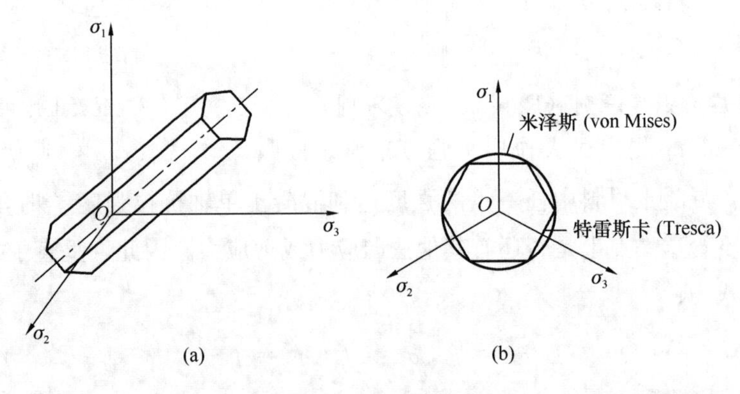

图 8-3 Tresca 强度准则的破坏面及其在 π 平面上的投影

3. von Mises 强度准则

Tresca 强度理论只考虑了最大剪应力，von Mises 提出的强度准则与 3 个剪应力均有关，取

$$\sqrt{\frac{1}{2}[(\sigma_1-\sigma_2)^2+(\sigma_2-\sigma_3)^2+(\sigma_1-\sigma_3)^2]}=k \tag{8-16}$$

的形式。用应力不变量可表示为：

$$f(J_2)=\sqrt{3J_2}-k=0 \tag{8-17}$$

von Mises 强度准则的破坏面为与静水压力轴平行的圆柱体，子午线为与 ξ 轴平行的线，偏平面上为圆形，如图 8-3（b）所示。

由于 von Mises 强度准则在偏平面上为圆形，相比 Tresca 强度准则的正六边形在有限元计算中处理棱角较为简便，在这一点上说是一种改进，故应用很广。但其强度与 ξ 无关、拉压破坏强度相等与混凝土性能不符。

4. 莫尔-库伦强度理论

这一理论考虑了材料抗拉、抗压强度的不同，适用于脆性材料，现在仍然广泛用于岩石、混凝土和土体等土建工程材料中。如前所述，这一理论的破坏条件表达式为：

$$|\tau|=c-\sigma\tan\varphi \tag{8-18}$$

其中，c 为内聚力；φ 为内摩擦角。取破坏包络线为直线，当莫尔圆与破坏线相切时，这一条件可表达为：

$$\frac{\sigma_1-\sigma_3}{2}=\left(c\cdot\cot\varphi+\frac{\sigma_1+\sigma_3}{2}\right)\sin\varphi \tag{8-19}$$

将主应力的计算公式代入可得：

$$f(I_1,J_2,\theta)=\frac{1}{3}I_1\sin\varphi+\sqrt{J_2}\sin\left(\theta+\frac{\pi}{3}\right)+\rho\cos\left(\theta+\frac{\pi}{3}\right)\sin\varphi-\sqrt{6}c\cos\varphi=0,\ 0^\circ\leqslant\theta\leqslant 60^\circ \tag{8-20}$$

莫尔-库伦破坏曲面为非正六边形锥体，其子午线为直线，如图 8-4（b）所示。在 π 平面上为非正六边形，如图 8-4（c）所示。

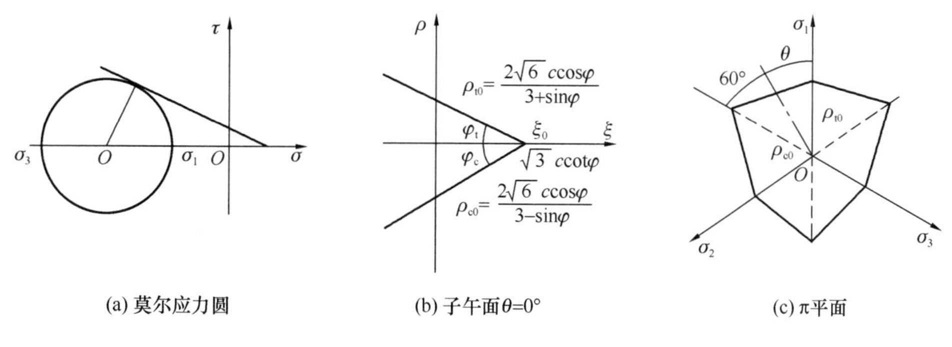

图 8-4　莫尔-库伦破坏准则

5. Drucker-Prager 强度准则

由于六边形角隅部分用计算机数值计算较繁杂、困难，Drucker-Prager 提出了修正莫尔-库伦强度理论的不规则六边形而改用圆形，子午线为直线，并改进了 von Mises 强度准则与静水压力无关的缺点，如图 8-5 所示。

Drucker-Prager 强度准则的表达式为

$$f(I_1, J_2) = \alpha I_1 + \sqrt{J_2} - k = 0 \tag{8-21}$$

式中，α，k 为正常数。

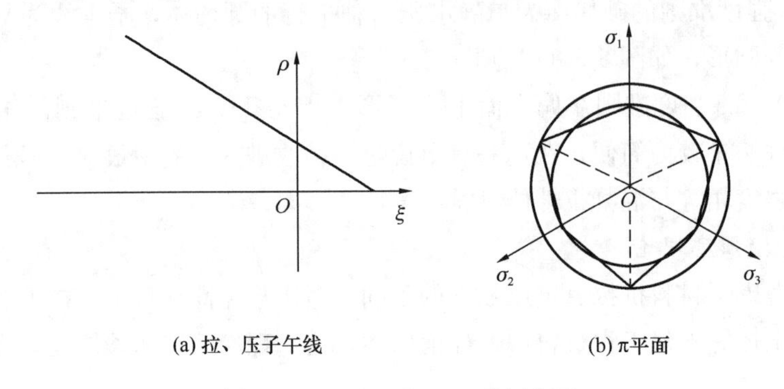

图 8-5　Drucker-Prager 破坏曲面

8.1.3　三轴受力下的混凝土强度准则（多参数强度准则）

有侧压力（围压）的混凝土三轴试验是 Richart 于 1928 年首次进行的。以后，由于三轴试验机的改进，可以进行不同比例（$\sigma_1 : \sigma_2 : \sigma_3$）的三轴强度试验。由国内外的三轴试验得出的混凝土破坏曲线具有以下特点：

（1）三向应力下混凝土的破坏面是与 3 个方向应力都有关的函数，是一个在等压轴方向开口的曲面，即在三向等压情况下，混凝土的强度随着压力的增加而提高。

（2）这个曲面是一个光滑的凸曲面。无论在偏平面上截面的外形曲线还是在子午面上的截线均是光滑的凸曲面。

（3）在 θ 为常数的子午面上的截线是曲线，不是直线；在 ξ 为常数的偏平面上的外形曲线是非圆曲线，但随着 ξ 的增大而越来越接近圆形。

在古典强度理论中，材料参数为一个或两个，很难完全反映上述混凝土破坏曲面的特征。对此，许多学者针对混凝土的破坏特点，对古典强度理论做出了改进，提出了包含更多参数的破坏准则。

1. 三参数混凝土强度准则模型

Bresler-Pister 建议的强度准则模型其子午线为二次抛物线，但 ρ 在偏平面上与 θ 无关，为圆形。

$$\frac{\tau_{oct}}{f_c} = a - b\frac{\sigma_{oct}}{f_c} + c\left(\frac{\sigma_{oct}}{f_c}\right)^2 \tag{8-22}$$

式中，系数 a、b、c 可根据单轴拉应力 f_t、压应力 f_c 和二轴压应力 f_{bc} 试验数据求得。取 $\bar{f}_t = f_t/f'_c$，$\bar{f}_{bc} = f_{bc}/f'_c$，用 3 个试验可求出八面体应力分量，如表 8-1 所示。

Bresler-Pister 强度准则系数确定方法　**表 8-1**

应力状态	σ_{oct}/f'_c	τ_{oct}/f'_c
$\sigma_1=f_t$	$1/3\bar{f}_t$	$\sqrt{2}\bar{f}_t/3$
$\sigma_3=-f'_c$	$-1/3$	$\sqrt{2}/3$
$\sigma_2=\sigma_3=-f_{bc}$	$-2/3\bar{f}_{bc}$	$\sqrt{2}/3\bar{f}_{bc}$

Bresler-Pister 根据试验结果取 $f_t=0.1f'_c$，$f_{bc}=1.28$ 时，系数 $a=0.097$，$b=1.4613$，$c=-1.0144$。

2. 四参数混凝土强度准则模型

四参数混凝土强度准则模型一般能满足拉压子午线为曲线，偏平面上为凸面三角形要求。Ottosen（1977 年）提出了以三角函数为基础的四参数强度准则模型。这个模型破坏曲面的子午线为曲线，偏平面根据不同静水压力从光滑凸面三角形逐渐变化接近圆形。四参数强度准则模型包括所有应力不变量 I_1、J_2 和 $\cos 3\theta$，其表达式为：

$$\left.\begin{aligned}&f(I_1,J_2,\cos 3\theta)=a\frac{J_2}{f'^2_c}+\lambda\frac{\sqrt{J_2}}{f'_c}+b\frac{I_1}{f'_c}-1=0\\&\lambda=\lambda(\cos 3\theta)\geqslant 0\end{aligned}\right\}\tag{8-23}$$

3. 五参数混凝土强度准则模型

Kotsovos 提出了指数型子午线和椭圆组合偏平面的五参数强度准则模型，经与试验结果拟合，确定了指数公式的参数表达式为：

$$\left.\begin{aligned}&\frac{\tau_{octc}}{f'_c}=0.944\left(\frac{\sigma_{oct}}{f'_c}+0.05\right)^{0.724},\quad\theta=60^\circ\\&\frac{\tau_{octt}}{f'_c}=0.633\left(\frac{\sigma_{oct}}{f'_c}+0.05\right)^{0.857},\quad\theta=0^\circ\end{aligned}\right\}\tag{8-24}$$

偏平面公式为

$$\tau_{oct}=\frac{2\tau_{octc}(\tau^2_{octc}-\tau^2_{octt})\cos\theta+\tau_{octc}(2\tau_{octt}-\tau_{octc})\sqrt{4(\tau^2_{octc}-\tau^2_{octt})\cos^2\theta}}{4(\tau^2_{octc}-\tau^2_{octt})\cos^2\theta+(\tau_{octc}-2\tau_{octt})^2+5\tau^2_{octt}-4\tau_{octc}\tau_{octt}}\tag{8-25}$$

其中，τ_{octc}，τ_{octt} 分别为 τ_{oct} 在 $\theta=60^\circ$，$\theta=0^\circ$ 时的极限强度。

8.2　混凝土的断裂与损伤

8.2.1　混凝土断裂模型

将断裂力学用于混凝土结构时，有两方面的工作要做：一方面是要根据支承条件、荷载作用、裂缝状态等具体情况求得裂缝尖端处的应力强度因子 K_{I}、K_{II}、K_{III} 等，确定应力强度因子的方法有有限元法、边界配置法、边界元法及试验方法等。另一方面是要测定混凝土的断裂韧度 $K_{\text{I}C}$、$K_{\text{II}C}$、$K_{\text{III}C}$、G_f 等，这些均为描述混凝土力学性能的新指标，它反映了混凝土材料抵抗裂缝扩展的能力。由于Ⅰ型裂缝出现频率较高，危险性也最大，因此将以Ⅰ型裂缝为例说明 K_{IC}的测定方法和断裂力学在处理混凝土裂缝中的应用。

1. 混凝土断裂韧度的测定

测定混凝土断裂韧度 K_{IC}的试件式样很多，主要有以下几种。

（1）弯曲梁试件

弯曲梁试件又分为三点弯曲梁试件和四点弯曲梁试件，如图 8-6（a）、（b）所示。三点弯曲梁试件在梁跨中人为预置一个裂缝，并在跨中加一集中荷载。四点弯曲梁的预制裂缝也在跨中，但在跨中 $L/3$ 处加两个集中荷载，在裂缝所在处造成一个纯弯区。

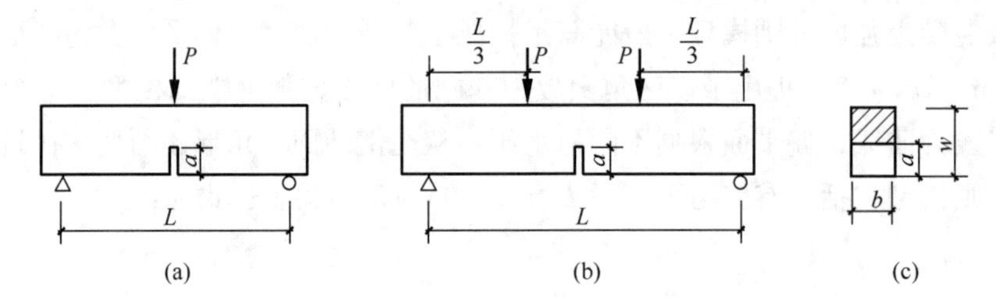

图 8-6 弯曲梁试件

由于韧度值与试件尺寸大小有关，各国对试件的尺寸均有标准。国际材料和实验室联合会（RILEM）试验标准中关于三点弯曲梁的尺寸取决于混凝土中骨料最大粒径 $D_{\max}$，如表 8-2 所示。

三点弯曲梁试件尺寸建议（单位：mm） 表 8-2

$D_{\max}$	梁高 d	梁宽 B	梁跨 L	梁长 L	切口深 a
1～16	100±5	100±5	800±5	840±5	$d/2+5$
16.1～32	200±5	100±5	1130±5	1190±5	
32.1～48	300±5	150±5	1385±5	1450±5	
48.1～64	400±5	200±5	1600±5	1640±5	

在我国，三点弯曲梁试件用得较多，常用试件的尺寸为 100mm×100mm×500mm，实际构件长可取 515mm，这与我国混凝土试验规程规定的标准抗折试件的尺寸相同，裂缝深度可取 40mm（$a/d=0.4$），骨料最大粒径 $D_{\max}\approx$20mm。

设测得裂缝失稳时的荷载为 P，则可按下式计算断裂韧度：

$$K_{\text{IC}}=\frac{P}{B\sqrt{d}}\left[2.9\left(\frac{a}{d}\right)^{1/2}-4.6\left(\frac{a}{d}\right)^{3/2}+21.8\left(\frac{a}{d}\right)^{5/2}-37.6\left(\frac{a}{d}\right)^{7/2}+38.7\left(\frac{a}{d}\right)^{9/2}\right] \tag{8-26}$$

我国现行行业标准《水工混凝土断裂试验规程》DL/T 5332 建议的三点弯曲梁试件尺寸见图 8-7。

起裂韧度 K_{IC}^{Q}为：

$$K_{\text{IC}}^{\text{Q}}=\frac{1.5\left(F_{\text{Q}}+\dfrac{mg}{2}\times10^{-2}\right)\times10^{-3}\cdot S\cdot a_0^{1/2}}{th^2}f(\alpha) \tag{8-27}$$

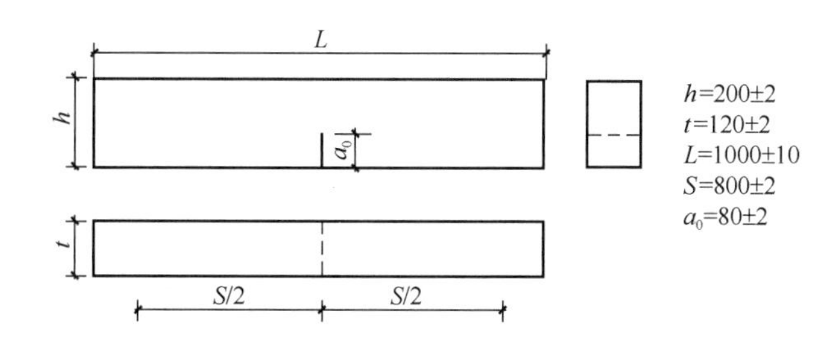

图 8-7　现行行业标准《水工混凝土断裂试验规程》DL/T 5332
建议的三点弯曲梁试件（单位：mm）

式中，F_Q为起裂荷载，即加载曲线从直线变为曲线的位置。

$$f(\alpha)=\frac{1.99-\alpha(1-\alpha)(2.15-3.93\alpha+2.7\alpha^2)}{(1+2\alpha)(1-\alpha)^{3/2}},\ \alpha=\frac{a_0}{h} \tag{8-28}$$

失稳韧度 $K_{\mathrm{IC}}^{\mathrm{S}}$

$$K_{\mathrm{IC}}^{\mathrm{S}}=\frac{1.5\left(F_{\max}+\frac{mg}{2}\times10^{-2}\right)\times10^{-3}\cdot S\cdot a_0^{1/2}}{th^2}f(\alpha) \tag{8-29}$$

式中，$F_{\max}$为荷载位移曲线中的最大荷载点。

（2）紧凑拉伸试件

紧凑拉伸试件如图 8-8 所示，它是直接在裂缝根部施加一对拉力，其优点是，在大尺寸试件中，自重对 K_{IC}的测量结果的影响比三点弯曲梁试件要小。

若裂缝失稳扩展时的荷载为 P，则断裂韧度可按下式计算：

$$K_{\mathrm{IC}}=\frac{P}{B\sqrt{d}}\left[29.6\left(\frac{a}{d}\right)^{1/2}-185.5\left(\frac{a}{d}\right)^{3/2}+655.7\left(\frac{a}{d}\right)^{5/2}-1017.0\left(\frac{a}{d}\right)^{7/2}+638.9\left(\frac{a}{d}\right)^{9/2}\right] \tag{8-30}$$

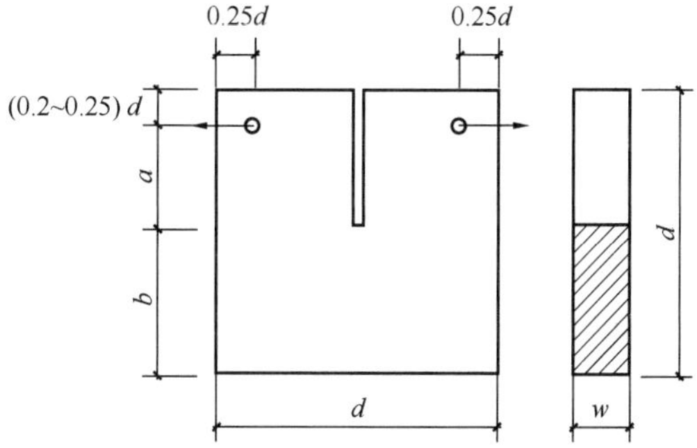

0.25d　0.25d　(0.2~0.25) d　a　b　d　d　w

图 8-8　紧凑拉伸试件

常用紧凑拉伸试件的尺寸为 400mm×400mm，最大尺寸为 3m×3m×0.2m。混凝土的断裂韧度 K_{IC}的数值在 0.3～1.0MN/m$^{3/2}$范围内。

（3）K_{IC}的测定

混凝土的断裂能也可通过试验确定。国际材料和实验室联合会（RILEM）和混凝土断裂力学委员会（TC-50FMC）建议采用三点弯曲梁试件测定混凝土的断裂能。混凝土的断裂能定义为裂缝扩展单位面积所需的能量。试验机应有足够的刚度并具有闭路伺服控制装置，以保证荷载-挠度曲线有稳定的下降段，从而可以正确地求得荷载所做的功。

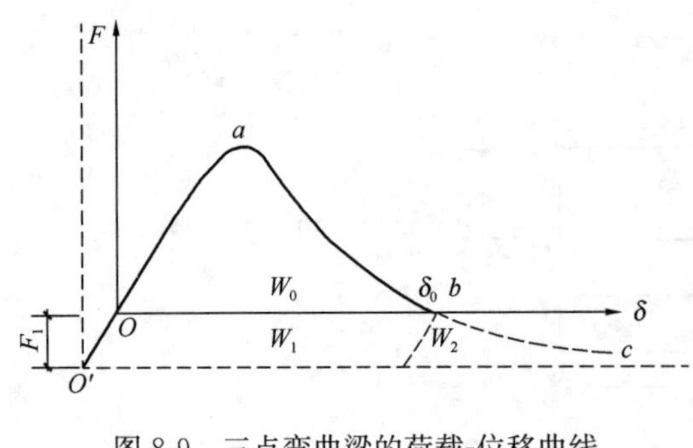

图 8-9　三点弯曲梁的荷载-位移曲线

试验所得三点弯曲梁的荷载-位移曲线如图 8-9 所示。外力功由三部分组成：①施加于梁上的外荷载所做的功 W_0，这可以由荷载挠度曲线下的面积确定；②支座间梁自重 m_1g 所做的功；③加荷附件 m_2g 所做的功。后两部分荷载不与试验机加载头连在一起，而是一直加在梁上直到梁断裂。在测量记录的位移 δ 中不包括后两部分的贡献。为了考虑这两部分的做功，首先按断面处弯矩相等的原则将 m_1g 与 m_2g 化为等效的跨中集中力 F_1，显然有：

$$F_1=\frac{1}{2}m_1g+m_2g \tag{8-31}$$

梁的实测挠度曲线如图 8-9 所示的 Oab 段，a 为曲线峰值处，b 为梁断裂时的最大挠度值。如考虑了 F_1，则荷载-挠度曲线应为 $O'Oab$。由图可知，梁的断裂面所吸收的总能量为：

$$W=W_0+W_1+W_2 \tag{8-32}$$

其中，

$$W_0=\int_0^{\delta_0}P\mathrm{d}\delta\text{（即曲线 }Oab\text{ 下的面积）}$$

$$W_1=F_1\delta_0=\left(\frac{1}{2}m_1g+m_2g\right)\delta_0 \tag{8-33}$$

研究表明，可近似取：

$$W_2\approx W_1=\left(\frac{1}{2}m_1g+m_2g\right)\delta_0 \tag{8-34}$$

由此可以推出计算 G_f 的公式为

$$G_f=\frac{W_0+mg\delta_0}{A} \tag{8-35}$$

式中，W_0 为外荷载所做的功，可由试验测得的 P-δ_0 曲线下的面积计算求得；$m=m_1+2m_2$ 为梁和附件的自重；A 为韧带断面面积；δ_0 为梁断裂时测得的最大挠度值。

国内外进行了大量的混凝土断裂能的测定工作。由实测结果可知，在大多数情况下，普通混凝土的断裂能为 70～200N/m，但也有高达 300N/m 的情况。

2. 裂缝处强度因子的计算

在断裂力学计算中，其失效准则为：

$$\left.\begin{aligned}K_{\mathrm{I}}&\leqslant K_{\mathrm{IC}}\\K_{\mathrm{II}}&\leqslant K_{\mathrm{IIC}}\\K_{\mathrm{III}}&\leqslant K_{\mathrm{IIIC}}\end{aligned}\right\} \tag{8-36}$$

式中，混凝土的断裂韧度 K_{IC}、K_{IIC}、K_{IIIC} 由试验测定，应力强度因子由带裂缝构件的应

力分析求得，它与裂缝状态、尺寸、受力状态、边界条件等因素有关。对于简单的受力情况，可以用弹性力学的方法求得。对于复杂的受力情况常借助于数值方法，如有限元法。

在平面问题中，很少遇到单纯的Ⅰ型或Ⅱ型裂缝，一般情况是 K_{I}、K_{II} 同时存在，形成复合型断裂。由 K_{I}、K_{II} 与位移的关系，可以写出：

$$\left.\begin{aligned} u &= \frac{1}{4G}\sqrt{\frac{r}{2\pi}}\left[K_{\mathrm{I}} f_1(\theta) + K_{\mathrm{II}} g_1(\theta)\right] \\ v &= \frac{1}{4G}\sqrt{\frac{r}{2\pi}}\left[K_{\mathrm{I}} f_2(\theta) + K_{\mathrm{II}} g_2(\theta)\right] \end{aligned}\right\} \tag{8-37}$$

其中，

$$\left.\begin{aligned} f_1(\theta) &= (2k-1)\cos\frac{\theta}{2} - \cos\frac{3}{2}\theta \\ f_2(\theta) &= (2k+1)\sin\frac{\theta}{2} - \sin\frac{3}{2}\theta \\ g_1(\theta) &= (2k+3)\sin\frac{\theta}{2} + \sin\frac{3}{2}\theta \\ g_2(\theta) &= -(2k-3)\cos\frac{\theta}{2} - \cos\frac{3}{2}\theta \end{aligned}\right\} \tag{8-38}$$

式中符号意义同前。

首先在裂缝尖端附近 r^* 处，求出其位移值 u^*，v^*，代入上述方程，可得关于 K_{I}，K_{II} 的联立方程，进而求出 K_{I}^*，K_{II}^* 值。

8.2.2 混凝土有限元分析中的裂缝模型

1. 处理裂缝的主要方式

混凝土的重要特征之一是它的抗拉强度很低，在很多情况下混凝土结构是带裂缝工作的。裂缝引起周围应力的突然变化和刚度降低，这是混凝土非线性分析的重要因素。目前，处理裂缝的方法很多，常用的有3种方法：①利用单元边界模拟裂缝的分离裂缝模型；②利用单元内部材料本构模型模拟裂缝的弥散裂缝模型；③通过改造单元形函数构造内嵌裂缝的特殊单元模型。这三种模型如图8-10所示。

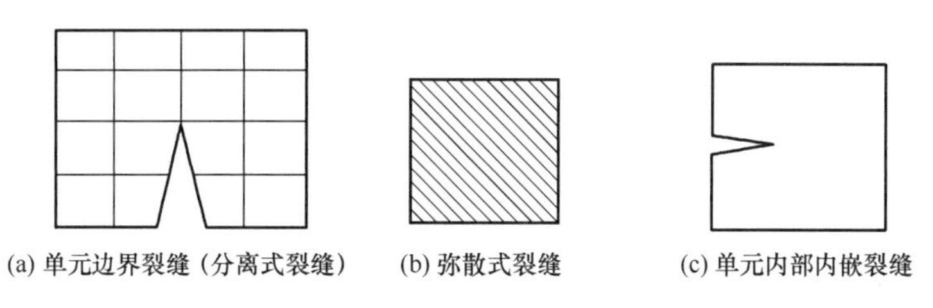

图8-10 处理裂缝的3种方法

早期人们认为混凝土为一脆性材料，即开裂后混凝土的拉应力立刻降低到零。随着更精确的试验研究发现，混凝土的开裂是有过程的，裂面的正应力随着拉伸应变/裂缝的增加而逐步减小。这一应力-应变发展过程可以通过混凝土的拉伸软化曲线加以定义，描述拉伸软化曲线主要有以下一些参数：断裂区的强度极限 f_t、曲线下部面积 g_f 和下降部分的形状。

(1) 强度极限 f_t

一般假定强度极限和混凝土的单轴拉伸平均强度相等。但是，在单元尺寸非常大的情况下，混凝土的裂缝分布在单个单元内的不均匀性有时也不能忽略，可能会过高估计混凝土的断裂强度。当单元尺寸非常小时，往往会由于应力集中而过早导致混凝土断裂，这时强度极限 f_t 的取法需要结合具体情况加以分析。

(2) 曲线下部面积 g_f

如图 8-9 所示，该面积可以表达为：

$$g_f = \int \sigma_{nn} d\varepsilon_{nn}^{cr} \tag{8-39}$$

式中，σ_{nn} 为裂面法向应力；ε_{nn}^{cr} 为裂面法向应变，与断裂能 G_f 有关。

$$G_f = \int \sigma_{nn} dw \tag{8-40}$$

其中，w 代表断裂区内所有微裂缝张开的位移量之和。如果令混凝土微裂缝分布区宽度为 h，则

$$w = \int_h d\varepsilon_{nn}^{cr} \tag{8-41}$$

对于混凝土，G_f 不但和材料性质有关，还与加载方式、构件尺寸等有着种种复杂关系。

(3) 下降部分的形状

原则上，假如上述条件满足，模型的下降部分可以任意选择。实际有限元分析中，混凝土下降软化曲线形状基本采用试验得到的受拉软化曲线。

混凝土开裂后裂面受剪的应力-应变关系也是一个重要的参数。理论上，混凝土的裂面受剪应该和混凝土的第Ⅱ类、第Ⅲ类断裂能有关。但是，由于试验量测非常困难，因此，混凝土裂面受剪性能目前还是多采用基于试验的简化计算方法。由试验发现，混凝土裂面受剪和混凝土的强度、裂缝宽度、裂缝表面滑移量、穿过裂缝的钢筋的销栓作用都有关，读者可参阅有关专著。

2. 分离裂缝模型

分离裂缝（Discrete Crack）模型是最早提出的模拟混凝土开裂的裂缝模型，其基本思想是：将裂缝处理为单元边界，一旦出现裂缝就调整节点位置或增加新的节点，并重新划分单元网格，使裂缝处于单元边界与边界之间。这样由裂缝引起的非连续性可以很自然地得到描述，裂缝的位置、形状、宽度也可以得到较清晰的表达。

使用分离裂缝模型一般需要以下几个具体步骤。

(1) 开裂标准和裂缝发展方向

采用 Hillerborg 的虚拟裂缝模型，即认为在裂缝尖端前面，还有一个虚拟的破坏区，

裂缝内部的拉应力，由 f_t 逐步降低到0，应力降低速度和裂缝宽度相关，并引入断裂能的概念，控制裂缝发展。

（2）裂缝发展与模型网格调整

由于分离裂缝模型是使用单元边界来模拟裂缝，因此随着裂缝的发生和发展，需要不断调整单元网格。分离裂缝模型多用于分析只有一条或几条关键裂缝的素混凝土或少筋混凝土结构。随着网格划分技术以及无网格有限元技术的发展，分离裂缝模型的应用领域也有所扩大。

（3）裂面行为

混凝土是半脆性材料，从开裂到拉应力为零有一个发展过程。因此，在分离裂缝模型的裂缝表面相对应的节点上，往往需要布置一些界面单元，如弹簧单元或者接触单元，来模拟这些裂面行为。有些通用有限元程序（如 ABAQUS）提供了 Cohesive Element 模型，其基本原理与 Hillerborg 提出的虚拟裂缝模型（Friction Crack Model）很接近，也可用于混凝土断裂的模拟。另一些通用有限元程序（如 MSC. MARC）则提供了非常便捷的裂缝扩展（Crack Propagation）算法。允许裂缝从单元边界或者单元中间（Cutting Through Elements）穿过，程序自动处理因裂缝扩展所需的单元网格重划分等操作，也为研究和应用分离裂缝模型提供了重要的工具。

3. 弥散裂缝模型

弥散裂缝（Smeared Crack）模型也称为分布裂缝模型，其实质是将实际的混凝土裂缝“弥散”到整个单元中，将混凝土材料处理为各向异性材料，利用混凝土的本构模型来模拟裂缝的影响。这样，当混凝土某一单元的应力超过了开裂应力，则只需将本构模型的矩阵加以调整，无须改变单元形式或重新划分单元网格，易于有限元程序实现，因此得到了非常广泛的应用。

Bazant 等提出的钝带裂缝模型则进一步发展了传统的弥散裂缝模型，通过引入裂缝带、断裂能等概念，使弥散裂缝模型和断裂力学相结合，减小了单元尺寸的影响。现在的大型商用非线性有限元程序包里面基本都集成了弥散裂缝模型，用于模拟混凝土、岩石等材料的开裂。

开裂前混凝土的本构矩阵为：

$$\boldsymbol{D}_{\mathrm{e}} = \frac{E_0}{(1+v)(1-2v)} \times \begin{bmatrix} (1-v) & v & v & 0 & 0 & 0 \\ & (1-v) & v & 0 & 0 & 0 \\ & & (1-v) & 0 & 0 & 0 \\ & \text{对称} & & 0.5(1-2v) & 0 & 0 \\ & & & & 0.5(1-2v) & 0 \\ & & & & & 0.5(1-2v) \end{bmatrix} \tag{8-42}$$

开裂后，混凝土处理为各向异性材料，则在裂缝坐标系下，应力-应变的增量关系可

以写为

$$\begin{bmatrix}\Delta\sigma_{11}\\ \Delta\sigma_{22}\\ \Delta\sigma_{33}\\ \Delta\sigma_{12}\\ \Delta\sigma_{23}\\ \Delta\sigma_{31}\end{bmatrix}=\boldsymbol{D}'_{\mathrm{cr}}\begin{bmatrix}\Delta\varepsilon_{11}\\ \Delta\varepsilon_{22}\\ \Delta\varepsilon_{33}\\ \Delta\gamma_{12}\\ \Delta\gamma_{23}\\ \Delta\gamma_{31}\end{bmatrix} \tag{8-43}$$

式中

$$\boldsymbol{D}'_{\mathrm{cr}}=\begin{bmatrix}\frac{(1-v^2)}{\Delta} & v\frac{(1+v)}{\Delta} & v\frac{(1+v)}{\Delta} & 0 & 0 & 0\\ & \frac{1}{\Delta}\left(\frac{E_0}{E_{\mathrm{t}}}-v^2\right) & \frac{v}{\Delta}\left(\frac{E_0}{E_{\mathrm{t}}}+v\right) & 0 & 0 & 0\\ & & \frac{1}{\Delta}\left(\frac{E_0}{E_{\mathrm{t}}}-v^2\right) & 0 & 0 & 0\\ & \text{对称} & & \frac{\eta E_0}{2(1+v)} & 0 & 0\\ & & & & \frac{E_0}{2(1+v)} & 0\\ & & & & & \frac{\eta E_0}{2(1+v)}\end{bmatrix} \tag{8-44}$$

$$\Delta=\left[\frac{1}{E_{\mathrm{t}}}(1-v^2)-\frac{2}{E_0}v^2(1+v)\right]$$

其中，E_{t}为受拉软化模量。虽然在理论上，E_{t}应该为混凝土受拉软化曲线的切线刚度，但是，由于混凝土受拉软化下降速度很快，一个过大的负刚度项往往会影响有限元程序计算的收敛效率。因此，在实际有限元程序编写中，例如 ADINA、ANSYS 和 MSC. MARC 等，可以采用割线刚度法计算受拉软化应力增量，而给 E_{t}一个相对较小的负切线刚度供程序迭代使用。η 为剪力传递系数，它反映混凝土开裂后裂面的骨料咬合作用。

4. 内嵌裂缝单元模型

内嵌裂缝单元模型可以分为两大类：一类是构造奇异等参元的方法，以求能较好地算出裂缝尖端的应力分布，得到应力强度因子，进而通过断裂力学方法对裂缝加以分析；另一类是通过改变单元形函数，构造内嵌裂缝的非连续单元模型。这些模型虽然不及分离裂缝模型或弥散裂缝模型应用广泛，但也得到了很大发展。下面对这些模型进行简单介绍。

（1）奇异等参元

鉴于裂缝尖端附近的应力场有奇异性，且应力与 $1/\sqrt{r}$ 呈正比，即有 $r^{-1/2}$的奇异性，下面介绍一个能反映裂缝尖端应力奇异性的 8 节点畸形等参元。如图 8-11 所示，把裂缝尖端处的中间节点向裂缝尖端靠拢，置于距离裂缝尖端 1/4 边长处，这样的一组单元可以

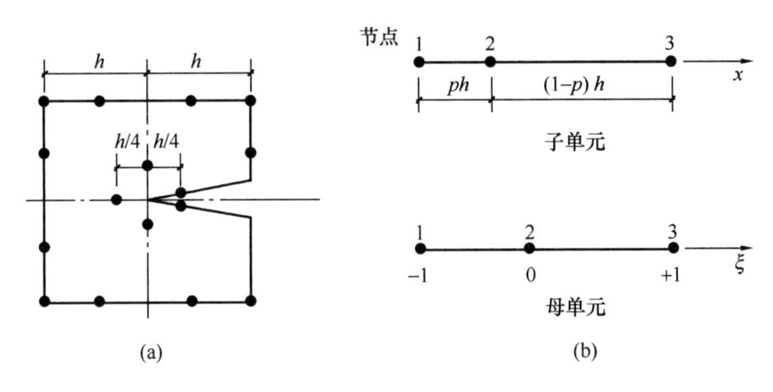

图 8-11　奇异等参元

较好地反映裂缝尖端对应的位移场。这种奇异等参元裂缝实际上还是布置在单元边界，但是由于这种奇异等参元需要一组（两个以上）共同使用，裂缝总是位于这组单元内部，因此也可看作一种内嵌裂缝的单元形式。

为了便于说明，取一个边的情况来分析，实际单元节点坐标为：

$$x_1 = 0,\ x_2 = ph,\ x_3 = h \tag{8-45}$$

则母单元上的节点坐标为：

$$\xi_1 = -1,\ \xi_2 = 0,\ \xi_3 = +1 \tag{8-46}$$

形函数为：

$$\left.\begin{aligned} N_1 &= -\frac{(1-\xi)\xi}{2} \\ N_2 &= 1-\frac{\xi^2}{2} \\ N_3 &= \frac{(1+\xi)\xi}{2} \end{aligned}\right\} \tag{8-47}$$

坐标变换公式为：

$$x = N_1x_1 + N_2x_2 + N_3x_3 = (1-\xi^2)ph + \frac{(1-\xi)^3}{2}h \tag{8-48}$$

当 $p=1/2$，即为中间节点处于 1/2 边长的普通等参元。当 $p\neq 1/2$ 时，解 ξ，可得：

$$\xi = \frac{-1 \pm \sqrt{1-8(1-2p)\left(p-\dfrac{x}{h}\right)}}{2-(1-2p)} \tag{8-49}$$

经检验，根式前取＋号。当 $p=1/4$ 时，有

$$\xi = -1 + 2\sqrt{\frac{x}{h}} \tag{8-50}$$

单元位移插值函数为

$$U = N_1U_1 + N_2U_2 + N_3U_3 \tag{8-51}$$

由位移求应变可得

$$\varepsilon_x = \frac{\mathrm{d}U}{\mathrm{d}x} = U_1 \frac{\mathrm{d}N_1}{\mathrm{d}x} + U_2 \frac{\mathrm{d}N_2}{\mathrm{d}x} + U_3 \frac{\mathrm{d}N_3}{\mathrm{d}x} \tag{8-52}$$

由 $\frac{\mathrm{d}N_1}{\mathrm{d}\xi} = \frac{\mathrm{d}N_1}{\mathrm{d}x}\frac{\mathrm{d}x}{\mathrm{d}\xi}$，得

$$\frac{\mathrm{d}N_1}{\mathrm{d}x} = \left(\frac{\mathrm{d}x}{\mathrm{d}\xi}\right)^{-1}\frac{\mathrm{d}N_1}{\mathrm{d}x} \tag{8-53}$$

代入应变公式得

$$\frac{\mathrm{d}U}{\mathrm{d}x} = \frac{1}{h}\left[U_1\left(2 - \frac{3}{2}\sqrt{\frac{h}{x}}\right) + U_2\left(-4 + 2\sqrt{\frac{h}{x}}\right) + U_3\left(2 - \frac{1}{2}\sqrt{\frac{h}{x}}\right)\right] \tag{8-54}$$

（2）内嵌裂缝非连续单元

为了模拟裂缝引起的应变不连续，又不希望改变单元网格和节点布置，除了修改单元材料本构矩阵外，还可以通过修改单元形函数，构造内嵌裂缝的非连续单元。

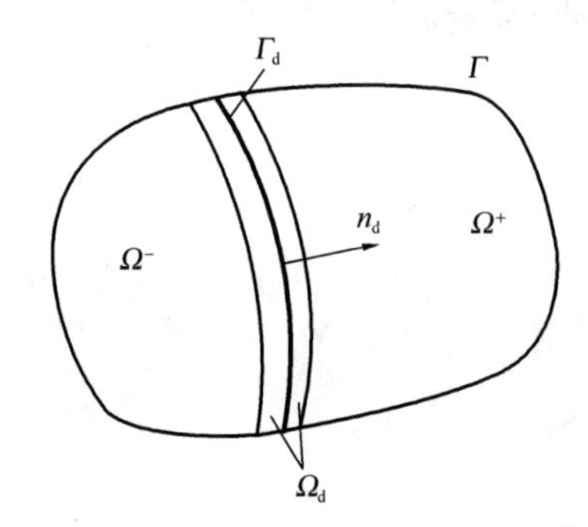

图 8-12 内嵌裂缝非连续单元

典型的内嵌裂缝非连续单元如图 8-12 所示。

设某个域 Ω 内含有一条不连续带，不连续带的中心线为 Γ_d，其法线方向为 n_d，则该域内方向的位移场可以由一个连续的位移场 $\hat{u}(x)$ 和一个非连续的位移场 $(H_{\Gamma_d} - \varphi(x))u(x)$ 叠加而成。

$$u(x) = \hat{u}(x) + [H_{\Gamma_d} - \varphi(x)]u(x) \tag{8-55}$$

其中，H_{Γ_d} 和 φ 如图 8-13 所示。根据 φ 函数的选取，内嵌裂缝非连续单元又可分为强非连续单元和弱非连续单元，强非连续单元使用阶跃的 φ 函数，弱非连续单元则使用渐变的 φ 函数。

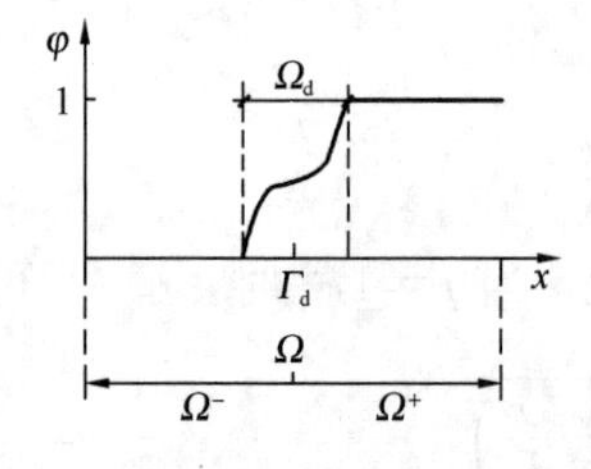

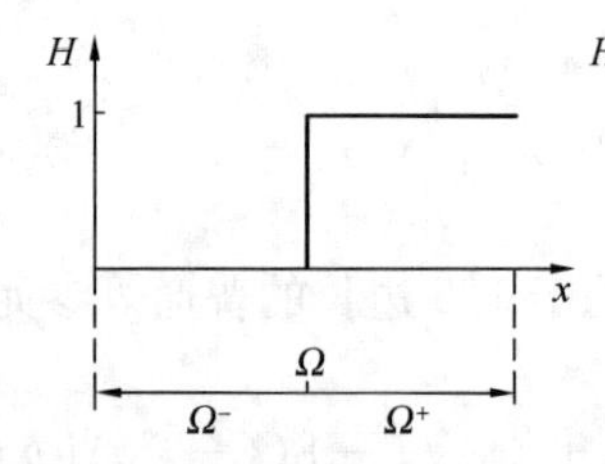

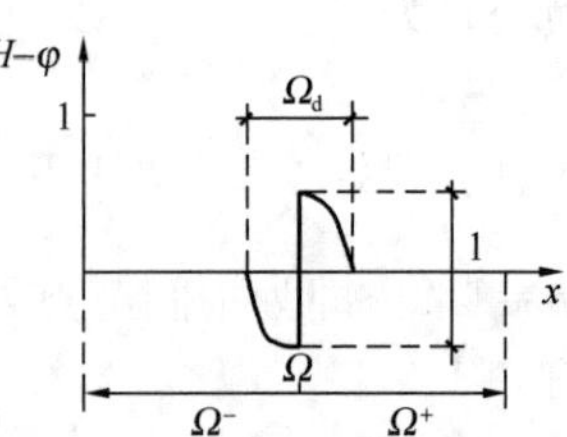

图 8-13 弱非连续与强非连续

应变场可由位移场求导得到：

$$\varepsilon(\boldsymbol{x}) = \nabla^s\hat{\boldsymbol{u}} + (\delta_{\Gamma_d}\boldsymbol{n}_d - \nabla^s\varphi)\otimes\boldsymbol{u} \tag{8-56}$$

式中，δ_{Γ_d} 为 Dirac delta 函数。用有限元形式表达，则可写为：

$$\boldsymbol{u}(x) = \boldsymbol{N}_a(x)\boldsymbol{a}_e + \boldsymbol{N}_\alpha(x)\alpha_e \tag{8-57}$$

$$\varepsilon(x) = \boldsymbol{B}(x)\boldsymbol{a}_e + \boldsymbol{G}(x)\alpha_e \tag{8-58}$$

式中，$\boldsymbol{a}_{\mathrm{e}}$ 为单元节点位移（如图 8-14 中的 $\bar{u}$ 和 $\bar{v}$），α_{e} 为考虑内嵌裂缝后单元内部隐含节点位移（如图 8-14 中的 u_i，u_j 和 v），$\boldsymbol{N}_{\mathrm{a}}$ 和 $\boldsymbol{B}$ 为普通单元的形函数和形函数的导数，$\boldsymbol{N}_{\alpha}$ 和 $\boldsymbol{G}$ 为对应于内嵌裂缝的形函数和形函数的导数。

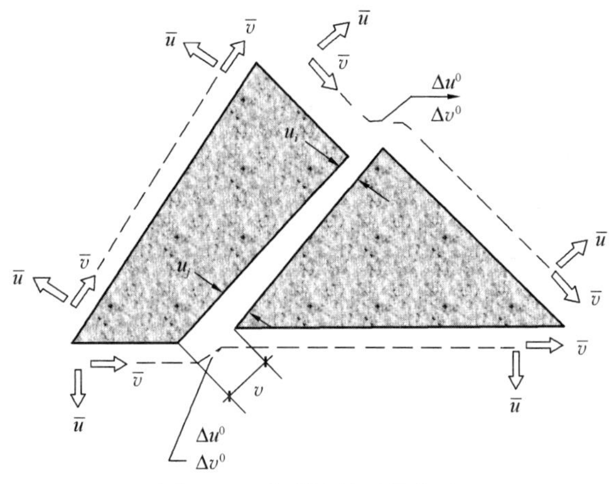

图 8-14　含裂缝单元的位移

令 $\boldsymbol{n}_{\mathrm{d}}$ 的三个法向分量为 n_{x}、n_{y}、n_{z}，则 $\boldsymbol{G}$ 可写为：

$$\boldsymbol{G}=\delta_{\Gamma_{\mathrm{d}}}\boldsymbol{n}_{\mathrm{d}}-\nabla^{\mathrm{s}}\varphi=\begin{bmatrix}\delta_{\Gamma_{\mathrm{d}}}n_{\mathrm{x}}-\dfrac{\partial\varphi}{\partial x} & 0 & 0\\ 0 & \delta_{\Gamma_{\mathrm{d}}}n_{\mathrm{y}}-\dfrac{\partial\varphi}{\partial y} & 0\\ 0 & 0 & \delta_{\Gamma_{\mathrm{d}}}n_{\mathrm{y}}-\dfrac{\partial\varphi}{\partial y}\\ \delta_{\Gamma_{\mathrm{d}}}n_{\mathrm{y}}-\dfrac{\partial\varphi}{\partial y} & \delta_{\Gamma_{\mathrm{d}}}n_{\mathrm{x}}-\dfrac{\partial\varphi}{\partial x} & 0\\ 0 & \delta_{\Gamma_{\mathrm{d}}}n_{\mathrm{z}}-\dfrac{\partial\varphi}{\partial z} & \delta_{\Gamma_{\mathrm{d}}}n_{\mathrm{y}}-\dfrac{\partial\varphi}{\partial y}\\ \delta_{\Gamma_{\mathrm{d}}}n_{\mathrm{z}}-\dfrac{\partial\varphi}{\partial z} & 0 & \delta_{\Gamma_{\mathrm{d}}}n_{\mathrm{x}}-\dfrac{\partial\varphi}{\partial x}\end{bmatrix}\tag{8-59}$$

而整个单元刚度矩阵为

$$\int_{\Omega}\begin{bmatrix}\boldsymbol{B}^{\mathrm{T}}\boldsymbol{DB} & \boldsymbol{B}^{\mathrm{T}}\boldsymbol{DG}\\ \boldsymbol{G}^{*\mathrm{T}}\boldsymbol{DB} & \boldsymbol{G}^{*\mathrm{T}}\boldsymbol{DG}\end{bmatrix}\mathrm{d}\Omega\begin{bmatrix}a_{\mathrm{e}}\\ \alpha_{\mathrm{e}}\end{bmatrix}=\begin{bmatrix}\boldsymbol{f}_{\mathrm{u}}^{\mathrm{int}}\\ 0\end{bmatrix}\tag{8-60}$$

式中，$\boldsymbol{f}_{\mathrm{u}}^{\mathrm{int}}$ 为单元节点上的荷载；$\boldsymbol{G}^{*\mathrm{T}}=\left(\delta_{\Gamma_{\mathrm{d}}}-\dfrac{l_{\mathrm{e}}}{A_{\mathrm{e}}}\right)\boldsymbol{n}_{\mathrm{d}}$。对于二维情况，$A_{\mathrm{e}}$ 为单元的面积，l_{e} 为内嵌裂缝带的长度；对于三维情况，A_{e} 为单元的体积，l_{e} 为内嵌裂缝带的面积。对于三角形常应变单元，如果内嵌裂缝带和单元的某条边平行，则单元刚度矩阵为对称矩阵。

8.2.3　混凝土的损伤模型

在细观结构水平，材料的缺陷，如微裂纹等，被称为材料的损伤。在外界作用较强的情况下，材料的缺陷会不断扩展，这被称为损伤演化现象。图 8-15（a）表示弹塑性材料的典型特性，在不断加载直至呈现非线性之后，塑性变形不断增长，残余应变持续增大，但是加卸载的弹性模量一直保持不变，材料的非线性行为全部由塑性形变的增长引起。图 8-15（b）表示弹性材料损伤的典型特性，随着不断加载直至呈现非线性之后，材料塑性并没有得到发展，而非线性现象是由于损伤引起的弹性模量降低造成的。图 8-15（c）表示实际混凝土的力学性能，其体现的非线性既包括了由材料塑性发展造成的（由残余应变体现），也包括了由弹性模量降低造成的（由加卸载弹性模量体现）。这表示实际混凝土材料的非线性力学特性是由混凝土内部粘结滑移以及微裂缝等损伤的不断发展所共同造成的。将弹塑性力学和损伤力学相结合，是一种综合考虑塑性发展和损伤发展共同造成的非线性现象的方法。

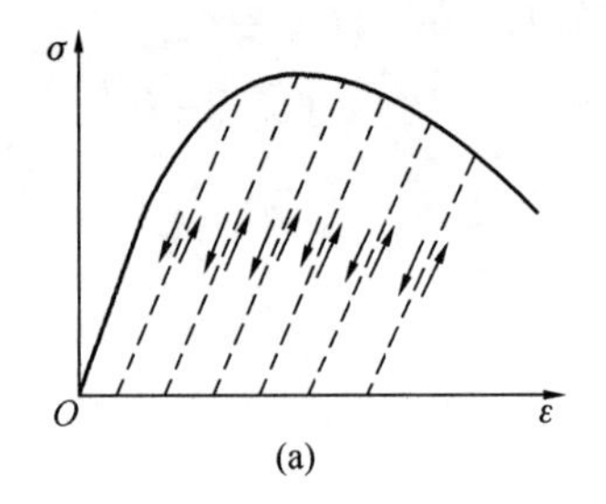

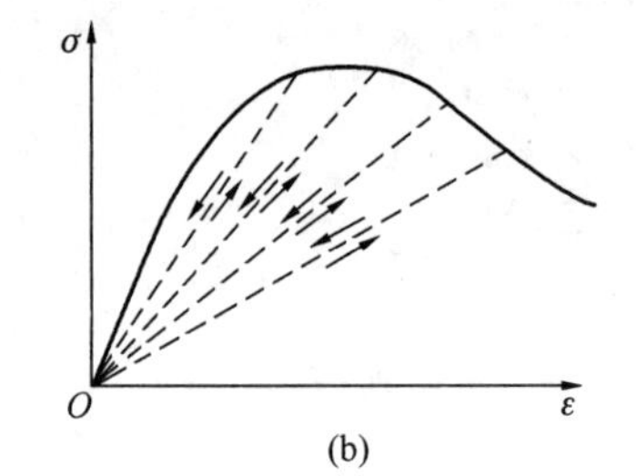

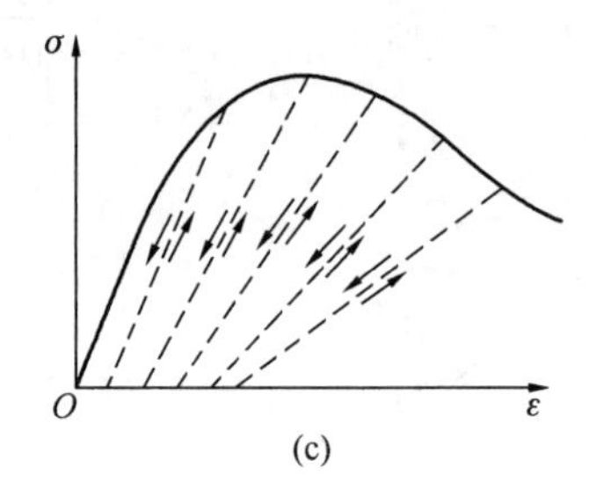

图 8-15　塑性变形与损伤变形

有效应力是损伤力学中一个重要的概念，其定义为作用在损伤后剩余完好部分材料“净”面积上的应力，如图 8-16 所示。

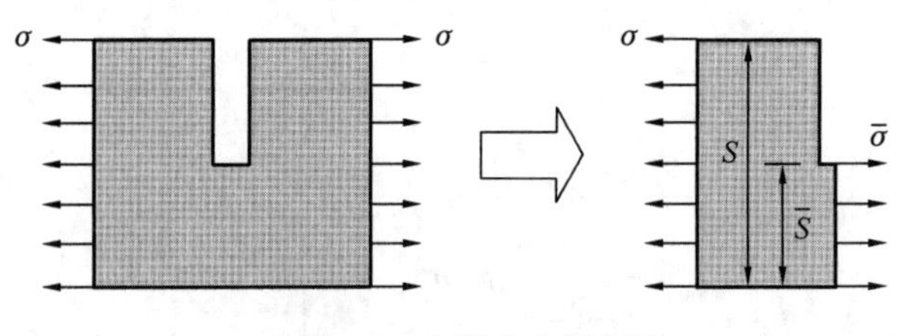

图 8-16　有效应力示意图

有效应力可以表示为：

$$\bar{\sigma} = C_0 : \varepsilon^{e} \tag{8-61}$$

其中，C_0 为材料初始无损伤时弹性模量张量，$\bar{\sigma}$ 为有效应力张量。不同于应力张量，有效应力张量即使在材料软化阶段，其屈服面也是单调扩张的。

当考虑塑性变形时，上式变为：

$$\bar{\sigma} = C_0 : (\varepsilon - \varepsilon^{p}) \tag{8-62}$$

考虑混凝土的单边效应，即混凝土拉压力学特性的不同，有效应力张量可以分解为正张量和负张量，并假定由正张量引起受拉损伤，负张量引起受压损伤：

$$\bar{\sigma} = \bar{\sigma}^{+} + \bar{\sigma}^{-} \tag{8-63}$$

无损线弹性材料在外力作用下产生的弹性内能一般被称为弹性 Helmholtz 自由能。其一般可表示为：

$$\psi_0^{e}(\varepsilon^{e}) = \frac{1}{2}\bar{\sigma} : \varepsilon^{e} \tag{8-64}$$

将分解后的有效应力代入上式，可得：

$$\psi_0^{\mathrm{e}}(\varepsilon^{\mathrm{e}}) = \frac{1}{2}\bar{\sigma}^{+} : \varepsilon^{\mathrm{e}} + \frac{1}{2}\bar{\sigma}^{-} : \varepsilon^{\mathrm{e}} = \psi_0^{\mathrm{e}-}(\varepsilon^{\mathrm{e}}) + \psi_0^{\mathrm{e}-}(\varepsilon^{\mathrm{e}}) \tag{8-65}$$

将材料损伤视为弹性 Helmholtz 自由能的线性下降，并且以 d 表示这一线性的损伤因子，有

$$\psi^{\mathrm{e}+}(\varepsilon^{\mathrm{e}}) = (1-d^{+})\psi_0^{\mathrm{e}+}(\varepsilon^{\mathrm{e}}),\quad \psi^{\mathrm{e}-}(\varepsilon^{\mathrm{e}}) = (1-d^{-})\psi_0^{\mathrm{e}-}(\varepsilon^{\mathrm{e}}) \tag{8-66}$$

其中，d^{+}、d^{-} 分别为受拉和受剪损伤变量。

基于热力学第二原理，通过推导，可以得出：

$$\sigma = \frac{\partial \psi^{\mathrm{e}}}{\partial \varepsilon^{\mathrm{e}}} \tag{8-67}$$

由此可得弹塑性损伤本构关系：

$$\sigma = (1-d^{+})\bar{\sigma}^{+} + (1-d^{-})\bar{\sigma}^{-} \tag{8-68}$$

这一表达式中包含了两种内变量：损伤变量 d 和塑性应变 ε^{p}，要确定自变量的演化法则，才能推导出完整的弹塑性损伤本构模型。对于塑性应变的演化，可以采取有效应力空间下的塑性力学，结合屈服条件、硬化准则、流动准则以及加卸载条件，能够得到其演化规律。

对于损伤变量的演化，需先定义损伤能释放率：

$$Y^{+} = \frac{\partial \psi}{\partial d^{+}} = \psi_0^{\mathrm{e}+}(\varepsilon^{\mathrm{e}}),\quad Y^{-} = \frac{\partial \psi}{\partial d^{-}} = \psi_0^{-}(\varepsilon^{\mathrm{e}}, \varepsilon^{\mathrm{p}}) \tag{8-69}$$

由此，可给出混凝土损伤准则分别为

$$Y_n^{+} - r_n^{+} \leqslant 0,\quad Y_n^{-} - r_n^{-} \leqslant 0 \tag{8-70}$$

式中，$r_n^{\pm}$ 为当前时刻 n 所对应的损伤阈值。通过定义合适的损伤势函数 g，损伤变量的演化法则可以由类似于塑性力学的流动法则给出：

$$\dot{d}^{+} = \dot{Y}^{+}\frac{\partial g}{\partial Y^{+}} = \dot{g}(Y_n^{+}),\quad \dot{d}^{-} = \dot{Y}^{-}\frac{\partial g}{\partial Y^{-}} = \dot{g}(Y_n^{-}) \tag{8-71}$$

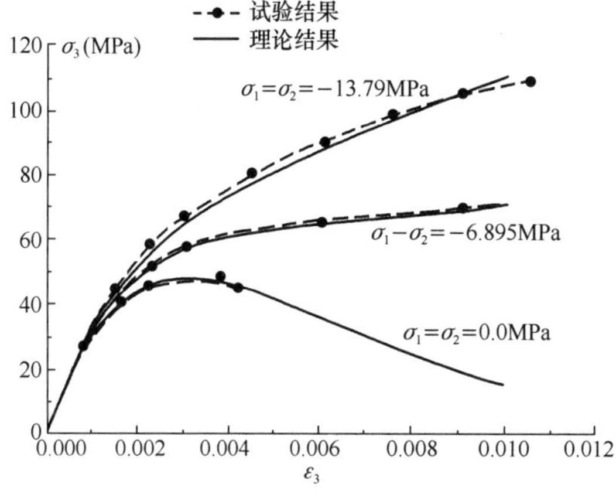

图 8-17　损伤本构模型计算结果

式中，“·”表示关于时间求导。损伤势函数可以根据单轴受拉、受压试验结果选取，也可以根据细观损伤力学的分析给出。

通过上述弹塑性损伤本构模型，我们可以通过数值计算来确定多轴应力条件下混凝土的本构关系。考虑了损伤的弹塑性本构模型可以反映强度退化、刚度退化、拉压软化等混凝土力学特性。图 8-17 给出了某一试验结果与理论计算结果的对比图像。

8.3　钢筋混凝土有限元模型

有限元方法求解的对象涉及弹塑性、流变、动力、非稳态渗流、温度场和流固耦合等复杂的问题。因为有限元方法已经成为土木工程专业的研究生甚至本科生的课程，所以本书不再深入介绍有限元方法的理论，而是结合钢筋混凝土结构的特点，重点介绍有限元组合模型。

8.3.1　分离式模型

分离式模型把混凝土和钢筋作为不同的单元来处理，即混凝土和钢筋各自被划分为足够小的单元。在平面问题中，混凝土可划分为三角形或四边形单元，钢筋也可分为三角形或四边形单元。但考虑到钢筋是一种细长材料，通常可忽略其横向抗剪强度。这样，可以将钢筋作为线性单元来处理。这样处理，单元数目可以大大减少，并且可避免因钢筋单元划分太细而在钢筋和混凝土的交界处应用很多过渡单元。

在分离式模型中，钢筋和混凝土之间可以插入连接单元来模拟钢筋和混凝土之间的粘结和滑移，如图 8-18 所示。这一点是组合式或整体式有限元模型无法做到的。但若钢筋

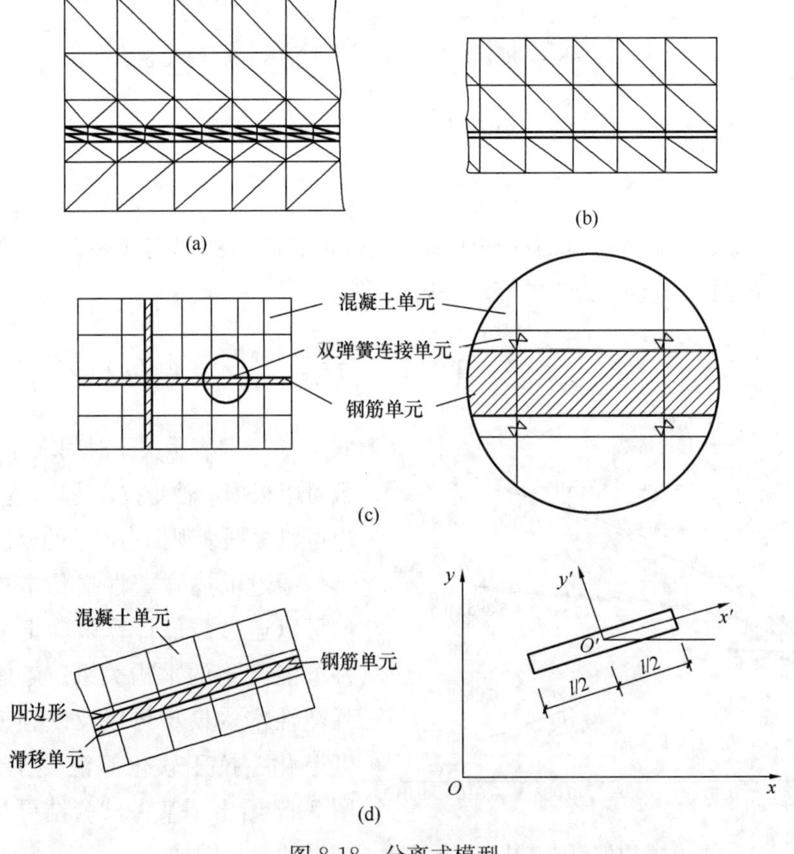

图 8-18　分离式模型

和混凝土之间的粘结很好，不会有相对滑移，则可视为刚性连接，这时也可以不用连接单元。

关于分离式单元的刚度矩阵，除了连接单元外，与一般的线性单元、平面单元或立体单元并无区别。这些单元刚度矩阵的推导可以很方便地在一般的有限元教材中找到。但是，为了应用的方便，这里对混凝土有限元分析中常用单元作一简要说明。

设钢筋杆 i-j，面积为 A，杆长 l，与水平轴夹角为 θ，并且 $C=\cos\theta$，$S=\sin\theta$，如图 8-19所示。

由结构力学可知，其杆件纵向应变与节点位移之间的关系可以表示为：

$$\varepsilon=\frac{1}{L}\begin{bmatrix}-C & -S & C & S\end{bmatrix}\begin{bmatrix}U_i\\V_i\\U_j\\V_j\end{bmatrix} \tag{8-72}$$

节点位移的 U_i、V_i、U_j、V_j 的正方向也示于图 8-19。

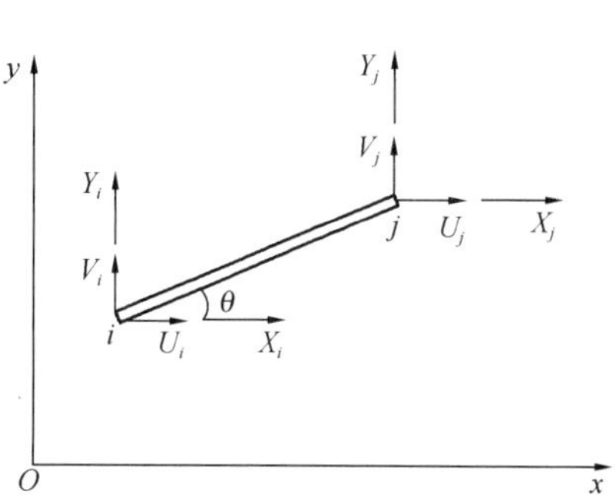

图 8-19 杆件线性单元

通过虎克定律建立的应力-应变关系，可求得应力与节点位移之间的关系为：

$$\sigma=E\varepsilon=\frac{E}{L}\begin{bmatrix}-C & -S & C & S\end{bmatrix}\begin{bmatrix}U_i\\V_i\\U_j\\V_j\end{bmatrix} \tag{8-73}$$

利用虚功原理，可以求得杆件节点力与节点位移之间的关系为：

$$\boldsymbol{F}_{\mathrm{E}}=\begin{bmatrix}X_i & Y_i & X_j & Y_j\end{bmatrix}^{\mathrm{T}}=\frac{AE}{L}\begin{bmatrix}C^2 & -CS & -C^2 & -CS\\ CS & S^2 & -CS & -S^2\\ -C^2 & -CS & C^2 & CS\\ -CS & -S^2 & CS & S^2\end{bmatrix}\begin{bmatrix}u_i\\v_i\\u_j\\v_j\end{bmatrix}=\boldsymbol{K}\delta \tag{8-74}$$

无论是双弹簧连接单元还是四边形滑移单元，都需要知道钢筋和混凝土之间界面的粘结力-相对滑移关系，简称粘结力-滑移（Bond-Slip）关系。通过钢筋-混凝土粘结-滑移试验，可以得到钢筋和混凝土的截面粘结应力（τ）-界面相对滑移(s) 之间的关系，如图 8-20 所示。

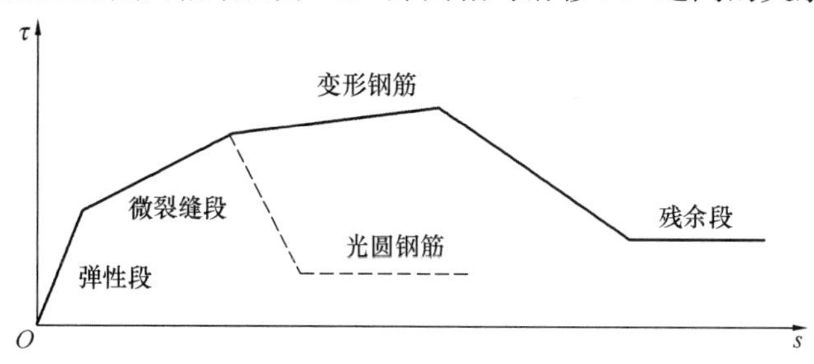

图 8-20 粘结-滑移曲线示意图

对于光圆钢筋而言，当钢筋和混凝土之间的界面化学粘结力被破坏后，其粘结力急剧下降；而对于变形钢筋，由于钢筋肋的咬合作用，使得界面化学粘结力被破坏后，仍能维持较长工作性能，因此其峰值粘结应力和相应的滑移量都远大于光圆钢筋，其下降段的斜率也要更加平缓一些。

另外，对于变形钢筋，由于在拔出的过程中钢筋肋会对周围的混凝土产生径向挤压作用，如果周围的混凝土未受到良好的约束，则会发生劈裂破坏，钢筋-混凝土界面应力迅速降低。如果钢筋保护层厚度足够，或者钢筋周围有很好的横向配筋约束，则混凝土的劈裂破坏会受到限制，肋间的混凝土被拉出，发生“刮犁”型破坏。这时钢筋和混凝土间会有一个较高的残余粘结应力段。

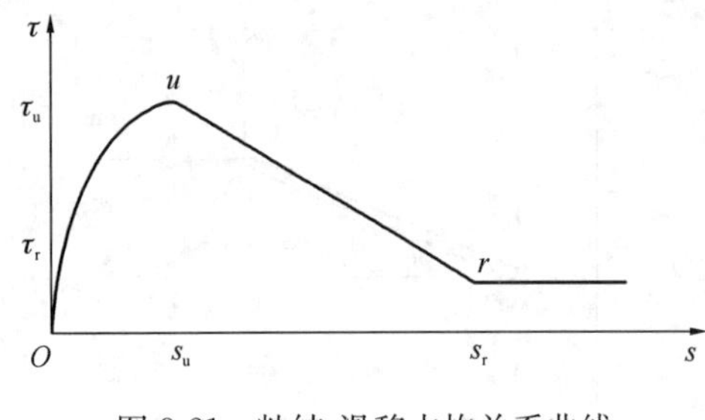

图 8-21　粘结-滑移本构关系曲线

得到钢筋-混凝土界面粘结的试验结果后，就可以回归得到其界面粘结-滑移模型，例如，现行国家标准《混凝土结构设计规范》GB 50010 中建议的变形钢筋-混凝土粘结应力-滑移本构关系曲线如图 8-21 所示。

$$\tau = \tau_{\mathrm{u}}\left(\frac{s}{s_{\mathrm{u}}}\right)^{0.3},\ 0 \leqslant s \leqslant s_{\mathrm{u}} \tag{8-75}$$

$$\tau = \tau_{\mathrm{u}} + \left(\frac{\tau_{\mathrm{u}} - \tau_{\mathrm{r}}}{s_{\mathrm{r}} - s_{\mathrm{u}}}\right)(s_{\mathrm{r}} - s),\quad s_{\mathrm{u}} < s \leqslant s_{\mathrm{r}} \tag{8-76}$$

$$\tau = \tau_{\mathrm{r}},\ s > s_{\mathrm{r}} \tag{8-77}$$

式中，τ 为混凝土与钢筋之间的粘结应力（$\mathrm{N/mm^2}$）；s 为混凝土与钢筋之间的相对滑移（mm）。

8.3.2　组合式模型

当钢筋和混凝土之间的粘结较好，可以认为两者之间无滑移时，可采用组合式或整体式模型。

在组合式模型（图 8-22）中，最常用的一种为分层组合式，即在横截面上分为许多混凝土层和若干钢筋层，并对截面的应变做出某些假定（例如，应变沿截面高度为直线分布是最广泛应用的一种假设），根据材料的实际应力应变关系和平衡条件可以导出单元的刚度表达式（包括轴向刚度和弯曲刚度）。这种组合方式在杆件系统，尤其是在钢筋混凝

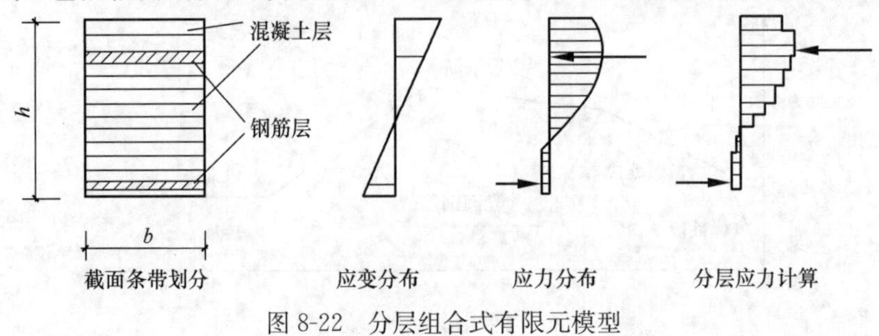

图 8-22　分层组合式有限元模型

土板、壳结构中应用很广。

这一方法将混凝土分为许多条带，对钢筋则同一层钢筋为一钢筋条带。对一般受弯构件，将混凝土分为7～10层来计算弯矩和曲率的关系即能满足工程要求。计算中，假定每一条带上的应力是均匀分布的。

8.3.3　整体式模型

组合式模型的单元是分别求出混凝土对单元的贡献矩阵 K_c 和钢筋对单元的贡献矩阵 K_s，再将二者组合作为单元的单元刚度阵；而整体式模型的单元则是先分别求出混凝土的本构矩阵 D_c 和钢筋的本构矩阵 D_s，再将二者叠加作为单元的本构矩阵。

在平面问题中，对于钢筋，按平行及垂直于钢筋方向的轴为坐标的弹性矩阵为：

$$[D']_s = \rho E_s \begin{bmatrix} 1 & 0 & 0 \\ 0 & 0 & 0 \\ 0 & 0 & 0 \end{bmatrix} \tag{8-78}$$

式中，ρ 为钢筋的配筋率；E_s 为钢筋的弹性模量。

对于混凝土，平面应力问题的弹性矩阵 D_c 为

$$[D]_c = \frac{E_c}{1-\mu^2} \begin{bmatrix} 1 & \mu & 0 \\ \mu & 1 & 0 \\ 0 & 0 & \frac{1-\mu}{2} \end{bmatrix} \tag{8-79}$$

这一模型的单元也包括了两种材料对单元刚度矩阵的贡献，但它不再分别计算 $\boldsymbol{K}_s$ 与 $\boldsymbol{K}_c$，而是将钢筋化为等效的混凝土，然后按一种材料计算单元刚度矩阵，即：

$$\boldsymbol{K}^e = \iiint \boldsymbol{B}^T(\boldsymbol{D}_c + \boldsymbol{D}_s)\boldsymbol{B}\mathrm{d}V \tag{8-80}$$

然后，将 $\boldsymbol{K}^e$ 集成为总体刚度矩阵。这一模型的优点是单元划分少，计算量小，可适应复杂配筋的情况。故目前在一般实际工程结构计算中均采取该模型。这一模型的缺点是只能求得钢筋在所在单元中的平均应力，且不能计算钢筋与混凝土之间的粘结应力。

思考题

8-1　简述分离裂缝模型。

8-2　简述三轴受力下的混凝土强度准则中，多参数强度准则之间的异同。

8-3　简述理想弹塑性材料的加载和卸载准则。

8-4　试比较 Tresca 和 von Mises 屈服条件的区别与联系。

8-5　混凝土有限元分析中的裂缝模型对裂缝的处理方式有哪些？

8-6　结合钢筋混凝土结构的特点，分析有限元各组合模型的优缺点。

习　　题

8-1　简述 Drucker-Prager 强度准则。

8-2 简述混凝土材料的加载和卸载准则。

8-3 已知薄壁圆球，其半径为 r，厚度为 t，受内压 p 的作用，试求 Tresca 条件时，p 值为多少?

8-4 写出 $\sigma_3=0$ 的双轴应力状态下 Drucker-Prager 强度准则的表达式。

8-5 最大拉应力强度准则（Rankine 强度准则）可用以确定脆性材料是否发生拉伸破坏，试作出 Rankine 强度准则在 σ_x-τ_{xy} 平面中（假设 $\sigma_y=0$）的轨迹。

8-6 请分别用简单拉伸试验和纯剪试验确定 Tresca 屈服条件中的屈服常数 k。

参考文献

[1] 中国建筑科学研究院．混凝土结构设计规范：GB 50010—2010(2015 年版)[S]. 北京：中国建筑工业出版社，2015.

[2] Bresler B，Pister K S. Strength of concrete under combined stresses[J]. ACI Journal，1958，55(9)：321-345.

[3] Coulomb C A. Sur une Application des Regles de Maximis et Minimis Aquelques Problemes de Statique Relatifs Al' Architecture[J]. Sarans：Academy of Royal Science Mere. Math. Phys. Divers，1973，7：343-382.

[4] Desayi P，Krishnan S. Equation for the stress-strain curve of concrete[C]. Proceedings of American Concrete Institute，1964，61：345-350.

[5] Hillerborg A，Modeer M，Petersson P E. Analysis of crack formation and crack growth in concrete by means of fracture mechanics and finite elements[J]. Cement and Concrete Research，1976，6(6)：773-782.

[6] Hognestad E，Hanson A N W，Mchenry D. Concrete stress distribution in ultimate strength design [J]. Proceedings of American Concrete Institute，1955，52：455-479.

[7] Kotsovos M D，Newman J P. Generalized stress-strain relations for concrete[J]. Journal of the Engineering Mechanics Division，ASCE，1978，104：845-856.

[8] Kupeer H，Gerstle K. Behaviour of concrete under biaxial stress[J]. Journal of the Engineering Mechanics Division，ASCE，1973，99：852-866.

[9] Kupeer H，Hilsdorf H K，Rusch H. Behaviour of concrete under biaxial stresses[J]. Proceedings of American Concrete Institute，1969，66(8)：656-666.

[10] Liu T C T，Nilson A H，Slate F O. Stress-strain response and fracture of concrete in uniaxial and biaxial compression[J]. ACI Journal，1972，69(5)：291-295.

[11] Mohr O. Welch Umsttinde Bedingen die Elastizitltsgrenze und den Bruch Eines Materials[J]. Zeittschrift Verein Deutsch Iwenieur，1900，44：1524-1530，1572-1577.

[12] MSC. Marc User's Manual：Volumn A(Theory and User：Information)[M]. Ana：MSC. Software Corporation，2005.

[13] Ottosen N S. A failure criterion for concrete[J]. Journal of the Engineering Mechanics Division，ASCE，1977，103(4)：527-535.

[14] ABAQUS. User's Manual[M]. Pawtucket：HKS Corporation，2001.

[15] ADINA. User's Manual[M]. Boston：ADINA R&D Inc.，1999.

[16] Bazant Z P，Cedolin L. Blunt crack band propagation in finite element analysis[J]. Journal of the Engineering Mechanics Division，ASCE，1979，105(2)：297-315.

[17] 电力行业水电施工标准化技术委员会．水工混凝土断裂试验规程：DL/T 5332—2005 [S]. 北京：中国水利水电出版社，2005.

[18] 魏庆同，郎福元，赵邦戟．三点弯曲梁的应力强度因子 K_I[J]. 甘肃工业大学学报，1985，11(4)：28-32.

[19] Tao X Y, Phillips D V. A simplified isotropic damage model for concrete under bi-axial stress states [J]. Cement and Concrete Composites, 2005, 27(6): 716-726.

第9章 混凝土结构全寿命设计方法

9.1 概 述

9.1.1 基本问题

首先，现行设计方法难以保证工程结构的长期性能。在恶劣的环境条件和复杂的荷载作用情况下，工程结构通常面临着材料劣化、构件损伤和结构功能失效等问题，结构的可靠性逐渐削弱，实际使用寿命无法达到设计要求。据统计，美国共有桥梁607380座，其中已有11%的桥梁被检测出结构性缺陷，需要尽快进行结构维修或加固；日本预计到2033年时将有67%以上的桥梁使用超过50年；而中国的许多工程在使用不足20年的时间内就已发生较为明显的劣化，需要进行大修甚至拆除，严重影响了我国基础设施的整体质量和安全。然而，现行设计方法的设计目标仍是结构的短期承载能力，既无法考虑环境作用和复杂荷载作用下的结构耐久性退化和由此导致的长期性能下降过程，也无法妥善地处理结构后期可能出现的各类风险因素，这势必导致结构的长期性能和使用寿命低于预期，无法满足预定的工程需求。

其次，现行设计方法难以获得经济的工程方案。由于现行设计方法只关注结构建成后的短期性能，相应地，结构经济分析目标也局限于结构的初建成本。当结构的长期性能无法满足设计要求时，需要采取各类干预措施对结构性能进行维持和提升，包括结构的维护、维修、加固和改造等。然而，现行设计方法中并没有考虑这部分经济投入，设计方案比选时仍然采用初建成本作为主要经济指标。

最后，现行设计方法难以满足工程结构可持续发展的要求。建筑业的高能耗和高排放一直以来都是全球关注的重要议题。政府间气候变化专门委员会的统计数据显示，2010年建筑业消耗了全球约32%的能源，贡献了全球19%的温室气体和1/3的炭黑排放。美国和欧洲大部分国家每年产生的建筑垃圾约占国家固体废弃物总量的20%～30%，而中国由于缺乏系统的建筑垃圾管控措施，这一比例高达30%～40%。另一方面，工程活动和结构质量问题造成的社会影响也日益凸显。工程结构的社会影响范围很广，从个人的身心健康到人居环境质量，从个人的经济状况到社会和国家的经济发展，都与工程活动和结构质量息息相关。然而，结构的长期环境影响和社会影响均无法通过现行设计法进行妥善的评估和控制，是设计中未曾考虑但却十分重要的内容。

由于工程结构长期性能的劣化、过早失效及其造成的经济、环境与社会影响的不断扩大，结构设计与研究人员逐渐意识到了全寿命设计理念的重要性。全寿命周期（Life Cycle）是指工程结构从规划立项、可行性研究、设计、施工、投入运营、管理、养护维修，直至退役寿命终止的整个过程。全寿命设计（Life-Cycle Design，LCD）是指在结构设计阶段考虑其在全寿命周期内可能遭受的环境、荷载和灾害作用，以最少的资源和财力消耗，制定结构的设计方案、维护方案及灾害应对方案，保证结构在全寿命过程中的各项性能要求，并使环境和社会不良影响降至最低。

9.1.2　结构全寿命设计的研究现状

国内外对于全寿命设计理论的研究和应用大都始于20世纪80年代。国外的主要研究成果包括：Frangopol等以结构的全寿命周期为出发点，建立了工程结构的全寿命成本模型和一系列全寿命性能指标，包括结构可靠度、风险、冗余度、恢复力和可持续性等。同时，以结构性能和全寿命成本为优化目标，对结构进行维护、维修方案优化，获得结构性能和经济性最优的结构方案；进行结构的环境影响和可持续性评估，并以可持续性和其他结构性能为基础进行全寿命效用分析，用于优化结构的设计和维护方案，其主要研究思路如图9-1所示。Sarja等以可持续发展为目标提出了建筑结构的综合全寿命设计法，旨在将建筑结构的功能性、经济性、承载力、美观性和生态性具体化，使其能够以技术规范的形式表现，并进一步应用于材料和结构设计中，设计方法框架如图9-2所示。

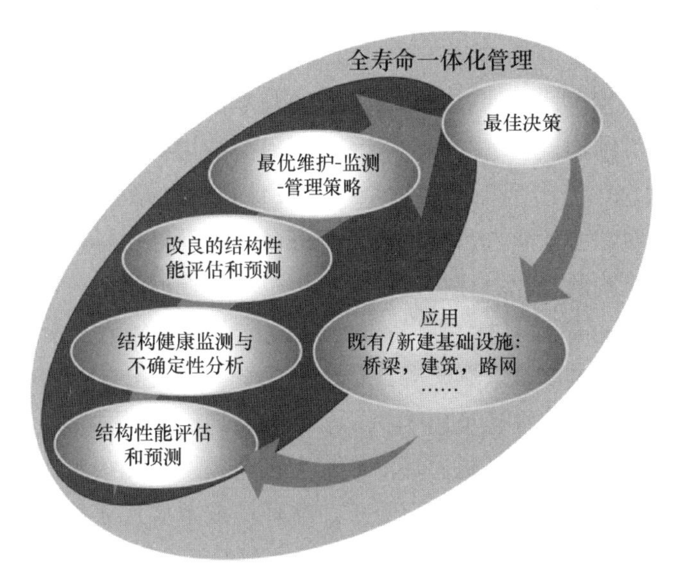

图9-1　Frangopol等提出的结构全寿命设计和管理框架

国内的主要研究成果包括：王光远、张爱林等建立了现役结构的全寿命动态可靠度评定方法；陈艾荣等利用全寿命成本分析对桥梁工程的耐久性设计进行优化；邵旭东、彭建新等提出桥梁结构全寿命设计的任务是在保证结构可靠的基础上追求经济合理，并建立了桥梁结构全寿命设计的基本框架和流程；成虎等建立了建设项目的全寿命设计目标体系，包括质量目标、费用目标、时间目标、各方面满意、与环境协调和可持续发展

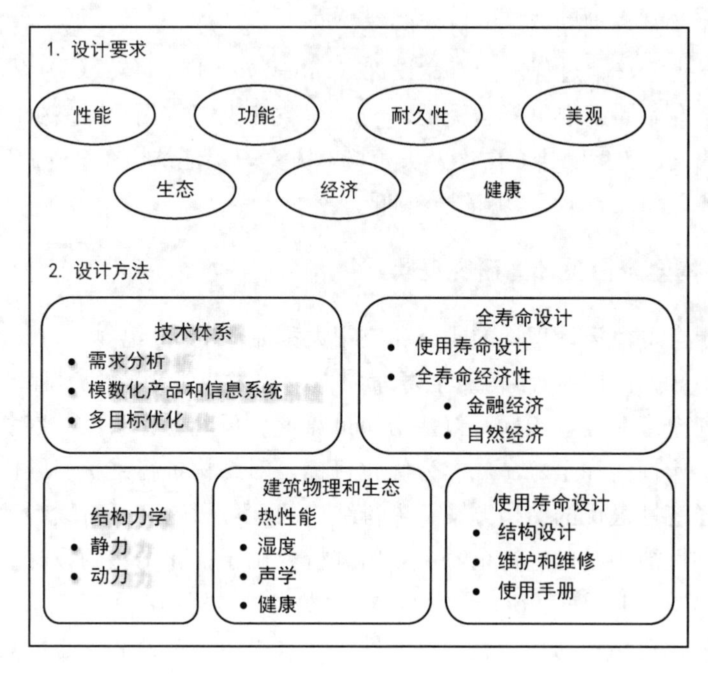

图 9-2　Sarja 等提出的建筑结构综合全寿命设计方法框架

目标，并划分了目标层次。金伟良等在对钢筋混凝土结构耐久性研究的基础上，融合了全寿命设计理念，研究了氯盐环境下钢筋混凝土结构的全寿命性能劣化机理和劣化模型，分析了结构安全性、适用性和耐久性三者的基本概念和相互关系，采用一次二阶矩方法对耐久性不足的结构设置耐久性分项系数来提高结构初始设计水平。基于可靠度理论和可持续发展理念，提出了工程结构全寿命设计目标体系，包括核心目标和绿色目标，基于性能设计对结构的核心目标构建了全寿命性能设计指标体系，参考国内外的绿色建筑评价体系对结构的绿色目标构建了绿色指标体系，通过进一步规范化，将结构全寿命设计目标总结为可靠性目标和可持续性目标，建立了包含安全性、适用性、耐久性、经济影响、环境影响和社会影响等评估指标的全寿命设计指标体系。随着对可持续性的深入研究，探讨了全寿命环境影响和社会影响的识别和评估方法，并对工程结构的可持续性评估进行货币化处理，提出环境成本和社会成本预测模型，并对装配式结构和现浇式结构的可持续性成本进行了对比分析，将环境成本应用于桥梁维护优化策略，形成了较为完善的全寿命设计理论体系。

区别于现行设计方法，结构全寿命设计理念具有两个显著特征，一个是考虑结构全寿命过程的性能变化，另一个是考虑多个设计目标。其中，结构的时变可靠度和全寿命成本是全寿命设计中最常用的两个指标，常用于结构方案的设计、优化和决策中，以提供满足可靠度要求而又经济实惠的结构方案；当结构的设计要求较高或可能面临灾害风险时，全寿命设计的目标数量也相应扩充，可包括结构的灾害风险和灾害后果等；当结构设计开始关注可持续发展要求时，结构的设计目标又增加了环境影响和社会影响等因素。然而，工程结构的设计方法中对结构可持续性的关注仍然较少，相关指标的量化较为困难，需要更为深入的研究。

9.1.3 结构可持续性的研究现状

工程结构可持续性要求工程活动应当在满足当代人需求的同时，不损坏后代人发展的机会。可持续发展的三大支柱为经济发展、环境发展和社会发展。20 世纪 60 年代，工程结构的全寿命成本分析（Life-Cycle Cost Analysis，LCCA）开始萌芽，随着学者的深入研究以及政府法令和指南的推广应用，LCCA 在 20 世纪 80 年代逐步走向成熟化、国际化。LCCA 是工程结构的一种经济评估技术，用于确定结构在全寿命周期中由项目业主承担的总成本现值，帮助决策者在成本最低的基础上选择最佳投资计划。随着资源问题、环境问题、人口问题的日益凸显，针对产品的全寿命评估（Life-Cycle Assessment，LCA）应运而生。LCA 是对产品在其全寿命周期内的资源消耗和环境污染的评估。进入 20 世纪 90 年代，LCA 已经成为评估产品全寿命环境影响的通用工具，并逐步进入标准化时期。国际标准化组织（The International Organization for Standardization，ISO）制定的以 ISO 14040 和 ISO 14044 为代表的一系列标准体现了全球 LCA 的研究共识。与此同时，社会影响评估（Social Impact Assessment，SIA）作为 LCA 中的一个分支被重点讨论，联合国环境署（The United Nations Environment Programme，UNEP）对社会全寿命评估（Social-Life Cycle Assessment，S-LCA）的利益相关者、影响分类和评估指标进行了说明。进入 21 世纪，工程结构全寿命设计与管理的相关研究迅速发展，结构安全性设计、时变可靠度分析、耐久性设计、长期性能损伤监测、维护策略优化、灾害风险评估等被工程领域长期关注的研究课题迅速融合到全寿命设计主题中。

工程结构经济效益评价中最常见的指标为结构的全寿命成本（Life-Cycle Cost，LCC）。Frangopol 等提出的结构全寿命成本模型包括初始成本、维护成本、检测成本、维修成本和失效成本。工程结构经济性的相关研究已较为成熟，工程应用也较为广泛。目前，LCC 已成为决策制定的重要经济工具，通常被设定为优化目标，以获得工程结构经济最优的初始设计和维护方案。

工程结构的环境影响包括有害气体、污水和固体废弃物排放等，一般可采用 LCA 方法对建造、运营、维护和拆除等工程活动的环境影响进行评价。联合国环境署（UNEP）和环境毒理学和化学学会发起了全寿命倡议并发表了对建筑施工 LCA 评估的最新报告。ISO 技术委员会也对“建筑施工的可持续性”发布了 4 项标准，描述了建筑可持续性的调查方法和环境产品声明的实施框架，使设计人员选择更环保的产品或材料。尽管国际标准中详细说明了如何逐步进行 LCA 研究，并且高度重视同行评审，但 LCA 的清单分析和影响评估方法研究仍然是研究重点。

工程结构的社会影响主要包括工程活动对人们生活、工作、休闲、人际交流和社会组织关系等方面的转变，以及这些转变造成的社会后果和文化后果。关于如何在 LCA 中考虑社会影响的讨论从 20 世纪 90 年代开始受到越来越多的关注。UNEP 强调了在 LCA 中考虑社会评价的必要性，并在 2009 年发布了《产品全寿命社会评估指南》，其中提出了 5 个利益相关者和 31 个 S-LCA 指标。在过去的 15 年中，SIA 在评估方法和应用方面经历了快速发展，不同领域的 S-LCA 案例研究蓬勃发展，其内容涵盖了建筑材料、食品、废物处理、商品、生物燃料和技术等方面。然而，S-LCA 的发展仍处于起步阶段，尤其是缺乏评估社会影响的标准方法，结构工程师通常缺乏相关的评估经验和历史数据，难以定义、量化和度量社会影响，且评价过程中存在一定的主观性和争议，工程结构的 SIA 仍需要进一步的研究。

9.2 全寿命设计理论及目标体系

9.2.1 全寿命设计的基本内容

在工程结构的全寿命过程中，不同阶段的结构性能、成本及使用寿命分析的内容和重点有所不同。因此，将结构全寿命性能、成本及寿命分析研究的过程划分为“规划—设计—施工—运营—老化—废除”几个阶段。各个阶段具体研究的内容及其关系如图 9-3 所示。

全寿命设计理论是一个多目标、多指标、多层次的综合设计理论体系，对全寿命设计理论的研究涉及结构寿命期内目标体系的建立、结构性能分析、结构寿命期内的经济分析、结构使用寿命预测、结构的环境和社会影响评估以及设计及管理方法的优化等。结构全寿命设计和现行结构设计的区别如表 9-1 所示。

全寿命设计与现行结构设计的区别　　表 9-1

内　容	现行结构设计	全寿命设计
研究时域	设计阶段	规划—设计—施工—使用—废除
设计目标	安全可靠、耐久适用、经济合理（初始造价）、保证质量	质量目标（安全可靠，寿命期内）、费用目标（全寿命费用）、时间目标（耐久性要求）、用户满意目标、社会环境目标、可持续发展目标
设计作用	永久荷载、可变荷载（设计基准期为 50 年）	永久荷载、可变荷载（考虑不同设计使用年限要求）、环境荷载（氯离子荷载、温度、风、地震等）
结构抗力	不随时间变化	材料性能退化（物理、化学、电学等）抗力退化（力学、疲劳等）
设计指标	安全性指标（强度、刚度、稳定性等），适用性指标（挠度、裂缝宽度），可靠性指标	安全性指标，适用性指标，寿命指标，经济指标，风险指标及其他特殊的性能指标
经济指标	总投资＝初始造价	总投资＝初始造价＋检测维护费用＋维修改造费用＋项目残值
寿命指标	不考虑	设计使用寿命、使用寿命设计（耐久性量化设计）
运营管理	不考虑结构运营中的维护、维修等（建管脱节）	考虑结构运营中的维护、维修及加固等，要求结构具有可检性、可换性、可修性、可控性等

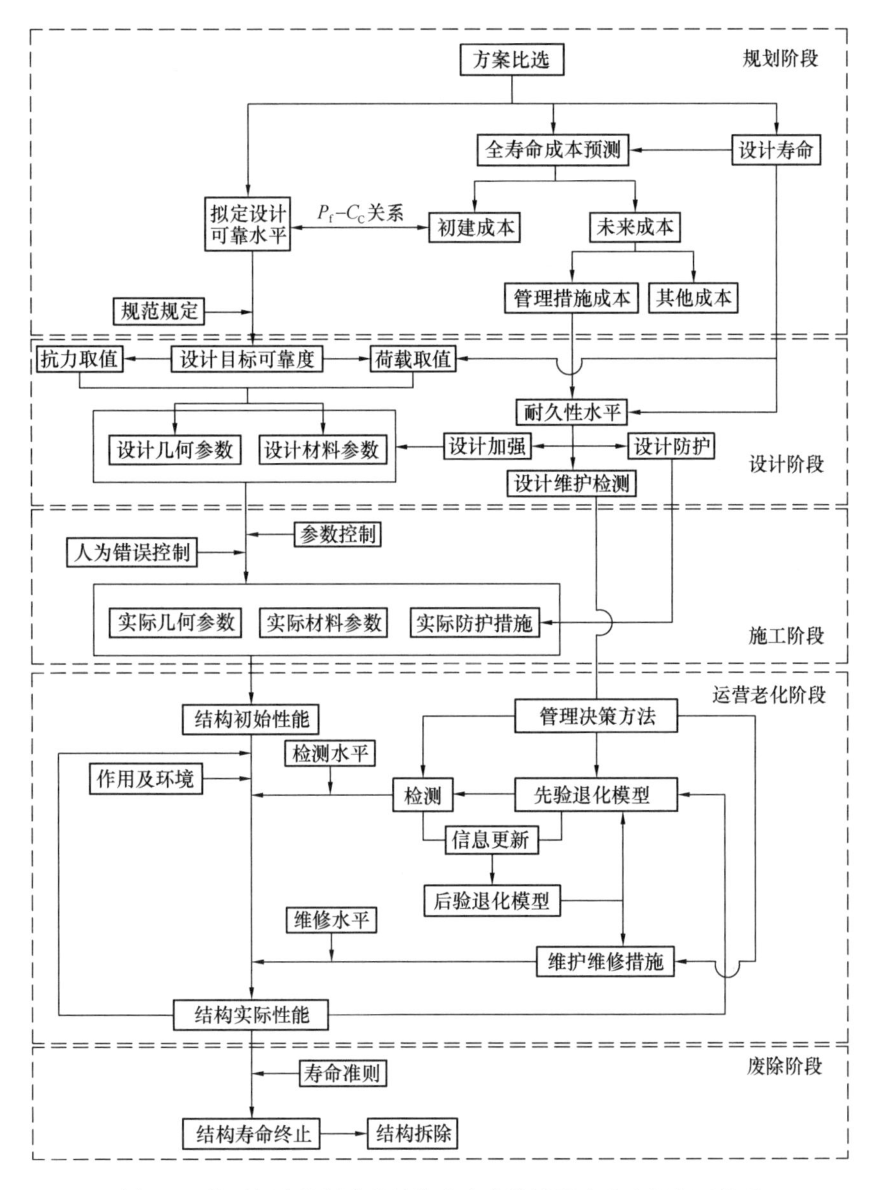

图 9-3　按时间阶段划分的结构全寿命设计研究内容及相互关系

9.2.2　全寿命设计目标体系

树立工程结构的全寿命理念，首先需建立全寿命周期理论研究的目标体系，它是工程结构全寿命周期理论研究的基础。在传统工程结构管理中有三大核心目标体系，即功能目标、时间目标和经济目标。充分考虑工程项目的全寿命可持续性，需要增加下列绿色目标，即用户满意目标、社会及环境效益目标和可持续发展目标。工程结构全寿命周期理论研究的目标体系如图 9-4 所示。

核心目标包括了 3 类关键的目标，即质量可靠目标、经济优化目标及时间优化目标，它们之间具有很强的相关性，是工程结构全寿命周期研究的基础，如图 9-5 所示。三者之

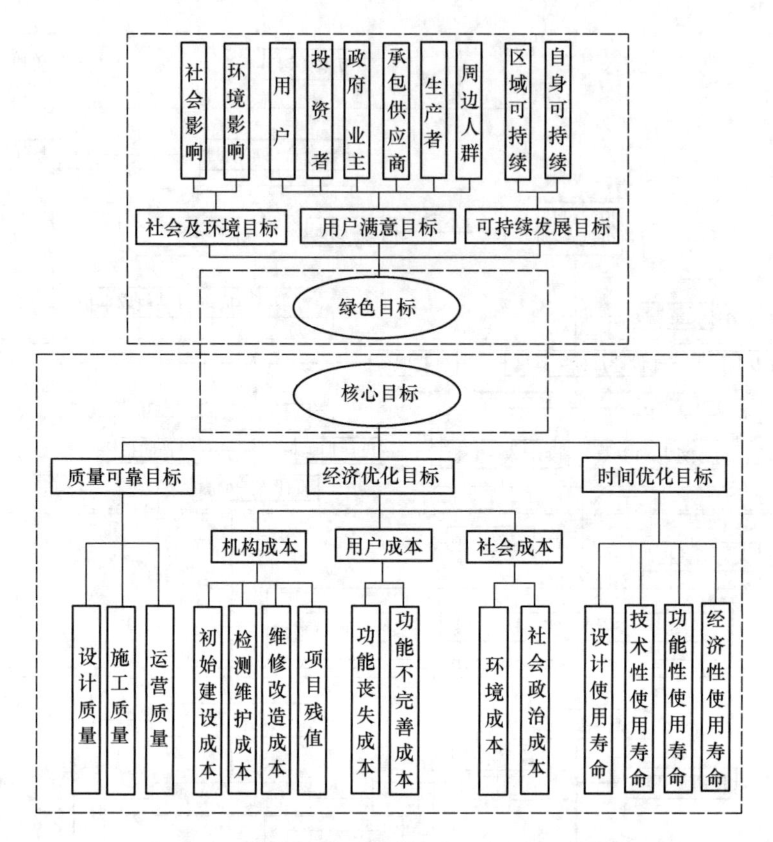

图 9-4 工程结构全寿命周期理论研究的目标体系

间既存在独立性又存在统一性。核心目标中的部分内容可通过具体的理论及方法进行一定程度的定量控制，如全寿命的成本、使用寿命周期内的动态性能、结构的使用寿命等；部分内容只可进行定性的控制或者概念性的控制，如工程结构规划及设计的可维护性（可检性、可修性、可换性等）、可扩展性、可实施性及可回收性等。

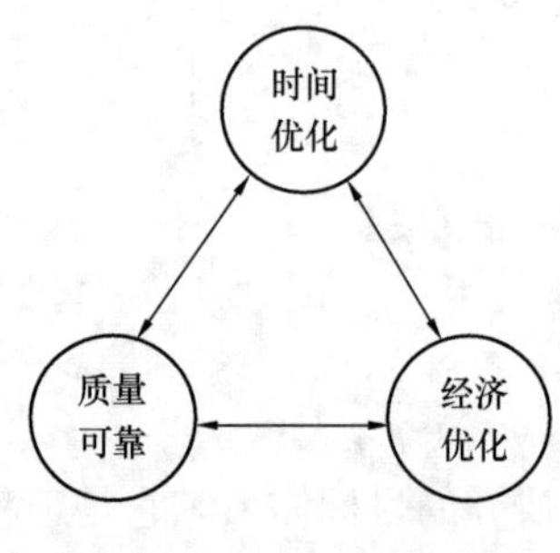

图 9-5 工程结构全寿命设计核心目标的关系

工程结构的质量可靠目标要求保证在全寿命过程中工程结构的安全性、适用性以及随时间变化的耐久性。工程结构只有在性能可靠及功能完善的前提下才能继续考虑其他的要求。工程质量目标包括：(1) 设计质量，涵盖了设计工作的质量、设计依据的标准及规范、设计的可实施性、设计的可扩展性、设计的可维护性等。(2) 工程施工质量，包括了材料质量、施工水平质量、人为错误的程度、施工过程的健康、安全和环境保护等。(3) 运营质量，包括了结构的使用功能、运行的可靠性能等，不仅要求工程结构运营时的失效概率最小，还要求失效所导致的不良后果（如维修措施的成本、运营成本、人员伤亡、财产损失等）最小。

工程结构的质量可靠目标可采用可靠指标进行评估，即：

$$\beta(t) \geqslant \beta^{*}\ t \in (0, T_{D}) \tag{9-1}$$

式中，$\beta(t)$ 为 t 时刻的结构可靠指标；T_D 为结构的设计使用寿命；β^* 为结构的目标可靠指标，即可接受的最低性能水平。当采用结构可靠度作为工程结构质量可靠目标的主要评估指标时，问题的关键转化为结构可靠度的分析预测及目标可靠水平的标定。工程结构的目标可靠水平，即拟建结构的设计目标可靠水平及已建结构的管理目标可靠水平，对应不同的工程结构类型及不同的极限状态，其相应取值都应有所不同，将在后续章节中讨论。

工程结构的经济优化目标要求在全寿命周期内，充分考虑工程结构各个时间点的成本及效益资金流，科学、合理地确定工程结构项目的初期投资成本及后期运营维护成本的关系，设定工程结构设计的安全适用水平及耐久性水平，规划工程结构运营期的各项管理维护措施，以追求项目经济的最优化。工程结构项目的内在要求是追求最大限度的效益，经济优化目标是工程结构核心目标的关键内容，起着决策作用。

工程项目全寿命经济指标包括了资金流出的成本形式及资金流入的收益形式，它们一般以年值表示。在全寿命经济优化中，多采用成本最优化原则，即：

$$\begin{gathered}\min\{LCC(T_D)\}\\ \text{s.t.}\ \beta(t) \geqslant \beta^{*}\end{gathered} \tag{9-2}$$

式中，LCC（T_D）为工程结构全寿命总成本现值。

工程结构的时间优化目标要求在全寿命周期内以工程结构的质量可靠为基础，依据经济优化的原则，决策并优化与工程结构相关的各项时间因素。结构的使用功能及性能会随着时间不断发生变化，且资金又具有时间价值，因此，各项措施所属的时间指标取值的不同，将直接影响到结构后续使用功能及性能的变化情况，全寿命成本及效益也将不同。例如，设计使用寿命是工程结构最重要的时间指标，它的大小将在很大程度上直接影响经济优化的结果以及结构初建的质量可靠水平和后续的维护维修管理程度，被誉为是工程结构最重要及最关键的“耐久性指标”。工程结构的时间优化目标是其经济优化目标及质量可靠目标的一种具体表现形式，对工程结构的全寿命周期研究起到全局性的影响。

由于工程结构的时间优化是基于质量可靠指标和经济优化指标来实现的，因此，各项时间指标的优化可统一采用下式表示：

$$\begin{gathered}\text{Find}\ t^{*} = \{t \mid \min[LCC(t)] \mid\}\\ \text{s.t.}\ \beta(t) \geqslant \beta^{*}\end{gathered} \tag{9-3}$$

除了三大核心目标之外，工程结构还需考虑以和谐、环保节能、可持续等为主题的绿色目标，主要包括了用户满意目标、社会及环境效益目标及可持续发展目标。绿色目标是在核心目标层次之上，从不同角度对工程结构提出的进一步目标形式。其中，用户满意目标体现了以人为本的理念，使工程结构项目的各类利益相关者（包括用户、投资者、业主、承包商及供应商、政府、生产者及周边人群等），对工程结构所属的使用功能、各类技术性能及经济、社会、环境、文化、历史等方面的要求均达到一定程度上或准则上的平衡，使从不同角度出发的各类指标达到和谐统一，从而创造团结、协作、平等、信任、合作的良好氛围，最终使工程项目圆满完成。

社会及环境效益目标要求工程项目在全寿命的不同阶段所采取的各项措施需对社会及生态环境等需求起到良好的、正面的、积极的影响作用，而尽量规避不良的、负面的、消极的影响作用。在结构性能上，考虑可能对社会及环境造成不良影响的失效风险；在经济上，考虑为消除各项工程活动对社会及环境的不良影响而支出的额外成本；在时间上，考虑可能引起社会及环境较大不良影响的工程持续时间。

可持续发展目标要求工程项目在面临使用功能改变时，能易于对工程结构进行有效地维修加固、拆除重建及更新改建等。随着社会及经济的发展，工程结构的使用功能或降低、或提高、或改变，在技术性能上要求结构能易于适应及改变成新的功能（即设计时考虑结构的可扩展性），便于考虑新的承载能力极限状态及正常使用极限状态；在经济上要求促使结构功能改善的措施所支出的成本相对较少；在时间上要求采取的相应措施所花的时间较短，包括需连续运营的结构在失效或废除后的重建期等。

9.2.3　全寿命设计指标体系

设计指标是指能够代表结构某方面状态的用于衡量对既定目标实现进展的变量、参数、测量点或阈值。全寿命设计指标体系包括结构可靠性指标和结构可持续性指标，如图9-6所示。其中，结构可靠性指标是对结构本身的全寿命性能和功能的表征，可持续性指标是对结构的经济、社会和环境影响的表征。

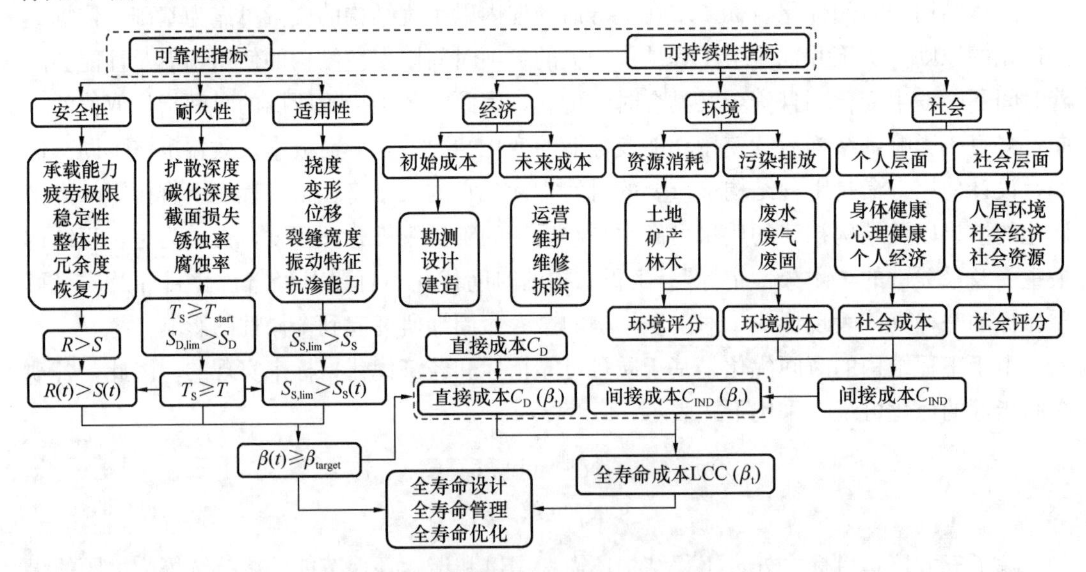

图9-6　工程结构全寿命设计理论指标体系

国际标准ISO 2394：2015将结构可靠性定义为结构在设计使用寿命内达到预定使用要求的能力，包括安全性、适用性和耐久性三部分。

结构的安全性是指在规定的时间内结构或构件以规定的可靠度水平避免超越承载能力极限状态（包括规定的偶然作用的影响）的能力，包含了由承载力不足、疲劳、断裂、过度变形等时变积累效应引起的构件或连接的破坏，以及对结构稳定性和抗连续倒塌性能的要求。常见的安全性指标包括构件和节点的承载能力、材料的疲劳寿命、结构或构件的稳定性、结构的整体性、冗余度、鲁棒性和恢复力等。

结构的适用性是指在正常使用和预期作用下结构或结构构件保持正常工作的能力，包括对不可接受变形、挠度、振动、位移、裂缝等外观或功能上局部损伤的限制要求。现行国家标准《混凝土结构设计规范》GB 50010 对结构的适用性规定了挠度控制标准和最大裂缝宽度。

结构的耐久性是指在环境作用的影响下，在规定的使用年限内，结构或任何结构构件以计划的维护满足设计性能要求的能力。常见的环境作用包括混凝土碳化、氯离子侵蚀、冻融破坏、碱骨料反应和硫酸盐侵蚀等。耐久性是对结构全寿命过程中长期抵御性能劣化的能力的度量，材料劣化、裂缝、位移、缺口、局部损伤等都属于耐久性问题。

传统结构设计是按照结构建成时的安全性和适用性要求进行设计的，没有考虑长期环境作用对材料和构件性能的影响，从而导致结构在设计使用寿命之前达到性能阈值。在结构的服役期内，环境中的碳化作用、冻融循环、氯化物以及化学侵蚀作用首先导致混凝土材料的劣化，随着劣化程度的加深，材料层次的损伤逐步发展到影响结构外观和正常使用功能，最后导致结构的承载力不足，安全性大大降低。耐久性变化涉及构件的整个劣化过程，虽然耐久性将先于适用性和安全性达到阈值，但耐久性劣化是适用性和安全性劣化的根本原因。对耐久性的研究有助于解释适用性和安全性下降的内部机理，帮助对时变适用性和安全性的建模分析。

可持续发展目标应包括经济指标、环境指标和社会指标，这 3 类指标相互关联，需要综合考虑。工程结构的经济指标是指直接用于工程活动的成本，包括材料、设备租赁、燃料动力以及劳动力成本。资金具有时间特征，在不同时间付出或得到相同数额的资金在价值上是不相等的，经济指标往往采用现值或年度成本表示。结构的建造、维护、维修等工程活动不仅需要资金投入，还将消耗大量的资源、造成环境污染，并且可能影响结构本身或周边区域的正常使用，对社会造成不良影响。全寿命评估（LCA）方法可用于评价产品的环境性能，通常考察产品的能源和原材料消耗，以及对大气、水源和土壤的排放等方面。工程结构的环境影响可以分为两类：对环境的“摄取”和“排放”，如图 9-7 所示。其中，对环境的摄取主要包括结构全寿命过程消耗的能源和资源，对环境的排放可以分为废水、废气和固体废弃物三个大类。

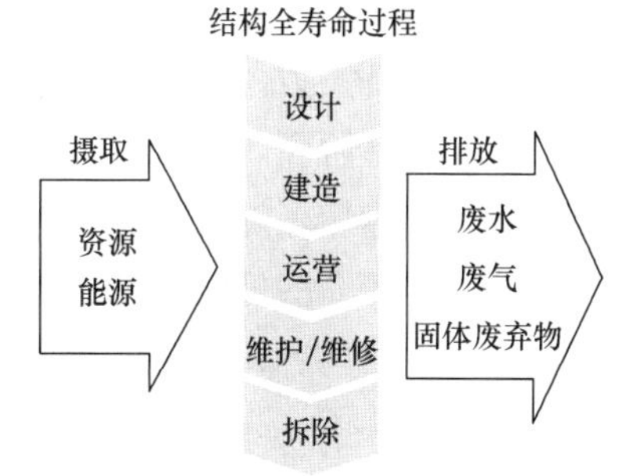

图 9-7　工程结构与环境的相互作用

采用全寿命环境指标进行全寿命绿色设计，实则是控制工程结构在全寿命过程中对环境造成的影响。工程活动对环境的影响通常需要经历长时间的累积才得以体现，而生态环境在长的时间跨度下也是一个易变的系统，因此结构的环境影响大多难以量化和界定，在环境评价过程中需要通过一些定性指标进行环境性能的综合评分。为了避免以上问题，全寿命环境评价应尽量从源头量化结构全寿命过程中对环境资源的摄取和污染物排放，通过减少摄取量和排放量的方式降低结构的全寿命环境影响。

工程结构的建造、维护、翻新、修复或拆除往往会在施工期间对周围人群产生影响，尤其是对交通运输或居住环境影响较大的工程项目，其不利社会影响所带来的社会成本可能超过工程的经济成本。工程结构的社会影响应包括对个人状态的影响和对社会状态的影响，包括个人身体状态、心理状态和经济状态，以及人居环境、社会经济发展和社会资源等方面。以往的结构设计和优化中对社会影响的考虑较少，而少数考虑社会影响的研究也未能覆盖结构工程的全方位社会影响。结构的全寿命设计理论要求进一步完善结构的全寿命社会影响清单，为社会影响的评价提供更为全面且可量化的评价方法。

9.3 全寿命使用寿命指标分析方法

9.3.1 结构使用寿命的定义与分类

结构的使用寿命（或使用年限）是指在结构竣工后，仅在一般的维护保养和预期的维修与更换部件的条件下，其性能均能满足原定设计要求的期限。结构的使用寿命与结构的性能密切相关，尤其是结构的耐久性能。根据所选择的性能考察对象及寿命终结的标准，不同构件可以有不同的使用寿命。寿命指标是结构性能最直观的时间表现形式，便于业主和用户从总体上通过时间参数了解结构的性能水平。

在工程结构全寿命设计与管理中，时间指标有多种形式，包括使用寿命、合理使用寿命、技术使用寿命、功能使用寿命、经济使用寿命、设计使用寿命、预期使用寿命、剩余使用寿命等。这些指标在结构全寿命的不同阶段（即业主立项、设计、施工和运营阶段），其含义和作用是不同的，研究的方法和手段也不同。

（1）在项目立项阶段，业主根据使用目的对结构的性能、功能、使用空间和经济指标等各方面提出要求，这些要求应在一定的时间期限内得到满足，这一时间期限是业主或投资商期望结构建成后能够创造效益的时间，是业主根据客观实际条件提出的主观意愿，可用要求使用寿命（满足业主要求的使用寿命）来体现。要求使用寿命主要取决于业主的意愿和业主的经济实力。

（2）在设计阶段，对寿命指标的研究就是在业主使用寿命要求的基础上，综合考虑各方面的影响因素后，确定拟建结构的设计使用寿命和对拟建结构进行基于使用寿命的设计。设计使用寿命的确定涉及结构的技术使用寿命、功能使用寿命和经济使用寿命以及政策法规等方面的内容；基于使用寿命的设计侧重研究使用寿命预测与设计使用寿命之间的关系。

（3）在施工阶段，由于多种因素影响，混凝土质量存在很大的离散性，设计阶段寿命预测模型中的输入参数与实际施工中获得的参数可能存在较大的出入，导致不同阶段的使用寿命预测存在较大的差异。因此，施工阶段需进行现场检测并根据检测得到的数据更新设计的输入参数，对结构的使用寿命进行再设计，以提高寿命预测的准确性。另外，施工阶段获得的数据可以考察混凝土施工质量的优劣，并对实际混凝土生产过程中的质量进行控制。使用寿命再设计的结果，可以作为制定结构维护、维修计划的重要依据。

（4）在运营阶段，结构的耐久性问题不可避免，虽然通过外观劣化度检测评估能掌握结构腐蚀破坏现状，但其今后劣化发展的趋势及剩余使用寿命是使用者更关注的问题。剩余使用寿命是既有结构在正常使用和正常维护条件下，仍然具有预期使用功能的时间。剩余使用寿命预测涉及维护管理计划的制定，是决策部门采取相应措施的依据。

结构的设计使用寿命在一定程度上反映了结构的重要性程度，设计使用寿命越高其重要性程度也普遍越高。结构的设计使用寿命对于荷载及作用的取值具有决定性的作用，尤其对可变作用，设计使用寿命越高其设计取值也越大。如地震作用的选取，25 年设计使用寿命的罕遇地震验算重现期为 266 年，而 50 年设计使用寿命的重现期取为 475 年。结构的设计使用寿命也在一定程度上决定结构的设计可靠水平和全寿命总投资，设计使用寿命越高，结构的设计可靠水平需求也越高，由于需要优选高强质优的材料以及必要的耐久性措施，结构建造的初期投资和全寿命总投资越高。此外，结构使用寿命或剩余使用寿命的准确预测，对结构的检测、维护、维修等决策具有重要意义，可为合理选择最佳维护方案提供依据。

9.3.2　结构设计使用寿命

现行国家标准《工程结构可靠性设计统一标准》GB 50153 将设计使用寿命定义为“设计规定的结构或结构构件不需要进行大修即可按预定目的使用的年限”。工程结构全寿命周期研究的首要任务是确定结构的设计使用寿命。理论上，设计使用寿命一般需考虑不同结构类型的重要性程度、经济性及社会性状况、结构及材料本身的性能、结构周边的环境状况、结构的耐久性要求、正常的施工及管理水平等的影响；而实际上，对于特定的结构体系，可在统筹考虑体系各构件的重要性程度、构件的设计使用寿命大小及构件的可替换性基础上，优选出结构体系寿命匹配的核心构件，并以此为参照，依据结构全寿命经济优化的原则，通过试算确定各类构件的合理寿命，充分考虑该结构体系使用寿命实测数据，从而最终确定结构体系的设计使用寿命。

结构设计使用寿命的确定是一项技术性、政策性很强的工作，需要从业主和用户对结构的功能需求（当前以及未来的需求）、结构的技术性能（安全性能、适用性能、耐久性能或其他特殊的性能）、结构的经济性能（包括初期投资和后期修复的总造价）以及法律法规等多方面综合考虑。在基于性能的结构设计中，合理使用年限应该在不低于有关法律法规要求的基础上，由业主、用户和设计人员根据结构的技术使用寿命、功能使用寿命和经济使用寿命综合分析确定，可表示为

$$L_0 = L_0(l_t, l_f, l_e, l_{reg}) \tag{9-4}$$

式中，l_t，l_f，l_e 分别为结构的技术、功能和经济使用寿命；l_{reg} 为政策法规限定的年限。确定 l_t 的关键是要掌握建筑物的荷载效应和结构抗力变化规律，涉及结构的安全性、适用性、耐久性等性能指标。l_t 以结构的某项技术指标进入不合格状态为界定标准，这种合格与不合格的界限即为性能指标的极限状态。l_f 的确定与业主的要求及设计人员的许诺有关，也与社会、经济的快速发展对结构使用功能要求的提高或改变有关。l_e 的确定需对结构进行全寿命宏观经济分析，将工程结构作为投资对象来考虑，以投资的回报效益来进行

使用寿命的确定。l_{reg}可以参照国家规范或行业标准进行确定，不同国家规范针对不同构筑物的设计使用寿命要求见表 9-2。

不同规范中结构或构件的设计使用年限　　表 9-2

规范名称	结构名称	设计使用年限（年）	结构或构件类型
中国标准《工程结构可靠性设计统一标准》GB 50153—2008	港口工程	5～10	临时性港口建筑
		50	永久性港口建筑
	房屋建筑结构	5	临时结构
		25	易于替换的构件
		50	普通房屋建筑或结构
		100	纪念性或重大结构
	公路桥涵结构	30	小桥、涵洞
		50	中桥、重要小桥
		100	特大桥、大桥、重要中桥
国际标准《结构可靠性设计总则》ISO 2394：2015		1～5	临时结构
		＜25	设计使用年限较短的结构或构件
		25～75	普通房屋建筑或结构
		50～150	纪念性建筑和其他特殊或重大结构
英国标准《英国沿海结构实施规程标准 Part 1》BS 6394：1984		60	岸壁式码头
		45	透室式码头
		30	上部建筑结构
		45	干船坞
		60	护岸和防浪堤
		100	防洪设施
澳大利亚标准《沿海结构物设计指南》AS 4997—2005		＜5	临时结构
		25	小型工艺设施
		50	普通经济结构
		100	特殊结构或住宅

通过以上分析可以看出，结构设计使用寿命具有以下的特点：(1) 设计使用寿命是综合了结构技术、功能、经济等因素并具有一定保证率的时间期限。(2) 结构的设计使用寿命是正常使用下不需进行大修的年限，与选定的性能失效标准有关。(3) 设计使用寿命可与业主要求的使用寿命相同，但也可不同。(4) 设计使用寿命是主体结构的使用寿命，在设计阶段，设计人员需向业主提出各个部件的设计使用寿命明细表，并指出这些构件的或部件的属性（可更换或永久性），对可维护和可更换的构件，提出维护或更换的期限和方法等。

9.3.3　基于使用寿命的设计

结构的使用寿命是衡量结构性能水平的时间表现形式，与结构的性能变化密切相关。

除了荷载作用、环境作用及材料内部因素对结构性能退化的影响因素外，下面的因素也将对使用寿命产生影响：(1) 设计因素：设计中采用的结构形式、体系、构造措施、材料选择等。合理地选择结构组成材料、进行配合比设计，能增强结构抵抗荷载和环境作用的能力，从而提高结构的使用寿命。(2) 新材料、新技术、新工艺的运用：当混凝土结构采用各种优质矿物掺合料，如矿渣、粉煤灰、硅灰等，可明显改善混凝土的力学性能、微观结构、工作性能，进而提高混凝土结构的使用寿命。另外，当采用各种防腐蚀技术如混凝土涂层、钢筋阻锈剂、阴极保护等，也会对结构的使用寿命产生影响。(3) 施工质量：大多数发生钢筋锈蚀破坏的构件，其保护层厚度达不到设计规定的保护层厚度。其次，混凝土浇筑质量也是影响结构使用寿命的重要因素，如浇筑后出现露石、蜂窝、麻面、漏浆等现象。(4) 人为因素：使用不当（如超载运营）、管理不当（如不能及时维护与检查、发现破坏不能及时维修）、意外事故等都会影响结构的使用寿命。

随着业主对结构使用寿命要求的增加以及可持续发展观念的不断深入，人们清楚地认识到，延长各类工程结构使用寿命对节约资源、能源以及社会经济发展等的重要性。因此，需要基于使用寿命对结构进行设计和再设计。基于使用寿命的设计是考察结构性能在各种劣化作用下，相应性能指标是否在设计使用寿命内满足设计要求的最低标准，当不能满足最低标准时，应调整设计方案，采取相应的技术措施如调整混凝土的配合比、采用优质矿物掺合料及相应的防腐蚀措施等方法达到设计要求。基于使用寿命的设计能够给出结构实际使用寿命与影响因素的定量关系，以便在设计阶段采取相应的措施，控制结构的使用寿命，避免结构在使用过程中产生巨额的修复费用。基于使用寿命的设计包括了寿命终结标准的确定、极限状态方程建立、使用寿命预测、使用寿命设计与再设计等研究内容。

基于使用寿命设计的基本表达式为：

$$\begin{aligned}&\text{显式形式 } L_{\mathrm{p}}(\boldsymbol{X}) \geqslant T_{\mathrm{D}}\\&\text{隐式形式 } R(t) \geqslant S(t)\end{aligned} \tag{9-5}$$

式中，$L_{\mathrm{p}}(\boldsymbol{X})$ 为结构性能的寿命函数。显式形式是将结构性能的寿命函数与设计使用寿命比较；隐式形式是基于时变抗力 $R(t)$ 与时变作用效应 $S(t)$ 的模型，将使用寿命隐含在不同的性能指标极限状态中。具体设计时，可根据极限状态方程建立的方便性，确定采用何种形式。

结构使用寿命设计的概率表达式为

$$P_{\mathrm{f}} = P[L_{\mathrm{p}}(\boldsymbol{X}) - T_{\mathrm{D}} < 0] \leqslant P_{\mathrm{target}} = \Phi(-\beta_{\mathrm{target}}) \tag{9-6}$$

式中，P_{target} 为针对某种性能极限状态的目标失效概率；β_{target} 为目标可靠指标。若 $P_{\mathrm{f}} > P_{\mathrm{target}}$ 或 $\beta < \beta_{\mathrm{target}}$ 则认为结构性能不能满足设计要求，需重新设计。

结构使用寿命的确定与所选择的寿命终结标准有关，即性能极限状态。性能极限状态可以根据使用者的需要来定义，不同的性能极限状态对应不同的寿命失效准则。以混凝土结构为例，钢筋开始锈蚀、混凝土保护层锈胀开裂、锈胀裂缝宽度达到一定限值以及承载力不足是结构性能指标的 4 个关键节点，常被选为使用寿命终结的标准，如图 9-8 所示。

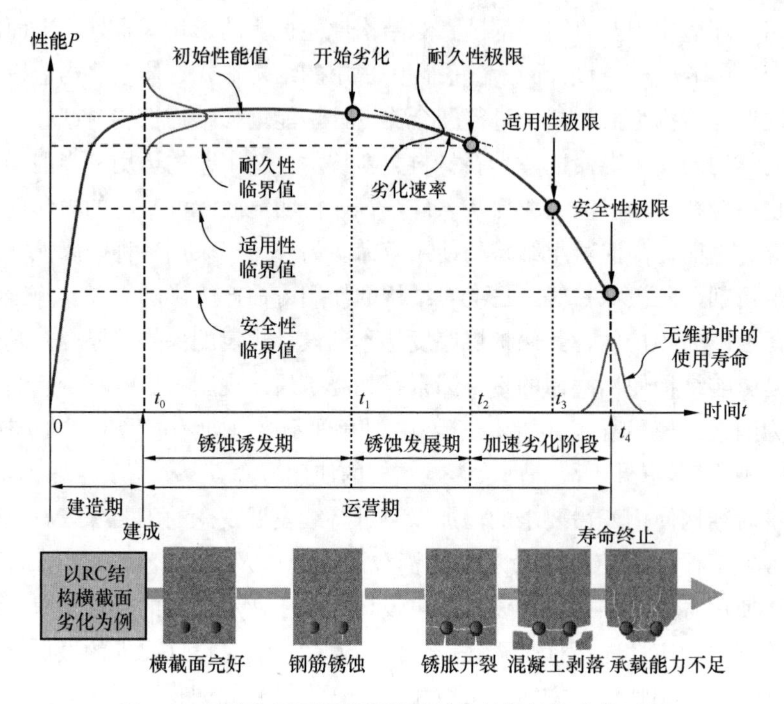

图 9-8　环境作用下钢筋混凝土结构长期性能劣化过程

1）钢筋初始锈蚀寿命准则

该准则是以有害介质（碳化、氯离子等）侵入混凝土内部，使钢筋开始产生锈蚀的时间作为混凝土结构寿命终结的标准，如图 9-8 中的 t_1 所示。利用数学模型预测结构的使用寿命是使用寿命设计的基础，需对不同环境条件、不同的性能极限状态建立不同的使用寿命预测模型。钢筋初始锈蚀可以由混凝土碳化和氯离子侵蚀引起，其中混凝土碳化寿命是以混凝土碳化深度达到钢筋表面的时间作为混凝土构件寿命终结的标志。混凝土碳化深度预测模型的基本形式为：

$$X = k\sqrt{t} \tag{9-7}$$

式中，X 为混凝土碳化深度，k 为混凝土碳化系数。

氯离子侵蚀寿命是以氯离子侵入混凝土内部并在钢筋表面积累达到临界浓度，使钢筋开始锈蚀作为构件寿命终结的标志，根据 Fick 第二扩散定律可知 t 时刻距离混凝土表面 x 处的氯离子浓度为：

$$C(x,t) = C_0 + (C_s - C_0)\left[1 - \mathrm{erf}\left(\frac{x}{2\sqrt{D_f t}}\right)\right] \tag{9-8}$$

式中，C_0 为混凝土材料中的初始氯离子浓度，若所选材料不含氯离子成分，可认为 $C_0 = 0$；C_s 为混凝土表面氯离子浓度；erf（·）为误差函数；D_f 为氯离子扩散系数，研究表明其与混凝土的材料特征有关。

钢筋发生初始锈蚀的时间 t_1 为：

$$t_1 = \frac{c^2}{4D}\left[\mathrm{erf}^{-1}\left(1 - \frac{C_{cr}}{C_s}\right)\right]^{-2} \tag{9-9}$$

式中，C_{cr} 为临界氯离子浓度，c 为混凝土保护层厚度。

2）锈胀开裂寿命准则

钢筋发生锈蚀后，其锈蚀产物的体积是原有体积的 2～6 倍，对钢筋周围的混凝土产生径向挤压；随着锈蚀的加剧，混凝土保护层受拉开裂（一般宽度为 0.05mm）。保护层开裂以后，钢筋锈蚀的速度加剧，结构性能退化加快，故常将混凝土保护层出现锈胀开裂作为结构寿命终结的标志，见图 9-8 中的 t_2。这一准则认为，混凝土中钢筋锈蚀使混凝土产生纵向裂缝以后，钢筋锈蚀速度明显加快，是需要维修加固的前兆。

假定钢筋腐蚀电流由阴极氧扩散控制，基于氧气扩散 Fick 定律与 Faraday 定律建立了适用于碳化引起钢筋锈蚀的锈蚀速率模型：

$$\begin{cases} \rho = 0 & t < t_0 \\ \rho = 3.254 \times 10^{-4} \times \dfrac{D_{O_2} P_{RH}}{a_c r} \times \dfrac{a_1 (t - t_0)^{a_2+1}}{a_2 + 1} & t_0 \leqslant t \leqslant t_1 \\ \rho = 3.254 \times 10^{-4} \times \dfrac{D_{O_2} P_{RH}}{r} \left[\dfrac{\pi (t - t_1)}{c + r} + \dfrac{a_1 (t_1 - t_0)^{a_2+1}}{a_c (a_2 + 1)} \right] & t > t_1 \end{cases} \tag{9-10}$$

式中，D_{O_2} 为氧气在混凝土中的扩散系数；r 为钢筋半径；c 为混凝土保护层厚度；P_{RH} 为考虑到仅当大气相对湿度大于钢筋锈蚀的临界相对湿度时钢筋才发生锈蚀，而对钢筋锈蚀量的修正，取大气相对湿度大于钢筋锈蚀临界相对湿度发生的概率；a_1、a_2 为待定参数；a_c 为碳化速率系数。

以钢筋均匀锈蚀为前提，考虑锈蚀产物的变形特性以及锈胀裂缝开展过程中锈蚀产物进入裂缝的实际情况，借助弹性力学和 Faraday 定律，建立了混凝土保护层锈胀开裂时刻的钢筋锈蚀率 $\rho_{s,cr}$ 以及锈胀开裂时间 t_{cr} 计算公式：

$$\rho_{s,cr} = \frac{\left\{ \left(0.3 + 0.6 \dfrac{c}{d}\right) \cdot \dfrac{f_{ct}}{E_{ef}} \left[\dfrac{(r_0 + c)^2 + r_0^2}{(r_0 + c)^2 - r_0^2} + \mu \right] + 1 + \dfrac{2\delta_0}{d} \right\}^2 - 1}{n - 1} \tag{9-11}$$

$$\begin{aligned} t_{cr} = \left(1 + k_r \frac{c}{d}\right) t_1 = 234762 \times (d + k_r c) \\ \times \frac{\left\{ \left(0.3 + 0.6 \dfrac{c}{d}\right) \cdot \dfrac{f_{ct}}{E_{ef}} \left[\dfrac{(r_0 + c)^2 + r_0^2}{(r_0 + c)^2 - r_0^2} + \upsilon_c \right] + 1 + \dfrac{2\delta_0}{d} \right\}^2 - 1}{(n - 1) \cdot i_{corr}} \end{aligned} \tag{9-12}$$

式中，c 为混凝土保护层厚度；d 为钢筋原始直径；δ_0 为空隙均匀分布的厚度；$r_0 = d/2 + \delta_0$；υ_c 为混凝土的泊松比；n 为平均体积膨胀率；k_r 为修正系数，根据试验结果分析得到；i_{corr} 为临界腐蚀电流；E_{ef} 为混凝土有效弹性模量，表达式为：

$$E_{ef} = \begin{cases} E_c & \text{短期加速锈蚀} \\ E_c (1.0 + \phi_{cr}) & \text{长期自然锈蚀} \end{cases} \tag{9-13}$$

式中，E_c 为混凝土弹性模量，ϕ_{cr} 为混凝土蠕变系数。

3）裂缝宽度与钢筋锈蚀量限值寿命准则

有学者认为，混凝土锈胀开裂标准很难定量化，其锈胀开裂对于大多数混凝土结构的安全性和适用性影响不大，因此，提出了裂缝宽度与钢筋锈蚀量控制的寿命准则，即认为裂缝宽度或钢筋锈蚀量达到某一限值时寿命终止，如图 9-8 中的 t_3。有学者提出以保护层出现 0.15～0.25mm 裂缝宽度或钢筋截面损失率达 1%作为极限状态标志，也有学者建议对碳化引起的锈蚀情况，裂缝宽度达 0.3mm 作为使用寿命的终止。

在一般大气环境条件下钢筋锈蚀质量损失的估计公式为：

$$W_{tr} = 1.173 P_{RH} D_{O_2} (t - t_{cr}) \tag{9-14}$$

式中，W_{tr}为锈胀开裂后 t 时刻的锈蚀质量损失（不包括锈蚀开裂前的锈蚀量）(g/mm)。

对不同氯盐掺量的构件进行快速锈蚀试验，研究了混凝土强度、保护层厚度、钢筋直径、钢筋种类、钢筋位置对钢筋锈蚀的影响，在 158 个长期暴露试件共计 258 根钢筋取样实测结果的基础上，提出了强度等级在 C25～C40 之间、保护层厚度在 15～40mm 之间的混凝土构件锈胀裂缝宽度和钢筋截面损失率的关系式为：

$$\begin{cases} \text{位于角部的 HPB300 级圆钢} \quad \eta_{loss} = \dfrac{1}{d}(32.43 + 0.303 f_{cu} + 0.65c + 27.45w) \\ \text{位于箍筋位置的 HPB300 级圆钢} \quad \eta_{loss} = \dfrac{1}{d}(59.45 + 1.07 f_{cu} + 276w) \end{cases} \tag{9-15}$$

式中，η_{loss}为钢筋锈蚀重量损失率（%）；f_{cu}为混凝土立方体抗压强度(MPa)；w 为锈胀裂缝宽度（mm）。

4）承载力寿命准则

该准则是考虑钢筋锈蚀等引起的抗力退化，以构件的承载力降低到某一界限值作为使用寿命终结的标准，如图 9-8 中的 t_4 所示。

基于上述的分析，结构使用寿命终结标准应采用面向对象的寿命标准，具体确定时应根据结构构件的重要性、使用要求、环境条件以及构件类型等因素综合分析确定。

9.3.4 基于使用寿命的再设计

基于使用寿命的再设计包含了两层含义：一是根据计算的结果，调整先前的设计，包括材料组成、混凝土保护层厚度等；二是对结构寿命其不同阶段信息更新后的再计算。可按如下的步骤进行：(1) 定义结构性能。要求委托人或业主详细说明目标使用寿命和使用寿命终结的极限状态。图 9-8 表示了与钢筋锈蚀有关的混凝土结构性能和相关的极限状态，通常有：钢筋脱钝、混凝土保护层锈胀开裂、锈胀裂缝达到一定宽度及承载力不足。(2) 环境和荷载作用分析。确定环境荷载如氯离子荷载的取值标准，确定结构所受的永久荷载和可变荷载的作用效应和结构抗力。(3) 劣化模型选择。判别结构的劣化机理，选择相应的数学模型描述结构劣化过程和材料抗力下降。(4) 可靠度分析。考虑构件尺寸、材料性能、施工和环境的不确定性，采用可靠度分析确定结构不同极限状态的超越概率，计算结构的可靠指标或失效概率。(5) 信息更新。考虑全寿命不同阶段结构性能的随机变化，更新以下内容：①环境侵蚀性、结构内的材料性能、结构-环境相互作用的信息资料；②依据上述变量信息的类别和精度预测使用寿命；③考虑不同阶段变量信息的精度并进行再设计。由此可见，在结构长期服役过程中，环境作用和结构性能的不确定性必须通过有效的监测系统来不断认知和更新。该监测系统可通过应用无损检测技术来建立，如在结构中埋入自动监测氯离子渗透的传感器等，其对结构实际使用寿命预测的准确性起着至关重要的作用。

9.4　全寿命性能指标分析方法

9.4.1　结构时变可靠性分析

在工程结构的设计中，首先应当明确两类设计参数，一类是施加在结构上的直接作用或引起结构外加变形或约束变形的间接作用，统称为作用，可以分为机械的（静态或动态荷载）、化学的（碳酸化、氯化物和硫酸盐酸侵蚀）、电化学的（钢筋的电化学腐蚀）和物理的（冻融、磨损、火灾等）。另一类是材料、构件或结构抵抗作用效应的能力，称为抗力，抗力取决于材料强度、截面尺寸、连接条件等。无论是抗力还是作用，都属于随机变量，应当采用概率可靠度理论考虑其时变性和不确定性。结构的时变抗力 $R(t)$ 和时变荷载效应 $S(t)$ 的变化如图9-9所示，分析结构寿命期内可靠度随时间变化的程度是新建结构全寿命设计的重要问题。

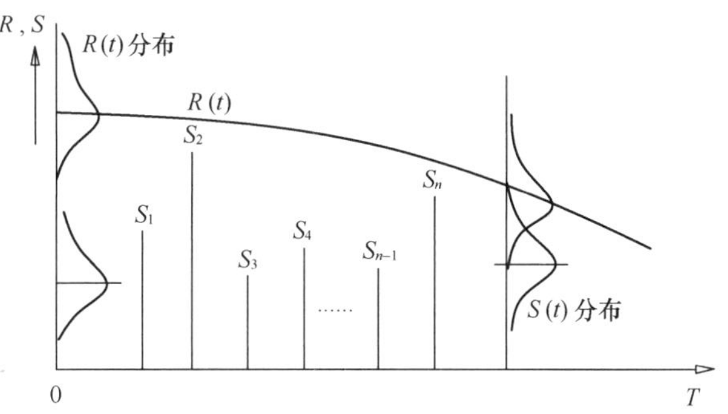

图9-9　结构抗力、荷载随时间变化的示意图

结构可靠性能随时间的变化是一个非常复杂的不可逆过程。影响结构可靠性能变化的因素大致有3个方面，即荷载作用、环境作用和结构材料内部因素的作用。

荷载对结构可靠性能变化的影响主要体现在结构的累积损伤方面。累积损伤作用分为静态累积损伤作用和动态累积损伤作用。静态累积损伤是指在静态荷载作用下结构损伤随时间的积累。动态累积损伤是指在动态荷载（反复荷载、重复荷载）作用下结构随时间或荷载作用次数的累积损伤。动态荷载作用下的疲劳就是一种典型的动态累积损伤。承受反复荷载作用的结构，在荷载水平远低于正常失效荷载时就可能发生疲劳失效。

环境对结构的影响可分为自然环境和使用环境。自然环境中腐蚀介质对结构的劣化作用主要有混凝土的碳化、氯离子侵蚀、硫酸盐腐蚀、冻融循环等。使用环境对结构的不利影响主要是化学介质对结构的腐蚀等。腐蚀介质渗入到钢筋混凝土结构内部，会使钢筋发生锈蚀，强度降低，同时影响钢筋与混凝土之间的粘结力，从而使结构构件的抗力降低。

材料内部作用的影响主要是材料随时间的增长逐渐老化，材料性能下降，强度降低。活性材料与其他组成材料发生缓慢的化学反应，如混凝土的碱-骨料反应等。材料性能退化的结果必然导致结构性能逐渐衰减。

以上影响结构可靠性能降低的原因也是影响结构耐久性的原因，它们都有一个共同的特点，即损伤随时间不断积累，是一个动态的渐变过程，当这种损伤积累达到一定程度时，结构的性能就会发生质的改变。

为了确定结构设计时可变荷载的取值标准，现行国家标准《工程结构可靠性设计统一标准》GB 50153 对可变荷载标准值统一由设计基准期（50 年）最大荷载概率分布的某一分位数确定。在结构时变可靠性分析时，当荷载分析的时间区域（设计基准期）与结构可靠性分析的时间区域（设计使用寿命）不一致时，应考虑设计基准期变化对结构可靠度的影响。该影响可通过不同设计使用年限的荷载调整系数 γ_T 来反映。现行国家标准《工程结构可靠性设计统一标准》GB 50153 中给出房屋建筑考虑设计使用年限为 5 年、50 年和 100 年时对应的荷载调整系数 γ_T 为 0.9、1.0 和 1.1。按 50 年设计基准期确定的可变荷载效应，只需要乘以荷载调整系数 γ_T，即可得到不同设计使用年限时的可变荷载作用效应。

结构抗力的时变性是影响结构可靠度的另一个重要因素。采用概率可靠性设计法时，必须考虑结构构件时变抗力的不确定性。时变抗力的不确定性可分为：①材料性能的不确定性；②构件几何参数的不确定性；③构件计算模式的不确定性。结构构件材料性能不确定性主要是指由于耐久性损伤、材料品质以及制作工艺、受荷状况、环境条件等因素引起的结构中材料性能的变异性。

考虑结构性能劣化的动态可靠度分析方法是一个相当复杂的问题。通常将随机过程模型转换为随机变量模型进行求解，给出的结构失效概率公式是一个高维积分，直接用于实际工程，难度较大。为了与现行的结构可靠度设计标准相协调，可在现有可靠度理论及设计方法的基础上，采用一次二阶矩方法对耐久性不足的结构设置耐久性分项系数来提高结构初始设计水平，构建考虑耐久性退化影响的结构可靠度设计实用方法，以便于设计人员掌握和实际工程运用。

9.4.2 概率可靠性设计方法

现行国家标准《工程结构可靠性设计统一标准》GB 50153 将结构的可靠性定义为：结构在规定的时间内，在规定的条件下，完成预定功能的能力。这里的规定时间是指结构的设计使用年限，规定的条件是指正常设计、正常施工、正常使用和正常维护，而预定功能则指结构的安全性、适用性和耐久性。在结构可靠性分析中，影响结构性能的基本随机变量可以是结构的几何尺寸、材料的物理力学性能、荷载作用等，用向量形式表示为 $\boldsymbol{X}=(X_1,X_2,\cdots,X_n)^{\mathrm{T}}$。结构的功能函数可以表示为：

$$Z=g(\boldsymbol{X})=g(X_1,X_2,\cdots,X_n) \tag{9-16}$$

式中，$Z>0$ 表示结构处于可靠状态，$Z<0$ 表示结构处于失效状态，$Z=0$ 表示结构处于极限状态，$Z=g(\boldsymbol{X})=g(X_1,X_2,\cdots,X_n)=0$ 为结构的极限状态方程。结构的失效概率是结构在某种失效模式下超越其极限状态的概率，由结构抗力 $R(t)$ 和荷载效应 $S(t)$ 组成的极限状态方程定义为：

$$Z=g(R,S)=R(t)-S(t)=0 \tag{9-17}$$

式中，$R(t)$ 为广义结构抗力（例如承载力、刚度、抗渗性等）；$S(t)$ 为广义结构响应（例如内力、挠度、腐蚀性离子扩散速率等)。如果 $R(t)$ 与 $S(t)$ 是相互独立的变量，结构的瞬时失效概率可以表示为：

$$P_f(t)=P(g(t)<0)=\int_0^{\infty}F_R(x,t)\cdot f_S(x,t)\mathrm{d}x \tag{9-18}$$

式中，$F_R(x,t)$ 是 t 时刻结构抗力的累积分布函数，$f_S(x,t)$ 是 t 时刻作用效应的概率密度函数。可靠指标 β 表示为：

$$\beta=\Phi^{-1}(1-P_f(t)) \tag{9-19}$$

式中，$\Phi(\cdot)$ 是标准正态累积分布函数。

由于结构失效的类型众多且机理复杂，如何界定结构劣化的临界状态是一个相当综合的问题。规范中一般采用承载能力极限状态和正常使用极限状态这两类临界状态。为了进一步满足结构更高的外观要求，减小结构由于劣化产生的经济损失，国际标准 ISO 2394：2015 提出了条件极限状态概念，这是对尚不能完好定义且难以计算的真实极限状态的近似，包括弹性极限状态、脱钝、外观局部损伤（开裂）等无直接功能损伤的状态。在与耐久性有关的应用中，条件极限状态通常指耐久性极限状态。在环境侵蚀下的极限状态主要根据腐蚀离子浓度、钢筋锈蚀程度、锈胀裂缝宽度进行划分，其中腐蚀离子浓度和钢筋锈蚀程度常被用于耐久性极限状态的判定，锈胀裂缝宽度常被用于正常使用极限状态的判定。显然，耐久性极限状态是发生在正常使用极限状态和承载能力极限状态之前，是结构设计的控制条件之一。图 9-10 给出了结构设计中 3 种极限状态在不同结构设计阶段的表现。

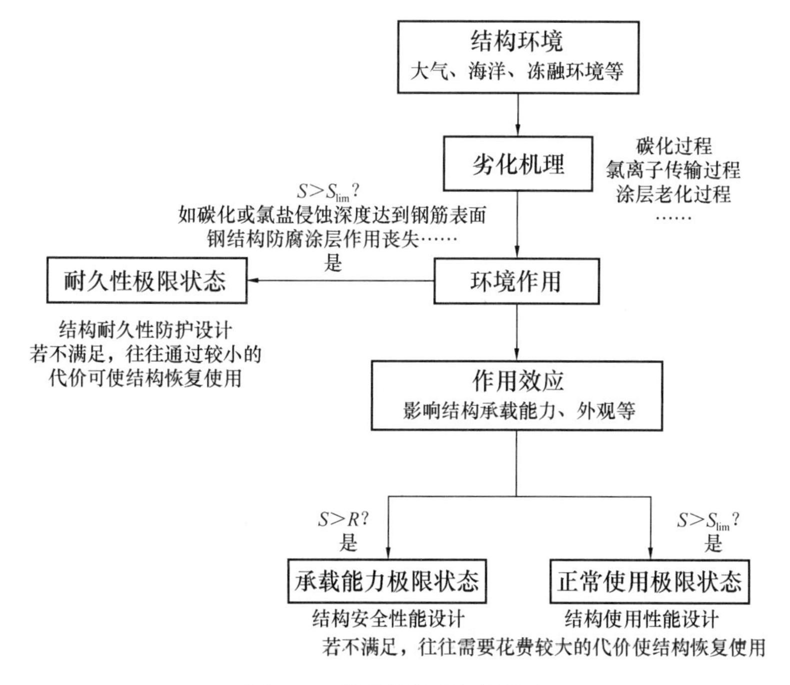

图 9-10　结构设计的极限状态

结构可靠性分析和计算的核心就是在规定的时间和条件下满足预定的安全性、适用性和耐久性三方面的功能要求。

结构的安全性（Safety）是指结构在预定的使用期间内，承受正常施工、正常使用情况下可能出现的各种荷载、外加变形（如超静定结构的支座不均匀沉降）、约束变形（如温度和收缩变形受到约束时）等作用的能力。在偶然事件（如地震、爆炸）发生时和发生后，结构应能保持整体稳定性，不应发生倒塌或连续破坏而造成生命财产的严重损失。安全性是结构工程最重要的指标，主要决定于结构的设计与施工水准，也与结构的正确使用、维护、检测有关，而这些又与土建法规和技术标准的合理规定及正确运用相关。规范中对结构安全性进行概率可靠性分析的功能函数为：

$$Z = R_{\mathrm{d}} - \gamma_0 S_{\mathrm{d}} \geqslant 0 \tag{9-20}$$

式中，γ_0 为结构重要性系数，按规范值取用；S_{d} 为作用效应组合的设计值；R_{d} 为结构或构件的抗力设计值。对于钢筋混凝土结构，抗力设计值取：

$$R_{\mathrm{d}} = R(f_{\mathrm{c}}, f_{\mathrm{s}}, a_{\mathrm{k}}, \cdots)/\gamma_{R_{\mathrm{d}}} \tag{9-21}$$

式中，$\gamma_{R_{\mathrm{d}}}$ 为结构构件的抗力模型不定性系数，静力设计取 1，对不确定性较大的结构构件根据具体情况取大于 1 的数值；f_{c} 和 f_{s} 为混凝土、钢筋的强度设计值；a_{k} 为几何参数的标准值。

工程结构的目标可靠指标取决于结构的安全等级和破坏后果的严重性，如果结构失效会造成很严重的后果，其对应的目标可靠指标会设置得高一点，即可容许的失效概率更低。我国《建筑结构可靠性设计统一标准》GB 50068—2018 和《公路工程结构可靠性设计统一标准》JTG 2120—2020 对不同安全等级的建筑结构和公路桥涵结构的目标可靠指标规定如表 9-3 所示。结构体系的最优可靠度通常与安全成本和失效后果相关，按照经济优化方法，ISO 2394：2015 给出了基于资金优化的一年基准期承载能力极限状态的目标可靠指标，见表 9-4。

GB 50068—2018 和 JTG 2120—2020 规定的承载能力极限状态目标可靠指标　　表 9-3

破坏类型	房屋建筑结构（按 GB 50068—2018 规定）			公路桥涵与隧道（按 JTG 2120—2020 规定）		
	安全等级			安全等级		
	一级	二级	三级	一级	二级	三级
延性破坏	3.7	3.2	2.7	4.7	4.2	3.7
脆性破坏	4.2	3.7	3.2	5.2	4.7	4.2

ISO 2394：2015 建议的承载能力极限状态的目标可靠指标　　表 9-4

安全措施相对成本	结构失效后果		
	2 级	3 级	4 级
大	$\beta = 3.1(P_{\mathrm{f}} \approx 10^{-3})$	$\beta = 3.3(P_{\mathrm{f}} \approx 5 \times 10^{-4})$	$\beta = 3.7(P_{\mathrm{f}} \approx 10^{-4})$
中	$\beta = 3.7(P_{\mathrm{f}} \approx 10^{-4})$	$\beta = 4.2(P_{\mathrm{f}} \approx 10^{-5})$	$\beta = 4.4(P_{\mathrm{f}} \approx 5 \times 10^{-6})$
小	$\beta = 4.2(P_{\mathrm{f}} \approx 10^{-5})$	$\beta = 4.4(P_{\mathrm{f}} \approx 5 \times 10^{-6})$	$\beta = 4.7(P_{\mathrm{f}} \approx 10^{-6})$

结构的适用性（Serviceability）是指结构在正常使用期间，具有良好的工作性能。例如不发生影响正常使用的过大的变形（挠度、侧移）、振动（频率、振幅），或产生让使用者感到不安的过大的裂缝宽度。结构或构件适用性的功能函数为：

$$Z = C_{S,lim} - S_d \geqslant 0 \tag{9-22}$$

式中，$C_{S,lim}$为设计对变形、裂缝宽度等规定的限值，应按有关设计标准的规定取用。现行国家标准《混凝土结构设计规范》GB 50010 对适用性要求主要是通过控制变形和裂缝宽度来实现。对变形和裂缝宽度限值的取值，除了保证结构的使用功能要求，防止对结构构件和非结构构件产生不良影响外，还应保证使用者的感觉在可接受的程度之内。

现行国家标准《建筑结构可靠性设计统一标准》GB 50068 中规定结构构件持久设计状况正常使用极限状态的目标可靠指标宜根据其可逆程度取 0～1.5，其中可逆是指当超越正常使用要求的作用卸除后，该作用产生的后果可以恢复到正常使用状态，不可逆则是指无法恢复到正常使用状态。

结构的耐久性（Durability）是指结构在可能引起其性能变化的各种作用（荷载、环境、材料内部因素等）下，在预定的使用年限和适当的维修条件下，结构能够长期抵御性能劣化的能力。混凝土结构的耐久性功能函数为：

$$Z = C_{D,lim} - S_d \geqslant 0 \tag{9-23}$$

式中，$C_{D,lim}$为设计对有害离子浓度、钢筋锈蚀率、锈蚀深度等环境作用效应规定的耐久性限值，可按相关标准的规定取用。

由于概念划分的不同，一些规范将耐久性极限状态（如钢筋脱钝极限状态）划归到了正常使用极限状态，因此规范中正常使用极限状态的目标可靠指标可以取到 0。这种划分方法导致在耐久性设计时没有设计指标作为参考。目前有以下规范对耐久性极限状态的目标可靠指标或目标失效概率作出规定：现行国家标准《建筑结构可靠性设计统一标准》GB 50068 中规定结构构件持久设计状况耐久性极限状态的目标可靠指标宜根据其可逆程度取 1.0～2.0；现行国家标准《混凝土结构耐久性设计标准》GB/T 50476 中规定耐久性极限状态对应的结构设计应满足正常使用极限状态的可靠度要求，失效概率宜为 5%～10%（β=1.282～1.645）；现行浙江省标准《混凝土结构耐久性技术规程》DB33-T1128 对耐久性极限状态进行了更详细的划分，给出了目标可靠指标，见表 9-5；欧洲规范 Fib Bulletin 34 中对钢筋脱钝极限状态的目标可靠指标建议值为 $\beta = 1.3(P_f = 0.0968)$。

DB33-T1128—2016 建议的耐久性极限状态目标可靠指标　　表 9-5

耐久性极限状态	β	P_f
钢筋开始发生锈蚀的极限状态	1.0	1.59×10^{-1}
钢筋适量锈蚀或混凝土表面锈胀开裂的极限状态	1.5	6.68×10^{-2}
混凝土表面锈胀裂缝宽度达到最大可接受的极限状态	2.0	2.28×10^{-2}

9.4.3　基于性能的设计方法

基于性能的设计（Performance-based Design）是对工程结构规范中单一目标设计方

法的拓展，要求设计人员通过分析已知风险和环境影响来确保结构在长期服役时满足某些性能预期，其设计目标从安全性、适用性、耐久性，拓展到经济性、可持续性、可维护性、稳健性等。性能设计的核心是根据使用者的个性化需求及风险承受能力、结构重要性及功能性、社会经济水平、可使用的技术条件和其他环境、文化因素来综合确定性能标准。与规范设计相比，基于性能的设计能够确定结构在某种规定极限状态下的可靠性，而不仅是正常使用和承载能力极限状态。其次，由于设计的性能目标定义明确，各类利益相关者可以选择经济合理的预期性能水平来满足自身需求。由于采用预期性能指标作为工程的直接评估标准，设计人员不必受限于规范中的解决方案，从而可以采用新材料、新结构和新工艺进行创新。目前该设计方法广泛用于抗震设计、抗风设计、防火设计、爆炸分析和设计以及渐进式倒塌分析中。

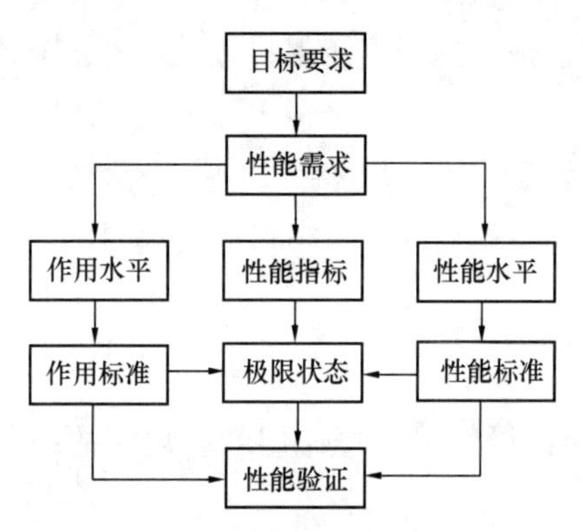

图 9-11　基于性能的设计方法框架

基于性能的结构设计理论是以结构性能分析为中心，根据不同的作用水平（荷载和环境作用），将结构的性能划分为不同的性能水平（如安全性、适用性、耐久性水准等），并将其转换为与之相对应的性能指标，设计者根据业主或用户的要求，采用合理的性能目标对结构进行量化设计，并对设计的结果进行验证，其设计框架如图 9-11 所示。

1）目标要求

业主或用户根据待建结构的使用目的对其功能、使用空间、经济和预期使用寿命等各方面提出的要求。

2）性能需求

设计人员根据业主或用户的目标要求确定相关的结构性能，将其分解成详细的、可测的几个性能部分，并对其作出具体的量化规定。而结构在未来的使用过程中能否满足业主、用户或社会的需求，与设计时考虑施加在结构上的作用水平有关。

3）作用水平和作用标准

作用水平一般通过可变作用的取值标准来具体量化。当采用不同的作用标准设计时，所获得的结构性能水平是不同的，对满足业主或用户的需求程度也不同。结构上的作用是指能使结构产生效应（结构或构件的内力、应力、位移、应变、裂缝等）的各种原因的总称。它是一个广义的概念，包含了直接作用（如荷载作用）、间接作用（如基础位移）和环境作用。目前的结构荷载规范，一般讨论的是荷载作用和环境作用两种情况。荷载作用包括了各种集中力和分布力，而对环境作用，则包括风荷载、波浪荷载、冰荷载、地震等自然环境变化引起的对结构的作用。现行国家标准《混凝土结构耐久性设计标准》GB/T 50476 将包括温、湿度变化以及二氧化碳、氧、盐、酸等环境因素对结构的作用也定义为环境作用。

结构的使用总是与各类作用紧密联系在一起，结构在不同类型的作用及作用大小下，其响应特性也是不同的。基于性能的设计需要根据已定的性能目标，并考虑具体经济条件来确定采用多大的作用强度设计结构，即确定结构的作用水平及作用标准。

荷载作用水平是通过荷载标准来具体量化的，一般规范中以设计基准期内的最大荷载概率分布来研究荷载标准取值。显然，荷载标准是与设计基准期有关的。结构设计基准期取值不同，可变荷载标准值不同，可变荷载取值变化直接影响着结构可靠指标 β 的大小。针对港口工程和工业民用建筑结构，按照国际结构安全度联合委员会（JCSS）建议的方法，给出了结构不同设计基准期与可靠指标 β 的关系如表 9-6 和表 9-7 所示。

港口工程结构不同设计基准期与可靠指标 β 的关系　　表 9-6

设计基准期（年）	30	40	50	60	70
可靠指标	3.463	3.387	3.324	3.254	3.224

民用建筑结构不同设计基准期与可靠指标的关系　　表 9-7

设计基准期（年）		1	20	50	100	200	900	1000
可靠指标	延性构件	4.177	3.449	3.20	2.999	2.790	2.437	2.263
	脆性构件	4.571	3.917	3.70	2.528	3.531	3.062	2.924

4）性能水平和性能标准

结构性能水平是针对所设计的建筑物，规定其在可能遇到的各种作用下容许破坏的最大程度。这里的建筑物既包括不同类型的整体建筑物，也包括结构构件、非结构构件等。性能水平这部分内容应当让业主或用户了解自己能够获得的不同的性能水平，以便根据实际需要进行取舍。性能水平包括结构的重要程度、风险水平、建筑物的使用及可能对建筑物造成影响的危险事件类型等。结构的性能水平可以通过多种方式进行描述，如预期的功能是否受到影响及影响的程度、结构或构件的破坏程度、结构刚度降低的程度、结构构件裂缝的大小及变形的程度等。这些描述内容可分别对应着结构的安全水平、正常使用水平和耐久性水平。表 9-8 给出了港口工程结构的裂缝控制等级，表 9-9 给出了混凝土结构耐久性水平等级。

港口工程结构的裂缝控制等级　　表 9-8

裂缝控制等级	内容描述
一级	严格要求不出现裂缝的构件
二级	一般要求不出现裂缝的构件
三级	允许出现裂缝的构件

混凝土结构耐久性水平等级　　表 9-9

耐久性等级	内容描述
一级	要求钢筋不发生锈蚀
二级	允许钢筋锈蚀，但不允许出现锈胀裂缝
三级	允许出现一定宽度的锈胀裂缝

当业主或用户选择了相应的安全、正常使用及耐久性性能水平时，即对结构设计提出了相应的性能要求，设计者根据他们的要求将其转换为对应的性能指标进行量化设计。结

构性能标准规定了用于衡量结构性能水平的数据组（Data Set）或可接受的变动范围(Range of Acceptability)，即针对预期的性能需求而设定的判断结构性能合格与否的标准。它涉及以下几方面的内容：①性能水平的界定，采用什么样的界定指标（如安全、适用、耐久等宏观性指标）；②采用什么样的物理量来描述结构性能；③性能指标和性能水平的对应关系，即性能指标的量化问题。考虑到业主或用户对结构性能不同层次、不同方面的需求以及与规范的衔接，图 9-12 给出了采用三级性能标准对结构性能进行控制的关系。

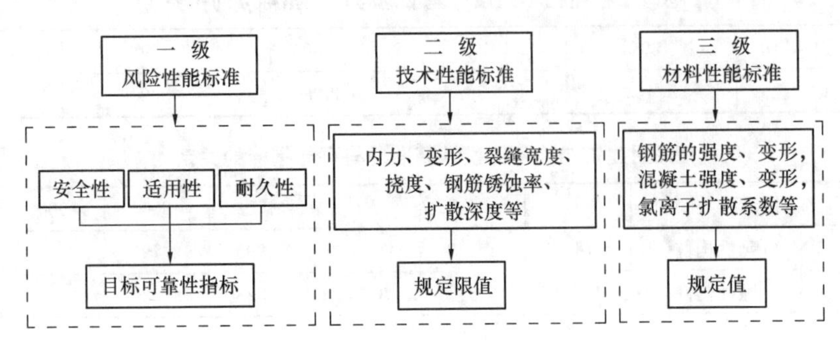

图 9-12　结构全寿命性能设计的性能标准

（1）一级风险性能标准：主要用于衡量结构完成预定功能的可靠性，采用失效概率或可靠指标表示，其对应关系如表 9-10 所示。

可靠指标 β 与失效概率 P_f 的对应关系　　表 9-10

β	1.0	1.5	2.0	2.5	3.0	3.5
P_f	1.59×10^{-1}	6.68×10^{-2}	2.28×10^{-2}	6.21×10^{-3}	1.35×10^{-3}	2.33×10^{-4}
β	4.0	4.5	4.7	5.0	5.5	6.0
P_f	3.17×10^{-5}	3.4×10^{-6}	1.3×10^{-6}	2.90×10^{-7}	2.12×10^{-8}	1.25×10^{-9}

在确定性能标准时，应考虑以下几个方面的问题：①对工程结构而言，一般可认为年失效率小于 10^{-4} 时是较安全的，小于 10^{-5} 时是安全的，小于 10^{-6} 时是很安全的。一般建筑结构在设计基准期内失效概率分别小于 5×10^{-3}，5×10^{-4} 和 5×10^{-5} 时，可认为较安全、安全和很安全，相应的可靠指标 β 约在 2.5～4.0 之间。②失效状态下修复损伤的可能性：若不易维修，应取较高的目标可靠指标。③结构的重要性程度：工程结构通常按失效后果的严重程度划分为三个等级，即重要结构、一般结构和次要结构。常以一般结构的设计目标可靠指标为基准，对重要结构使其可靠指标提高一个等级，而对次要结构使其可靠指标降低一个等级。④结构破坏性质：脆性结构由于破坏前几乎没有预兆，其破坏造成的后果比延性结构要严重，因此，脆性结构的目标可靠指标应高于延性结构。⑤失效的后果：结构超越承载能力极限状态后对社会、经济等方面造成的影响要大于超越正常使用极限状态，因此，目标可靠指标应高于正常使用极限状态。⑥结构的使用性质：不同使用条件下的结构如港口工程、桥梁结构、房屋结构，其承受的可变作用性质及强度不同，因此，目标可靠指标也不同。

（2）二级技术性能标准主要规定了结构构件在确定的荷载和环境作用下的物理特性。如试验或设计规范中物理参数的测量值或规定值。它应当与结构设计采用的性能指标相对应。技术性能标准也可分为3个方面，即安全性能技术标准、适用性能技术标准和耐久性能技术标准。安全性能技术标准可用结构的抗力表示，它不是一个固定的数值，其大小主要取决于结构设计时荷载的取值标准，取值标准大，设计的结构抵抗力大，反之则小。适用性能技术标准一般可通过挠度、裂缝宽度、变形等物理参数来表示。通常需满足规范规定的要求。如港口工程结构最大裂缝宽度及最大挠度限值如表9-11及表9-12所示。而对耐久性能技术标准的确定，首先必须明确采用什么样的性能指标来描述结构的耐久性能。在结构的整个生命历程中，很难用单一参数完整地描述结构耐久性能退化的过程。

港口工程混凝土最大裂缝宽度限值（单位：mm） **表9-11**

裂缝控制等级	淡水港			海水港			
	水上区	水位变动区	水下区	大气区	浪溅区	水位变动区	水下区
C级	0.25	0.30	0.40	0.20	0.20	0.25	0.3

港口工程构件最大挠度限值 **表9-12**

构件种类	轨道梁	一般梁	板
$[f]$	$l_0/800$	$l_0/600$	$l_0/300$

注：l_0 为计算跨度。

（3）三级材料性能标准规定了结构性能设计过程中所采用材料的技术参数，包括钢筋、混凝土材料的强度、变形、延性、混凝土材料的抗渗性、抗磨蚀性、抗冻性等。一般通过试验确定其取值标准，具体可参见各类行业设计规范。

5）性能指标和极限状态

基于性能的设计追求结构在荷载和环境作用下的性能水平。性能设计要求对结构的损伤状态进行量化。因此，在发展基于性能的设计方法之前，需要就如何建立一系列量化的、可测的性能指标达成共识，以此作为结构全寿命性能设计的控制指标。

根据结构性能退化的特点，性能设计的基本要求，在选择描述结构性能的指标时考虑了以下几个方面的因素：（1）这个性能指标应当能够通过某种方法测量或是计算获得，这样才有可能使基于性能的设计达到量化设计的目的，并可根据性能指标评价结构或构件当前的性能水平和预测将来期望的性能。（2）所选指标应当能够覆盖结构性能退化的某个或者某几个阶段，从这个指标的大小上就能够了解结构性能处于哪个退化阶段。（3）所选择的性能指标物理概念明确，并能充分体现结构某一方面的性能需求。

业主或使用者对结构性能的需求是多方面的，除了最基本的性能要求外，某些情况下可能是一些特殊的要求，如采光、噪声等。因此，基于性能的结构设计是多指标多层次的。结构性能的量化指标可用一个或多个性能参数来定义。在结构设计中，可选择的性能参数有内力、位移、变形、裂缝宽度、钢筋锈蚀率、扩散深度等。根据所选用的性能参数，有多种性能指标的表达方式。

在实际结构设计中，可根据业主或使用者对结构的具体要求、环境状况、结构的重要性、可修复性等方面的要求选择相应的性能极限状态，确定出性能极限状态函数及可接受的最大失效概率（目标失效概率）。有了性能极限状态函数及失效概率，就可采用以失效概率或可靠指标表述的可靠度方法对耐久性极限状态进行设计。

9.5 全寿命经济指标分析方法

9.5.1 经济分析方法、参数及成本构成

全寿命设计中的经济分析，是将结构在未来使用过程中可能发生的费用，提前到设计阶段加以考虑，这是一种具有前瞻性的思维方式和设计理念。全寿命经济分析离不开结构的安全性问题，特别是由混凝土结构耐久性引起的结构安全性能降低及结构的维护维修问题。对混凝土结构工程而言，全寿命经济分析应是在结构安全可靠的约束条件下，在满足寿命目标的要求下，结构全寿命的净收益期望值最大或全寿命费用（LCC）最小。全寿命经济分析包括决策、设计、施工、使用和废除 5 个阶段。已有的研究表明，决策和设计阶段对结构全寿命经济效益的影响程度高达 50%～70%。因此，设计之初对结构进行全寿命经济分析，具有十分重要的意义。

工程项目全寿命经济分析是固定资产投资活动的一项基础性工作，是投资决策的重要依据。在结构全寿命设计中，根据目标要求不同，采用的分析方法如下：

（1）成本-效益分析法（Benefit-Cost Analysis，BCA）是对公共项目进行分析的一种方法框架，用项目产出的效益（Benefit）与对应的投入费用（Cost）进行比较得出结论。BCA 实质上沿用了传统的投资分析方法，但在效益和支出的计算上要充分考虑企业利益和社会利益不一致的情况，并以货币为单位，采用类似贴现方法得出相应的经济指标。在全寿命经济分析中，当设计方案产生的效益不同时，采用成本-效益分析法为宜。

（2）全寿命成本分析法（Life-Cycle Cost Analysis，LCCA）是从工程项目全寿命周期出发考虑成本问题，其关键是要实现全寿命总成本的最小化。工程结构作为一种特殊的产品，一般是通过承受一定的荷载或环境作用来满足人们不同的使用要求。因此，对工程结构的“收益”往往很难明确地界定，但是，当工程结构已经确定要进行建设时，其功能往往已经明确，此时不同设计方案的“收益”可以认为是相同的，故一般采用全寿命成本最小作为经济分析的指标。事实上，对工程结构而言，全寿命成本最小并不是评价结构设计方案的唯一准则。因为结构全寿命经济分析不仅仅是经济的问题，还应当与结构的性能、使用寿命联系在一起。最优的设计方案应在结构性能-成本-寿命优化的基础上得到。

对经济方面的要求是对建筑物进行“生命全过程”的宏观经济分析。除了上述方法以外，美国材料与试验协会（ASTM）发布的 ASTM E1185 还推荐了内部回报率（IRR）、纯利（NB）、投资回收率（PB）等分析方法。

全寿命成本是指工程项目在规划、设计、建造、运营、老化及废除等阶段产生的所有成本总和，往往采用现值或年度成本表示。根据资金投放方式不同，全寿命成本可分为经济成本和间接成本。前者指全寿命周期内因建设、维护项目产生的可直接用货币计量，并

用于支付结构资金耗费投入的成本；后者指项目在全寿命周期内由于项目其他原因造成的间接损失，相对难以具体地统计，包括项目因功能变化造成的效益损失，对社会、环境造成影响的折算成本等。

根据成本发生的主体不同，全寿命成本可分为机构成本、社会成本和用户成本，如图 9-13（a）所示。机构成本是指工程项目参与者直接承担的材料、运输、人力和设备等成本。社会成本是指由于工程施工建造、检测维护及维修加固等活动对社会及环境的影响成本，由项目参与者以外的社会公众承担。当结构性能降低到一定程度，或由于某些维护措施的实施，造成工程结构使用功能的不完全，如道路或桥梁因全部或者部分限制车辆通行所造成的用户损失等，这部分额外损失成本由结构用户承担，即用户成本。

根据资金投放时间的不同，全寿命成本可分为初建成本和未来成本。初建成本是指工程项目正式运营之前发生的所有成本，也称工程造价，包括了项目在规划、设计及施工阶段的成本总和。未来成本是指从工程项目开始运营到项目废除时所发生的所有成本，包括了项目的一次性成本、重复性成本、项目残值以及失效成本等，如图 9-13（b）所示。

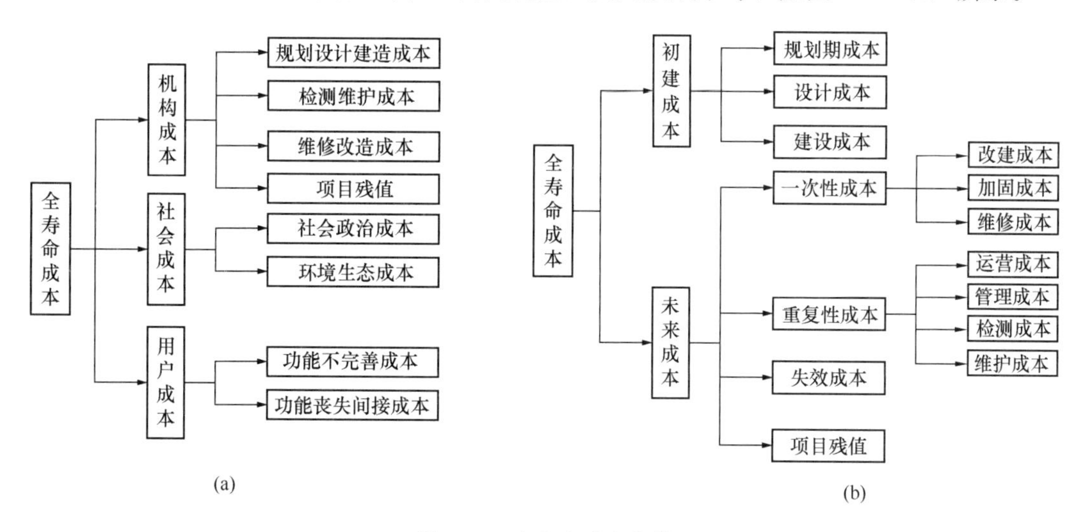

图 9-13　全寿命成本分类

对结构全寿命经济分析影响最大的两个参数是时间周期和资金的折现率。

（1）时间周期。目前，一般投资项目的财务评价计算期不超过 20 年，我国建筑结构设计规范规定普通房屋和构筑物的设计使用年限是 50 年，特殊重要建筑物是 100 年及以上，桥梁结构设计使用寿命是 100 年。随着新材料、新技术的发展，结构设计使用寿命有延长的趋势。因此，工程结构全寿命经济分析的时间周期应取为工程结构的实际使用寿命，在设计阶段进行全寿命成本预测时，时间周期可取为工程结构的设计使用寿命。

（2）折现率。资金具有时间性，其时间价值是指等额货币在不同的时点具有不同的价值。资金的时间价值一般表现为各种利率形式，只有在没有风险、没有通货膨胀的情况下，它才能等同于资金的时间价值。利率是为计算现在资金在未来的实际价值；相反地，资金的折现率则是为求未来金额对于现在价值的利息率。在确定结构全寿命成本计算的折现率时，当费用价格不变时应取实际折现率，当费用价格变化时应取名义折现率。实际折现率和名义折现率的区别是：前者不包括通货膨胀率，而后者包括了通货膨胀率。

根据我国工业统计指标，资金折现率的确定可以采用社会折现率（即社会平均资金收益率）和生产者价格指数（Producer Price Index，PPI）的年变化率进行确定：

$$\gamma_i = \frac{i_{ci} - f_i}{1 + f_i} \tag{9-24}$$

式中，γ_i 是第 i 年的折现率；i_{ci}是第 i 年的社会折现率；f_i 是第 i 年的 PPI 年变化率。社会折现率是指建设项目国民经济评价中衡量经济内部收益率的基准值，反映了国家的经济发展目标和宏观调控意图，综合体现了国家当前的投资收益水平、资金的供需情况及资金的机会成本，是项目国民经济评价的重要参数之一。社会折现率应根据国家的社会经济发展战略、发展目标、发展水平、发展优先顺序、宏观调控意图、社会成员的费用效益时间偏好、社会投资收益水平、资金供给状况、资金机会成本等因素综合测定。对工程结构而言，随着使用年限的增加，性能逐渐劣化，失效风险增大，其成本折现率在寿命期内也将呈递增的规律。综合考虑各项影响因素后，建议工程项目的折现率在前 60 年可取为 2%，之后取为 3%。

9.5.2 全寿命各阶段的成本模型

工程项目全寿命各个阶段发生的成本对项目全寿命成本的影响程度不同。结构的规划决策阶段，是资金投资中最重要的阶段，对项目投资的影响可能性在 95%以上，对全寿命成本影响的可能性为 30%～40%，从根本上决定着投资的方向和投资的收益水平，且此阶段所需成本较低，但对投资者至关重要。

设计阶段是整个项目中技术含量最高、关键问题最多，且解决难度最大的关键环节，将决定结构设计的具体方案，总体的安全性、适用性、耐久性水平以及运营期的日常检测及维护频率。设计阶段对全寿命成本影响的可能性为 20%～30%。一般来说，工程规划、设计费用只占工程全寿命费用的 1%～2%，但规划及设计对工程总造价的影响却占 75%以上，对全寿命成本的影响在 50%～70%。一旦项目设计完成，后续项目对于全寿命成本的影响较小。技术经济合理的设计可以降低工程造价 5%～10%，甚至可达 10%～20%。因此，只有确保高质量的项目规划及设计，才能使项目在全寿命经济最优上取得事半功倍的效果。

施工阶段是工程项目具体实现的过程，将决定建筑结构的质量性能具体达到怎样的程度及与设计符合的程度，它将影响结构后续的性能变化及各项管理措施的实施及改进。此阶段对全寿命成本影响的可能性为 15%～25%。

运营阶段主要是根据项目的目标体系来决策及改进管理维护方案，它对全寿命成本影响的可能性为 10%～20%。后续的几个阶段对建筑工程项目全寿命经济效益的影响越来越小，直到项目的废除，理论上可认为项目全寿命期内的各项资金流入流出将完全确定。图 9-14 说明了工程结构项目各阶段成本对全寿命成本的影响程度变化（不包括土地费用）。

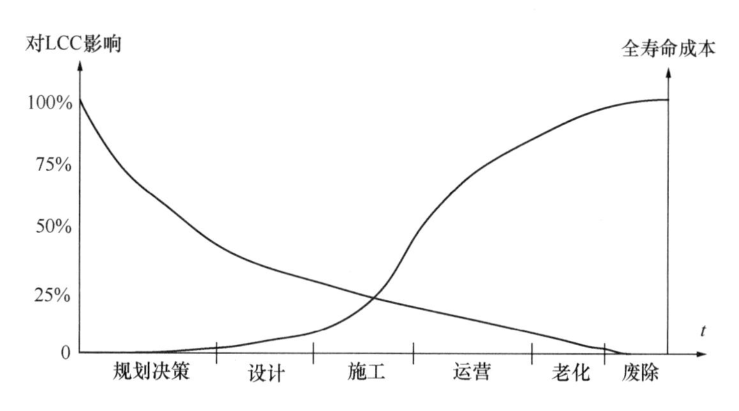

图 9-14　工程结构项目各阶段成本对全寿命成本的影响

1）初建成本

项目的初建成本可分为规划决策成本、设计成本和建设成本，其中施工建造成本一般可包括结构的材料成本、设备成本、施工成本、装修成本等。在可能的情况下还应考虑项目建造过程中的社会成本，即项目对社会环境资源的占用及产生影响的程度。其中社会环境是一个广义的环境，包括大气环境、声环境、水环境、生态环境以及人文环境等。

规划决策成本和设计成本的预算一般可按照建设成本的百分率来表示。一般工程项目，其规划及设计费仅占建设成本的 3%～5%。因此，初建成本可统一化为建设成本考虑。初建成本（即建设成本）的评估通常有两种方法：(1) 在结构的设计阶段，根据结构的具体设计方案进行估算或者概预算。具体可按设计的施工量、材料量、设备量等进行分析计算。(2) 对结构进行分类，建立各类结构的初建成本与代表性设计参数（如结构可靠度、设计强度等）之间的近似关系。如结构初始可靠概率 P_s 与初建成本 C_C 的关系可表示为：

$$C_C(P_s)=\left[1-\frac{1}{\alpha}\ln(1-P_s)\right]C_{C0} \tag{9-25}$$

式中，α 为无量纲常数；C_{C0} 为结构初始可靠概率 $P_s=0$ 时的初建成本。比较两种方法，前者对工程项目初建成本的计算比较精确，但需在设计完成之后才能估算；而后者由于结构方案、设计参数等的不确定性，具体成本增长与可靠概率的增量之间的关系极其复杂，一般只能得到较近似的计算结果。

2）检测成本

工程结构的检测措施本身并不能对结构的可靠性能造成任何影响，它只是通过技术的手段得到结构状态与使用时间关系，可为结构的健康状态评估及维护维修决策提供客观依据。

结构的检测成本大小取决于检测的项目、检测的方法、检测的精度、结构所处的环境、检测样本的数量等因素。检测发现损伤的能力取决于所采用的检测方法的精度，精度越高，能探测到结构不同程度损伤的概率越高，得到的检测信息越可靠，预测结构性能状态也越准确；而检测精度不高，可能查不出损伤，从而错过结构最优的维修时间，造成后续管理措施费用的极大增加。检测方法的精度越高，检测成本就越高；检测结构失效损失越大，允许的检测费用越高；检测的时间间隔越长，结构性能劣化越严重，越可能增加结构的检测费用。因此，检测成本模型为：

$$C_{\mathrm{I}} = C_{\mathrm{I0}} + \alpha_{\mathrm{IF}} n_{\mathrm{I}} \lambda f(\Delta t) \tag{9-26}$$

式中，C_{I0}为基础检测费，α_{IF}是失效损失C_{F}的一个比例系数；$f(\Delta t)$为检测时间间隔的函数，可由实际统计得出；n_{I}为检测的样本量；λ是与检测的内容、方法及检测环境相关的系数，上式尚未考虑检测精度的影响。

为能充分了解结构性能并科学地确定后续的管理决策，需对结构进行周期性日常检测，经统计，对于两年一检测的混凝土桥梁的检测成本约占初建成本的0.15%，而钢结构桥梁的检测成本约占初建成本的0.20%。

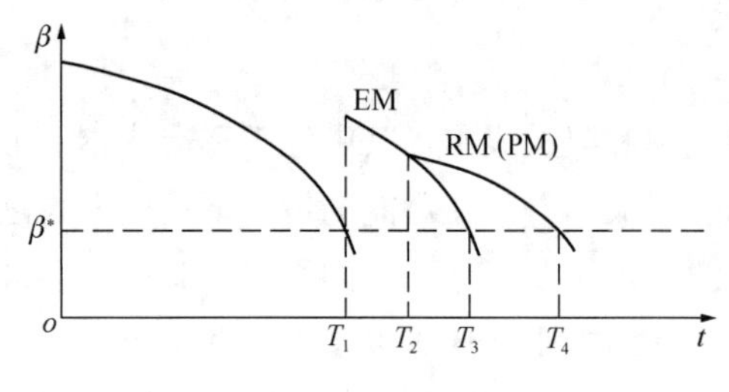

图 9-15　维护维修措施的差别

3）维护维修成本

从对结构的影响角度看，维护维修措施可分为日常维护（Routine Maintenance，RM）、预防性维修（Preventive Maintenance，PM）及关键性维修（Essential Maintenance，EM）三类，如图9-15所示。前两者实质相同，都不提高结构的可靠性能，仅能减缓结构的劣化速度，RM是设计期内就考虑的计划内的日常维护，属于“规定的条件”中的正常维护，是维护时间确定的周期性措施，而PM可看作是计划外的，设计时并未规定的维护措施；EM能提高结构的可靠性能，但在一般情况下不改变结构的劣化速度，可认为是加固措施。

这3种维护维修措施均可有效地降低结构运营阶段的失效概率，从而延长结构的使用寿命，其措施成本一般与结构形式、环境类别、措施方式、工程量、施工单位的维护维修成本函数、劣化速度减少程度、可靠性能增加程度、措施前性能状态等相关。经统计，为使桥梁结构能正常使用而每年花费的日常维护成本预计约占初建成本的0.05%。而钢结构桥梁一般需要油漆防锈，大约每20年上一次漆，成本因钢结构表面积的大小而不同，油漆成本约为钢桥初建成本的7.0%。

工程结构的维修成本不仅与单次维修的成本相关，还与维修的频率有关，它不仅是时间的函数，而且与可能增长的使用功能以及结构的形式有关，如交通量的增长率以每年0.175%计，一般混凝土桥梁第一次维修时间大约是在建成40年后，而钢桥的第一次维修时间大约是在建成35年后。由此可估计混凝土桥梁维修费用约为初建费用的20.0%，而钢桥维修费用约为初建费用的22.0%。

4）失效成本

失效成本是工程结构因失效而带来的损失。显然，损失后果的程度不仅取决于工程的重要性程度，而且还与失效发生的原因有关。从技术角度讲，无论结构的可靠概率有多高，都不可能达到1，即完全可靠的程度，由于结构存在耐久性问题，其可靠性能必将随时间逐渐下降。因此，结构总是存在失效的可能性。结构的失效损失按性质可分为：

（1）直接经济成本

直接经济成本包括结构本身的损失及人员伤亡的损失。结构本身的损失主要包括结构损失和非结构损失两方面。结构损失是指由于结构本身失效所需要的维修及更换费用或结构再建费用，与结构失效程度有关。可通过模糊等级划分的方法来建立直接结构损失的表达式，即：

$$C_{F\_D} = \sum_i \sum_j C(B_{ij}) P_f(B_{ij} \mid A_i) P_f(A) \tag{9-27}$$

式中，A 为结构所有失效事件的集合（假设失效模式之间都独立，下同）；A_i 为结构的第 i 个失效事件；B_{ij} 为第 A_i 个失效事件下的第 j 个失效等级；$C(B_{ij})$ 为 B_{ij} 对应的直接失效损失，可对不同类型的结构做统计分析得到其与初建成本的关系。

非结构损失包括机械的、电气的、常用家具、办公设备及其他相关的损失，可按其新旧程度或有关保险条款进行折算，即

$$C_{F\_DN} = C_{dev} \delta(D_{dev}) \tag{9-28}$$

式中，C_{dev} 为设备等的价格；$\delta(D_{dev})$ 为资产的折旧率，它是设备新旧程度 D_{dev} 的函数。

人员伤亡损失是指由结构失效导致的人员伤亡的成本。影响人员伤亡的因素有很多，如结构功能区的人员密集程度、失效发生的时间（白天、夜间或节假日）、失效的程度及内部的非结构部件情况等。根据经验统计，可将人员伤亡率与结构破坏状态相关联，见表 9-13。

不同破坏状态下的人员死亡率和受伤率　　**表 9-13**

破坏状态	基本完好	轻微破坏	中等破坏	严重破坏	倒塌
死亡率（%）	0	0	0.0	1	15
受伤率（%）	0	0.05	0.8	5	35

人员的伤亡成本可表示为

$$C_{F\_P} = \sum_i \sum_j (\zeta_j C_{P\_D} + \tau_j C_{P\_I}) n_f P_f(B_{ij} \mid A_i) P_f(A) \tag{9-29}$$

式中，ζ_j 及 τ_j 分别为第 j 个失效等级对应的人员死亡率及受伤率；n_f 为结构失效可影响的人员数量期望值；C_{P_D} 为人员死亡后的损失；C_{P_I} 为人员受伤后的损失，包括了医药费、精神损失费、误工费等费用。

（2）间接成本

间接成本包括结构失效造成的不良社会、环境影响，对人民造成的心理创伤以及由此引起的其他次生灾害等。它与结构的初建成本没有直接的关系，而与结构的重要性程度、使用功能、结构类型等相关。对于特殊建筑物，间接失效成本还需考虑它们在艺术、历史上的价值损失。因而间接损失一般难以定量计算，目前只能比较笼统地估计，可通过模糊等级划分的方法，依据结构重要性的不同，建立与直接结构损失之间的关系，即：

$$C_{F\_IN} = \sum_i \sum_j \xi_{jk} C(B_{ij}) P_f(B_{ij} \mid A_i) P_f(A) \quad k = 1,2,3 \text{或} 4 \tag{9-30}$$

式中，ξ_{jk} 为第 k 个重要性等级建筑的第 j 个失效等级的间接成本与直接结构成本比值。根

据规范，按重要性把建筑分为甲类、乙类、丙类及丁类 4 个等级。表 9-14 给出了重要性不同的建筑物在不同破坏等级下的间接成本与直接结构成本之比。

不同破坏等级下的间接成本与直接结构成本之比（%） 表 9-14

破坏状态	基本完好	轻微破坏	中等破坏	严重破坏	倒塌
甲类	0.0	0.0	1.0～10	10～50	50～200
乙类	0.0	0.0	0.5～1.0	3.0～6.0	8.0～20.0
丙类	0.0	0.0	0.5	2.0	6.0
丁类	0.0	0.0	0.2	1.0	2.0

（3）功能性成本

工程结构失效程度的不同将导致结构功能的部分损失或者完全丧失，从而造成效益的减少或者停止，这部分效益损失也可作为一种失效成本考虑。因此，在结构运营时由于维护维修措施的实行而导致可能的功能不充分时，除了考虑维护及维修成本外还需考虑功能性成本；同样地，当维修后功能性有所增强时，需考虑功能性效益的增加。

功能性成本的大小不仅与结构的功能损失程度有关，也与失效造成的项目部分或者完全停止运营生产的时间有关，时间越长，损失越多。引入结构使用功能的评价系数 $\upsilon(X,t)$，定义为依据结构某种响应 F（变形、位移、可靠度等）计算的结构使用功能水平，而结构的响应又是结构参数向量 X 及时间 t 的函数，即：

$$\upsilon=\begin{cases}0 & F<F_{\mathrm{d}}\\ \upsilon(F(X,t)) & F_{\mathrm{u}}>F>F_{\mathrm{d}}\\ 1 & F>F_{\mathrm{u}}\end{cases} \tag{9-31}$$

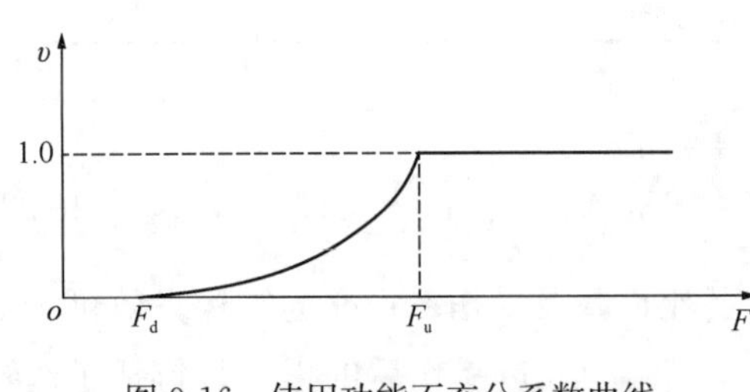

图 9-16 使用功能不充分系数曲线

式中，F_{d} 为不影响结构使用功能的最大结构响应，是结构响应的下限值；F_{u} 为导致结构完全失效的最小结构响应，是结构响应的上限值；$\upsilon(X,t)$ 如图 9-16 所示。由于结构的参数向量 X 是随机变量，因而结构使用功能的评价系数 υ 也是随机变量。假设其概率密度函数为 $f_{\upsilon}(\upsilon)$，可根据 $F(X,t)$ 的概率密度函数推算。功能性成本期望值的现值可表示为：

$$C_{\mathrm{F\_G}}=\int_{t_1}^{t_2}(1+\gamma)^{-t}U(t)\int_0^1 f_{\upsilon}(\upsilon)\upsilon\mathrm{d}\upsilon\mathrm{d}t \tag{9-32}$$

式中，$U(t)$ 为 t 时刻的效益值；t_1 及 t_2 是功能性成本计算的开始及结束时刻；γ 为折现率。工程项目的运营效益与工程结构的性能有关，它决定了结构能够发挥自身使用功能的程度；还与项目经营的好坏程度、经营的产业类型等相关。为体现项目经营水平的不断改进，年效益可一般化为：

$$U(t)=\prod\nolimits_{i=1}^{i}(1+\varepsilon_{\mathrm{U}i})U_0 \tag{9-33}$$

式中，ε_{Ui}为第i年的效益增长率；U_0为基准年的效益值。假定年效益增长率一定时，

$$U(t)=(1+\varepsilon_U)^t U_0 \tag{9-34}$$

式中，ε_U为平均的年效益增长率。当$\varepsilon_U=0$时，可认为工程项目运营后每年的效益均相同，即效益的年值为确定值U_0。

5）项目残值

工程项目的残值包括项目的拆除费用和残余价值。如桥梁的拆除费用约为初建成本的10%；钢结构可具有正的残余价值，约为初建成本的2%；而混凝土结构可能没有残余价值，甚至有可能为了处理建筑废料而表现为负值，即成本的支出。因此，一般把项目的残值作为成本来考虑，其模型可简单表示为：

$$C_D=\eta_C C_C \tag{9-35}$$

式中，η_C为与结构、材料类型相关的系数。

9.5.3 全寿命总成本模型

工程项目全寿命过程可以划分为设计建造期、运营维护期和老化拆除期，期间的一系列工程活动所造成的经济、环境、社会成本均需考虑到全寿命成本中，包括结构设计、建造、检测、维护、维修、拆除等。图9-17给出了工程项目全寿命各项成本的现金流示意，以及随着各项措施的施加结构性能的相应变化趋势。此时，结构寿命期内的总成本为：

$$LCC(t)=C_C+C_I+C_M+C_R+C_F+C_D \tag{9-36}$$

式中，C_C为建设项目规划、设计与建造的费用，即初建成本；C_I为全寿命期的检测成本；C_M为全寿命期的日常维护成本；C_R为全寿命期的维修成本以及因维修造成的损失；C_F为结构失效成本；C_D为项目残值。

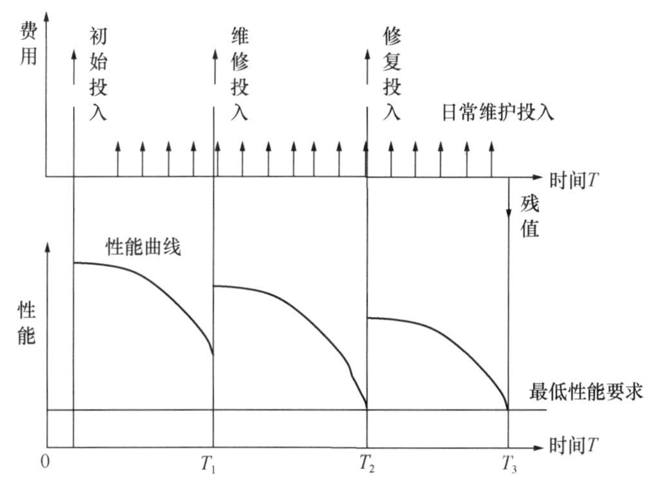

图9-17 结构全寿命费用及性能劣化曲线示意图

当工程项目的效益可较准确预测时，全寿命经济分析可用收益现值衡量，即：

$$E_{\mathrm{T}} = U_{\mathrm{LCC}}(T) - LCC(T) \tag{9-37}$$

式中，$LCC(T)$ 为全寿命周期成本现值；$U_{\mathrm{LCC}}(T)$ 为全寿命周期的效益现值，其期望值为：

$$L_{\mathrm{LCC}}(T) = \sum\nolimits_{i=1}^{T} \frac{U(i)}{(1+\gamma)^{i}} P_{\mathrm{s}}(i) \tag{9-38}$$

式中，$U(i)$ 为第 i 年项目的年效益；$P_{\mathrm{s}}(i)$ 为第 i 年结构的可靠概率；γ 为折现率。

9.5.4　管养措施的设置与成本预测

工程结构的正常设计中，一般包括了周期性的结构检测及维护，特殊情况下还包括了周期性的维修，如定期部件的更换。理想情况下当存在周期性的结构检测、维护及维修且每次措施投入的成本一样时，全寿命周期内的管理措施总成本现值为：

$$C_{*}(T) = C_{*} + \frac{C_{*}}{(1+\gamma)^{i_{\mathrm{m}}}} + \frac{C_{*}}{(1+\gamma)^{2i_{\mathrm{m}}}} + \cdots \tag{9-39}$$

式中，i_{m} 是措施间隔的年数；“＊”代表措施类型；C_{*} 为每次采取措施的成本。采用的同一管理措施并不一定是周期性的，它可能是一个变化的不确定量。假设每次采取措施的时间间隔分别是 i_{m1}，i_{m2}，i_{m3}…，且 C_{*} 不变，此时管理措施的总成本现值为：

$$C_{*}(T) = C_{*} + \frac{C_{*}}{(1+\gamma)^{i_{\mathrm{m1}}}} + \frac{C_{*}}{(1+\gamma)^{i_{\mathrm{m1}}+i_{\mathrm{m2}}}} + \frac{C_{*}}{(1+\gamma)^{i_{\mathrm{m1}}+i_{\mathrm{m2}}+i_{\mathrm{m3}}}} + \cdots \tag{9-40}$$

当管理措施代表部件维修（更换）时，i_{m} 可理解为部件的使用寿命；当管理措施代表维护保养时，i_{m} 可理解为维护措施具有效果的时限；当管理措施代表结构检测时，i_{m} 可理解为检测数据具有一定可信度的时限。因此，i_{m} 的期望值预测可表示为：

$$E(i_{\mathrm{m}}) = \int x f_{i_{\mathrm{m}}}(x)\mathrm{d}x \quad \text{连续型}$$

$$E(i_{\mathrm{m}}) = \sum i_{\mathrm{m}} p_{i_{\mathrm{m}}}(i_{\mathrm{m}}) \quad \text{离散型} \tag{9-41}$$

式中，$f_{i_{\mathrm{m}}}(x)$ 及 $p_{i_{\mathrm{m}}}(i_{\mathrm{m}})$ 分别为连续型及离散型使用寿命分布的密度函数。

如问题更具一般化，即每次采取管理措施的费用不同，且全寿命期内采取的次数有限，不足以体现一定的统计特性时，各管理措施总成本的预测期望现值模型可表示为：

$$C_{*}(T) = \sum\nolimits_{i=1}^{k_{\mathrm{m}}} \int_{0}^{T_{\mathrm{D}}} C_{*}(i)(1+\gamma)^{-T_i} f_{\mathrm{T}_i}(T_i)\mathrm{d}T_i \tag{9-42}$$

式中，$f_{\mathrm{T}_i}(T_i)$ 为第 i 次管理措施使用寿命 T_i 的概率密度函数；系数 k_{m} 为全寿命期内可能采取管理措施的总次数，可取为 $k_{\mathrm{m}} = n(T_{\mathrm{D}}) + 1$，$n(T_{\mathrm{D}})$ 为结构全寿命周期内的管理措施预测频率，即管理措施次数的期望值。

管理措施的频率与结构的性能相关，结构可靠性能越差，需实行的管理次数就越多，措施之间的时间间隔越短，导致管理总成本的投入也越大。管理措施的发生概率可以表示在结构运营期的时间轴上。假设相邻两次管理措施之间的时间间隔为 t_i，$i=0$，1，…，

其中 t_0 表示结构开始运营到第一次管理措施的时间间隔，其概率密度函数为 $f_{t_i}(t_i)$，第 i 次管理措施发生的时刻为：

$$T_i = \sum_{n=0}^{i-1} t_n \tag{9-43}$$

其概率密度函数 $f_T(T)$ 可通过 $f_{t_i}(t_i)$ 推算得到。以工程竣工时间为基准，结构全寿命周期内的管理措施次数期望值为：

$$n(T_D) = \sum i \cdot P(T_i \leqslant T_D) = \sum i \int_0^{T_D} f_{T_i}(T_i) \mathrm{d}T_i \tag{9-44}$$

当进行管理措施的决策时，可能遇到不同管理方案的选择问题，此时可运用事件树分析方法来预测期望值，如图 9-18 所示。此时，管理措施成本为：

$$\begin{aligned} C_*(T_D) = & \sum_{j_1} \int P(A_{j_1}) C_*(1)(1+r)^{-T_i} f_{T_1}(T_1) \mathrm{d}T_1 \\ & + \sum_{j_2} \sum_{j_1} \int P(A_{j_1 j_2} \mid A_{j_1}) P(A_j) C_*(2)(1+r)^{-T_2} f_{T_2}(T_2) \mathrm{d}T_2 + \cdots \\ & + \sum_{j_k} \cdots \sum_{j_2} \sum_{j_1} \int P(A_{j_1 j_2 \cdots j_k} \mid A_{j_1 j_2 \cdots j_{k-1}}) \cdots P(A_{j_1 j_2} \mid A_{j_1}) P(A_j) C_*(k)(1+r)^{-T_k} f_{T_k}(T_k) \mathrm{d}T_k \end{aligned} \tag{9-45}$$

式中，j_k 为第 k 次的可能选择方案，选择是否实施管理措施及实施何种管理措施；$A_{j_1 j_2 \cdots j_k}$ 为 k 次管理措施方案选择的路径；$P(\cdot)$ 是管理措施事件的路径概率，选择是否实施管理措施时的概率可按下式计算：

$$\begin{aligned} P(A_{j_1 j_2 \cdots j_i}) &= P\{Z(T_i) \geqslant 0 \mid A_{j_1 j_2 \cdots j_{i-1}}\} \quad \text{可不实施管理} \\ P(A_{j_1 j_2 \cdots j_i}) &= P\{Z(T_i) < 0 \mid A_{j_1 j_2 \cdots j_{i-1}}\} \quad \text{须实施管理} \end{aligned} \tag{9-46}$$

而对实施何种管理措施的概率，可通过类似工程的统计数据或根据设计决策获得。

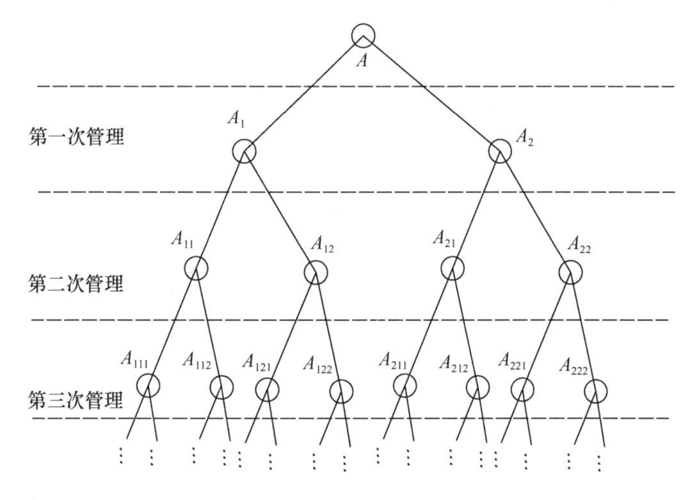

图 9-18　结构全寿命管理的事件树预测

9.6 全寿命绿色评价体系

9.6.1 结构绿色评价的定义

建筑业在全球范围内属于高能耗、高排放的行业。据统计，在美国、澳大利亚及大部分欧洲国家，每年由于建筑的建造和拆除产生的建筑垃圾约占该国固体废弃物总量的20%～30%。而在中国，由于缺乏系统的建筑垃圾管理和控制措施，这个比例高达30%～40%。国际能源署发布的全球碳排放初步统计显示，在全球经济增速不减的情况下，2015年全球碳排放量与2014年基本持平，并首次出现了下降趋势；我国在能源结构调整和节能减排上的努力对此有不可忽视的贡献，在庞大的碳排放总量中，约有36%来自于建筑业。因此，实现建筑业"绿色化"和转变能源消费模式牵动着全球的气候和环境问题，是我国和国际节能减排行动中至关重要的内容，有环境意识的结构设计、管理和决策是工程结构设计的重要发展方向。

"绿色建筑"（Green Building）的概念最早是在1994年的第一届绿色建设国际会议上提出的，绿色建筑与传统建筑的概念区别在于：传统建筑追求建筑产品的经济性和功能性，注重高性价比，而绿色建筑在满足建筑基本功能要求的基础上，还强调了在"时间"和"空间"上满足绿色性能。"时间"上的绿色性能指建筑体系的全寿命各阶段内都要满足节约能源资源、减小环境影响的要求。"空间"上的绿色性能指建筑的室内环境、城市生态环境，乃至全球生态环境都保持良好的状态并受到应有的保护。工程结构的全寿命周期可以划分为设计、建造、运营、维护和废弃这几个阶段，每个阶段都有不同的绿色内涵和绿色设计内容，如图9-19所示。要实现工程结构"绿色化"，必须将各个阶段的"绿色要求"综合起来，建立一套结构全寿命设计的绿色评价指标体系，在结构的设计阶段完成针对结构方案的全寿命绿色评估。

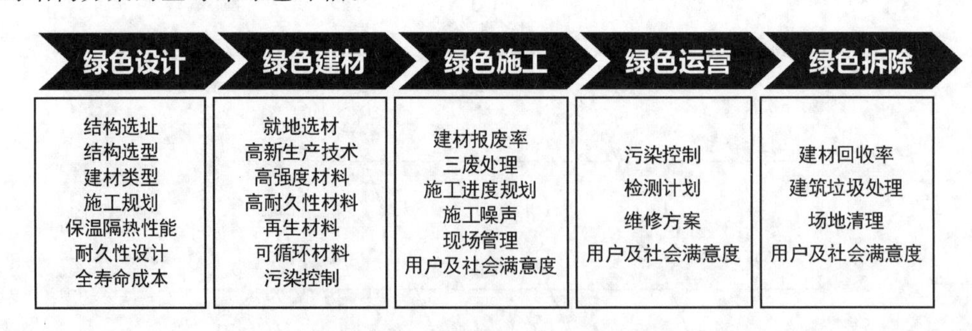

图9-19 工程结构全寿命各阶段绿色评价内容

国内外已建立了许多较为成熟的绿色建筑评价方法和评价指标体系，例如美国的LEED（Leadership in Energy and Environmental Design）是美国绿色建筑协会于1998年建立的一套评价体系，旨在指导拟建建筑的绿色设计和可持续设计；日本的CASBEE（Comprehensive Assessment System for Built Environment Efficiency）成立于2002年，针对建筑的环境质量和环境负荷进行综合性的评价和评级；英国的 BREEAM（Building Research Establishment Environmental Assessment Method）采用评分制度，判断建筑结构在全寿命过程中可能对环境造成的影响；我国在 2006 年颁布了《绿色建筑评价标准》GB/T 50378，提出了节能、节地、节水、节材和保护环境等要求。2014 年的标准保留了旧标准的控制项，另增设评分制来确定建筑的绿色等级，并设加分项用以鼓励创新性的绿色设计，根据最终得分将建筑结构评定为 3 个绿色等级。各指标中权重最高者为能源项，其次为土地和建材项。2019 年，该标准修订的主要技术内容是：（1）重新构建了绿色建筑评价技术指标体系；（2）调整了绿色建筑的评价时间节点；（3）增加了绿色建筑等级；（4）拓展了绿色建筑内涵；（5）提高了绿色建筑性能要求。

美国和欧洲的绿色建筑评价方法起步较早，在世界范围内有着广泛的应用，也积累了较多的工程实践经验。我国的评价标准发展历程尚短，不可避免地存在一些不足之处。我国评价标准设立控制项作为绿色建筑的强制要求，但新旧标准中的控制项均是定性的模糊语句，而非明确的定量指标，因此在判断是否满足控制项要求的过程中存在很大程度的主观因素，评价结果因人而异，使评价标准客观性不足；我国评价标准考察了结构中绿色技术和手段的使用情况，同时也设立了加分项鼓励创新型绿色设计的应用，但却忽略了这些技术和新型设计的最终实际效果和性能表现，未能真正做到结构全寿命周期的绿色设计和评价。

9.6.2　绿色评价方法的构建

从不同的角度出发，在结构全寿命设计理论框架中架设了结构设计绿色目标体系，包括区域环境目标、用户和社会满意目标和全球环境目标。区域环境目标是“以环境为对象的目标”，对结构的内部和场地周边的环境质量提出要求，包含结构的室内环境、室外环境和区域环境保护问题等指标，是结构“环境负荷最小化”的体现；用户和社会满意目标是“以人为对象的目标”，针对用户、投资商和社会群体的利益所提出的一系列指标，包含了结构全寿命成本规划、施工人员的管理、结构的用户满意度、结构全寿命活动（包括施工、运营、拆除）的社会影响等，体现了结构“以人为本”的理念；全球环境目标是“以生态为对象的目标”，旨在对结构的区域生态环境和全球生态环境影响做出评价，由大气环境（温室效应、臭氧层空洞等）、生态环境保护、生态多样性保护等指标组成，体现了结构“可持续发展”的要求。需要区分的是，区域环境目标旨在保证以结构为中心的、短期的、小范围的环境质量，而全球环境目标则关注由工程活动引起的全球范围的、长期的环境问题。总之，绿色指标是跳出传统结构设计范畴的全新的指标体系，绿色评价的对象不是传统的结构安全性、适用性或耐久性，而是结构对区域环境、相关人群以及全球环境的影响，如图 9-20 所示。

全寿命设计体系作为一个多目标、多指标的设计体系，需要建立明确的指标等级，依据层次分析法（Analytic Hierarchy Process，AHP）将复杂问题逐层分解为清晰明确的子问题，以便获得全面并且高效的设计流程。一个完善的指标体系一般包括 6 个等级：项目、类别、问题、条目、子条目、指标。对于工程结构而言，全寿命绿色评价的目标“项目”是工程结构的全寿命绿色性能，而下属的“类别”层次则包括结构对区域环境的影

图 9-20 工程结构全寿命绿色评价的对象

响、对人的影响以及对全球环境的影响。以结构对区域环境的影响为例，“问题”层次可以分为室内环境、室外环境和环境保护，其中室内环境又可在“条目”层次划分为室内空气质量、光环境、声环境、温度环境等，室内空气质量之下包括室内空气污染、室内通风换气等“子条目”，再将子条目进行更为细致的分割，形成室内毒害物质含量、窗/墙比等可落到实处的设计和评价“指标”。结构全寿命绿色评价指标的层次关系如图 9-21 所示。

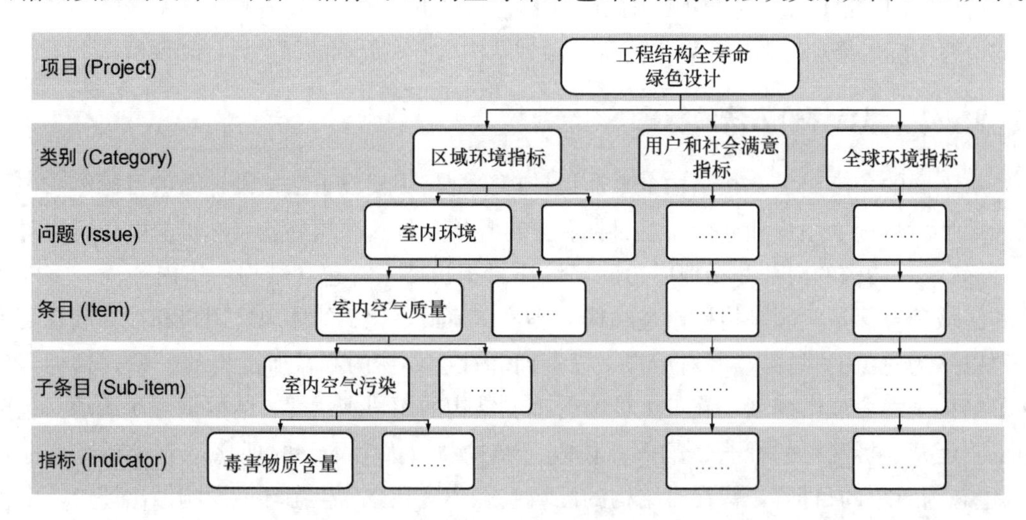

图 9-21 工程结构全寿命绿色评价指标层次关系

全寿命绿色评价的时间跨度是工程结构的整个寿命历程。因此全寿命绿色评价指标应包括：针对设计阶段的绿色评价指标、针对建造阶段的绿色评价指标、针对运营阶段的绿色评价指标、针对维护阶段的绿色评价指标，以及针对拆除阶段的绿色评价指标等；按照指标的设计评价对象，可将指标体系分为：目标设计指标（即环境、健康、经济等项目）和手段设计指标（即设计、规划、管理等过程）；按指标的表述方式和明确性可分为：定量指标和定性指标；根据设计指标的实施方式和约束性强度，又可以分为：强制性审核指标和综合评分指标。

绿色设计的指标体系不仅需要强制性的审核指标，还需要建立一系列的综合评分指标。采用综合评分指标的设计过程一般输出一个数值结果，并根据该数值结果判断结构的绿色性能等级是否符合方案的设计要求。在综合所有评分指标的分值时，指标权重是十分关键的因素，标志着各项指标的重要性程度和影响力大小，也体现了决策者对不同绿色性能的重视程度。若指标的评分结果不是按权重分配而直接加成，可能产生指标分值互偿的现象，使得某一方面绿色性能极弱而另一方面绿色性能极强的结构，与各方面绿色性能均衡的结构，产生的绿色性能等级相同，造成设计方案的绿色性能的判断不准确。

指标权重的确定方法有许多种，常用的有专家调查法（Delphi Method）、因子分析权数法、信息量权重法、优序图法等。美国国家标准与技术研究院开发的BEES评价工具中提供了4组可供参考的绿色指标权重组合，其中包括美国环保局科学咨询委员会确定的（全球暖化：酸化：富营养化：化石燃料消耗：室内空气质量：栖息地改变：水摄入：标准空气污染物：盐雾：生态毒性：臭氧层破坏：人类健康）的权重系数为（16：5：5：5：11：16：3：6：6：11：5：11）。

9.6.3　绿色评价指标的内涵

工程结构按照功能可分为房屋建筑结构、工业结构、桥梁隧道结构、空间结构、基础结构、水工结构等多种类型。工程结构的全寿命设计绿色指标体系应具有一定的普适性，在经过小幅调整后便可用于不同的结构类型。房屋建筑结构的显著特征是提供人类长期活动的室内空间，因此需要在进行绿色设计时着重关注室内环境和安全的设计，这一特征也可推广到工业厂房、隧道等含有内部空间的结构。对于桥梁等无内外之分的结构，则不考虑结构室内环境指标。基于全寿命设计绿色指标的普适性考虑，本节将以房屋建筑结构为代表，建立包含室内环境评价指标和其他指标的全寿命设计绿色指标体系。按照设计对象的不同将全寿命设计的绿色指标分为以下三部分内容，即区域环境指标、用户和社会满意指标以及全球环境指标，见图9-22。

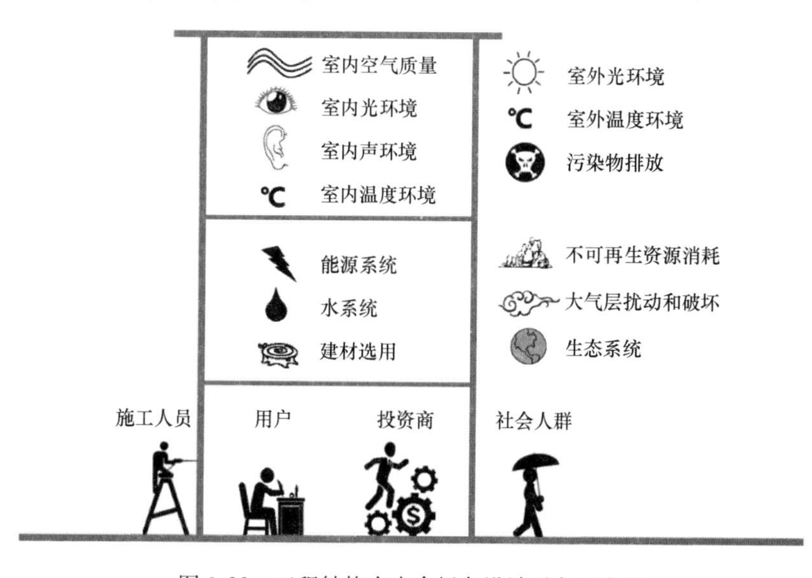

图9-22　工程结构全寿命绿色设计对象示意图

1）区域环境指标

设立区域环境评价指标的目的是从结构创造的室内外环境和环境保护的角度，保证环境质量，并控制工程结构对环境不利影响，使工程结构内部环境健康、宜居，并与外部区域环境协调共存。工程结构的环境评价设计可以分为室内环境、室外环境和环境保护。

（1）室内环境评价指标。工程结构的室内环境质量与用户的健康和安全息息相关，一般来说，室内环境评价项目可包括：室内空气质量、室内光环境、室内声环境、室内温度环境等。室内空气环境受两方面因素影响，一方面是结构材料释放的有毒有害气体，另一方面是结构的窗/墙比及通风效率。室内光环境设计主要考虑日光条件，主要以日光利用率作为室内光环境的设计指标。室内声环境的主要设计指标包括隔声材料和吸声材料等，可采用材料的隔声、吸声效率和材料在围护结构上的覆盖率作为强制性控制指标，对噪声水平进行控制。室内温度环境的设计主要是通过围护结构性能的设计保证室内的温度适宜。围护结构需要满足传热系数的强制性要求，起到防止室内外温度扩散的作用。

（2）室外环境评价指标。工程结构对室外环境的影响一般包括结构本身或结构的建设、使用等全寿命活动对其周边环境的影响，在建立指标体系时考虑室外光环境、室外温度环境、污染物排放等。室外光环境受到工程结构的形态和高度影响，以周围建筑的冬季日均日照时长为强制性审核指标，控制工程结构的最大高度以及与周围建筑的距离，营造适宜的室外光环境。室外温度环境通常由于工程结构的存在而出现热岛效应。为了控制热岛效应，一方面需要控制结构自身的吸热率，采用较高比热容的结构材料；另一方面应运用强制指标规定屋面材料必须具有高反射比和低辐射系数。污染物排放是工程结构体系对外部环境造成的重大不良影响之一，工程结构的污染物不仅包括建造阶段和拆除阶段的建筑垃圾，还包括建材生产过程中产生的各类废弃物。对于建筑垃圾设定垃圾分类回收率的综合评分指标，鼓励将建筑垃圾视为结构的“建筑副产品”投入循环使用；建材生产过程中的各类废弃物则应设定强制性的环境排放标准，控制废弃物排放量和单位废弃物中的毒害物质含量。

（3）环境保护评价指标。结构的环境保护评价指标主要针对结构对广义环境的影响大小进行设计，包括结构的能源消耗、水系统、建材选用等方面。工程结构的主要能耗形式为电力消耗。应设立综合性评分指标，鼓励削减结构建造和拆除阶段的工程机械能耗，推行能源集约型绿色装配式结构；对结构朝向、窗/墙比、围护结构隔热性能设立强制审核指标，用以控制建筑体系运营阶段的能耗。工程结构的水系统包括结构全寿命用水情况和结构全寿命过程中对外界水环境的影响。结构的全寿命用水主要集中在结构建造阶段，通过设立综合性评分指标鼓励工程结构工业化生产，减少现场的水资源浪费；设立综合评分指标，减少结构施工过程对区域水环境的污染和扰动；同时对结构建材设置强制性审核指标，控制工程结构对与其接触的水体的污染。工程结构材料的选用应遵循两项强制性审核指标，一是循环使用率指标，二是污染指标。还应设立综合评分项，尽量减少材料的内含能和内含碳，选用本地的天然建材，避免繁复的加工过程和远距离运输带来的污染。

2）用户和社会满意指标

设置用户和社会满意指标是为了将工程结构对相关人群的不良影响降到最低，这里的相关人群包括用户、投资商、结构施工人员和周边社会人群。用户和社会评价无法用定量指标进行设计，只能依托社会调研和工程经验进行定性评价，采用综合评分指标对结构进行设计。采用模糊综合评价法，将用户和社会的意见分为7个等级：完全不满意，很不满意，较不满意，一般，较满意，很满意，完全满意，并建立相应的影响指标集合，同时对各项影响因素赋予一定的权重，最终得出用户和社会对评价对象的整体满意度。下面将分别讨论与建筑结构相关的几类人群的设计和评价指标。

（1）用户。用户作为结构的使用者，工程结构对这一人群的影响最为长久、最为深远。工程结构的最主要目标是使用户的安全系数和舒适度最大化。结构安全系数决定了建筑结构是否“可居”，而用户舒适度指标则对建筑结构是否“宜居”做出设计，进一步体现了全寿命绿色设计的人文关怀。在用户评价中，结构的安全性设计并不是结构的承载能力或抗震能力设计，而是安全通道、应急避难处等方面的设计，还应在设计阶段制定全寿命内的安全隐患定期排查计划。结构舒适度的设计应该注重结构内部的空间设计和健康环境。空间设计包括层高、进深和空间形状，空间布局不产生压迫感的同时，还应留出私人空间提供隐私保护；结构还应保持适宜的健康环境，对结构的隔热、隔声、振动控制等方面进行设计。还应开通用户意见的收集渠道，将用户意见反馈给全寿命设计绿色指标体系，为今后的工程结构绿色设计提供参考。

（2）投资商。作为工程结构的主要投资经营者，与投资商相关的结构性能则主要体现在结构的全寿命成本和全寿命收益上。设计团队应通过洽谈协商充分了解投资商的需求，给出绿色的、可行的、灵活的、简约的结构全寿命设计方案。提供设计方案的同时，应估算结构的全寿命成本和全寿命收益，包括设计、建造、运营、拆除各阶段的成本和收益。设计团队和投资商都应提升结构全寿命设计的意识，从结构的全寿命角度来看，耐久性设计和绿色设计都是至关重要的设计步骤。

（3）结构施工人员。工程结构绿色设计应关爱建筑施工人员的身心健康。通过严格的施工现场管理，给施工人员提供一个安全、健康的工作环境；合理规划施工进度，保证施工人员的休息时间，提高工作质量；工程结构设计应以简约为原则，减小施工难度，保证工程质量；在设计阶段进行结构全寿命维护方案的规划，考察维护措施的工程可行性。

（4）社会人群。社会人群虽然不是结构的使用者，但也因结构的存在而受到不同程度的影响。针对社会人群满意度的设计，需要让这一影响朝着积极的方向发展。位于城市密集建筑群中的工程结构需要进行风场设计，给结构周边人群提供适宜的风环境。施工规划应尽量避免对周围人群的正常生活和工作造成干扰，控制噪声、粉尘和振动。还应合理地规划结构的维护、维修方案，避免频繁影响结构的正常使用。开通社会反馈意见的收集渠道，对结构设计的不合理之处及时做出整改，并为今后绿色设计提供参考。

3）全球环境指标

设立全球环境指标的目的是将结构全寿命活动的长期生态影响降到最低。工程结构活动的生态影响是一个大空间范围的、长时间跨度的作用。作用范围广至全球生态系统，而超越了建筑的周边环境；时间范围也不再局限于结构的全寿命周期，而是长达数百年的生态变迁。工程结构对生态的作用可以分为对不可再生资源的消耗、对大气层的扰动破坏，以及对生态系统的影响。

工程结构在全寿命过程中消耗大量的能源和资源，其中很大一部分资源是不可再生的，包括建筑材料的原材料、建材生产过程消耗的燃料、火力发电的燃料、机械和运输消耗的燃油等。可设立综合评分指标，用以鼓励减少不可再生资源的消耗、提高资源的使用效率。水泥和钢材是全球范围内最主要的两种建筑材料，作为其原材料的石灰石和铁矿，以及作为主要燃料的煤矿均属于不可再生资源，不加节制的开采将引发可持续发展问题。工程结构全寿命过程中还消耗大量的燃油，例如建造施工阶段的各类建筑设备，以及建筑材料的运输车辆。油品消耗的优化一方面应该推行装配式结构形式，减少施工现场的机械运转，以高效的工厂化模式生产建筑结构构件；另一方面应该因地制宜地选择当地的建筑材料供应商，避免长距离运输消耗的燃油和损伤的建材。

建筑活动对大气层的干扰主要表现在有害气体的排放，包括温室气体、酸化气体和氟氯烃等。温室气体主要以 CO_2 为代表，酸化气体包括 SO_2、NO_x、NH_3 和 HCl 等，氟氯烃的主要来源是制冷剂。工程结构设计应针对这些有害气体设定强制性审核指标，控制全寿命排放量，通过安排合理的结构形式、建材选择等方式，削减结构全寿命的有害气体排放。

从生态系统和生物多样性的角度，只能提出定性的设计要求和综合评分指标，用以约束结构活动带来的影响。要求建筑材料尽可能采用可循环的、快速再生的、高耐久性的资源，减少矿石原料的挖掘量和化石燃料的使用量；结构土方工程应设置严格的开挖范围，并及时修复受损生态系统；道路桥隧结构还应设置小型生物通道，保证结构两侧的生物互通性，防止生态阻隔。

与结构的全寿命传统设计相比，绿色评价的特殊性在于：(1) 绿色评价的对象是结构和工程活动对区域环境、相关人群和全球生态系统的影响，而结构的设计阶段进行绿色评价的目标在于控制上述种种影响。但影响的范畴难以界定，大小难以量化，因此绿色设计只能间接地设定评价指标来约束这些影响，通过控制结构的各项指标来削减工程结构的各种影响。(2) 传统设计指标的变化将迅速体现在结构可靠度、使用寿命和全寿命成本的变化上，但绿色设计指标的变化可能并不会立刻改变结构或工程活动对环境、人群和生态的影响，这就要求绿色设计指标体系必须建立在足量的经验数据的基础上，同时也决定了绿色设计指标体系无法完全是定量的、强制性的指标。(3) 结构全寿命绿色设计指在结构设计阶段通过绿色设计指标来控制结构未来数十年的性能，是一项相对困难的任务。而更加困难的是，人群、环境和生态系统也是易变且不稳定的。因此，绿色设计的目的是要在长达数十年的结构寿命内，适应人群、环境和生态的变化，将工程活动对其的不良影响降到最低。这就要求结构的绿色评价指标必须具有一定的普适性，能够在较长的时间内满足人群的舒适需求和文化品味，与变化的环境相协调，并保护复杂而脆弱的生态系统。面对未来数十年的未知变化，结构的绿色性能也无法完全依靠定量指标，也需要通过部分定性指标进行调整和控制。

9.6.4 路桥结构的全寿命绿色评价指标体系

合理的工程结构全寿命设计的绿色指标体系应该做到对常见的工程结构形式具有普适性，结合工程结构的不同形式、用途及其所在环境，对具体设计指标做出相应调整，形成具有针对性的绿色设计指标体系。高速公路桥梁结构的绿色设计不考虑室内环境，并着重考虑行车舒适度、路面情况等与用户体验相关的指标。结合沿海高速公路桥梁的特点，可以建立沿海高速公路桥梁全寿命设计绿色指标体系，如图 9-23 所示。

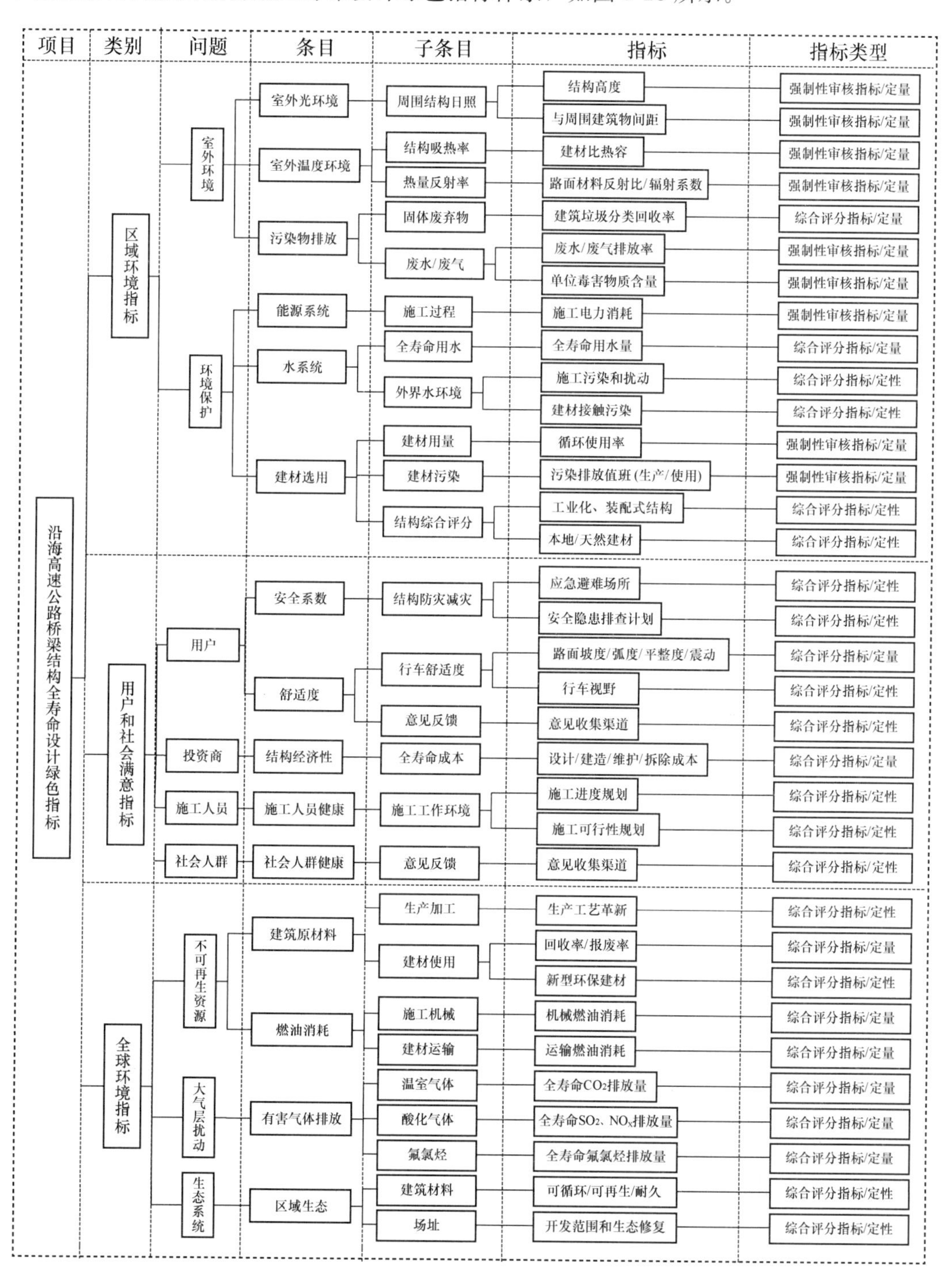

图 9-23　沿海高速公路桥梁结构全寿命设计绿色指标体系

对于沿海高速公路桥梁全寿命设计绿色指标体系而言，环境评价指标中存在部分定量的强制性审核指标，而用户及社会满意度指标和全球环境指标则全部采用综合评分指标。定量标准的判断依据为指标是否达到某一预定数值或满足某一明确的要求，其判断结果为“真”或“假”两种情况；定性要求则是无法量化的、带有模糊语义的结构要求，判断结果是结构性能符合设计要求的程度，因此也常用模糊综合评价法加以判断。一般而言，强制性审核指标都是定量指标；而综合评分指标则既可以是定量指标，也可以是定性指标。

9.7 全寿命可持续性评估

9.7.1 结构可持续性的含义

传统意义上的工程成本一般指结构的建设成本，包括土地购置成本、材料成本、机械租赁和运营成本、人工成本和能耗成本等。结构招标投标过程中也常以建设成本为主要的参考指标进行工程方案的选择，在满足达到设计的结构性能的前提下，选择建设成本较低的方案，以获得更好的经济效益。然而，上述方案选择方法也存在一些问题：(1) 对结构性能的理解不够长远。结构在建造完成后将进入长达数十年甚至上百年的运营阶段，这段时间内可能会出现各类威胁结构性能的情况，例如恶劣的环境影响、不良的人为使用、不准确的检测结果、不完善的结构维护和突发的结构损伤等。这些现象都可能导致结构的长期性能劣化，而这一问题并未在设计方案比选时得到妥善的考虑；(2) 对结构成本的理解不够长远。结构的设计和建造成本通常称为结构的初始成本，一般由项目建设者承担。结构竣工后发生产权转移、业主变更的情况，使结构在建设阶段和运营阶段被不同的业主管理，也导致结构建设方案与后期维护方案的脱节。建设者选择建设成本较低的结构方案，可能牺牲了一部分结构的长期性能，导致运营阶段需要投入更多的成本和资源进行结构维护，而这部分投资一般不在建设者的考虑范围内。(3) 若在工程决策过程中只关注短期的经济效益，反而可能使结构在整个全寿命过程中的成本更高。为此，工程建设者应用长远的眼光看待结构的性能和成本，综合考虑结构在全寿命各阶段的性能变化、应对措施和相应的成本，使结构在全寿命过程中能以较低的经济投入获得并保持良好的结构性能。

除了经济投资以外，工程结构的可持续发展战略还要求考虑建筑业的环境污染问题和社会影响问题。工程结构的建造可能需要占用林地、耕地或填埋湿地湖泊等，这一过程将严重破坏当地的生态环境。而建筑材料的生产需要摄取大量不可再生的矿产资源和化石燃料，同时产生大量的有害气体、液体和固体废弃物。结构建造过程中的各类机械运营也将消耗大量能源，而废弃的建筑废料也会以固体废弃物的形式造成一定的环境负担。除了结构建造过程，结构在检测、维护、维修、拆除等工程活动中造成的环境问题也同样值得关注。若要求结构有较高的初始性能，则需要在建造过程中投入更多的材料和资源，相应地也将产生更多的初期环境问题，但结构后期维护维修的频率降低，能够减少结构后期的环境压力。反之，若在结构的建造阶段为节省材料和资源而牺牲结构性能，则可能在结构后期需要为频繁的维护维修投入更多的资源和能源，造成更严重的环境问题。因此，评价结构的环境性能也需要从全寿命的角度出发，综合全寿命各项工程活动的环境影响，使结构在全寿命过程中产生的环境负担最小。

建造工程结构的最初目的是为人类提供庇护场所，使人类能够在自然环境中更好地生存和繁衍。随着人口数量的增长、人类文明的进步和社会的发展，结构形式和结构功能也越来越多样，逐渐从最初的个人住宅结构发展出服务对象更广、更具有社会性的公共基础设施结构等。当结构的社会功能愈发显著时，结构失效或结构功能缺失带来的社会影响也更为广泛。结构的各类工程活动都将在一定程度上对结构周围的人群造成影响，而当既有结构因为维护、维修等工程活动而无法正常使用时，还会对结构用户造成较为严重的影响，甚至影响地区的商业发展和财政收入。工程结构的社会影响与其工程活动的形式和频率息息相关，尤其是结构的后期检测、维护和维修等工程活动。选择长期性能较好的结构方案，能够有效降低结构后期维护维修的频率，而优先采取预防性维护措施，不仅能够降低结构功能损失的风险，还能减少对结构正常使用功能的干扰，控制由此产生的不良社会影响。结构的社会影响是随着结构的性能、功能和工程活动而变化的，对结构社会影响的评价也应放眼结构的全寿命过程，使结构在全寿命过程中保持预设的社会功能，尽量减少对人们日常工作和生活的干扰。

结构的环境影响和社会影响评估较为复杂，由于各类影响的来源不同和评价指标的多样化，评价结果也往往难以统一，无法综合考虑结构整体的环境性能或社会性能。为解决这一问题，可将环境影响和社会影响转化为成本的形式，用于表示各类不良影响导致的经济损失，以形成统一的评价指标。同时，结构成本的概念也应随之得到扩展，除了包含传统的工程经济成本，还应包括不良环境影响和社会影响造成的损失，也即环境成本和社会成本。工程结构全寿命经济成本、环境成本和社会成本共同构成了完整的结构全寿命总成本的内涵，也同时体现了可持续发展战略在经济、环境和社会三方面的要求，降低结构的全寿命总成本是追求结构可持续性的过程，而结构的全寿命总成本也可以作为结构可持续性的综合评价指标。

9.7.2　基于可持续性的全寿命总成本模型

传统的工程结构的成本一般指结构建设阶段的经济成本，而结构的全寿命总成本的内涵则远大于传统意义上的结构成本。从时间跨度上来说，全寿命总成本涵盖了结构建设、检测、维护、维修、拆除等全寿命各阶段的成本。从成本类型来看，全寿命总成本又可以分为经济成本、环境成本和社会成本，其中经济成本为项目业主直接负担的成本，主要包括材料、运输、人工、能耗等方面的成本，环境成本是工程活动的不良环境影响导致的经济损失，而社会成本是工程活动的负面社会影响带来的经济损失。根据结构的成本类型，结构全寿命总成本可表达为：

$$LCC = C_{EC} + C_{EV} + C_{SO} \tag{9-47}$$

式中，C_{EC}为经济成本；C_{EV}为环境成本，考虑与工程活动相关的不良环境影响引起的经济损失；C_{SO}为社会成本，指的是工程活动的负面社会效应引起的经济损失。此前的许多研究中已对若干社会成本进行了量化，例如车辆运营成本，道路用户成本，货物损失，人员伤亡损失，及社会经济损失等。预防和治理工程活动造成的环境污染也需要一定的经济投入，然而这类成本在以往的研究中却鲜有包括在全寿命成本模型里，尤其是有关污水和固体废弃物污染造成的经济损失。

在工程结构可持续发展的要求下，如何定量描述工程结构在设计、施工、运营、维护和拆除过程中对环境和社会的影响显得十分重要，因此本书接下来将对全寿命总成本模型中的环境成本和社会成本进行详细说明。

9.7.3 环境成本

工程结构的环境影响包括空气污染物、污水和固体废弃物排放对人类健康、生态系统、全球气候、种群栖息地等方面的不利影响，环境影响内容如图 9-24 所示。环境成本是指与经济活动导致的自然资产实际或潜在恶化相关的成本。工程结构的建造过程既要消耗大量自然资源和能源，还会在原材料获取、构件加工制造、运输和施工过程中给周围环境带来土地破坏、水土流失、噪声粉尘、污染物排放等损害，从而产生直接的环境成本。此外，对于交通运输工程，新建项目或维修项目往往会占用车道以保证施工空间，严重的交通阻塞将迫使部分交通用户改变行车路线，产生额外的燃料消耗和尾气排放，从而造成一系列间接的环境成本。

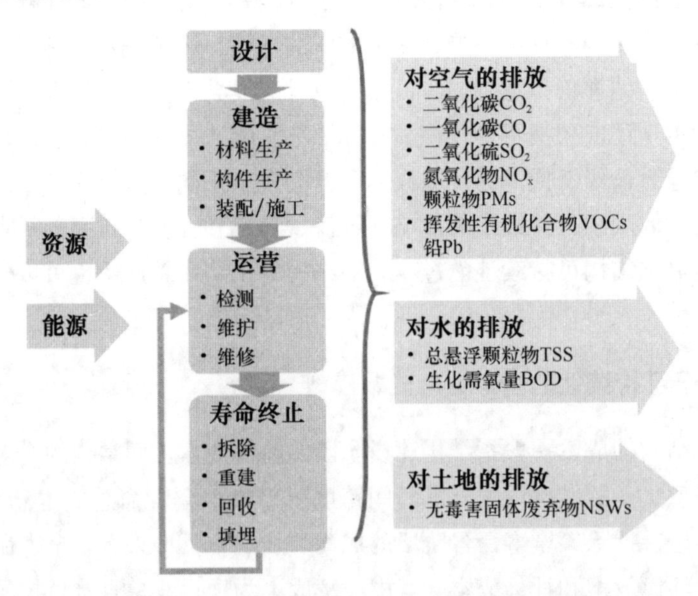

图 9-24 结构全寿命工程活动产生的环境影响

美国环境保护局针对 6 种常见空气污染物设立了空气质量标准，分别是颗粒物（PMs）、地表臭氧、二氧化硫（SO_2）、二氧化氮（NO_2）、铅（Pb）和一氧化碳（CO）。此外，有害气体排放还包括二氧化碳（CO_2）和甲烷（CH_4）等温室气体，以及氟氯烃

(CFCs) 和卤素等臭氧层破坏物质。本节的环境成本模型中主要考虑 CO_2、CO、SO_2、氮氧化物 (NO_x)、PMs、挥发性有机化合物 (VOCs) 和 Pb 等具有代表性的空气污染物。污水排放将引起受污染水体的一系列化学、物理和生态变化，大多数水污染是由工业废水和生活污水引起的。本节的水污染范畴包括总悬浮颗粒物 (TSS) 和生化需氧量 (BOD)，主要针对钢材和混凝土生产过程中产生的污水进行讨论。工程活动的固体废弃物排放主要是无毒害固体废弃物 (NSWs)，例如建造和拆除废弃物，如混凝土、砖石、木料、瓷砖等材料的碎片，此类无毒害固体废弃物的环境成本主要由其填埋重量决定。

污染者付费原则 (Polluter Pays Principle, PPP) 认为造成环境污染的组织应负责相应的污染处理和环境治理费用。基于这一原则，桥梁结构全寿命过程中的环境成本将与各类不同组织相关。例如，建筑材料的环境成本由建材生产厂家承担，施工过程的环境成本由施工单位负责等，这必然导致环境成本模型在统计和应用方面的困难。然而，本节所研究的环境成本是评估结构整体环境性能的货币化指标，而非确定各工程参与团队应负担的环境成本的财务核算方法。而且，环境成本是工程间接成本的一部分，通常由公众和社会共同承担，而非项目业主全部负责。因此，无论环境影响出现在全寿命过程的哪一阶段，或由何种工程活动所产生，其经济损失都将作为环境成本计入本节的模型中。

环境破坏成本 (Damage Cost) 和污染防治成本 (Prevention Cost) 是两种最为常见的环境成本形式。环境的破坏将影响人类健康、农作物、建筑物和基础设施，以及全球生态系统，而环境破坏成本代表了由于环境破坏造成的经济损失，环境破坏成本可通过以下形式进行量化：(1) 用于修复受损环境和治疗受影响人群的成本；(2) 由于环境退化和人类健康损害导致的经济损失；(3) 人们为了避免有害环境影响而愿意支付的费用 (Willing to Pay, WTP)。考虑人的意愿时 (例如 WTP)，需要采用条件评估方法 (Contingent Valuation Method, CVM) 等调研方式。ExternE (External Costs of Energy) 项目中还提出了影响路径方法 (Impact Pathway Approach, IPA) 用于计算环境污染导致的环境破坏成本，这一方法追溯了污染排放和扩散的过程，并通过剂量反应关系估算了污染物影响和相应的经济损失。一般而言，环境破坏成本比污染防治成本受到更多不确定性的影响。不同的时间范围、地域和评价方法也对环境破坏成本的确定有着极大的影响，因此，本节不采用环境破坏成本的方式确定工程污染物的环境成本。

污染防治的目标在于减少或防治有害物质的排放，通常有三类污染防治方法：(1) 通过系统升级提高能源效率并减少有害排放；(2) 排放物处理以减少有害物质含量；(3) 对未处理的有害排放征收罚款或环境税。相应地，污染防治成本也应由三部分构成，也即系统升级成本、排放处理成本，以及包括罚款和环境税的污染费用。假设生产商的商业模型均以最低成本为导向，那么一个建筑产品的环境成本就是所有本应在其生产过程中应用的污染防治措施 (即系统升级、排放处理和征收环境费用) 中最小成本的组合。一般而言，污染防治成本形式的环境成本可表示为：

$$C_{\mathrm{E}} = \min(C_{\mathrm{upgrade}} + C_{\mathrm{treatment}} + C_{\mathrm{pollution}}) \tag{9-48}$$

式中，C_{upgrade} 为系统升级成本；$C_{\mathrm{treatment}}$ 为排放物处理成本；$C_{\mathrm{pollution}}$ 为污染费，例如罚款或

环境税。

以水泥生产过程的环境成本为例，假设传统水泥生产工艺的经济成本为 C_0，每吨产品的 CO_2 排放量为 T_0。对此水泥产品而言，有 3 种可能的污染防治方式：(1) 对 CO_2 排放征收污染罚款或环境税以阻止过度排放，相应的环境成本为 $C_{E1}=0+0+T_0\cdot c_{pollution}$，其中 $c_{pollution}$ 为 CO_2 排放的罚款率或税率；(2) 采用系统升级技术（例如，改善窑炉燃烧效率）提高生产效率并减少 CO_2 排放，此后水泥产品的单价每吨将上升 C_1，而 CO_2 排放由于系统升级则每吨产品降至 T_1。这种方法的环境成本为 $C_{E2}=C_1+0+T_1\cdot c_{pollution}$；(3) 进行前述系统升级并同时采用排放处理技术（如固碳技术），由于安装和使用排放处理装置，产品单价每吨再升高 C_2，而每吨产品 CO_2 排放将进一步降低至 T_2，相应的环境成本为 $C_{E3}=C_1+C_2+T_2\cdot c_{pollution}$。图 9-25 简要描述了与上述 3 种污染防治方法相应的环境成本。基于成本导向的商业模式假设，该水泥产品的环境成本是 3 种污染防治方法中的最小成本，也即 $C_E=\min\{C_{E1},C_{E2},C_{E3}\}$。

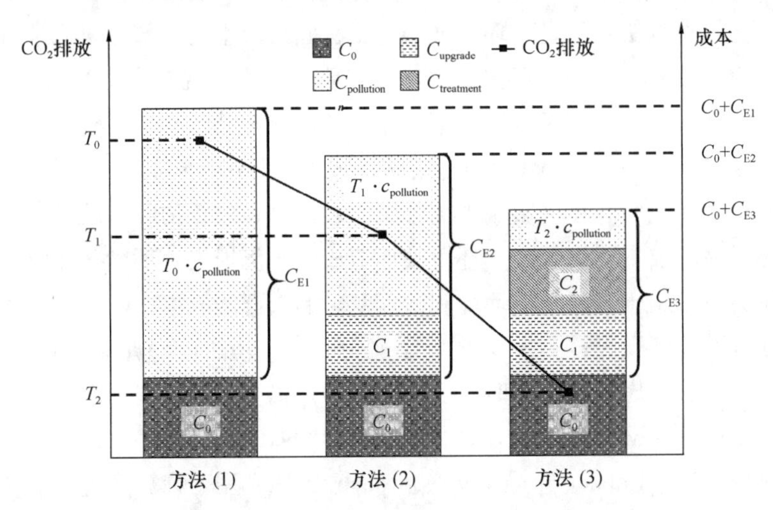

图 9-25　考虑系统升级、排放处理和污染费用的水泥产品环境成本

注：T_0＝初始 CO_2 排放；T_1＝系统升级后的 CO_2 排放；T_2＝系统升级和排放处理后的 CO_2 排放；C_0＝经济成本；C_1＝由系统升级造成的成本增长；C_2＝由安装和使用排放处理装置导致的成本增长；$c_{pollution}$＝CO_2 排放的罚款率或税率；C_{E1}＝方法（1）的环境成本；C_{E2}＝方法（2）的环境成本；C_{E3}＝方法（3）的环境成本。

单位污染物的环境成本费率是环境成本计算的关键参数，不同污染物的环境成本费率如表 9-15 所示。由于国内外环境政策、对环境污染的认知和环保技术的不同，环境成本费率中不可避免地存在大量的不确定性。理想情况下，环境成本费率应定期进行更新，而本节以对数正态分布的形式考虑其不确定性，以便进行长期分析和评估。当环境成本费率足够高（例如，出台更严格的环境保护规定）或系统升级和排放处理成本较低（例如，未来技术进步）时，应在环境成本中考虑系统升级成本 $C_{upgrade}$ 和排放处理成本 $C_{treatment}$。

常见有害排放的环境成本费率 表 9-15

污染物类别	污染物	单位	污染防治成本费率
空气污染物	二氧化碳 CO_2	元/t	428.4
	一氧化碳 CO	元/t	108.8
	二氧化硫 SO_2	元/t	4896
	氮氧化物 NO_x	元/t	4760
	粉尘 Dust	元/t	21284
	挥发性有机物 VOCs	元/t	26520
	甲烷 CH_4	元/t	8364
污水	总悬浮颗粒物 TSS	元/m^3	4420
	生化需氧量 BOD	元/m^3	4624
固体废弃物	无害固体废弃物 NSWs	元/t	30.94

工程活动产生的环境成本可通过污染物成本费率与污染物排放量的乘积进行量化：

$$EC_{\text{con}} = \sum_k \left(\sum_i A_{\text{A},ik} \cdot c_{\text{DA},i} + \sum_j E_{\text{W},jk} \cdot c_{\text{DW},j} + \sum_l E_{\text{L},lk} \cdot c_{\text{DL},l} \right) \tag{9-49}$$

式中，$E_{\text{A},ik}$为全寿命过程中第k项工程活动产生的第i种空气污染物排放量；$E_{\text{W},jk}$为第k项工程活动产生的第j种污水排放量；$E_{\text{L},lk}$为第k项工程活动产生的第l种固体废弃物排放量；$c_{\text{DA},i}$为第i种空气污染物的环境成本费率；$c_{\text{DW},j}$为第j种污水的环境成本费率；$c_{\text{DL},l}$为第l种固体废弃物的环境成本费率。例如，生产 1t 水泥大约将产生 0.74t CO_2，1.97kg CO，0.53kg SO_2，3.65kg NO_x，0.08t 粉尘和废水中大约有 0.906kg TSS，利用式（9-49）和表 9-15 提供的环境费率均值，将各种污染物的环境成本组合得到水泥产品的环境成本约为 2114.5 元/t。

道路桥梁工程对道路的占用通常会迫使一部分交通用户选择较远距离的绕行，而另一部分用户则可能在施工影响区域内减速行驶或排队，导致客运和货运的时间延误和行程增加。若日交通流量大，由于交通绕行或延误所产生的额外污染物排放量可能高于工程活动的污染物排放量。因此，交通绕行和延误所导致的环境成本应当纳入工程结构的环境影响中，其中交通绕行的环境成本可按下式计算：

$$EC_{\text{tra,dt}} = [c_{\text{E,car}}(1 - TT) + c_{\text{E,truck}} \cdot TT] \cdot D \cdot (1 - \rho_{\text{d1}}) \cdot ADT \cdot t_{\text{c}} \tag{9-50}$$

式中，$c_{\text{E,car}}$和$c_{\text{E,truck}}$分别是客车和货车运营的环境成本费率，可以由车辆运营期间的燃料消耗量计算；TT是卡车在每日平均流量中的比例；D是绕行路线长度；ADT是平均每日车流量；ρ_{d1}是在封闭车道期间通过施工道路的车辆的百分比，而（$1 - \rho_{\text{d1}}$）是选择绕行的车辆百分比；t_{c}是建设项目的持续时间。而由于排队拥堵或速度限制的额外燃料消耗导致的环境成本为：

$$EC_{\text{tra,dl}} = [\Delta F_{\text{car}} \cdot c_{\text{EF,car}}(1 - TT) + \Delta F_{\text{truck}} \cdot c_{\text{EF,truck}} \cdot TT] \cdot L \cdot \rho_{\text{d1}} \cdot ADT \cdot t_{\text{c}} \tag{9-51}$$

式中，$c_{EF,car}$和$c_{EF,truck}$是汽车和卡车燃料的环境成本费率；ΔF_{car}和ΔF_{truck}是通过施工区域的汽车和卡车的额外燃料消耗（以L/km为单位）。

总的环境成本表示为：

$$C_{EV} = EC_{con} + EC_{tra,dt} + EC_{tra,dl} \tag{9-52}$$

考虑到货币的时间效应，未来成本一般通过货币折现率折算为成本现值，而用于折算未来环境成本的折现率则是环境成本折现率，在此记为γ_E。环境成本折现率存在较大的争议。自然环境是一个不断变化的系统，可能在遭受污染之后自我修复，也可能进一步恶化，现在和未来排放同样的污染物可能造成不同的环境影响。另一方面，污染防治措施和污染处理技术也在不断进步，如今视为有毒害或禁止排放的污染物，未来可能会得到妥善处理甚至加以利用。此外，不同污染物的环境影响周期也不尽相同，例如，SO_2能在大气层中停留2～5天，N_2O可停留约121年，而大气层中20%的CO_2可持续上千年。若对不同的污染物采用相同的环境成本折现率，可能高估其中的一部分经济损失而低估另一部分。

考虑到门槛折现率能够更为真实地反映不同污染物的影响周期，本节将采用这一方法进行环境成本分析。根据污染物的影响周期长短，将CO、SO_2、VOCs、Pb、PMs、TSS和BOD归为短期污染物，其有效期在几分钟到几天时间内；将CH_4和NSWs归为中期污染物，其环境影响的持续时间约为几十年；而N_2O和CO_2为长期污染物，其大气寿命超过100年。短期、中期和长期污染物的环境成本折现率分别记为γ_{Es}、γ_{Em}和γ_{El}，可采用$\gamma_{Es}=4\%$，$\gamma_{Em}=2\%$，$\gamma_{El}=0\%$，而经济成本的货币折现率为$\gamma=2\%$。在环境成本分析中，折现率是至关重要的因素。尽管门槛折现率更适合于环境成本分析，但这种方法仍避免不了一些缺陷，不同污染物折现率的确定较为主观。因此，需要对环境成本折现率采用敏感性分析。

9.7.4 社会成本

尽管工程基础设施的潜在社会影响巨大，相关的研究仍局限于建立社会影响评估（SIA）的框架和指标体系，在实际工程的结构设计和决策过程中却很少考虑社会可持续性和社会影响。社会影响包括由于任何公共或个人行为造成的在人们生活、工作、娱乐、人际交流和组织关系等方面的变化，及这些变化造成的社会后果和文化后果。简而言之，社会影响是由于社会政策、社会事件或社会变迁造成的变化。而工程结构的社会可持续性旨在通过合理的全寿命设计和管理减少工程活动的不良社会影响，追求社会资源的合理分配并确保代际公平。表9-16列举了若干具有代表性的社会影响类别。

现有知识体系中的社会影响类别 **表9-16**

影响类别	形态
1	生活方式态度；信仰与价值观；社会组织
2	“标准”社会影响（噪声、污染等）；心理影响；预期的恐惧；SIA造成的影响；国家及个人服务；人口流动

续表

影响类别	形态
3	人口特征；社区及体制结构；政治和社会资源；个人和家庭变化；社区资源
4	生活方式；文化；社区；政治体系；环境；健康；人权与财产权；恐惧与期望
5	健康与社会福利；宜居性；经济影响和物质财富；文化影响；家庭和社区影响；制度、法律、政治及平等性影响；性别关系

为了考虑工程基础设施的整体社会可持续性，并融合具有不同来源、不同形式和不同后果的社会影响，可采用货币评估的方式将社会影响转化为社会成本。工程结构的社会成本是工程活动产生的外部成本，通常由社会公众承担，代表了施工、维护、维修和修复等全寿命工程活动对社会福利的综合影响。以往的研究中已对交通运输业、交通事故、建设项目和工程事故等方面的社会成本进行了探讨，如表9-17所示。虽然在建设项目的投标和概预算中很少考虑社会成本，但社会成本通常被认为是全寿命成本（LCC）模型中的一项间接成本，而将社会成本纳入经典全寿命成本模型中也能促成更加完备的结构全寿命成本分析（LCCA）和成本-收益分析（Cost-Benefit Analysis，CBA）。然而在实际应用中，社会成本指标仍局限于时间损失、人员伤亡、车辆运营成本和交通事故成本等方面，距离完整的社会影响评估和社会成本分析还存在很大的差距。

现有知识体系中的社会成本类别　　表9-17

对象	社会成本类别
交通运输业	拥堵成本；事故成本；空气污染成本；噪声成本；气候变化成本；其他外部成本
工程事故	受害者时间损失；残疾成本；死亡成本；住院及医疗成本；诉讼费用；设备和工厂损失；材料或产品损失；闲置机械损失；受害者亲属损失
交通事故	医疗成本；产品损失；人力成本；财产损失；行政成本
建设项目	停车位损失；额外燃油消耗；交通延误；事故率增长；路面加速老化；路怒；收入损失；生产力损失；税收损失；财产损失；治疗不良身体/心理影响；生活质量降低；修复成本
公共事业建设工程	交通延误；车辆运营成本；行人延误；停车区域损失；噪声污染；粉尘污染；空气污染；路面修复

按照利益相关者分类和影响路径法对社会成本指标进行具体划分，得到工程项目社会成本清单，如图9-26所示。对建筑工人的社会影响主要来源于建筑安全事故，其社会成本可以细分为医疗成本、过早死亡或永久残疾造成的收入损失、受害人及家属朋友的精神损失。而对于交通用户，交通事故的社会成本还包含了事故财产损失，另外，交通延误的社会成本包含时间损失（如司机、乘客、行人、货物的延误）和车辆运营成本。对于当地社区，交通受阻会导致受影响区域内商户的可及性下降，消费者流失，从而导致该地区的商业收入下降。此外，噪声和粉尘都对当地社区的居住环境有影响，噪声污染成本可以采用房屋价格下降和生产力下降进行衡量，粉尘污染可以采用清洁费进行估算。公共组织的社会成本包括事故行政成本、税收损失、停车收入损失和公共道路维护成本等。下面将对建筑工人、交通用户、当地社区和公共组织的社会成本构成和成本模型进行详细说明。

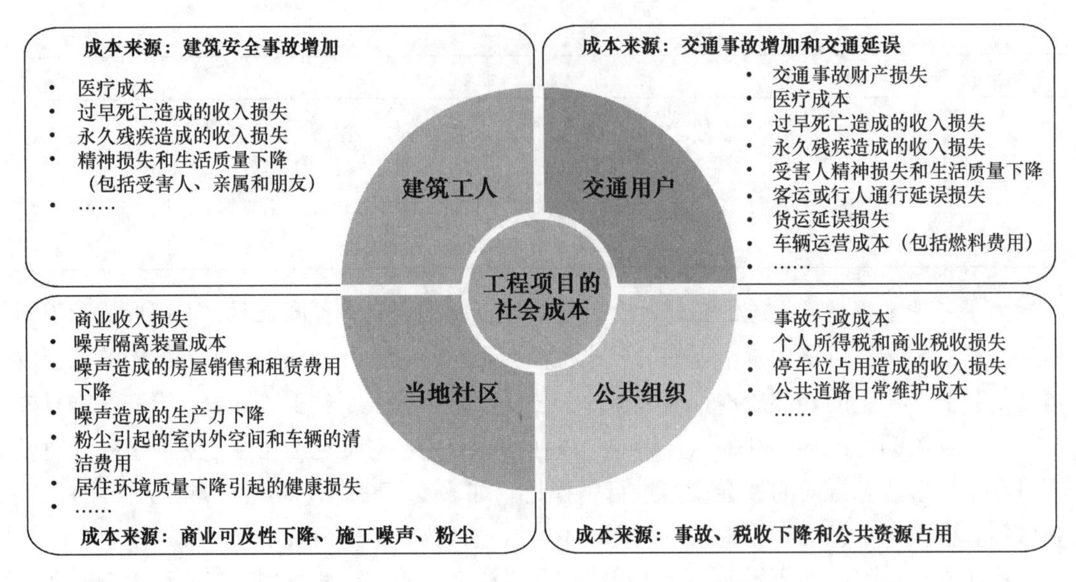

图 9-26 各类利益相关者的社会成本清单

1）建筑工人

建筑工人在施工时面临着诸如高处坠落、物体撞击、倒塌事故等带来的受伤甚至死亡的风险。工作场所安全（Workplace Safety）被认为是建筑工人社会影响类别中最重要的部分。工作场所事故对建筑工人造成的社会成本主要包括以下部分：

（1）医疗成本：医疗救护费、住院费、残疾人康复费等，可以根据工程项目的平均受伤人数和每个受伤工人的平均医疗费用来估算

$$SC_{\mathrm{me,con}} = N_{\mathrm{inj,con}} \cdot c_{\mathrm{me}} \cdot t_{\mathrm{c}} \tag{9-53}$$

式中，$SC_{\mathrm{me,con}}$是建筑工人的医疗成本；$N_{\mathrm{inj,con}}$是施工期间的日平均受伤人数；c_{me}是受伤工人的平均医疗费用。如果没有工程项目的伤亡统计数据，则可以通过区域平均统计数据粗略估算 $N_{\mathrm{inj,con}}$：

$$N_{\mathrm{inj,con}} \approx N_{\mathrm{inj,total}} \cdot \frac{V_{\mathrm{cp}}}{V_{\mathrm{c,total}}} \tag{9-54}$$

式中，$N_{\mathrm{inj,total}}$是区域工人的日工伤总数；V_{cp}是工程项目的规模（可按建筑面积衡量）；$V_{\mathrm{c,total}}$是区域内所有工程项目的规模。

（2）收入损失：过早死亡或永久残疾造成的工资收入损失。收入损失 $SC_{\mathrm{il,con}}$可通过人力资本法（Human Capital，HC）计算重伤和死亡工人从受伤时间到退休的总收入损失：

$$SC_{\mathrm{il,con}} + (N_{\mathrm{inj,con}} \cdot P_{\mathrm{da}} + N_{\mathrm{ft,con}}) \cdot c_{\mathrm{W}} \cdot t_{\mathrm{year}} \cdot (T_{\mathrm{retire}} - T_{\mathrm{accident}}) \cdot t_{\mathrm{c}} \tag{9-55}$$

式中，$N_{\mathrm{ft,con}}$是事故造成的日平均死亡率；c_{W} 是工人的日平均工资；t_{year}是一年中的工作日总数；T_{retire}是工人的平均退休年龄；T_{accident}是事故发生时工人的平均受伤/死亡年龄；P_{da}是按收入损失百分比衡量的所有受伤工人的平均残疾水平。

（3）精神损失：伤残或死亡对受害人及其家属朋友的痛苦、悲伤和生活质量下降的非

物质成本，可以采用支付意愿法（WTP）估算。WTP反映了人们愿意为降低事故风险而付出的成本，在对WTP的标准化评估中，最重要的是确定统计学意义上的生命价值，即统计生命价值（Value of a Statistical Life，VSL）。VSL需在国家层面上进行评估，与人均国内生产总值、预期寿命、工作时间与休闲时间的比值等因素有关。

根据欧盟研究项目HEATCO的建议，严重但非致命伤害的精神损失被设定为VSL的13%。与痛苦、悲伤和生活质量下降有关的精神损失$SC_{\mathrm{psi,con}}$可以按照下式计算：

$$SC_{\mathrm{psi,con}}=(N_{\mathrm{ft,con}}+0.13\cdot N_{\mathrm{inj,con}})\cdot VSL\cdot t_{\mathrm{c}} \tag{9-56}$$

式中，VSL是统计生命价值。

2）交通用户

工程项目在实施过程中可能会占用现有的行车道路，影响正常的道路运输，造成交通拥堵和车辆绕行，而施工影响区域内的视觉干扰、车辆变速或紧急刹车更增加了交通事故的发生风险。交通拥堵、绕行和事故作为施工影响区域内社会成本的影响源，会导致旅行者和货运服务商等交通用户的社会成本增加，主要包括：

（1）交通事故成本：交通事故造成的财产损失、医疗费用、收入损失和精神损失。其中财产损失$SC_{\mathrm{pd,tra}}$可采用下式计算：

$$SC_{\mathrm{pd,tra}}=c_{\mathrm{vpd}}\cdot N_{\mathrm{vac}}\cdot t_{\mathrm{c}} \tag{9-57}$$

式中，c_{vpd}是每次交通事故的平均财产损失，可以通过修理或更换受损物品的费用来估算；N_{vac}是由施工干扰引起的道路交通事故率，可以使用区域或国家统计数据来估算，例如交通事故率（每辆车每公里的事故数）以及每次事故中的受伤和死亡率。N_{vac}包含了由于施工干扰而选择绕行的车辆交通事故和沿施工路线行驶车辆的新增事故，可按下式计算：

$$\begin{gathered}N_{\mathrm{vac}}=r_{\mathrm{ta}}\cdot L\cdot\rho_{\mathrm{d1}}\cdot ADT+r_{\mathrm{tn}}\cdot D\cdot(1-\rho_{\mathrm{d1}})\cdot ADT\\ N_{\mathrm{inj,tra}}=r_{\mathrm{inj}}\cdot N_{\mathrm{vac}}\\ N_{\mathrm{ft,tra}}=r_{\mathrm{ft}}\cdot N_{\mathrm{vac}}\end{gathered} \tag{9-58}$$

式中，r_{tn}是正常行驶条件下的车辆事故率（即每辆车每公里的事故数量）；r_{ta}是施工现场附近道路的额外事故率；L是受施工影响的道路长度；$N_{\mathrm{inj,tra}}$和$N_{\mathrm{ft,tra}}$是交通用户的日平均受伤和死亡人数；r_{inj}和r_{ft}分别是每次道路事故的受伤率和死亡率。在获得$N_{\mathrm{inj,tra}}$和$N_{\mathrm{ft,tra}}$之后，可按上一节中的公式计算与交通安全相关的医疗费用、收入损失和精神损失。

（2）用户时间损失：交通延误对交通用户造成的时间损失成本，其关键参数为旅行时间价值（Value of Travel Time，VTT）。VTT是基于消费者行为理论，可根据用户收入水平以及其在旅行中选择时间节约方案（旅行方式/目的地/路线）的支付意愿（WTP）估算，常以用户平均时薪百分比表示。

（3）货运延误损失：时间敏感货物的价值损失（如易腐货物、消费品和准时交货物品）、额外库存成本、货运延误罚款，以及给托运人造成的名誉损失。交通用户的总时间损失SC_{t1}包括用户时间损失和货物延误损失，可以表示为：

$$\begin{aligned}SC_{\mathrm{t1}}=&[c_{\mathrm{t,car}}\cdot O_{\mathrm{car}}\cdot(1-TT)+(c_{\mathrm{t,truck}}\cdot O_{\mathrm{truck}}+c_{\mathrm{t,goods}}\cdot n_{\mathrm{goods}})\cdot TT]\cdot\\&\left[\left(\frac{L}{V_{\mathrm{c}}}-\frac{L}{V_{\mathrm{n}}}\right)\cdot\rho_{\mathrm{d1}}+\frac{D}{V_{\mathrm{n}}}\cdot(1-\rho_{\mathrm{d1}})\right]\cdot ADT\cdot t_{\mathrm{c}}\end{aligned} \tag{9-59}$$

式中，$c_{t,car}$和$c_{t,truck}$分别是汽车和卡车中驾驶员和乘客的平均VTT；$c_{t,goods}$是单位货物的平均延误损失；O_{car}和O_{truck}分别是汽车和卡车的载客量；n_{goods}是卡车中货物的平均重量；V_n是车辆的正常行驶速度；V_c是在受施工影响道路上的车辆平均行驶速度。

（4）车辆运营成本：交通拥堵或绕行造成的车辆额外运营成本，包括燃料成本、车辆养护成本、轮胎磨损成本、保险、注册费、税金和折旧等费用。对于绕行的车辆，运营成本$SC_{op,dt}$可以表示为：

$$SC_{op,dt} = [c_{r,car} \cdot (1 - TT) + c_{r,truck} \cdot TT] \cdot D \cdot (1 - \rho_{dl}) \cdot ADT \cdot t_c \quad (9\text{-}60)$$

式中，$c_{r,car}$和$c_{r,truck}$是汽车和卡车的平均运营成本。而对于通过施工道路附近的交通用户，额外运营成本$SC_{op,dl}$为：

$$\begin{aligned} SC_{op,dl} = [& c_{f,car} \cdot (1 - TT) \cdot (E_{c,car} - E_{n,car}) + \\ & c_{f,truck} \cdot TT \cdot (E_{c,truck} - E_{n,truck})] \cdot L \cdot \rho_{dl} \cdot ADT \cdot t_c \end{aligned} \quad (9\text{-}61)$$

式中，$E_{n,car}$，$E_{n,truck}$，$E_{c,car}$和$E_{c,truck}$是汽车和卡车在施工现场附近以平均正常速度和限制速度行驶的燃油效率值（以L/km为单位）；$c_{f,car}$和$c_{f,truck}$分别是汽车和卡车燃料的单位价格。

3）当地社区

工程项目实施所带来的交通拥堵和绕行会引起商户可及性下降，消费市场转移，从而导致当地社区的商业收入下降。而施工过程中的噪声和粉尘也会影响居住环境质量，给当地社区人群的生活和工作带来不利影响。与当地社区有关的工程项目社会成本主要包括：

（1）商业收入损失：交通便利性下降会迫使消费者去其他地方获得必要的商品或服务，从而导致受影响区域的商业收入下降。基于商业影响因子，即通过调查获得的受工程施工影响的商业收入相对减少率，商业收入损失SC_{br}为：

$$SC_{br} = \alpha_b \cdot R_b \cdot t_c \quad (9\text{-}62)$$

式中，α_b是商业影响因子；R_b是受影响区域的日平均商业收入。

（2）施工噪声污染损失：反复和长时间的噪声会对人们的行为、心理和身体健康产生影响，可通过间接方式进行量化，如生产力下降或房屋价格下降。生产力下降可由特定生产活动（如制造和零售）中的产量损失来表示：

$$SC_{rp} = c_{wn} \cdot PRF \cdot n_w \cdot t_c \quad (9\text{-}63)$$

式中，SC_{rp}是施工噪声导致的生产力损失；c_{wn}是受噪声影响地区的日平均工资；PRF是生产力降低系数（Productivity Reduction Factor），取决于噪声水平和受影响的行业；n_w是受影响的劳动力人数。噪声暴露也会使周围待售或租赁房屋贬值，由施工噪声引起的房屋折旧损失SC_{hd}可表示为：

$$SC_{hd} = (N_C - N_N) \cdot NDI \cdot (c_{hs} \cdot n_{hs} + c_{hr} \cdot n_{hr} \cdot t_c/30) \quad (9\text{-}64)$$

式中，N_C和N_N分别是有和没有建筑活动时的噪声分贝；NDI是一定时期内的噪声折旧指数（Noise Depreciation Index）；c_{hs}和c_{hr}是施工前受影响区域内每平方米房屋的平均售价和月租金；n_{hs}和n_{hr}是要出售和出租的受影响房屋面积。

4）公共组织

公共组织是指可以为人们日常生活和工作提供公共服务的组织机构，例如公安局、人力资源和社会保障部门、消防救援支队、法院、法律援助机构等。与公共组织有关的工程项目社会成本主要包括：

（1）事故行政成本：来源于公共组织为工作场所事故和交通事故提供的紧急服务，包括出警服务、消防服务以及其他行政部门（例如法院，保险部门）的服务。可采用以往研究中行政成本与事故成本的比值来粗略估算行政成本，行政成本 SC_{ad} 为：

$$SC_{ad}=\alpha_w\cdot(SC_{me,con}+SC_{il,con})+\alpha_t\cdot(SC_{me,tra}+SC_{il,tra}+SC_{pd,tra}) \tag{9-65}$$

式中，α_w 和 α_t 分别为施工事故和交通事故的行政成本与事故成本比值。

（2）市政收入损失：来源于停车服务费损失和违章停车罚款损失，对于人口密度高的城市尤其如此。停车收入损失 SC_{pr} 可采用该道路停车位的历史数据估计得到：

$$SC_{pr}=n_p\cdot c_{meter}\cdot\rho_{occ}\cdot t_c+n_p\cdot c_{ticket}\cdot f_{ticket}\cdot t_c \tag{9-66}$$

式中，n_p 是施工占用的停车数量；c_{meter} 是日平均停车收费金额；ρ_{occ} 是停车位的平均占用率；c_{ticket} 是每张罚单的平均罚款金额；f_{ticket} 是每个停车位的罚款频率。

社会成本 C_{SO} 是以上各部分社会成本之和，即：

$$\begin{aligned}S_{SO}=&SC_{me,con}+SC_{il,con}+SC_{psl,con}+SC_{me,tra}+SC_{il,tra}+SC_{psl,tra}+SC_{pd,tra}\\&+SC_{tl}+SC_{op,dt}+SC_{op,dl}+SC_{br}+SC_{rp}+SC_{hd}+SC_{ad}+SC_{pr}\end{aligned} \tag{9-67}$$

式中，$SC_{me,tra}$，$SC_{il,tra}$，$SC_{psl,tra}$ 分别为交通事故造成的医疗成本、收入损失和精神损失。

思　考　题

9-1　从混凝土结构的长期性能角度思考，为什么要进行混凝土结构全寿命设计？

9-2　混凝土结构全寿命设计的性能设计包含哪些内容？而考虑混凝土结构可持续发展要求时，又将考虑哪些因素？

9-3　混凝土全寿命设计与现行结构设计的区别有哪些？

9-4　混凝土结构全寿命设计的目标体系包含哪些内容？其与工程结构全寿命设计核心目标的关系如何？

9-5　混凝土结构全寿命设计理论指标体系是什么？

9-6　混凝土结构的设计使用寿命包括哪些方面？基于使用寿命的再设计的内涵是什么？

9-7　什么是混凝土结构全寿命性能指标分析方法？何为性能指标分析中的 3 种性能指标？何为基于性能的设计方法？

9-8　混凝土结构全寿命成本构成是什么？结构寿命期内的总成本有哪些？

9-9　混凝土结构全寿命各阶段绿色评价内容是什么？绿色评价指标的内涵是什么？

9-10　结构可持续性的含义是什么？什么是基于可持续性的全寿命总成本模型？

9-11　什么是环境成本？环境破坏成本和污染防治成本包含哪些内容？

9-12　什么是社会成本？工程项目的社会成本构成和成本模型是什么？

参 考 文 献

[1] Frangopol D M, Soliman M. Life-cycle of structural systems: recent achievements and future directions[J]. Structure and Infrastructure Engineering, 2016, 12(1): 1-20.

[2] Sarja A. Reliability principles, methodology and methods for lifetime design[J]. Materials and Structures, 2010, 43(1): 261-271.

[3] 王光远. 结构服役期间的动态可靠度及其维修理论初探[J]. 哈尔滨建筑工程学院学报, 1990, 23(2): 1-9.

[4] 张爱林. 基于功能可靠度的结构全寿命设计理论研究综述[J]. 北京工业大学学报, 2000, (03): 55-58.

[5] 吴海军, 陈艾荣. 寿命周期成本分析方法在桥梁工程中的应用[J]. 公路, 2004, (12): 34-38.

[6] 邵旭东, 彭建新, 晏班夫. 桥梁全寿命设计方法框架性研究[J]. 公路, 2006, 51(1): 44-49.

[7] 韩豫, 成虎. 工程全寿命周期设计框架研究[J]. 科技进步与对策, 2010, 27(19): 32-35.

[8] 金伟良. 工程结构全寿命设计方法[M]. 北京: 科学出版社, 2020.

[9] 吴柯娴, 王竹君, 金伟良, 等. 装配式混凝土结构可持续成本量化分析[J]. 建筑结构学报, 2021, 42(5): 133-144.

[10] 王竹君, 徐祖恩, 吴柯娴, 等. 基于全寿命环境成本的工程结构维护方案优化[J]. 建筑结构学报, 2019, 40(2): 227-237.

[11] 钟小平, 金伟良. 混凝土结构全寿命性能设计理论框架研究[J]. 工业建筑, 2013, 43(8): 1-9.

[12] 王竹君, 夏晋, 金伟良. 一种改进的工程结构全寿命设计理论指标体系[J]. 建筑结构学报, 2018, 40(1): 40-48.

[13] ISO. General principles on reliability for structures: ISO 2394-2015[S]. Gevena: ISO, 2015.

[14] 钟小平, 金伟良. 钢筋混凝土结构基于耐久性的可靠度设计方法[J]. 土木工程学报, 2016, 49(5): 1-9.

[15] 金伟良, 王竹君. 工程结构全寿命设计绿色指标体系构建[J]. 建筑结构学报, 2018, 39(3): 120-129.

[16] Wang Z, Yang D Y, Frangopol D M, et al. Inclusion of environmental impacts in life-cycle cost analysis of bridge structures[J]. Sustainable and Resilient Infrastructure, 2020, 5(4): 252-267.

[17] Wu K, Yang D Y, Frangopol D M, et al. Multi-stakeholder framework for assessing the life-cycle social cost of construction projects[J]. Structure and Infrastructure Engineering, 2021, 18(1): 129-144.

[18] Bickel P, Hunt A, de Jong G, et al. Proposal for harmonised guidelines——Deliverable D5 HEATCO[C]. Unification of accounts and marginal costs for transport efficiency (UNITE), Leeds, 2006.

[19] Deco A, Frangopol D M. Risk assessment of highway bridges under multiple hazards[J]. Journal of Risk Research, 2011, 14(9): 1057-1089.